国家科学技术学术著作出版基金资助出版

中国科学院中国动物志编辑委员会主编

中国动物志

无脊椎动物 第五十八卷
软体动物门
腹足纲
艾纳螺总科

吴 岷 著

科学技术部科技基础性工作专项重点项目
中国科学院知识创新工程重大项目
国家自然科学基金重大项目
(科学技术部 中国科学院 国家自然科学基金委员会 资助)

科学出版社
北京

内 容 简 介

本志专述中国艾纳螺总科的现生陆生软体动物,涉及2科15属189种和亚种。内容分总论和各论两部分。总论扼要综述了研究历史,讨论了该总科的比较形态学、系统学地位和地理分布格局,介绍了该类群物种的生物学、生态学价值和生物多样性保护的意义等。各论分述了总科、科、属、种和亚种的形态特征、栖息环境、地理分布,对其中大部分类群进行了分类学厘定,并列出各级分类阶元的检索表。

本志为动物系统学、生态学研究和生物多样性保护等提供了比较系统的科学资料,可供动物学及相关领域研究工作者参考。

图书在版编目(CIP)数据

中国动物志. 无脊椎动物. 第五十八卷,软体动物门. 腹足纲. 艾纳螺总科/吴岷著. —北京:科学出版社,2018.6
ISBN 978-7-03-057483-1

Ⅰ.①中… Ⅱ.①吴… Ⅲ.①动物志-中国 ②无脊椎动物门-动物志-中国 ③软体动物-动物志-中国 ④腹足纲-动物志-中国 Ⅳ.①Q958.52

中国版本图书馆 CIP 数据核字(2018)第 103369 号

责任编辑:韩学哲 矫天扬 /责任校对:郑金红
责任印制:肖 兴 /封面设计:刘新新

科 学 出 版 社 出版
北京东黄城根北街16号
邮政编码:100717
http://www.sciencep.com

北京通州皇家印刷厂印刷
科学出版社发行 各地新华书店经销
*
2018年6月第 一 版　开本:787×1092　1/16
2018年6月第一次印刷　印张:20　插页:4
字数:450 000

定价:198.00元

(如有印装质量问题,我社负责调换)

Supported by the National Fund for Academic Publication in Science and Technology

Editorial Committee of Fauna Sinica, Chinese Academy of Sciences

FAUNA SINICA

INVERTEBRATA Vol. 58

Mollusca
Gastropoda
Enoidea

By

Wu Min

A Key Project of the Ministry of Science and Technology of China
**A Major Project of the Knowledge Innovation Program
of the Chinese Academy of Sciences**
A Major Project of the National Natural Science Foundation of China
(Supported by the Ministry of Science and Technology of China,
the Chinese Academy of Sciences, and the National Natural Science Foundation of China)

Science Press
Beijing, China

中国科学院中国动物志编辑委员会

主　　　任：陈宜瑜
常务副主任：黄大卫
副　主　任：宋微波　冯祚建
编　　　委：（按姓氏笔画顺序排列）
　　　　　　卜文俊　马　勇　王应祥　王洪铸
　　　　　　尹文英　冯祚建　乔格侠　任国栋
　　　　　　任炳忠　刘瑞玉　刘锡兴　李枢强
　　　　　　李新正　杨　定　杨大同　杨星科
　　　　　　吴　岷　何舜平　宋微波　张春光
　　　　　　张素萍　张雅林　陈　军　陈学新
　　　　　　陈宜瑜　武春生　金道超　郑光美
　　　　　　赵尔宓　陶　冶　黄大卫　薛大勇

EDITORIAL COMMITTEE OF FAUNA SINICA, CHINESE ACADEMY OF SCIENCES

Chairman
Chen Yiyu

Executive Vice Chairman
Huang Dawei

Vice Chairmen
Song Weibo
Feng Zuojian

Members

Bu Wenjun	Song Weibo
Chen Jun	Tao Ye
Chen Xuexin	Wang Hongzhu
Chen Yiyu	Wang Yingxiang
Feng Zuojian	Wu Chunsheng
He Shunping	Wu Min
Huang Dawei	Xue Dayong
Jin Daochao	Yang Datong
Li Shuqiang	Yang Ding
Li Xinzheng	Yang Xingke
Liu Ruiyu (Liu Juiyu)	Yin Wenying
Liu Xixing	Zhang Chunguang
Ma Yong (Ma Yung)	Zhang Suping
Qiao Gexia	Zhang Yalin
Ren Bingzhong	Zhao Ermi (Chao Ermi)
Ren Guodong	Zheng Guangmei

前　言

陆生软体动物是一类重要的土壤无脊椎动物，多取食新鲜或腐败的植物体，少数捕食性；自身也是多类群的昆虫、鸟类、啮齿类和食虫类等哺乳动物的食物，常在狭窄的分布区内形成很大的生物量，在生态环境中充当着关键的物质、能量传输者的作用。

陆生贝类在自然界中的生存现状却令人担忧。根据 IUCN 红色名录的评估结果统计 (截至 2006 年)，在陆生软体动物中，极度濒危和濒危的比例占 41.1%，远高于昆虫、鱼类、两栖类、爬行类、鸟类和哺乳类中同级别的比例。在我国，目前已有 375 个海洋、淡水和陆生贝类物种得到濒危等级评估，除其中 105 种缺乏数据外，有 4.4%的物种灭绝，53.0%的物种为濒危或极度濒危。在已评估的 273 种陆生贝类中，濒危以上等级的比例达 54.9%。从这些数据可以了解，对我国陆生贝类等软体动物的编目研究，作为生物多样性保护的第一步，亟待开展。

艾纳螺总科是我国物种数量很高的一类陆生软体动物。但这类动物的分布并不是很广泛。大量的艾纳螺物种集中地分布在我国中西部偏僻的山地，绝大部分物种具有极其狭窄的分布范围，也不会对周边农作、环境造成危害，因而我国动物学工作者在既往对陆地动物资源的研究中，常忽视对包括艾纳螺在内的陆生软体动物的调查。

本志定稿于 2011 年，因此未包括 2011 年之后发表的我国艾纳螺总科物种。

在本志编写过程中，受到许多专家前辈的帮助。刘月英先生和业师黄大卫先生及陈德牛先生给予了许多帮助和鼓励；齐钟彦先生和宋大祥先生生前给予极多教诲和鼓励；本志涉及的主要研究是在河北大学完成，蒙任国栋先生给予许多支持，诚致谢忱。

俄罗斯彼得堡动物所贝类部的 P. Kijashko 博士、俄罗斯科学院远东土壤与生物研究所的 L. Prozorova 博士、英国自然历史博物馆贝类部的 F. Naggs 教授和 J. Ablett 先生，以及德国瑟肯堡自然历史博物馆贝类部的 R. Janssen 博士在前往检视标本时对作者给予关照，俄罗斯科学院的 A. A. Schileyko 教授、德国的 J. Jungbluth 博士、H. Nordsieck 先生赐赠本人许多重要文献，美国 Field Museum 的 J. Gerber 博士在相关论文评审时提出许多宝贵意见，对此十分感谢。

此外，学生阿依恒 (Ayken Kanatbaytegi)、齐钢、刘建民、郑伟、吴琴、高林辉、霍清伟、贾文双等同学在采集、分子系统学数据采集、生物学等方面做了许多工作，中国农业科学院植物保护研究所郭建英博士、谢明博士在国内外采集了不少研究材料，朱彤、钟秀云、刘正平等陆生贝类爱好者为本志编研提供了部分材料，在此对他们一并表示感谢。

作者在开展艾纳螺分类研究期间，得到国家科技部科技基础性工作专项重点项目(批准号 2006FY120100) 和国家自然科学基金 (批准号 31071882 和 30670253) 的资助，为本志的编研提供了重要保证。

吴 岷

2017 年 10 月

于南京大学

目　录

前言
总论 ··· 1
　一、研究简史 ·· 1
　　(一) 世界艾纳螺总科研究简史 ·· 1
　　(二) 中国艾纳螺总科研究简史 ·· 2
　二、形态特征 ·· 5
　　(一) 贝壳 ·· 5
　　(二) 软体部分 ·· 13
　三、分类系统及系统学地位 ··· 20
　四、地理分布 ·· 33
　五、生物学 ··· 54
　六、经济意义 ·· 55
　七、标本的采集、制作和保存 ·· 57
　　(一) 野外采集的准备工作 ·· 57
　　　1. 采集袋 ·· 57
　　　2. 采集工具及方法 ·· 57
　　　3. 容器和采集物的包装、运输 ··· 58
　　(二) 采集地点和时间的选择 ··· 59
　　(三) 饲养 ·· 59
　　(四) 标本制作和保存 ··· 60
　　(五) 有关软体动物标本保存的馆藏须知 ··· 61
　八、研究材料和方法 ··· 61
　　(一) 研究标本 ·· 61
　　(二) 地名 ·· 62
　　(三) 测量 ·· 62
　　(四) 缩写 ·· 63
　　(五) 标准分类系统 ·· 63
　　　1. 贝壳特征 ··· 63
　　　2. 生殖系统特征 ··· 64
各论 ··· 67
　艾纳螺总科 ENOIDEA Woodward, 1903 ··· 67
　　一、艾纳螺科 Enidae Woodward, 1903 ··· 67
　　　假锥亚科 Pseudonapaeinae Schileyko, 1978 ··· 68

1. 杂斑螺属 *Subzebrinus* Westerlund, 1887 ··· 69
   (1) 暖杂斑螺指名亚种 *Subzebrinus asaphes asaphes* (Sturany, 1900) ··· 71
   (2) 短暖杂斑螺 *Subzebrinus asaphes brevior* (Sturany, 1900) ··· 71
   (3) 别氏杂斑螺 *Subzebrinus beresowskii* (Möllendorff, 1901) ··· 72
   (4) 巴塘杂斑螺 *Subzebrinus batangensis* (Hilber, 1883) ··· 74
   (5) 布氏杂斑螺 *Subzebrinus bretschneideri* (Möllendorff, 1901) ··· 74
   (6) 波氏杂斑螺 *Subzebrinus baudoni* (Deshayes, 1870) ··· 75
   (7) 达僧杂斑螺 *Subzebrinus dalailamae* (Hilber, 1883) ··· 75
   (8) 长口杂斑螺 *Subzebrinus dolichostoma* (Möllendorff, 1901) ··· 76
   (9) 环绕杂斑螺 *Subzebrinus erraticus* (Pilsbry, 1934) ··· 78
   (10) 紫红杂斑螺 *Subzebrinus fuchsianus* (Heude, 1882) ··· 79
   (11) 福氏杂斑螺 *Subzebrinus fultoni* (Möllendorff, 1901) ··· 81
   (12) 棉杂斑螺 *Subzebrinus gossipinus* (Heude, 1888) ··· 82
   (13) 冬杂斑螺 *Subzebrinus hyemalis* (Heude, 1882) ··· 84
   (14) 浩罕杂斑螺 *Subzebrinus kokandensis* (Martens, 1882) ··· 86
   (15) 库氏杂斑螺 *Subzebrinus kuschakewitzi* (Ancey, 1886) ··· 86
   (16) 瘦瓶杂斑螺 *Subzebrinus macroceramiformis* (Deshayes, 1870) ··· 87
   (17) 宏口杂斑螺 *Subzebrinus macrostoma* (Möllendorff, 1901) ··· 88
   (18) 奥托杂斑螺指名亚种 *Subzebrinus ottonis ottonis* (Sturany, 1900) ··· 88
   (19) 凸奥托杂斑螺 *Subzebrinus ottonis convexospirus* (Möllendorff, 1901) ··· 90
   (20) 波图杂斑螺 *Subzebrinus postumus* (Gredler, 1886) ··· 91
   (21) 石鸡杂斑螺 *Subzebrinus schypaensis* (Sturany, 1900) ··· 92
   (22) 纹杂斑螺 *Subzebrinus substrigatus* (Möllendorff, 1902) ··· 92
   (23) 虎杂斑螺 *Subzebrinus tigricolor* (Annandale, 1923) ··· 94
   (24) 脐杂斑螺 *Subzebrinus umbilicaris* (Möllendorff, 1901) ··· 95
   (25) 具腹杂斑螺 *Subzebrinus ventricosulus* (Möllendorff, 1902) ··· 95
2. 蛹巢螺属 *Pupinidius* Möllendorff, 1901 ··· 96
   (26) 上曲蛹巢螺 *Pupinidius anocamptus* (Möllendorff, 1901) ··· 98
   (27) 金蛹巢螺 *Pupinidius chrysalis* (Annandale, 1923) ··· 100
   (28) 格氏蛹巢螺 *Pupinidius gregorii* (Möllendorff, 1901) ··· 100
   (29) 阔唇蛹巢螺 *Pupinidius latilabrum* (Annandale, 1923) ··· 101
   (30) 灰口蛹巢螺指名亚种 *Pupinidius melinostoma melinostoma* (Möllendorff, 1901) ··· 103
   (31) 近柱灰口蛹巢螺 *Pupinidius melinostoma subcylindricus* (Möllendorff, 1901) ··· 104
   (32) 南坪蛹巢螺指名亚种 *Pupinidius nanpingensis nanpingensis* (Möllendorff, 1901) ··· 105
   (33) 惑南坪蛹巢螺 *Pupinidius nanpingensis ambigua* (Möllendorff, 1901) ··· 107
   (34) 奥蛹巢螺指名亚种 *Pupinidius obrutschewi obrutschewi* (Sturany, 1900) ··· 107
   (35) 缩奥蛹巢螺 *Pupinidius obrutschewi contractus* (Möllendorff, 1901) ··· 109
   (36) 伸蛹巢螺指名亚种 *Pupinidius porrectus porrectus* (Möllendorff, 1901) ··· 111

(37) 侏伸蛹巢螺 *Pupinidius porrectus pygmaea* (Blume, 1925) ···111
(38) 文蛹巢螺 *Pupinidius wenxian* Wu & Zheng, 2009 ···112
(39) 豆蛹巢螺指名亚种 *Pupinidius pupinella pupinella* (Möllendorff, 1901) ·······················113
(40) 高旋豆蛹巢螺 *Pupinidius pupinella altispirus* (Möllendorff, 1901)·····························114
(41) 蛹巢螺 *Pupinidius pupinidius* (Möllendorff, 1901)··115
(42) 扭轴蛹巢螺 *Pupinidius streptaxis* (Möllendorff, 1901) ···116

3. 金丝雀螺属 *Serina* Gredler, 1898 ···117
(43) 矛金丝雀螺 *Serina belae* (Hilber, 1883) ···118
(44) 条金丝雀螺 *Serina cathaica* Gredler, 1898··118
(45) 前口金丝雀螺 *Serina prostoma* (Ancey, 1884) ···119
(46) 戒金丝雀螺 *Serina egressa* (Sturany, 1900) ···121
(47) 暮金丝雀螺 *Serina ser* Gredler, 1898 ···123
(48) 近暮金丝雀螺 *Serina subser* Gredler, 1898 ···125
(49) 舒金丝雀螺指名亚种 *Serina soluta soluta* (Möllendorff, 1901)································127
(50) 狭唇舒金丝雀螺 *Serina soluta stenochila* (Möllendorff, 1901) ·································127
(51) 膨舒金丝雀螺 *Serina soluta inflata* Yen, 1939 ··128
(52) 文氏金丝雀螺 *Serina vincentii* (Gredler, 1898)···129

4. 沟颈螺属 *Holcauchen* Mölldendorff, 1901 ··129
(53) 安氏沟颈螺 *Holcauchen anceyi* (Hilber, 1883) comb. nov. ·······································130
(54) 布鲁氏沟颈螺 *Holcauchen brookedolani* (Pilsbry, 1934) ··131
(55) 似烟沟颈螺 *Holcauchen clausiliaeformis* (Möllendorff, 1901) ···································131
(56) 左沟颈螺 *Holcauchen compressicollis* (Ancey, 1882) ··132
(57) 内坎沟颈螺 *Holcauchen entocraspedius* (Möllendorff, 1901)···································132
(58) 格氏沟颈螺 *Holcauchen gregoriana* (Annandale, 1923) ··133
(59) 海氏沟颈螺 *Holcauchen hyacinthi* (Gredler, 1898) ··133
(60) 康定沟颈螺 *Holcauchen kangdingensis* Zhang, Chen & Zhang, 2003 ······················134
(61) 马尔康沟颈螺 *Holcauchen markamensis* Chen & Zhang, 2000·································134
(62) 微放沟颈螺 *Holcauchen micropeas* (Möllendorff, 1901) ···135
(63) 针沟颈螺 *Holcauchen rhaphis* (Möllendorff, 1901)···135
(64) 杆沟颈螺指名亚种 *Holcauchen rhabdites rhabdites* (Gredler, 1898) ·······················136
(65) 尖杆沟颈螺 *Holcauchen rhabdites aculus* (Möllendorff, 1901) ·······························137
(66) 漆沟颈螺 *Holcauchen rhusius* (Möllendorff, 1901) ···137
(67) 束沟颈螺 *Holcauchen strangnlatus* (Möllendorff, 1901) ···138
(68) 沟颈螺 *Holcauchen sulcatus* (Möllendorff, 1901) ··138

5. 拟烟螺属 *Clausiliopsis* Mölldendorff, 1901 ···139
(69) 瘤拟烟螺 *Clausiliopsis amphischnus* (Haas, 1933) ··140
(70) 布氏拟烟螺 *Clausiliopsis buechneri* (Möllendorff, 1901)···140
(71) 格拟烟螺 *Clausiliopsis clathratus* (Möllendorff, 1901) ··141

(72) 平拟烟螺 *Clausiliopsis elamellatus* (Möllendorff, 1901)·····142
(73) 横丹拟烟螺 *Clausiliopsis hengdan* Wu & Wu, 2009·····142
(74) 柯氏拟烟螺 *Clausiliopsis kobelti* (Möllendorff, 1901)·····144
(75) 暗线拟烟螺 *Clausiliopsis phaeorhaphe* (Möllendorff, 1901)·····145
(76) 肖氏拟烟螺 *Clausiliopsis schalfejewi* (Gredler, 1898)·····145
(77) 瑟珍拟烟螺 *Clausiliopsis senckenbergianus* Yen, 1939·····146
(78) 蔡氏拟烟螺 *Clausiliopsis szechenyi* (Böttger, 1883)·····147

6. 蛹纳螺属 *Pupopsis* Gredler, 1898·····149
(79) 双蛹纳螺 *Pupopsis dissociabilis* Sturany, 1900·····151
(80) 边蛹纳螺 *Pupopsis paraplesius* Sturany, 1900·····152
(81) 多扭蛹纳螺 *Pupopsis polystrepta* Sturany, 1900·····152
(82) 蛹纳螺 *Pupopsis pupopsis* (Gredler, 1898)·····152
(83) 扭蛹纳螺 *Pupopsis torquilla* (Möllendorff, 1901)·····155
(84) 反齿蛹纳螺 *Pupopsis retrodens* (Martens, 1879)·····155
(85) 横丹蛹纳螺 *Pupopsis hendan* Wu & Gao, 2010·····157
(86) 茂蛹纳螺 *Pupopsis maoxian* Wu & Gao, 2010·····159
(87) 绯口蛹纳螺 *Pupopsis rhodostoma* Wu & Gao, 2010·····160
(88) 拟蛹纳螺 *Pupopsis subpupopsis* Wu & Gao, 2010·····160
(89) 似扭蛹纳螺 *Pupopsis subtorquilla* Wu & Gao, 2010·····162
(90) 英蛹纳螺 *Pupopsis yengiawat* Wu & Gao, 2010·····163
(91) 玉虚蛹纳螺 *Pupopsis yuxu* Wu & Gao, 2010·····164
(92) 茨氏蛹纳螺 *Pupopsis zilchi* Wu & Gao, 2010·····166

7. 鸟唇螺属 *Petraeomastus* Möllendorff, 1901·····166
(93) 倭丸鸟唇螺指名亚种 *Petraeomastus breviculus breviculus* (Möllendorff, 1901)·····168
(94) 锥旋倭丸鸟唇螺 *Petraeomastus breviculus anoconus* (Möllendorff, 1901)·····170
(95) 谐鸟唇螺 *Petraeomastus commensalis* (Sturany, 1900)·····170
(96) 德氏鸟唇螺 *Petraeomastus desgodinsi* (Ancey, 1884)·····170
(97) 念珠鸟唇螺 *Petraeomastus diaprepes* (Sturany, 1900)·····171
(98) 吉氏鸟唇螺 *Petraeomastus giraudelianus* (Heude, 1882)·····171
(99) 格氏鸟唇螺 *Petraeomastus gredleri* (Hilber, 1883)·····172
(100) 厄氏鸟唇螺 *Petraeomastus heudeanus* (Ancey, 1883)·····172
(101) 藏鸟唇螺 *Petraeomastus tibetanus* (Pfeiffer, 1856)·····174
(102) 摩氏鸟唇螺 *Petraeomastus moellendorffi* (Hilber, 1883)·····174
(103) 锐鸟唇螺 *Petraeomastus mucronatus* (Möllendorff, 1901)·····176
(104) 纽氏鸟唇螺 *Petraeomastus neumayri* (Hilber, 1883)·····178
(105) 尖锥鸟唇螺 *Petraeomastus oxyconus* (Möllendorff, 1901)·····178
(106) 邦达鸟唇螺 *Petraeomastus pantoensis* (Hilber, 1883)·····179
(107) 皮氏鸟唇螺 *Petraeomastus perrieri* (Ancey, 1884)·····179

(108) 阔唇鸟唇螺指名亚种 *Petraeomastus platychilus platychilus* (Möllendorff, 1901)····180
(109) 锤阔唇鸟唇螺 *Petraeomastus platychilus malleatus* (Möllendorff, 1901) ············180
(110) 罗氏鸟唇螺 *Petraeomastus rochebruni* (Ancey, 1884)································182
(111) 丸鸟唇螺 *Petraeomastus semifartus* (Möllendorff, 1901) ···························183
(112) 圆鸟唇螺 *Petraeomastus teres* (Sturany, 1900)······································184
(113) 维鸟唇螺 *Petraeomastus vidianus* (Heude, 1890)···································185
(114) 枯藤鸟唇螺指名亚种 *Petraeomastus xerampelinus xerampelinus* (Sturany, 1900) ···185
(115) 碎枯藤鸟唇螺 *Petraeomastus xerampelinus thryptica* (Sturany, 1900)··············186
8. 谷纳螺属 *Coccoderma* Möllendorff, 1901 ···186
(116) 白谷纳螺 *Coccoderma albescens* (Möllendorff, 1884) ·····························186
(117) 粒谷纳螺 *Coccoderma granifer* (Möllendorff, 1901)·······························187
(118) 谷纳螺 *Coccoderma granulata* (Möllendorff, 1884) ································188
(119) 细粒谷纳螺 *Coccoderma leptostraca* (Schmacker & Böttger, 1891) ···············189
(120) 浅纹谷纳螺 *Coccoderma trivialis* (Ancey, 1888)···································190
(121) 沃氏谷纳螺 *Coccoderma warburgi* (Schmacker & Böttger, 1891)··················190
9. 奇异螺属 *Mirus* Albers, 1850 ···191
(122) 锐奇异螺 *Mirus acuminatus* (Möllendorff, 1901)···································193
(123) 白缘奇异螺指名亚种 *Mirus alboreflexus alboreflexus* (Ancey, 1882) ·············194
(124) 纹白缘奇异螺 *Mirus alboreflexus striolatus* (Möllendorff, 1901)···················196
(125) 小白缘奇异螺 *Mirus alboreflexus minor* (Ancey, 1882) ···························196
(126) 小节白缘奇异螺 *Mirus alboreflexus nodulatus* (Möllendorff, 1901) ···············196
(127) 钻白缘奇异螺 *Mirus alboreflexus perforatus* (Möllendorff, 1901)··················197
(128) 桂奇异螺 *Mirus antisecalinus* (Heude, 1890) ······································197
(129) 阿氏奇异螺指名亚种 *Mirus armandi armandi* (Ancey, 1882) ······················198
(130) 大阿氏奇异螺 *Mirus armandi major* (Ancey, 1882) ·······························198
(131) 奥奇异螺 *Mirus aubryanus* (Heude, 1885)··198
(132) 燕麦奇异螺 *Mirus avenaceus* (Heude, 1885) ·····································199
(133) 短口奇异螺 *Mirus brachystoma* (Heude, 1882) ···································199
(134) 稚奇异螺 *Mirus brizoides* (Möllendorff, 1901)·····································201
(135) 康氏奇异螺指名亚种 *Mirus cantori cantori* (Philippi, 1844)·······················202
(136) 角康氏奇异螺 *Mirus cantori corneus* (Möllendorff, 1901)·························203
(137) 肥康氏奇异螺 *Mirus cantori corpulenta* (Gredler, 1884)····························204
(138) 弗康氏奇异螺 *Mirus cantori fragilis* (Möllendorff, 1884)····························204
(139) 洛康氏奇异螺 *Mirus cantori loczyi* (Hilber, 1883) ·································205
(140) 滑康氏奇异螺 *Mirus cantori obesus* (Heude, 1882) ·······························205
(141) 灰康氏奇异螺 *Mirus cantori pallens* (Heude, 1882) ·······························206
(142) 绿岛康氏奇异螺 *Mirus cantori taivanica* (Möllendorff, 1884)······················206
(143) 玉髓奇异螺 *Mirus chalcedonicus* (Gredler, 1887)································207

(144) 胡萝卜奇异螺 *Mirus daucopsis* (Heude, 1888) ·················207
(145) 戴氏奇异螺 *Mirus davidi* (Deshayes, 1870) ·················207
(146) 衍奇异螺 *Mirus derivatus* (Deshayes, 1874)·················209
(147) 美名奇异螺 *Mirus euonymus* (Sturany, 1900) ·················210
(148) 佛尔奇异螺 *Mirus fargesianus* (Heude, 1885) ·················210
(149) 反柱奇异螺 *Mirus frinianus* (Heude, 1885)·················210
(150) 索形奇异螺 *Mirus funiculus* (Heude, 1882) ·················211
(151) 细锥奇异螺 *Mirus gracilispirus* (Möllendorff, 1901) ·················211
(152) 哈氏奇异螺 *Mirus hartmanni* (Ancey, 1888) ·················212
(153) 间盖奇异螺 *Mirus interstratus* (Sturany, 1900) ·················213
(154) 克氏奇异螺 *Mirus krejcii* (Haas, 1933)·················214
(155) 梅奇异螺 *Mirus meronianus* (Heude, 1890) ·················214
(156) 湘微奇异螺 *Mirus minutus hunanensis* (Möllendorff, 1884)·················215
(157) 微奇异螺指名亚种 *Mirus minutus minutus* (Heude, 1882) ·················215
(158) 近微奇异螺 *Mirus minutus subminutus* (Heude, 1882) ·················216
(159) 穆坪奇异螺 *Mirus mupingianus* (Deshayes, 1870) ·················217
(160) 伪奇异螺 *Mirus nothus* (Pilsbry, 1934)·················218
(161) 前顾奇异螺指名亚种 *Mirus praelongus praelongus* (Ancey, 1882)·················218
(162) 引前顾奇异螺 *Mirus praelongus productior* (Ancey, 1882)·················219
(163) 梨形奇异螺 *Mirus pyrinus* (Möllendorff, 1901) ·················219
(164) 囊形奇异螺 *Mirus saccatus* (Möllendorff, 1902) ·················219
(165) 谢河奇异螺 *Mirus siehoensis* (Hilber, 1883) ·················220
(166) 透奇异螺 *Mirus transiens* (Ancey, 1888)·················220
(167) 革囊奇异螺 *Mirus utriculus* (Heude, 1882)·················221
10. 图灵螺属 *Turanena* Lindholm, 1922 ·················222
(168) 倍唇图灵螺 *Turanena diplochila* (Möllendorff, 1901) ·················222
(169) 克氏图灵螺 *Turanena kreitneri* (Hilber, 1883) ·················223
(170) 伊犁图灵螺 *Turanena kuldshana* (Martens, 1882)·················223
(171) 稚锥图灵螺 *Turanena microconus* (Möllendorff, 1901) ·················224
11. 狭纳螺属 *Dolichena* Pilsbry, 1934·················224
(172) 优狭纳螺 *Dolichena miranda* Pilsbry, 1934 ·················225
12. 厄纳螺属 *Heudiella* Annandale, 1924·················225
(173) 克氏厄纳螺 *Heudiella krejcii* (Haas, 1933) ·················225
(174) 奥氏厄纳螺 *Heudiella olivieri* Annandale, 1924 ·················226
13. 小索螺属 *Funiculus* Heude, 1888·················226
(175) 左弓小索螺 *Funiculus asbestinus* Heude, 1890 ·················227
(176) 皮小索螺 *Funiculus coriaceus* Heude, 1890 ·················227
(177) 羸小索螺 *Funiculus debilis* Heude, 1890·················228

(178) 德氏小索螺 *Funiculus delavayanus* (Heude, 1885) ·············· 228
(179) 优小索螺 *Funiculus probatus* Heude, 1890 ·············· 228
(180) 劳氏小索螺 *Funiculus laurentianus* (Gredler, 1884) ·············· 228
二、霜纳螺科 Pachnodidae Steenberg, 1925 ·············· 229
  14. 脊纳螺属 *Rachis* Albers, 1850 ·············· 229
    (181) 金脊纳螺 *Rachis aurea* (Heude, 1890) ·············· 230
    (182) 爪脊纳螺 *Rachis onychinus* (Heude, 1885) ·············· 230
  15. "粒锥螺属" "*Buliminus*" Beck, 1837 ·············· 231
    (183) 阿"粒锥螺" "*Buliminus*" *amedeanus* Heude, 1890 ·············· 231
    (184) 栗带"粒锥螺" "*Buliminus*" *castaneobalteatus* Preston, 1912 ·············· 232
    (185) 节饰"粒锥螺" "*Buliminus*" *comminutus* Heude, 1890 ·············· 232
    (186) 白旋"粒锥螺" "*Buliminus*" *loliaceus* Heude, 1890 ·············· 232
    (187) 常"粒锥螺" "*Buliminus*" *ordinarius* Preston, 1912 ·············· 233
    (188) 裂"粒锥螺" "*Buliminus*" *oscitans* Preston, 1912 ·············· 233
    (189) 沃氏"粒锥螺" "*Buliminus*" *wardi* Preston, 1912 ·············· 234

参考文献 ·············· 237
英文摘要 ·············· 242
中名索引 ·············· 265
学名索引 ·············· 270
《中国动物志》已出版书目 ·············· 282
图版

总 论

一、研究简史

(一) 世界艾纳螺总科研究简史

目前组成艾纳螺总科的各属中，*Chondrus* Cuvier, 1817 是最先确立的属。在本总科早期研究中，大量的艾纳螺物种曾被归于粒锥螺属 *Buliminus* Beck, 1837。

著名动物系统学家，德国人 Johannes Thiele (1931) 在《系统贝类学手册》中，将柄眼目划分为 14 个总科。艾纳螺科为 Vertiginacea 总科下的 7 个科之一 (Vertiginacea: Amastridae, Cochlicopidae, Vertiginidae, Valloniidae, Pleurodiscidae, Enidae, Clausiliidae)。艾纳螺科被定义为主要分布在亚洲、欧洲和非洲的"贝壳通常小，右旋，很少左旋，卵圆形至塔形；壳口一般无齿，有时有 1 个或一些齿；轴唇边缘通常无、很少有 1 个褶皱。齿舌有横排板，通常有 1 个外小齿，边缘板上的外小齿开裂；仅 *Rhachistia* 属具有完全不同的斜向排列的齿；生殖系统纳精囊柄有时很长，其上的管状囊有或无；交接器在 Jaminiinae 亚科种无交接器附器，在其他类群中具有很长的交接器附器，其基部附有交接器收缩肌的一支；成荚器通常具有一个末端的短盲囊和位于中部的小突起"的一个类群。它由 Jaminiinae、Eninae 和 Napaeinae 3 个亚科组成。

在 Adolf Zilch 的柄眼目分为 12 个总科的分类系统中 (1959—1960)，艾纳螺科为蛹螺总科下的 10 个科之一 (Pupillacea: Amastridae, Cochlicopidae, Pyramidulidae, Vertiginidae, Orculidae, Chondrinidae, Pupillidae, Valloniidae, Pleurodiscidae, Enidae)，其下又分 Chondrulinae、Jamininae、Eninae、Spelaeoconchinae 和 Cerastuinae 5 个亚科。

在 Hartmut Nordsieck (1986) 的柄眼目 27 总科分类系统中，艾纳螺总科 (Buliminoidea) 作为直尿道亚目的 5 个总科之一 (其余 4 个总科为小玛瑙螺总科 Achatinelloidea，榭果螺总科 Cochlicopoidea，蛹螺总科 Pupilloidea 和烟管螺总科 Clausilioidea)。艾纳螺总科包括两个科，分别为分布中心位于古北区，也分布于东洋区的艾纳螺科 Buliminidae (=Enidae)，和分布中心为埃塞俄比亚区，也见于东洋区、澳大利亚区的 Cerastuidae (有关陆生贝类地理分布区的界定见 Nordsieck, 1986: 96)。K. C. Vaught 的 28 总科柄眼目分类系统 (1989) 中，艾纳螺总科的分科与 Nordsieck (1986) 相同，此外，他将艾纳螺科下分 Bulimininae、Jaminiinae、Chondrulinae 和 Seplaeoconchinae 4 个亚科，而对 Cerastuidae 无亚科划分。

Schileyko 在其 1998—2003 年所著的一系列陆生贝类系统学专著中，对柄眼目各科做了基于形态学 (贝壳和生殖系统解剖) 的分类整理。其分类系统的总科数超过 29 个。

艾纳螺总科 (Enoidea) 包括 Pachnodidae (= Nordsieck, 1986: "Cerastuidae", 此名称被 Schileyko 认作无效名称) 和 Enidae 2 科。Pachnodidae 不分亚科, 艾纳螺科下分 Buliminuinae (sensu Schileyko, 1998)、Pseudonapaeinae、Chondrulopsininae、Jaminiinae、Merdigerinae、Andronakiinae Schileyko, 1998、Eninae、Retowskiinae、Euchondrinae (sensu Schileyko, 1998) 和 Spelaeoconchinae 10 个亚科。

以上是各种基于形态学特征的艾纳螺 (总) 科属上阶元的分类方案, 且多为未经系统发育研究验证的人为分类系统。在分子动物系统学兴盛以来, 传统分类系统受到各方面的挑战。但到目前为止, 在陆生软体动物系统重建的分子系统学方法应用中, 所研究的问题多集中于科一级的相互系统关系、总科以上阶元的单系性等方面 (如 Dayrat & Tillier, 2003; Wade et al., 2006; Mordan & Wade, 2008 等), 而对科以下系统发育关系的研究及系统的新修订则几乎缺乏。此外, 基于单个或少数 DNA 片段进行的系统发育分析, 在结果上较不统一。在揭示类群的单系性上, 与传统分类所得到的结果差距较大 (如艾纳螺总科数属的单系性得不到 rDNA 基因簇中 5.8S、ITS-2 和部分大亚基基因序列数据的支持。Wade et al., 2006)。因此, 目前艾纳螺总科的分类仍使用基于传统形态特征的分类系统。

本志中, 作者采用 Schileyko 在 1998 年提出的艾纳螺总科分类系统对物种进行安排。

(二) 中国艾纳螺总科研究简史

迄今, 对中国艾纳螺总科的研究已逾 160 年。

1884 年, 法国贝类学家 M. C. F. Ancey 研究了由神甫 Desgodin 和 Biet 在中国采集的陆生贝类标本。材料的采集地点为西藏部分地区、四川巴塘至云南盐井一线 (97°E, 28°N)。Ancey 称 "此地的艾纳螺多于世界上的其他地方 (c'est l'abondance des Bulimes, sur tout des formes sénestres, qui y sont réellement plus nombreuses que d'importe quelle autre partie du monde)" (Ancey, 1884)。之后, 他研究了 Möllendorff 采集于贵州、湖南桂阳、湖北巴东等地, 以及法国神甫 A. David 采集于四川东部的陆生贝类材料 (Ancey, 1888)。

对四川西北部艾纳螺科等陆生贝类研究开始较早。陆生贝类的采集范围涵盖了四川西北部大多数地区, 包括 30 个县和大渡河流域。这个地区有一些著名的标本采集活动, 最早之一是由 A. David 在 1870 年前于四川宝兴县、陕西殷家坝等地开展, 其采集的材料由 M. Deshayes 在 1870—1874 年鉴定研究。

在 1883—1884 年, V. Hilber 研究了由地质学家 L. von Lóczy 于 1877—1880 年在四川北部采集的材料。后一次采集的材料保存于匈牙利布达佩斯的国立博物馆, 但不幸的是, 这些标本在第二次世界大战期间毁于战火 (A. Wiktor, 私人通信)。

此后, 最重要的采集是俄罗斯学者 G. N. Potanin 和 M. M. Beresowski 在 1881—1886 年进行的, 包括 1883—1885 年, N. M. Przewalski 的第四次探险采集包括的地区含蒙古国南部、至毗邻西藏北部的青海地区和昆仑山至新疆; 以及 1881—1886 年, G. N. Potanin 和 M. M. Beresowski 在蒙古国南部、甘肃和四川, 以及 1891—1894 年在山东、河南和陕西进行的采集。1899 年始, 德裔俄罗斯贝类学家 O. von Möllendorff 研究了由

Grum-Grshimailo 兄弟、G. N. Potanin、M. M. Beresowski、N. M. Przewalski、Piassetzki 和 P. Grombtschewski 等提供的贝壳标本,这部分标本软体部分的解剖研究由 F. Wiegmann 于 1899—1902 年进行。由 Möllendorff (1901) 和 Wiegmann (1900) 进行的研究,是迄今为止中国陆生贝类区系最重要的经典成果。他们研究的大部分中国材料现保存在俄罗斯圣彼得堡的动物研究所。

1913—1915 年,有感于四川西北部陆生贝类的区系特色,W. Stötzner 探险队成员之一的 Dolan 再次在该地区采集,所搜集的标本通过化学家 J. Schedel 交给 W. Blume。后者仅在 Wagner 和 F. Haas 的帮助下研究了其中一部分标本,经鉴定发现,物种情况与 Dolan 所采集的大不相同 (Blume, 1925; Pilsbry, 1934)。

1933 年,美国贝类学家 H. A. Pilsbry 研究了 1931 年 Dolan 中国西部探险 (the Dolan West China expedition) 时在四川西北部采集的陆生贝类材料 (Pilsbry, 1934)。Pilsbry 所研究的材料先保存于美国费城科学院 (ANSP) (Wu, 2002 及其所引文献)。

此外,涉及中国西部贝类区系的考察,有 1912 年前对澜沧江峡谷的考察 (Zoological Survey of India),A. H. Cooke 在 1912 年前对甘肃东南部的贝类调查,英国 J. W. Gregory 父子 1922 年在云南澜沧江峡谷至大理一线的考察 (Annandale, 1923; Zoological Survey of India),等等。

与对陆生贝类多样性极其丰富的甘南、川西、滇北的采集研究比较而言,以往对华北、华南和华东陆生贝类区系研究相对较少。P. Licent 于 1915 年前后到中国,他本人在华北地区进行了陆生和水生腹足类的采集 (Hoang ho Pai ho Museum),标本搜集时间超过 20 年,著名英籍华裔贝类学家阎敦建 (T. C. Yen) 于 1935 年对这些标本进行了研究。

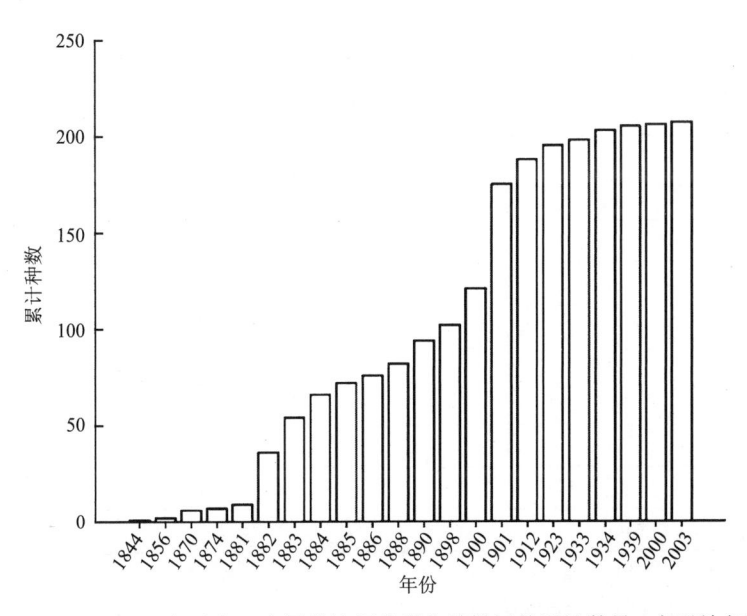

图 1 1844—2003 年以来,中国艾纳螺总科物种描记的累计数量 (含无效名称)
Fig. 1 The accumulative sum of the China's enoid species described from 1844 to 2003, with invalid names included

1882—1890 年，法国著名的贝类学家、神甫 P.-M. Heude (韩伯禄) 除研究 Dolan 采集于四川西部的陆生贝类材料外，还大量研究了来自四川东部 (包括重庆)、湖北、湖南、江西、安徽、江苏等地区的陆生贝类和一些淡水贝类标本，其工作也是有关中国非海洋贝类的经典研究。在震旦博物馆解散时，其标本分散为 3 份，一部分保留在中国国内，这些标本在 1949 年以后移往中国科学院动物研究所标本馆 (北京)；一部分流往法国；还有一部分被以低价售于一美国贝类收藏家，现收藏于哈佛大学。

主要博物馆馆藏中国贝类材料的整理研究由阎敦建完成。他分别于 1939 年和 1942 年对德国瑟肯堡自然历史博物馆 (法兰克福) 和英国自然历史博物馆 (伦敦) 的馆藏中国贝类材料进行了系统研究 (Yen, 1939, 1942)。

在我国，大量的艾纳螺总科物种描述、地理分布研究是在 1882—1901 年完成的，其后对本总科的研究基本停滞 (图 1)。

表 1 我国艾纳螺总科的属种情况

Table 1 Numbers of genera and species (subspecies) of China's enoids, compared with their overseas members

属 Genus	中国种数 (亚种数) * China's species (subspecies)	世界种、亚种数** Global species and subspecies	分布 Distribution	解剖研究 Anatomy information
Rachis	2 (0)	约 15	非洲，印度，中国	+
"*Buliminus*"	7?	12—15	小亚细亚，伊朗北部，南外高加索，中国	+
Pupinidius	12 (10)	13—14	中国，尼泊尔	+
Serina	8 (3)	8—10	中国	+
Holcauchen	15 (2)	12	中国	+
Clausiliopsis	10 (0)	6	中国	+*
Pupopsis	14 (0)	7	中国	+*
Petraeomastus	20 (6)	17	中国	+
Coccoderma	6 (0)	3—5	中国，东南亚，爪哇	—
Mirus	31 (20)	多于 20	中国，东亚，日本	+
Turanena	4 (0)	20	小亚细亚，外高加索，中亚，中国	+
Subzebrinus	23 (4)	1	哈萨克斯坦，中国	+
Heudiella	2 (0)	1	中国	+
*Dolichena****	1 (0)	/	中国	—
*Funiculus****	6 (0)	/	中国	—

*根据本志研究统计；** 根据 A. Schileyko 1998 年的统计，含中国种和亚种；*** 未列入 A. Schileyko 1998 属名录中的属；*Lophauchen* 为巴蜗牛科 *Pseudobuliminus* 属的异名 (Guo *et al*., 2011)，故除去。

One asterisk: known from the present work; double asterisks: information from the catalogue by Schileyko, 1998, China's species are included; triple asterisks: not listed in the catalogue by Schileyko, 1998; *Lophauchen* is excluded here as it is a synonym of bradybaenid genus *Pseudobuliminus* (Guo *et al*., 2011).

二、形态特征

(一) 贝 壳

柄眼目的贝壳为一种不对称的结构，为便于描述，对贝壳各部分进行了人为的命名(图2)。艾纳螺的贝壳的壳高总是大于壳宽，贝壳外形有卵圆锥形 (ovate-conic) (图4A)、塔形 (turreted) (图4B)、卵塔形 (ovate-turriform) (图4C)、锥形 (conic) (图4D)、锥螺形

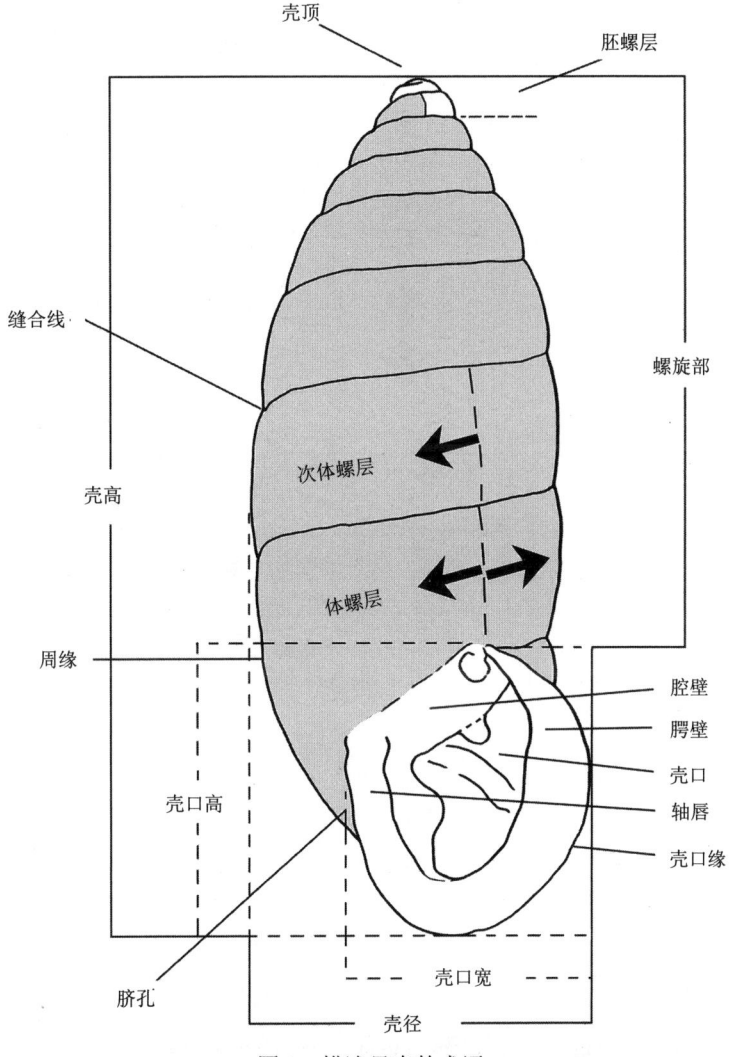

图 2 描述贝壳的术语
Fig. 2 Shell terminology

壳顶 (apex); 壳口 (aperture); 体螺层 (body whorl); 轴唇 (columellar lip); 胚螺层 (embryonic shell, nuclear whorls, protoconch); 腭壁 (palatal wall); 腔壁 (parietal wall); 次体螺层 (penultimate whorl); 壳口缘 (peristome); 周缘 (periphery); 螺旋部 (spire); 缝合线 (suture); 脐孔 (umbilicus)

(bulimoid) (图 4E)、纺锭形 (fusiform) (图 4F)、蛹形 (pupilliform/pupa-shaped) (图 4G)、尖出蛹形 (urocoptiform，本文中描述用语写作 "壳顶尖出"，图 4H)、子弹头形 (bullet-shaped) (图 4I)、圆柱锥形 (cylindrical-conic) (图 4J) 等。尽管在描述时使用上述术语进行区分，实际上这些术语仅给出了对一个贝壳的粗糙印象，而且用语含义间多有重叠。但不管怎样，有价值的是，这类描述能迅速地给出一个贝壳大概的形态信息，即这类术语还形象地传递了高/壳径等习用的数量特征所不能反映的贝壳外轮廓线 (contour) 的性质。某些属在贝壳外形上具有一致性，如鸟唇螺属 *Petraeomastus* 具有尖卵圆形，其特点是右边轮廓线 (右旋的种类；左旋的种类为左边的轮廓线) 类似 "S" 形，壳顶突然尖出 (protruded) (图 4H)。

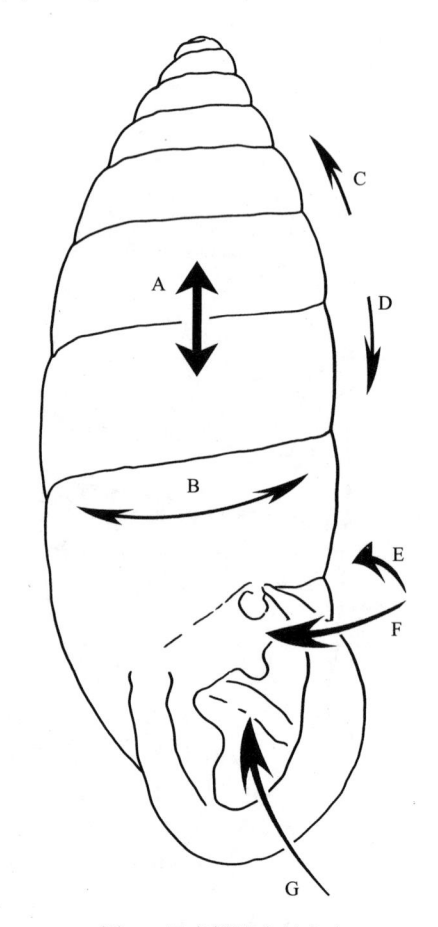

图 3 贝壳描述中的方向

A. 轴向/放射向/生长线向；B. 螺旋向/横向；C. 向壳顶；D. 向壳底/向脐孔；E. 背壳口向/反壳口向；F. 向壳口向；G. 朝向壳口内

Fig. 3 Directions employed in shell description

A. axial/radial/along growthline; B. spiral/transversal; C. apically/toward apex; D. toward bottom/umbilicus; E. abaperturally; F. toward aperture; G. inside aperture

本总科蜗牛贝壳多为右旋 (dextral)。按 Burch 和 Pearce (1990) 对蜗牛贝壳大小的划分标准，对于艾纳螺这样壳高长于壳最大径 (major diameter, diam. maj., 指最大的壳径；通常的"壳径"是指最大的壳径，除非特别指出) 的类群，壳高<3mm者为微型，壳高在 3—10 mm 者为小型，壳高在 11—30 mm 为中型，而壳高>30mm 者为大型。我国艾纳螺中大多种类体形为中型，少数为小型。贝壳薄，却通常很坚固。

新鲜贝壳极少透明 (translucent)，通常为不透明 (opaque)，少数为半透明 (semitranslucent)。角质层 (或称为"壳皮"，periostracum) 通常具光泽 (glossy)，或不具光泽 (dull)。艾纳螺科的贝壳中极少数像巴蜗牛科亮盘螺属 (*Stilpnodiscus* Möllendorff, 1899) 那样具有极亮的光泽 (shining)，也几乎没有不具光泽的情况。需要注意的是，在观察时需注意有否光泽仅对新鲜贝壳标本而言，陈旧的贝壳有时因保管条件欠妥而失去光泽。一般来说，艾纳螺贝壳颜色比较单调，通常为接近秸秆的黄色或深浅不同的褐色，有时具有白色的条纹。前者通常可认为是具有单一的着色，而后者可称为复杂/多样的着色。观察具有凹陷瘢痕 (speckled)、磨损的贝壳，或从壳口向内观察螺层内壁时，可发现贝壳螺层所具有的白色条纹较褐色更凸浮，因而可认为褐色为背景色。艾纳螺不同种类的贝壳几乎都是以或深或浅的黄色和褐色为背景色的。旧文献中往往称为"角色" (horny)，以加不同修饰语后而有区别。

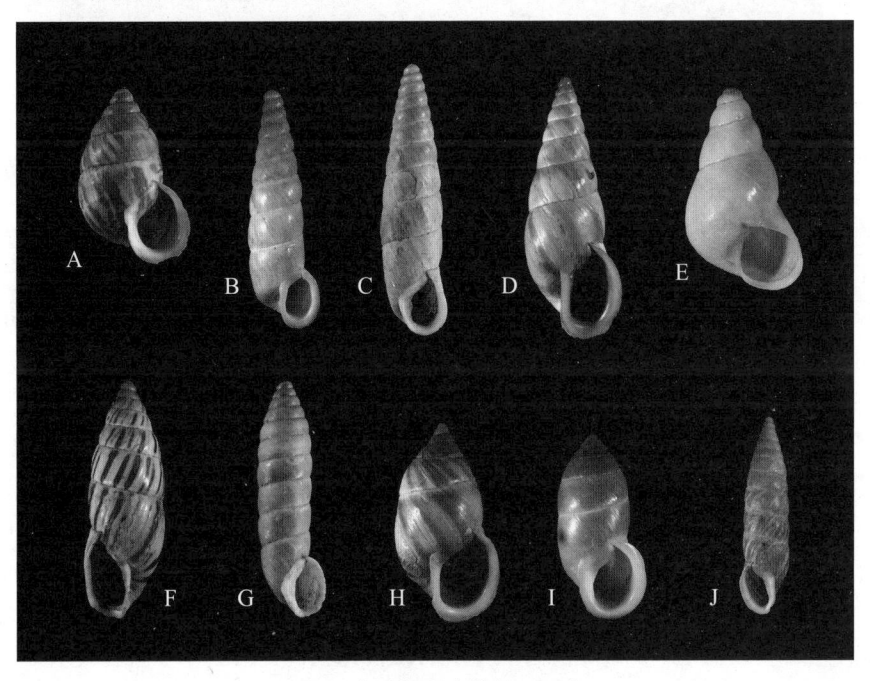

图 4 艾纳螺贝壳的外观形态

A. 卵圆锥形；B. 塔形；C. 卵塔形；D. 锥形；E. 锥螺形；F. 纺锭形；G. 蛹形；H. 尖出蛹形 (本文中描述用语写作"壳顶尖出")；I. 子弹头形；J. 圆柱锥形

Fig. 4　Shapes of enoid

A. ovate-conic; B. turreted; C. ovate-turriform; D. conic; E. bulimoid; F. fusiform; G. pupilliform/pupa-shaped; H. urocoptiform; I. bullet-shaped; J. cylindrical-conic

贝壳具有更凸出的或宽阔或狭窄的白色辐射向条纹 (radial/axial striations/streaks) (图 5A)。与其他陆生贝类相比，艾纳螺科成员很少出现螺旋向的深色带 (spiral bands, bands) 或是亮色带 (spiral bright bands, bright bands)，如澳大利亚昆士兰的 *Rachispeculum* Iredale, 1933 具连续的和间断的深栗色色带，我国的 *Pupinidius gregorii* 同一种群中有具明显色带和无明显色带的个体 (图 5B)。艾纳螺科通常不具色带。

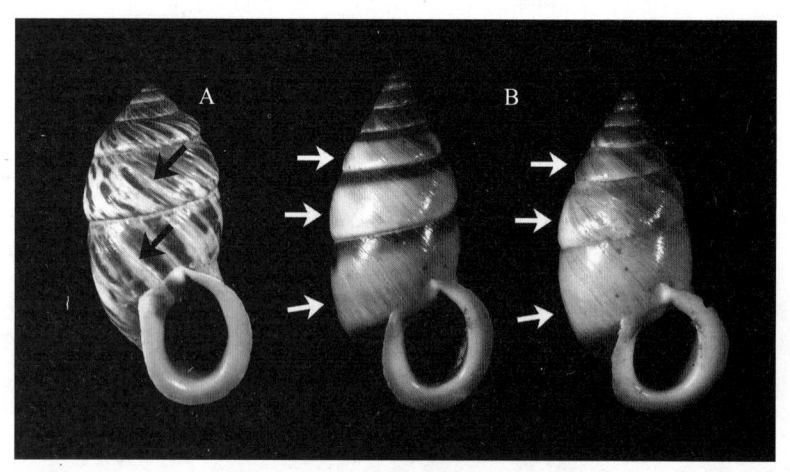

图 5 艾纳螺贝壳的条纹和色带
A. 白色辐射向条纹；B. 螺旋向的亮色带，左、右为同种：左螺色带明显，右螺色带不明显
Fig. 5 Stiations and bands in Enoidea
A. radial striations; B. bright (spiral) band in conspecific left shell and right shell. Left, distinctly banded; right, obscurely banded

螺层突起或扁平。除极少数属 (如 *Clausiliopsis* 等) 的少数种外 (图 6A)，通常不具有明显的肋 (ribs)；螺层有时有螺旋向的细沟 (spiral grooves)，细沟密集而整齐地与生长线交错呈布纹状，如 *Coccoderma warburgi* 中所呈现的情况 (图 6B)。除 St. Helena 岛上分布的 *Nesobia* Ancey, 1887 外，螺层均不具肩 (shoulder)。在包含了绝大多数我国艾纳螺物种的假锥亚科 (Pseudonapaeinae) 中，胚螺层大多光滑，没有颗粒、放射状线纹或细小褶皱等雕饰。胚螺层最初形成，因而在某些种类里胚螺层随年龄增长而磨损；但在某些类群中，胚螺层在蜗牛生活的时间内保持原状和光泽，如分布于我国西部的金丝雀螺属 *Serina* 各种。艾纳螺的胚螺后螺层 (postnuclear whorls) 具有各类雕饰，具有颗粒、皱褶、规则或不规则的不同发达程度的连续肋或不连续肋，或如在谷纳螺属 *Coccoderma* 各种中断裂成连续的小瘤状，或具发达程度不同的各类放射状排列的条纹。在缝合线下，在极少数种类中具有一狭窄的带状区域 (defined zone) (图 6C)，可与螺层其余部分区分，如见于条金丝雀螺 *Serina cathaica* Gredler, 1898。

最后一个螺层也称为体螺层或终螺层 (ultimate whorl, last whorl)，是指结束于壳口的一个螺层；毗邻体螺层的一个螺层称为次体螺层。体螺层很少在周缘 (periphery) 呈角度，通常圆整 (图 7B)。在沟颈螺属 *Holcauchen* 的某些种类中，体螺层周缘在相对于内壁螺旋向襞的位置有凹陷 (图 7A)。壳口附近的体螺层区段或平直地导向壳口 (图 8A)，描述中可称为"体螺层前部直"，如 *Mirus acuminatus* (Möllendorff, 1901)；或在前部下倾 (图

8B); 在艾纳螺中通常壳口附近的体螺层区段为逐渐向壳口方向上抬 (与前部下倾相反) (图 8C), 或仅从壳口后方开始向壳口方向突然上抬 (图 8D)。

图 6 艾纳螺贝壳表面雕饰

A-B. 艾纳螺贝壳表面雕饰。A. 肋; B. 螺旋向细沟; C. 缝合线下具狭窄的带状区

Fig. 6 Sculptures on shell surface

A-B. sculptures on shell surface. A. ribs; B. spiral grooves; C. narrow spiral zone beneath suture

图 7 艾纳螺贝壳体螺层周缘的形态

A. 周缘凹陷; B. 周缘圆整

Fig. 7 Peryphery of body whorl in Enidae

A. concaved; B. rounded

图 8 艾纳螺中，近壳口的体螺层区段倾斜的方向
A. 体螺层向壳口方向平直；B. 体螺层向壳口方向下倾；C. 体螺层向壳口方向逐渐上抬；D. 体螺层在壳口后立刻上抬
Fig. 8 In Enoidea, situations of terminal body whorl
A. terminal body whorl straight toward aperture; B. terminal body whorl descending toward aperture; C. terminal body whorl gradually ascending toward aperture; D. terminal body whorl promptly ascending toward aperture

艾纳螺通常具有众多螺层，在我国的种类中，具有 6—17 个螺层。贝壳的测量指标为壳高 (height)、壳最大径、壳口高和壳口宽 (测量方法见图 2)。在计算值特征中，壳高与壳最大径的比例 (Rhw) 大致反映了贝壳的形状，而壳高与壳口高的比例 (Rhah) 反映了壳口的相对大小。因艾纳螺的脐孔狭窄地开放，仅呈狭缝状或封闭，故在常规描述中不需要测量脐孔径。

艾纳螺中，许多特征汇聚于壳口及附近。壳口形态在种间或属间可能存在差异。壳口有圆形、圆卵形、卵形、半圆形、半卵圆形、不规则形、耳状、椭圆形或菱形等。但如艾纳螺贝壳形状一样，这些描述语汇同样是颇含糊的，尽管在一定程度上反映了壳口大致的形状。

为方便描述，人为地将壳口划分为腭部 (palatal region) 和腔壁部 (parietal region)，前者还包括轴唇部 (columellar region) (图 2)。壳口联生 (图 9A) 或体螺层与螺层的相接点分离 (图 9B)，而前者是金丝雀属所有物种和沟颈螺属部分物种的特征。壳口所在的平面与螺轴平行，即所谓的壳口垂直 (图 10B)，较少出现；常见的是壳口多少与螺轴形成一定夹角，即所谓的壳口倾斜 (图 10A)。壳口简单，即不具齿 (unarmed) 或具不同发达程度和形态的齿 (tooth)、板 (lamella)、褶襞 (plica) 或增厚部分 (thickening)，所有这些结构并无实际意义上的差别，可统称为齿 (tooth，图 2，图 11)。在艾纳螺科中，壳口多数较简单，如我国艾纳螺科各属的壳口多数简单，最常见壳口结构为壳口与螺层相接点以内的角结节 (angular nodule)，有时会有 1—3 个齿或出现腭部褶襞；很少类群的壳口结构较复杂，但齿等结构的数量至多不超过 7 个，如分布于巴尔干半岛等地的 *Euchondrus* O. Böttger, 1883 的壳口具 7 个瘤状的齿。

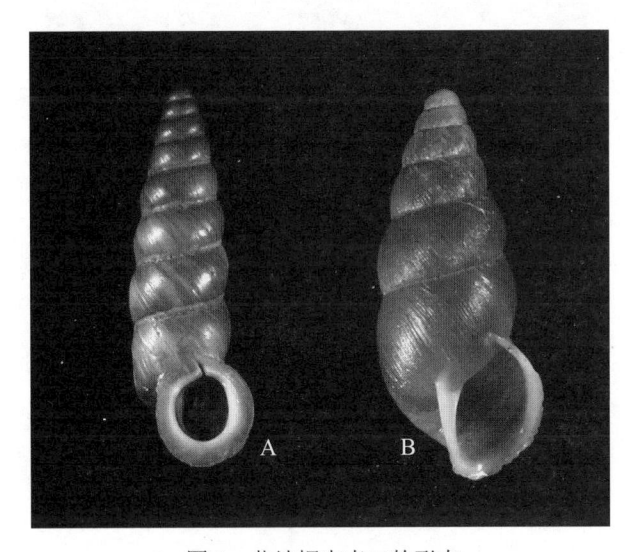

图 9　艾纳螺中壳口的形态
A. 壳口着生处联生；B. 壳口着生处分离
Fig. 9　Aperture in enoids
A. peristome insertions connected/adnate; B. peristome insertions separated

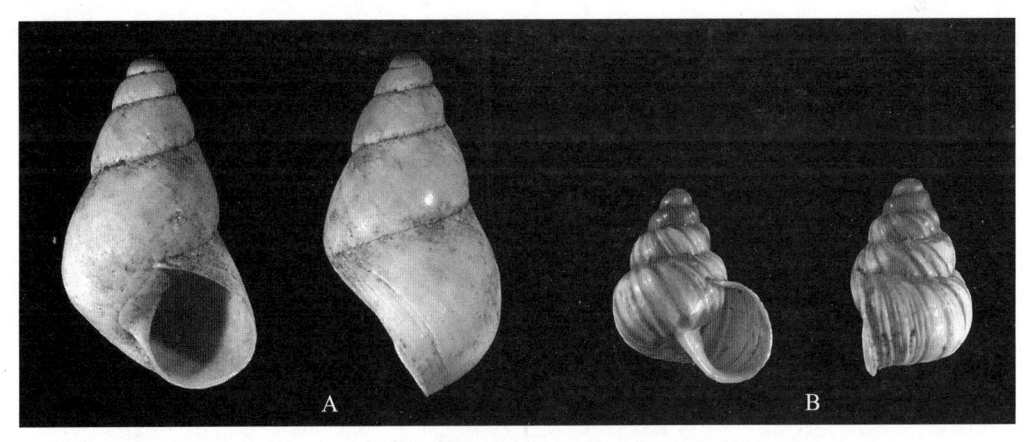

图 10　艾纳螺中壳口的方向
A. 壳口倾斜；B. 壳口垂直
Fig. 10　Direction of aperture in enoids
A. oblique aperture; B. vertical aperture

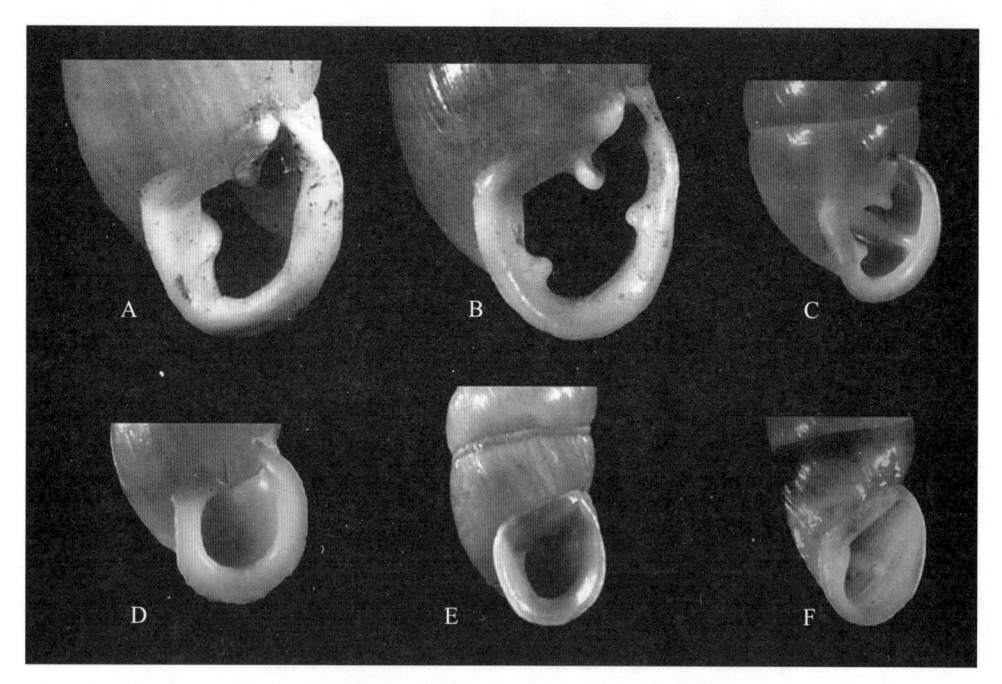

图 11 蛹纳螺壳口的齿 (仿 Wu & Gao 2010, Figure 3)

A. *Pupopsis pupopsis* (Gredler, 1898); B. *Pupopsis zilchi* Wu & Gao, 2010; C. *Pupopsis torquilla* (Möllendorff, 1901); D. *Pupopsis yengiawat* Wu & Gao, 2010; E. *Pupopsis hendan* Wu & Gao, 2010; F. *Pupopsis maoxian* Wu & Gao, 2010

Fig. 11　Apertural view of *Pupopsis* species (after Wu & Gao 2010, Figure 3)

艾纳螺壳口的口缘部分较少平直 (straight) (图 12A 为部分平直); 口缘通常反折 (reflexed), 反折部分的边缘形成卷边 (cuff), 后者可能平直或向反壳口方向翻折或翻卷 (图 12B, C)。在轴唇区域, 壳口几乎总是反折的。口缘反折部分, 增加了艾纳螺静栖或

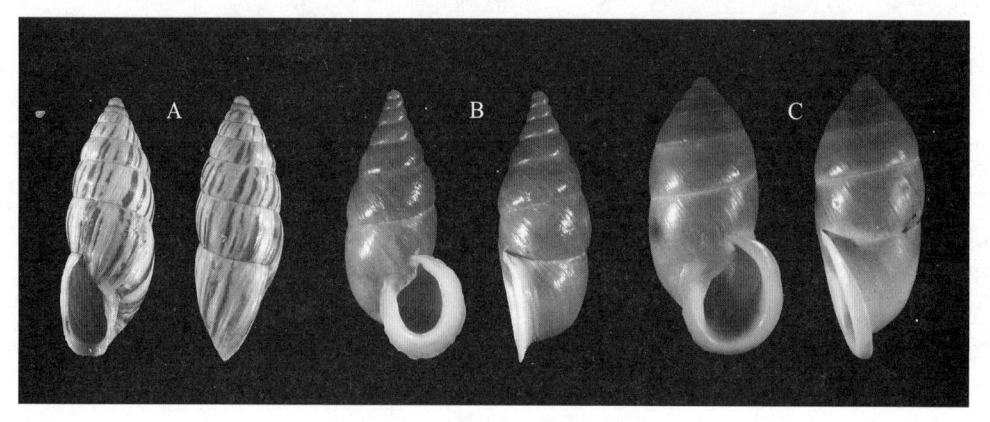

图 12　艾纳螺壳口口缘的结构

A. 口缘平直, 除轴唇区外不反折; B. 口缘反折形成卷边, 卷边平直; C. 口缘反折形成卷边, 卷边向反壳口方向翻卷

Fig. 12　Peristome of enid shells

A. peristome not reflected except columellar region; B. peristome reflected, forming a straight cuff; C. peristome reflected, forming an abaperturally bending cuff

休眠时与附着物体之间的附着面，具有减少失水的功用。有些壳口口缘反折但无卷边的艾纳螺种类，无论反折部分面积的大小，口缘都很坚固，从不破损；而有些种类，常发生口缘破损的情况。壳口与螺层的相接点之间的，是胼胝部 (callus)，或称为腔壁胼胝部 (parietal callus)。艾纳螺胼胝部的发育程度不同种、属间有所不同。有时，胼胝部很发达，极端发达的例子出现在金丝雀螺和钩颈螺中，胼胝部几乎或完全与口缘不可区分，从而形成一个连续的口缘 (图 9A)。轴唇的特点可视为壳口特征的一部分，轴唇外缘呈垂直、弓形、向轴倾斜或离轴倾斜。在我国的艾纳螺种类中，轴唇大多简单，或多或少地反折，有时遮蔽或部分遮蔽脐孔。轴唇上的齿、板、褶襞也为壳口构造的一部分。在拟烟螺属 (*Clausiliopsis*) 中，轴唇具斜的螺旋向皱襞，该皱襞在次体螺层内极度扩大，以后消失；在沟颈螺中，轴基部具弱的斜螺旋向皱襞，其上方具有一条更发达的皱襞。

(二) 软 体 部 分

艾纳螺软体部分的研究主要集中于生殖系统。与众多陆生贝类一样，艾纳螺为异体授精的雌雄同体动物。其生殖系统可分为两部分：雄性部分和雌性部分。两部分以生殖腔 (atrium) 为共同开口。雄性部分包括交接器 (penis)、交接器附器 (penial appendix)、成荚器 (epiphallus)、鞭状器 (flagellum)、输精管 (vas deferens) 和交接器收缩肌构成；雌性部分由雌道 (vagina)、游离输卵管 (free oviduct)、输卵管 (oviduct)、纳精囊 (bursa copulatrix) 等部分构成。不同属种的生殖系统的端部 (terminal genitalia) 体现出特征上的多样性，这类特征多具有种内或种以上阶元内的稳定性，故常为分类研究提供大量的特征。为描述的便利，通常以生殖腔作为生殖系统的近端 (proximal)，以远离生殖腔的部位为远端 (distal) (图 13)。

输精管通常很细长而且粗细均匀。在少数属 (如西南非洲的 *Altenaia* Zilch, 1972) 中，输精管极短。有些属种的输精管近端或中部具有膨大的部分。输精管通常以明显的界线与成荚器相接，如我国的所有已知种类；或平滑地与成荚器相接，无明显界线存在，如分布于非洲东部及南部、马达加斯加和印度的 *Edouardia* Gude, 1914 (图 14)。

成荚器通常长，呈粗细均匀的圆柱形或呈向远端或近端渐细的圆柱形。多数种类的成荚器平直；但有些种类中，能稳定地形成或多或少的圈环 (loops) 结构，或称为"盘曲"。成荚器外部通常光滑，但有时成荚器在某些部位形成向管轴方向陷入的半环形切痕 (semicicular incision)。在南部阿拉伯、部分非洲地区分布的 *Zebrinops* Thiele, 1931，在交接器盲囊一侧具有腺状壁 (glandular wall)。在成荚器的近输精管开口、近交接器处或中部等不同部位，可能出现具有不同形态的成荚器盲囊。我国的艾纳螺中，已知解剖的种类的成荚器盲囊均具有圆钝的末端。鞭状器与成荚器相接，为一鞭状盲管。其位置由输精管插入的位置决定。在很少的类群，如上述的 *Edouardia* 属和伊朗西部的 *Modania (Iranopsis) carduchus* (Martens, 1874) 中，鞭状器阙如。我国艾纳螺各属种类均具有短管状的鞭状器，其末端大多圆钝，与成荚器连接平滑；而分布于亚洲 (Asia) 的 *Pene* Pallary, 1929，具有与成荚器界线明确的、从成荚器后突然变细的鞭状器。

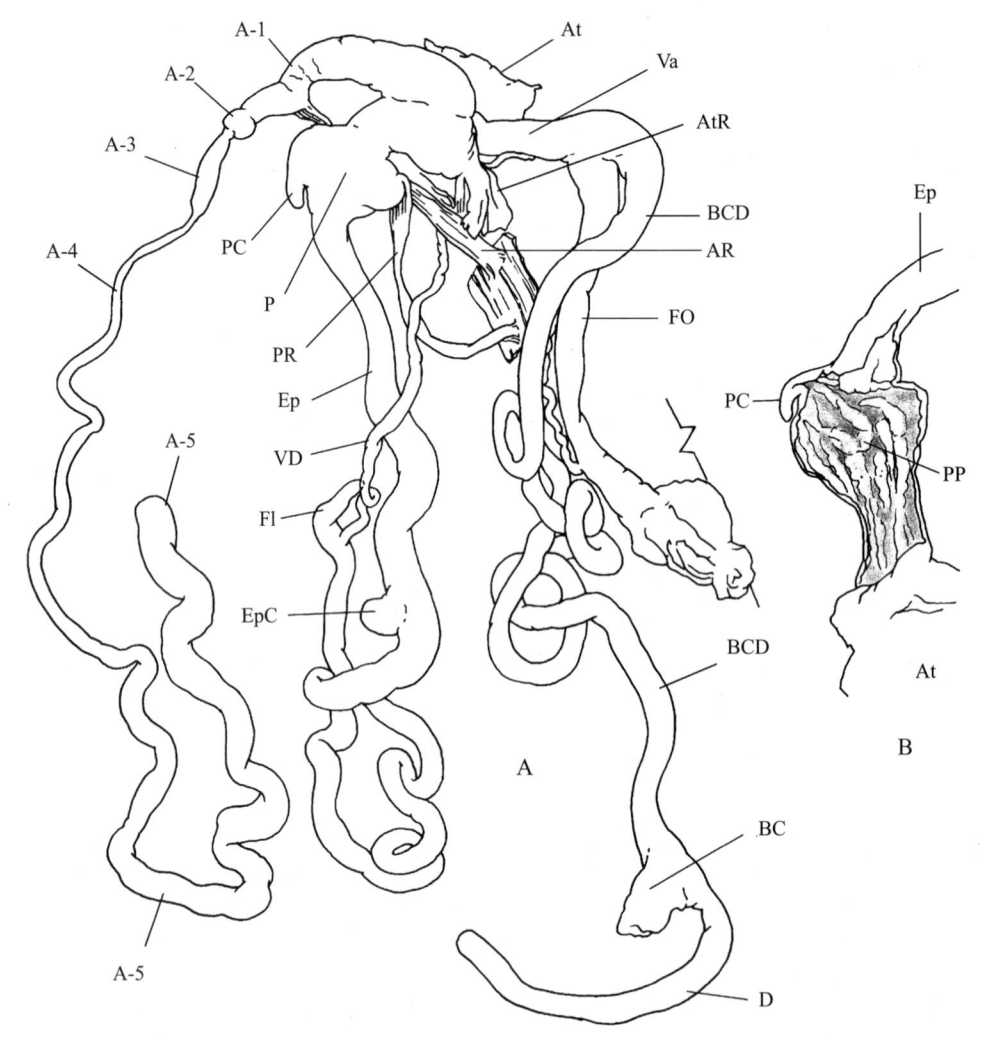

图 13 艾纳螺的生殖系统，以横丹拟烟螺 *Clausiliopsis hengdan* Wu & Wu, 2009 为例

A. 生殖系统全面观 (输卵管远端缺失); B. 交接器内部观。A-1～A-5. 交接器附器各部; At. 生殖腔; AtR. 生殖腔收缩肌; AR. 交接器附器支收缩肌; BC. 纳精囊; BCD. 纳精囊管; D. 纳精囊管分支盲管; Ep. 成茎器; EpC. 成茎器盲囊; Fl. 鞭状器; FO. 游离输卵管; P. 交接器; PC. 交接器盲囊; PP. 交接器壁柱; PR. 交接器支收缩肌; Va. 雌道; VD. 输精管 (仿 Wu & Wu, 2009: Figure 4)

Fig. 13 Genitalia of enid snails, exemplified by *Clausiliopsis hengdan* Wu & Wu, 2009

A. general view of genitalia, with distal oviduct lost; B. internal view of penis. A-1～A-5. five sections of penial appendix; At. atrium; AtR. atrial retractor muscle, or atrial retractor; AR. apendical retractor; BC. bursa copulatrix; BCD. bursa copulatrix duct; D. diverticle of bursa copulatrix duct; Ep. epiphallus; EpC. epiphallic caecum; Fl. flagellum; FO. free oviduct; P. penis; PC. penial caecum; PP. penial pilaster; PR. retractor muscle of penial branch; Va. vagina; VD. vas deferens (After Wu & Wu, 2009: Figure 4)

交接器连接生殖腔、成茎器和交接器附器。交接器呈球状、粗细均匀的棒状、近端或远端膨大的棒状、中部膨大的棒状或细线状 (截面直径略等于输精管)，极少具交接器鞘 (penial sheath)。交接器壁通常薄，如分布于塞舌尔的 *Pachnodus* 属那样的厚壁构造 (单壁厚达 $1/3—1/2$ 的交接器直径)，则很少出现。与成茎器相连接时，交接器在侧面、通

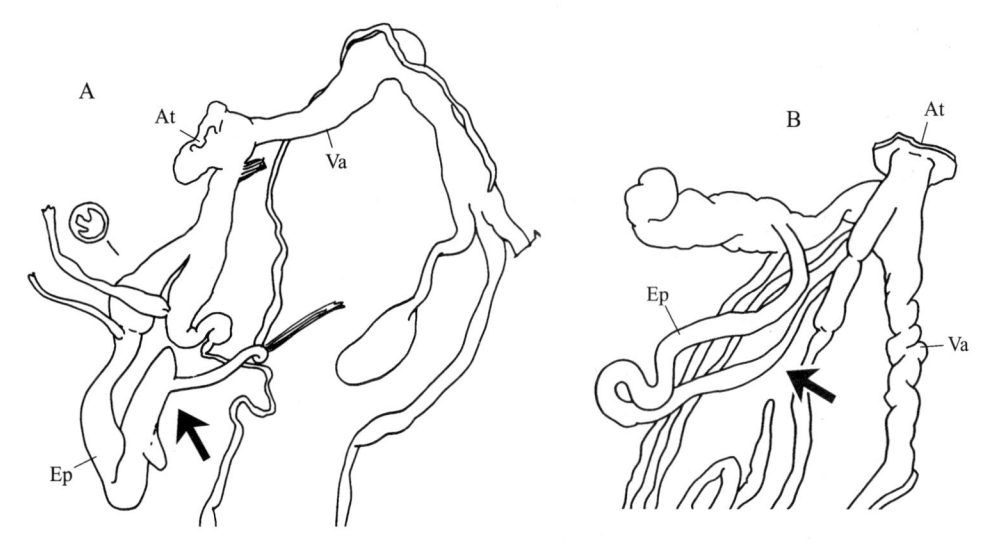

图 14 输精管与成茎器的连接
A. *Subzebrinus fuchsianus* (Heude, 1882)中，输精管通常以明显的界线与成茎器相接；B. *Edouardia* Gude, 1914 中，输精管平滑地与成茎器相接，两者间无明显界线存在 (B 仿 Schileyko, 1998)
Fig. 14 Insertion of vas deferens to epiphallus
A. in *Subzebrinus fuchsianus* (Heude, 1882), vas deferens entering epiphallus by a distinct demarcation; B. vas deferens entering epiphallus smoothly without distinct demarcation, as in *Edouardia* Gude, 1914 (B after Schileyko, 1998)

常在端部进入成茎器。交接器内部具有各种形态的壁柱构造，壁柱为上皮样突起 (在研究交接器内部构造时，需从交接器收缩肌附着痕的对面管壁开始解剖，可使壁柱及其衍生结构保持完整，以便于观察)。壁柱的形态、分布和数量在不同类群中相当稳定。最常见的壁柱为长形，纵贯全部或部分交接器。某些壁柱十分发达，占据了交接器腔 (penial chamber) 的主要部分；从外部观察到的交接器某部分膨大，往往是因为其内部具有发达的壁柱构造。在某些类群中，从收缩肌附着处至近成茎器的壁柱特化成 "V" 形壁柱 (sensu Schileyko, 1998)，有时 "V" 形的两分支又各形成一个 "V" 形构造，成为双 "V" 形壁柱 (图 15)。而事实上，"V" 形的开口并不开放，而是由横向的壁柱通过愈合而相连，成为瓣膜样结构 (velum)，因而 "V" 形实际上呈封闭的钻石形，但本志不就此更正，而是沿用 "V" 形壁柱的既有术语。我国艾纳螺各属种类，大多具有单 "V" 形壁柱或双 "V" 形壁柱，在该类壁柱的近成茎器端愈合处有时具 1 个发达或纤小的刺激器 (stimulator)。对于双 "V" 形壁柱，如果刺激器出现，则刺激器着生于双 "V" 形壁柱内侧相邻的 2 条壁柱的远端愈合部分。刺激器指向近交接器基部，但长度均不超出交接器收缩肌附着痕。在 "V" 形的尖端处，往往有一小段愈合部分游离于交接器内壁，成为厚的小瓣膜构造。而成茎器开口于 "V" 形或双 "V" 形壁柱与刺激器的侧面，并不直接进入 "V" 形壁柱的内部。在没有 "V" 形壁柱的种类中，可能交接器内壁光滑、具纵向平行的数条小壁柱或具有 2 条大壁柱、具有杂乱排列的褶皱或嵴样结构、具微小马蹄样褶皱、在内壁某个区域内具有平截圆锥样的众多小瘤、具横向的腺斑 (glandular patch)，或具有狭缝形的半环形凹陷，体现出交接器内壁形态的多样性。交接器可能具有 1 个位于不同位置的囊状、圆锥状、乳头状或钝头管状的突起。

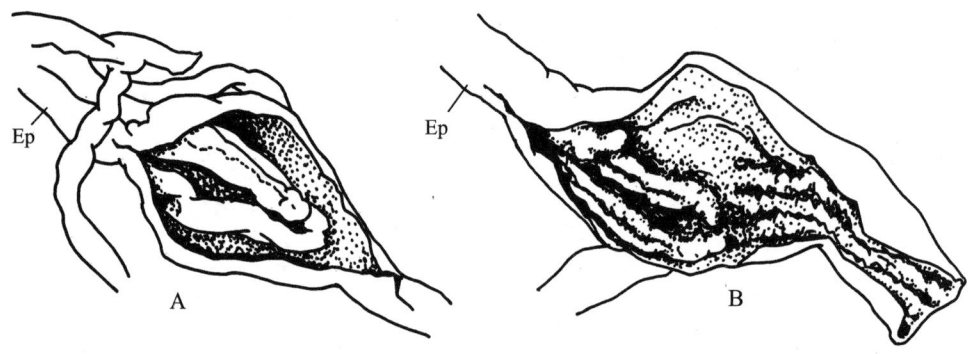

图 15　A. *Subzebrinus ottonis ottonis* (Sturany, 1900)中, 从收缩肌附着处至近成茭器的壁柱特化成 "V" 形壁柱; B. "V" 形的两分支又各形成一个 "V" 形构造, 成为双 "V" 形壁柱

Fig. 15　A. in *Subzebrinus ottonis ottonis* (Sturany, 1900), a V-shaped pilaster occurred on penial inner wall; B. each branch of a V-shaped pilaster forked and forming two smaller V-shaped pilasters

在很少的类群, 如欧洲等地分布的 *Chondrula* Beck, 1837 的指名亚属中, 交接器附器阙如。若交接器附器出现, 交接器与交接器附器直接分叉于生殖腔处, 如我国四川、云南分布的 *Petraeomastus heudeanus* (Ancey, 1883); 或两者具有一定长度的共同管道, 然后分叉, 如我国云南、贵州分布的 *Mirus hartmanni* (Ancey, 1888)。交接器与交接器附器的交接处, 可能有一乳突自前者进入后者管内。交接器附器依照内部构造不同, 可分为 5 部分, 自近端至远端分别称为 A-1、A-2、A-3、A-4 和 A-5, 相邻的附器分节可能有愈合的情况出现。例如, 中国艾纳螺的交接器附器的分节愈合情况基本可分为 3 种情况: ①A-1+A-2 (A-1 与 A-2 愈合, 下同)、A-3、A-4+A-5; ②A-1+A-2、A-3、A-4、A-5; ③A-1、A-2、A-3、A-4+A-5。各段的长度或愈合后的长度都是稳定的特征。A-1、A-2 的内壁光滑、具有排列无序的小乳头、具有环状的皱褶或具有纵向的壁柱; 与 A-3 毗邻的 A-2 端部内壁可能光滑, 或具有众多小乳突整齐地排列成一圈, 后者如 *Pupinidius gregorii* (Möllendorff, 1901) (图 16A); A-3 近端以一微小的乳突或长针状乳突伸入 A-2 腔内 (图 16A); A-4 平滑地与 A-5 相接, 或两者间具有明晰的界线; A-5 可能膨大, 或可能表面呈念珠状 (具有规则的环状缢痕), 如分布于我国四川西北的 *Subzebrinus erraticus* (Pilsbry, 1934)。此外, A-5 通常为直管结构, 少数类群的 A-5 形成圈环结构 (图 16B)。

交接器收缩肌附着在体腔壁。通常交接器收缩肌有 2 条, 称为双支收缩肌 (biramous penial retractor), 一条附着于交接器, 另一条附着于交接器附器。这两条肌肉或独立地附着于体腔壁上 (图 17 A), 或独立地但并列附着于体腔壁上, 或未及体腔壁就先愈合, 然后共同地附着于体腔壁之上 (图 17 B)。中国的艾纳螺种类基本上都为双支型, 但也有更复杂的情况, 如漆沟颈螺 *Holcauchen rhusius* (Möllendorff, 1901) 中, 除了 2 支可视为双支型的收缩肌外, 多出一条附着于交接器附器的第三支交接器收缩肌 (图 17 C)。在少数类群中, 如亚洲和东北非洲分布的 *Amphiscopus* Westerlund, 1887 中, 具有单支收缩肌 (uniramous penial retractor, 图 18)。双支型交接器收缩肌的另一端大多分别附着于交接器/成茭器和交接器附器上, 在这两个结构上的附着位置也是稳定的特征。

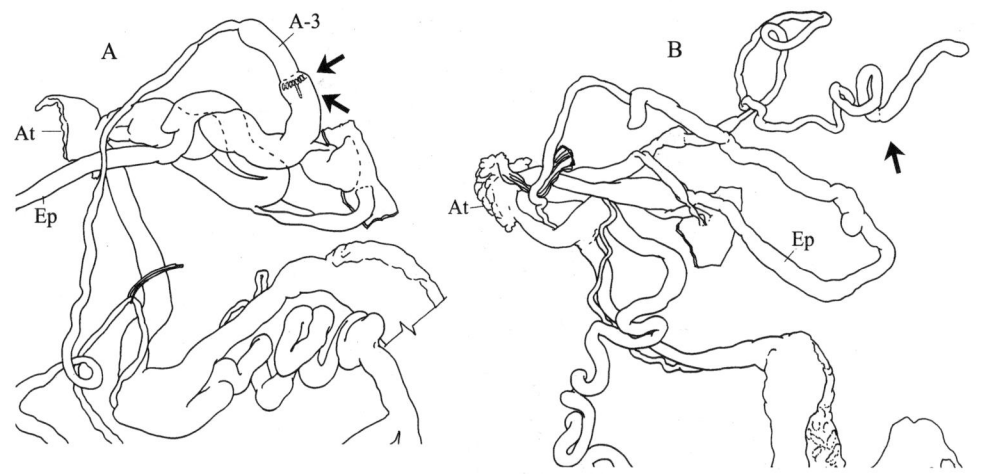

图 16　A. *Pupinidius gregorii* (Möllendorff, 1901)中，与 A-3 毗邻的 A-2 端部具有众多小乳突，整齐地排列成一圈；A-3 近端以一微小的乳突或长针状乳突伸入 A-2 腔内；B. *Subzebrinus ottonis ottonis* (Sturany, 1900) 中，A-4 和 A-5 形成圈环结构

Fig. 16　A. in *Pupinidius gregorii* (Möllendorff, 1901), distal A-2 with a ring of tiny papillae, A-3 entering A-2 by a tiny papilla or a long needle-like papilla; B. in *Subzebrinus ottonis ottonis* (Sturany, 1900), A-4+A-5 forming numerous loops

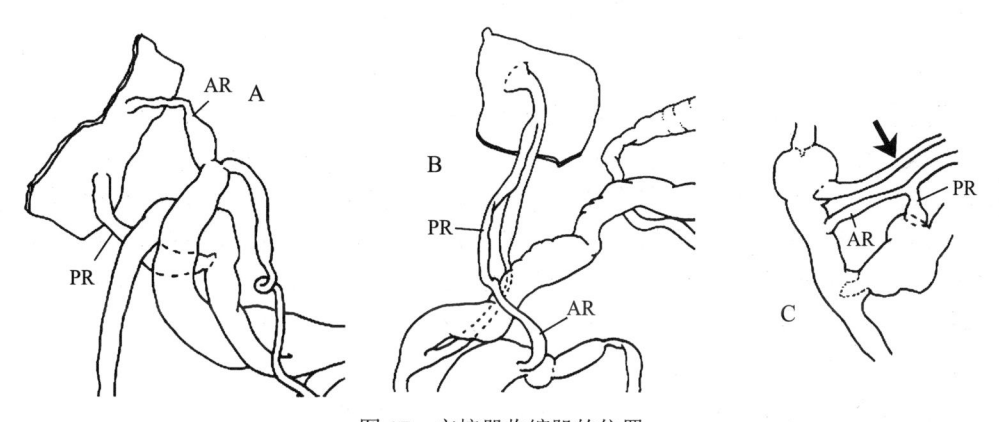

图 17　交接器收缩肌的位置

A. 在 *Subzebrinus baudoni baudoni* (Deshayes, 1870) 中，2 条交接器收缩肌在体腔壁上的着生点远离；B. 在 *Subzebrinus erraticus* (Pilsbry, 1934) 中，2 条交接器收缩肌未及体腔壁即已愈合；C. 沟颈螺 *Holcauchen rhusius* (Möllendorff, 1901) 中，除了 2 支可视为双支型的收缩肌外，如箭头所指，多出 1 条附着于交接器附器的第三支交接器收缩肌

Fig. 17　Situation of penial retractor muscles

A. in *Subzebrinus baudoni baudoni* (Deshayes, 1870), two penial retractor muscles arising from diaphragm separately; B. in *Subzebrinus erraticus* (Pilsbry, 1934), two penial retractor muscles arising from diaphragm as a common bundle; C. in *Holcauchen rhusius* (Möllendorff, 1901), there is an additional third penial retractor (arrowed) of appendical branch, other than two penial retractor muscles arising from diaphragm as a common bundle

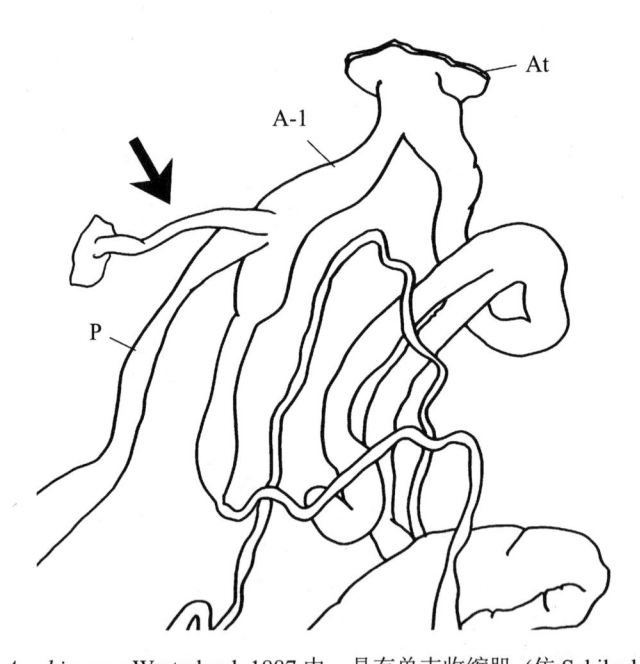

图 18 *Amphiscopus* Westerlund, 1887 中，具有单支收缩肌 (仿 Schileyko, 1998)
Fig. 18 In *Amphiscopus* Westerlund, 1887, there occurs only one branch of penial muscle arising from diaphragm (After Schileyko, 1998)

生殖系统雌性部分的特征相对于雄性部分较少。生殖腔外壁上有时有不同发达程度的生殖腔收缩肌 (图 13)。在澳大利亚北部等地的 *Amimopina* Solem, 1964 中，雌道与成荚器之间有很强韧的肌肉连接。雌道与游离输卵管的相对长度关系在不同种类中稳定。国外有些种类，有时较长的雌道发生强烈程度不同的盘曲。此外，雌道可能具有深色的色素，或衬有疏松的海绵样组织。大多数艾纳螺的纳精囊都具有或在近端，或靠近远端的分支盲管，有时分支盲管在形态上与纳精囊难以区分。纳精囊管柄或其近端部分可能有剧烈的盘曲 (图 16)。纳精囊本身可能具细柄，在有些种类中无柄而成为一个囊状结构。分支盲管的盲端膨大或不膨大。

艾纳螺的精荚因不常能从标本中收集，故其资料较为匮乏。

由于软体动物的生殖系统的组成部分常有扭曲，在比较研究时不甚便利。在进行某一类群的生殖系统比较研究时，可考虑使用反映生殖系统各组分比例的模式图以佐研究 (图 19)。

本研究所有的长度测量数据单位为毫米 (mm)，该单位在下文的叙述中有时为简洁而省略。绘图借助光学描绘器和数码相机完成。贝壳的长度测量借助经校准的电子游标卡尺完成。贝壳螺层数测量精确到 $1/8$ 圈。贝壳和生殖系统的测量精确到 0.1 mm。测量值的平均值以下划线着重示出。描述中涉及的所有的贝壳、软体部分的色彩和测量长度，均通过对以 70%乙醇溶液固定、保存的标本观察和测量获得。

描述中的方向：近端——朝向靠近生殖腔；远端——背离、远离生殖腔。图文中使用的各类缩略语及对应中英 (拉丁) 文为 a. s. l.——海拔，above sea level；A-1～A-5——交接器

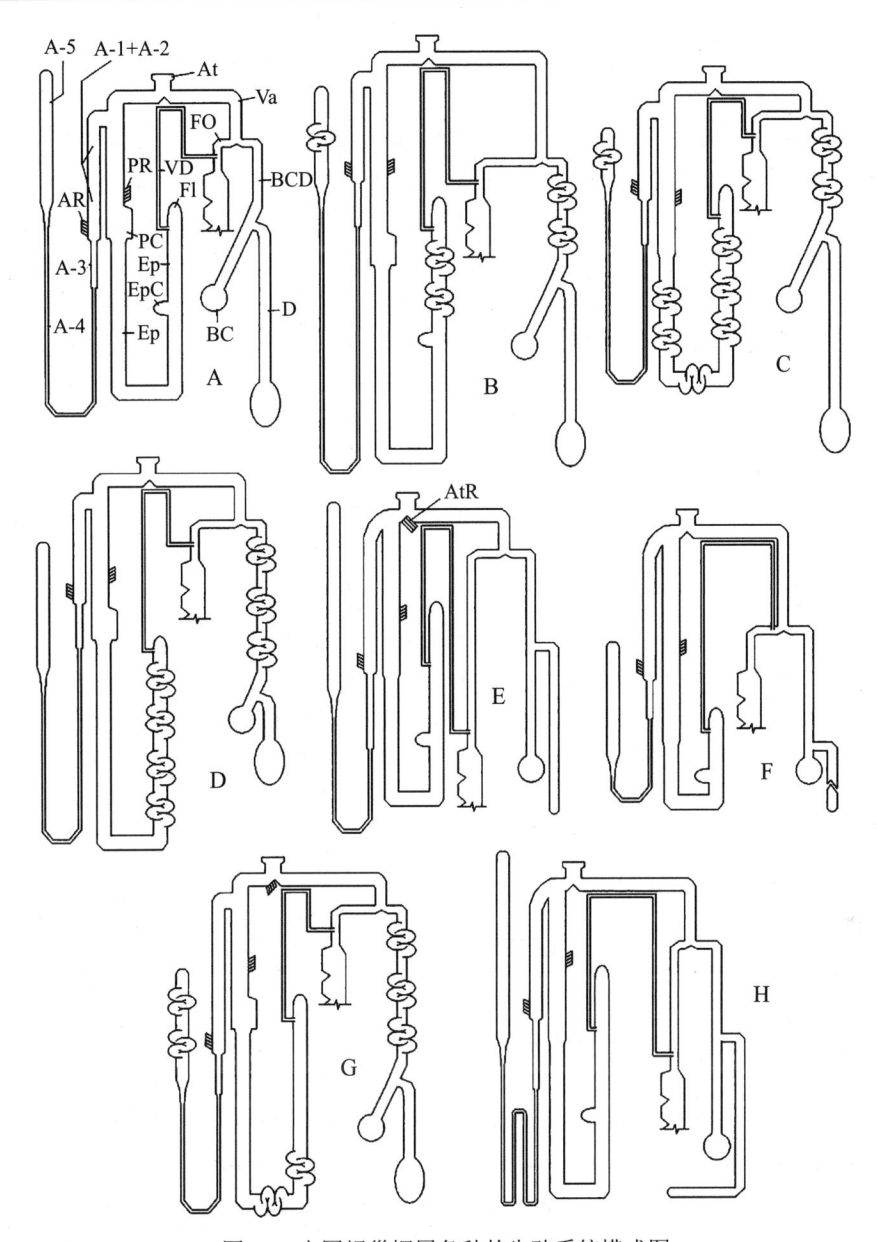

图 19 中国蛹巢螺属各种的生殖系统模式图

除 B、C、D 和 G 中输精管和盘曲的部分外，生殖系统各部分的相对长度基于实际比例绘制。A. *Pupinidius anocamptus* (Möllendorff, 1901); B. *P. latilabrum* (Annandale, 1923); C. *P. melinostoma melinostoma* (Möllendorff, 1901); D. *P. nanpingensis nanpingensis* (Möllendorff, 1901); E. *P. obrutschewi obrutschewi* (Möllendorff, 1901); F. *P. obrutschewi contractus* (Möllendorff, 1901); G. *P. pupinella altispirus* (Möllendorff, 1901); H. *P. wenxian* Wu & Zheng, 2009 (仿 Wu & Zheng, 2009: Figure 8)

Fig. 19 Genitalian schematics of some Chinese *Pupinidius* species

The relative lengths showed here are based on the actual ratios for each species, except those of vas deferece and the lengths of the zigzaged parts (correspondingly looped parts in specimen) in B, C, D and G. A. *Pupinidius anocamptus* (Möllendorff, 1901); B. *P. latilabrum* (Annandale, 1923); C. *P. melinostoma melinostoma* (Möllendorff, 1901); D. *P. nanpingensis nanpingensis* (Möllendorff, 1901); E. *P. obrutschewi obrutschewi* (Möllendorff, 1901); F. *P. obrutschewi contractus* (Möllendorff, 1901); G. *P. pupinella altispirus* (Möllendorff, 1901); H. *P. wenxian* Wu & Zheng, 2009 (After Wu & Zheng, 2009: Figure 8)

附器各部；At—生殖腔，atrium；AtR—生殖腔收缩肌，atrial retractor muscle；AR—交接器附器支收缩肌，retractor muscle of appendical branch；BC—纳精囊，bursa copulatrix；BCD—纳精囊管，bursa copulatrix duct；D—纳精囊管分支盲囊，diverticle of bursa copulatrix duct；Ep—成荚器，epiphallus；EpC—成荚器盲囊，epiphallic caecum；Fl—鞭状器，flagellum；FO—游离输卵管，free oviduct；MHM—河北大学博物馆，Museum of Hebei University；HBUMM—河北大学博物馆贝类标本收藏，mollusc collection of Museum of Hebei University；Mlldff— O. v. Möllendorff；P—交接器，penis；PA—交接器附器，penial appendix；PC—交接器盲囊，penial caecum；PP—交接器壁柱，penial pilaster；PR—交接器支收缩肌，retractor muscle of penial branch；Va—雌道，vagina；VD—输精管，vas deferens。

三、分类系统及系统学地位

很少有研究述及艾纳螺科在整个直神经类 (直神经亚纲 Euthyneura) 中的系统学位置。

人们对直神经亚纲 (=后鳃类 Opisthobranchia + 肺螺类 Pulmonata) 以下各阶元的进化关系长久以来知之甚少。基于相对稳定的形态学特征进行的现有科级分类系统往往是含糊或矛盾的，而且其内部的系统发育关系也不能用这些特征进行解决。就目前的研究现状而言，腹足纲的特征来源于贝壳特征、解剖特征 (软体部分特征) 和分子特征。以往当使用贝壳特征进行系统发育推断而结果不良时 (如显示曾出现很强烈的趋同演化)，研究者或引用者往往将其归咎于没有使用更丰富的解剖特征。而事实上，诸多基于解剖特征系统发育推断的结论仍然有着类似的特点 (Schander and Sundberg, 2001)。而且，在贝壳特征方面，有证据表明贝壳特征的平行演化在自然历史过程中曾反复出现 (van Moorsel et al., 2000) (表 2)。

表 2　已研究的软体动物各阶元中，不同来源的特征与 CI、RI 的关系 (引自 Schander and Sundberg, 2001)

Table 2　References for the 28 studies included in our analyses. Number of characters for each category/average consistency index (CI)/average retention index (RI) is listed for each reference. nd, no data. (After Schander & Sundberg, 2001)

文献 Reference	类群数量 No. taxa	贝壳特征数量 /CI/RI Shell	软体特征数量 /CI/RI Soft	其他特征数量 /CI/RI Other	所属类群 Taxon
Bieler (1988)[a]	13	15/0.87/0.87	12/0.86/0.77	1/0.5/0.80	Architectonicidae
Bieler (1993)	14	10/0.87/0.89	31/0.83/0.78	3/0.61/0.70	Ampulariidae
Boato (1991)	6	8/0.88/0.9	3/0.44/0.44	1/1/1	Chondrinidae
Davis and Rao (1997)[b]	10	3/0.69/0.22	20/0.67/0.49	nd	Pomatiopsidae
Emberton (1995)	51	14/1/1	39/0.98/0.99	nd	Polygyridae
Gosliner (1989)	30	1/0.82/0.82	18/0.52/0.65	1/0.82/0	Cephalaspidea

续表

文献 Reference	类群数量 No. taxa	贝壳特征数量 /CI/RI Shell	软体特征数量 /CI/RI Soft	其他特征数量 /CI/RI Other	所属类群 Taxon
Hausdorf (1998)[c]	25	3/0.70/0.67	34/0.72/0.63	nd	Limacoidea
Hershler and Frest (1996)[d]	10	2/0.75/0.87	19/0.82/0.88	5/0.68/0.70	Hydrobiidae
Hickman (1996)[e]	11	9/0.73/0.65	19/0.93/0.92	6/0.83/0.88	Turbinidae
Houbrick (1993)	7	5/0.70/0.50	14/0.79/0.59	1/0.50/0.50	Cerithioidea
Jensen (1996a)	36	4/0.88/0.75	46/0.56/0.75	1/0.42/0.7	Sacoglossa
Jensen (1996b)	10	6/0.62/0.46	30/0.73/0.59	nd	Sacoglossa
Jung (1992)	10	12/0.71/0.68	45/0.70/0.60	nd	Planorbidae
Kool (1993)	24	4/0.80/0.89	13/0.94/0.96	1/1/1	Muricidae
McLean and Geiger (1998)	11	13/0.76/0.71	4/0.69/0.58	nd	Fissurellidae
Mikkelsen (1998)	38	4/0.88/0.75	48/0.57/0.79	nd	Sacoglossa
Mordan (1992)	12	4/0.56/0.58	17/0.76/0.74	nd	Enidae
Ponder and Lindberg (1996)	25	6/0.69/0.72	81/0.71/0.76	4/0.88/0.92	Gastropoda
Ponder and Lindberg (1997)	40	9/0.74/0.88	104/0.63/0.80	4/0.88/0.95	Gastropoda
Reid et al. (1996)	22	2/1/1	9/0.94/0.97	2/1/1	Littorina
Rosenberg (1996)	15	14/0.85/0.90	18/0.82/0.80	6/0.94/0.94	Truncatellidae
Roth (1991)[f]	12	3/0.65/0.58	16/0.89/0.82	nd	Haplotrematidae
Roth (1996)	24	6/0.61/0.70	11/0.72/0.82	1/0.33/0.67	Helminthoglyptidae
Schander et al. (1999)	16	12/0.63/0.63	20/0.73/0.79	4/0.53/0.65	Pyramidellidae
Scott (1996)	10	1/0.75/0.50	11/0.65/0.50	nd	Camaenidae
Taylor et al. (1993)[g]	42	8/0.24/0.53	32/0.44/0.57	2/0.37/0.74	Conoidea
Willan (1987)[h]	12	8/0.90/0.76	29/0.75/0.70	nd	Notaspidea
Wise (1996)[i]	13	6/0.86/0.91	19/0.80/0.79	2/0.75/0.88	Pyramidellidae

nd. 无数据。

  目前我们已经了解到，从形态学出发得到的有关柄眼目系统发育关系多不一致 (Kenneth, 2001)。传统陆生贝类的分类，主要是依据栖息偏好、形态学 (如生殖系统解剖等)、神经分布类型和染色体数等特征进行的。有时候，这些不同的工作或不同人的相同工作给出了相冲突的结论。这暗示了无信息的特征和/或所选择特征的相似程度过高。当形态特征不能保证明确的系统发育信号时，分子技术便发挥了作用，它可以提供一套独立的、不受干扰的特征 (Steinke et al., 2004)。在柄眼目的科以下阶元中，极少的可用特征对系统发育推断造成困难。因而，如何获得大量的、可用于系统发育推断的数据集就成为柄眼目科以下阶元系统发育研究中最关键的问题 (Wu, 2004)。

  在腹足纲中，基因组 DNA 和线粒体 DNA 的不同区段能反映不同阶元层次的系统发育关系。直神经类的系统关系得到以 28S rDNA 的 D1、D2 区序列为数据集的分析结果的正面支持 (Dayrat et al., 2001)。真核细胞的 rDNA 谱系是对于分子系统学有重要价值的区段，它包括了很多有用的区段 (Hillis and Moritz, 1990)。首先，可从众多个体中得到部分或全部序列；其次，它通常存在大量 (典型相同的) 拷贝，使扩增易于进行。然而事实上，其最有价值的特性，在于它同时包含了高度保守区和高度变异区。过去，由于相对保守的区段提供了解决高级阶元间系统发生关系的可能性 (Schilthuizen *et al.*, 1995)，系统学研究主要关注相对保守的区段。近些年，DNA 序列的多变区，如转录间隔区 (internal transcribed spacer, ITS)，在一些阶元的系统学工作中得到了很多关注。对于不同类群的众多研究都展示了以 ITS 序列比对为基础重建紧密关联种类间系统进化的可能性 (Schilthuizen *et al.*, 1995)。有研究表明，ITS-2 区段是最多样的区段，同时显示了很多的替代变化和插入/删除事件。可惜的是，这种高度多样性导致了在科级水平上对位比对的难度。不过，这个区段对于探讨科级或以下阶元的进化关系还是适合的。例如，在帕图螺属 (*Partula*) 中，可对位的位点中 5.9%是不同的，而在帕图螺科 (Partulidae) 中，该比率达到 11.6%。尽管如此，当将 5.8S 和 LSU 区段作为一个整体数据集来探讨腹足纲这一高级阶元内部的进化关系时，这是有用的 (Wade *et al.*, 2001)。这也反映了现在较流行将 ITS 区序列与其他序列，如线粒体 rDNA 或核糖体 rDNA 等一起比对，从而探讨科级阶元的系统演化。尤其是对于同源的类群，ITS 区的串连重复是更重要的特征 (Steinke *et al.*, 2004)。最后，序列数量也需要较为充足。有研究表明，在数据集所用的序列碱基达到一定数量时，分析获得正确的系统树的概率大大增加 (Nei, 1996)。

通常认可 Zilch (1959—1960) 厘定的直神经亚纲 (Euthyneura) 的一部分 (柄眼目+基眼目+鞋形目=传统的"肺螺类") 及其内部各阶元间的系统关系。Pond 和 Lindberg 对 Zilch (1959—1960) 之前和之后有关腹足类系统关系的工作曾有总结 (Ponder, 1997)。然而，目前对柄眼目系统关系仍然缺乏足够的了解。其原因一方面在于长时间对该类群缺乏更深入的研究，另一方面在于：①已有的该类群系统关系研究大多基于人为评价而非系统发育分析；②在建立系统关系时，试图使用一个或少数几个特征，而不是一系列特征来建立系统 (Nordsieck, 1992)；③数据集过于简单。即使采用支序分析，可提取的有限特征对推测系统关系帮助也不大。例如，在直神经类的以 77 个形态特征、75 个分类单元的支序学分析中，发现严重的特征趋同现象；在包括肺螺类在内的分支中，不能借此阐明阶元间的系统关系 (Cowie, 1985)。

表 3 不同 DNA 序列对软体动物不同阶元系统学研究的运用和适用情况
Table 3 The applicability information of various DNA sequences for the phylogenetic reconstruction in different molluscan hierarchies

	核 DNA Nuclear DNA					线粒体 DNA Mt DNA		
	28S rDNA	18S rDNA	ITS-1	ITS-2	…	COI	LrDNA	…
科以上阶元	+/–	+/–	?	+/–		?	+	
科以下阶元	?	?	?	+		+	?	
种	?	?	?	?		+	?	
种群	?	?	+	?		+	?	

+. 能支持单系性；+/–. 仅支持部分单系性；–. 不能支持单系性。

+. supporting monophyly well; +/–. poorly supporting monophyly; –. failing in supporting monophyly.

通过比较现有研究所得到的各种数据集对类群的分析能力 (部分参见表 3)，本研究选择编码 rRNA 的 DNA 序列，即 *ITS-2*、部分 5.8S 和部分 28S 序列作为数据集对包含艾纳螺科在内的柄眼目陆生贝类的 60 个科进行分子系统学探讨。引物针对保守的 rDNA 序列区段，区别于所有主要的真核生物而设计。引物扩增 rRNA 基因簇中将近 1460 个核苷酸 (对应于褐家鼠 *Rattus norvegicus* rDNA 序列 2990—5104 的区段) 包括 5.8S 的 3′端，完整的 ITS-2 区段，和大亚基 (LSU；28S) 的 5′端 (正义引物：LSU-1：5′-CTA GCT GCG AGA ATT AAT GTG A-3′。位于褐家鼠的 rDNA 序列 2990—3011；反义引物 LSU-3：5′-ACT TTC CCT CAC GGT ACT TG-3′。位于褐家鼠的 rDNA 序列——GenBank accession number X00133——4221—4240。引物由生工生物工程 (上海) 股份有限公司合成：LSU-1, Lot No.: AW40587; LSU-3, Lot No.: AW40589)。数据集所包括的类群见表 4。

表 4 用于本研究分析的数据来源
Table 4 Data used for present phylogenetic inference

科 Family	种 Species	数据来源 Data source
Onchidoridae	*Acanthodoris pilosa* (Mueller, 1798)	AY014155
Acavidae	*Acavus phoenix* (Pfeiffer, 1854)*	AY014082, AY014083
Achatinidae	*Achatina fulica* Bowdich, 1822*	AY014069
Bradybaenidae	*Aegista vulgivaga* (Schumacher & Böttger, 1890)	AY014139
Clausiliidae	*Albinaria xantostoma* (Böttger, 1883)	AY014048
Aplysiidae	*Aplysia punctata* Cuvier, 1803	AY014153, AY014154
Achatinidae	*Archachatina marginata* (Swainson, 1821)*	AY014070, AY014071
Helicidae	*Arianta arbustorum* (L., 1758)	AY014136
Arionidae	*Arion ater* (L., 1758)	AY014144
Arionidae	*Arion hortensis* Férussac, 1819	AY014143
Ariophantidae	*Asperitas inquinata* (v. d. Busch, 1842)*	AY014108
Athoracophoridae	*Athoracophorus bitentaculatus* (Quoy & Gaimard, 1832)	AY014018
Rathouisiidae	*Atopos australis* (Heynemann, 1876)	AY014152
Subulinidae	*Bocageia* sp.	AY014062
Bradybaenidae	*Bradybaena similaris* (Rang, 1831)	AY014138.
Enidae	*Buliminus labrosus* (Olivier, 1804)*	AY014034
Helicidae	*Cantareus apertus* (Born, 1778)	AY014129
Helicidae	*Cantareus aspersa* (Mueller, 1774)	AY014128
Carychiidae	*Carychium tridentatum* (Risso, 1826)	AY014148
Caryodidae	*Caryodes dufresnii* Leach, 1815	AY014086
Helicidae	*Cepaea hortensis* (Mueller, 1774)	AY014131
Helicidae	*Cepaea nemoralis* (L., 1758)	AY014130

续表

科 Family	种 Species	数据来源 Data source
Cerionidae	*Cerion incanum* (Binney, 1851)	AY014060
Chlamydephoridae	*Chlamydephorus burnupi* (Smith, 1892)	AY014089
Chondrinidae	*Chondrina avenacea* (Bruguiere, 1792)	AY014032
Chondrinidae	*Chondrina clienta* (Westerlund, 1883)	AY014031
Clausiliidae	*Clausilia bidentata* (Stroem, 1765)	AY014051
Cochlicopidae	*Cochliopa lubrica* (Mueller, 1774)	AY014019
Cochlicopidae	*Cochliopa lubricella* (Porro, 1838)	AY014020
Clausiliidae	*Cochlodina laminata* (Montagu, 1803)	AY014047
Corillidae	*Corilla adamsi* Gude, 1914	AY014091, AY014092
Camaenidae	*Craterodiscus pricei* McMicheal, 1959	AY014123
Ariophantidae	*Cryptozona bistrialis* (Beck, 1837)*	AY014106, AY014107
Cyclophoridae	*Cyclophorus herklotsi* Martens, 1861	AY014162
Limacidae	*Deroceras reticulatum* (Mueller, 1774)*	AY014118, AY014119
Discidae	*Discus rotundatus* (Mueller, 1774)	AY014097
Dorcasiidae	*Dorcasia alexandri* Gray, 1938	AY014079
Partulidae	*Eua zebrina* (Gould, 1848)	AF310643, AY014046
Euconulidae	*Euconulus fulvus* (Mueller, 1774)	AY014098
Spiraxidae	*Euglandina rosea* (Férussac, 1821)	AY014074
Bradybaenidae	*Euhadra amaliae* (Kobelt, 1875)	AY014140
Helicarionidae	*Fastosarion brazieri* (Cox, 1873)	AY014099
Helminthoglyptidae	*Geomalacus maculosus* Allman, 1843	AY014145
Subulinidae	*Glessula ceylanica* (Pfeiffer, 1845)*	AY014063, AY014064
Streptaxidae	*Gonaxis quadrilateralis* Preston, 1910	AY014076
Goniodoridae	*Goniodoris nodosa* (Montagu, 1808)*	AY014157, AY014156
Streptaxidae	*Gonospira* sp.	AY014077
Haplotrematidae	*Haplotrema vacoucerense* (Lea, 1839)	AY014090
Helicarionidae	*Harmogenanina argentea* (Reeve, 1852)	AY014101
Helicidae	*Helicigona lapicida* (L., 1758)	AY014137
Helicarionidae	*Hiona* sp.*	AY014105, AY014104
Ellobiidae	*Laemodonta* sp.	AY014147
Bradybaenidae	*Laeocathaica filippina* (Heude, 1882)	本志
Bradybaenidae	*Laeocathaica subsimilis* (Deshayes, 1873)	本志
Veronicellidae	*Laevicaulis alte* (Férussac, 1823)	AY014151
Punctidae	*Laoma* sp.	AY014093

续表

科 Family	种 Species	数据来源 Data source
Pupillidae	*Lauria cylindracea* (da Costa, 1778)	AY014023
Pupillidae	*Lauria fasciolata* (Morelet, 1860)	AY014024
Limacidae	*Lehmannia valentiana* (Férussac, 1823)	本志
Amastridae	*Leptachatina lepida* Cooke, 1910*	AY014021, AY014022
Acavidae	*Leucotaenius proctori* (Sowerby, 1894)*	AY014085
Achatinidae	*Limicolaria* sp.	AY014072
Helicarionidae	*Louisia barclayi* (Benson, 1850)	AY014102
Enidae	*Macaronapaeus vulgaris* (Morelet & Drouet, 1857)*	AY014037, AY014036
Ariophantidae	*Macrochlamys* sp.1	本志
Ariophantidae	*Macrochlamys* sp.2	本志
Clausiliidae	*Macrogastra rolphii* (Turton, 1826)	AY014052
Helicidae	*Marmorana scabriuscula* (Deshayes, 1830)	AY014132, AY014133
Megalobulimidae	*Megalobulimus oblongus* (Mueller, 1774)	AY014078
Ellobiidae	*Melampus luteus* (Quoy & Gaimard, 1832)	AY014146
Thiaridae	*Melanoides turberculata* (Mueller, 1774)	AY014160
Milacidae	*Milax budapestensis* (Hazay, 1881)	AY014117
Helminthoglyptidae	*Monadenia fidelis* (Gray, 1834)	AY014142
Clausiliidae	*Mundiphaedusa decapitata* (Pilsbry, 1902)	AY014054, AY014055
Orculidae	*Orcula austriaca* Zimmerman, 1932	AY014028
Otoconchidae	*Otoconcha dimidiata* (Pfeiffer, 1853)	AY014096
Zonitidae	*Oxychilus alliarius* (Miller, 1822)	AY014114
Zonitidae	*Oxychilus cellarius* (Mueller, 1774)	AY014116
Zonitidae	*Oxychilus helveticus* (Blam, 1881)	AY014115
Partulidae	*Pachnodus silhouettanus* Van Mol & Coppois, 1980	AY014041
Clausiliidae	*Papillifera papillaris* (Mueller, 1774)*	AY014049, AY014050
Partulidae	*Partula suturalis* Pfeiffer, 1855	AF310631, AY014042
Partulidae	*Partula turneri* Pfeiffer, 1860	AF310636, AY014044
Partulidae	*Partula varia* Broderip, 1832	AF310628, AY014043
Enidae	*Pene sidonensis* (Férussac, 1821)	AY014035
Enidae	*Placostylus ambagiosus* Suter, 1906*	AY014058, AY014059
Helicarionidae	*Plegma caelatura* (Férussac, 1821)	AY014103
Vitrinidae	*Plutonia laxata* (Morelet, 1860)	AY014112
Camaenidae	*Polydontes undulata* (Férussac, 1821)	AY014121
Ampullaridae	*Pomacea* sp.	AY014163

续表

科 Family	种 Species	数据来源 Data source
Pomatiasidae	*Pomatias elegans* (Mueller, 1774)	AY014161
Hydrobiidae	*Potamopyrgus antipodarum* (Gray, 1843)	AY014158, AY014159
Pyramidulidae	*Pyramidula rupestris* (Draparnaud, 1801)	AY014029, AY014030
Coeliaxidae	*Pyrgina umbilicata* Greeff, 1882	AY014073
Helicarionidae	*Rhysotina hepatzion* (Gould, 1848)	AY014100
Rhytididae	*Rhytida stephenensis* Powell, 1930	AY014087
Subulinidae	*Rumina decollata* (L., 1758)	AY014065
Partulidae	*Samoana conica* (Gould, 1848)	AY014045, AF310639
Camaenidae	*Satsuma japonica* (Pfeiffer, 1847)	AY014122
Rhytididae	*Schizoglossa* sp.	AY014088
Siphonariidae	*Siphonaria pectinata* (L., 1758)	AY014149, AY014150
Chondrinidae	*Solatopupa similes* (Bruguiere, 1792)	AY014033
Clausiliidae	*Stereophaedusa japonica* (Crosse, 1871)	AY014053
Subulinidae	*Subulina striatella* (Rang, 1831)	AY014061
Succineidae	*Succinea putris* (L., 1758)	AY014056, AY014057
Charopidae	*Suteria ide* (Gray, 1850)*	AY014094, AY014095
Testacellidae	*Testacella scutulum* Sowerby, 1821	AY014075
Helicidae	*Theba pisana* (Mueller, 1774)	AY014134, AY014135
Subulinidae	*Tortaxis mandarinus* (Pfeiffer, 1885)	本志
Hygromiidae	*Trichia hispida* (L., 1758)	AY014125
Hygromiidae	*Trichia striolata* (Pfeiffer, 1828)	AY014124
Dorcasiidae	*Trigonephrus globulus* (Mueller, 1774)	AY014081, AY014080
Trochomorphidae	*Trochomorpha pallens* Pease, 1870*	AY014109, AY014110
Valloniidae	*Vallonia costata* (Mueller, 1774)	AY014025
Valloniidae	*Vallonia eccentrica* Sterki, 1892	AY014026
Vertiginidae	*Vertigo antivergo* (Draparnaud, 1801)	AY014027
Polygyridae	*Vespericola columbiana* (Lea, 1838)	AY014120
Vitreidae	*Virrea crystallina* (Mueller, 1774)	AY014113
Vitrinidae	*Vitrina pellucida* (Mueller, 1774)	AY014111
Subulinidae	*Xerocerastus* sp.	AY014066, AY014067
Subulinidae	*Zootecus insularis* (Ehrenberg, 1831)	AY014068

*为序列集 5.8S+ ITS-2+28S 中，因明显不能对位，在以后的分析中被去除的种类。

Asterisk: omitted from data set of 5.8S+ ITS-2+28S due to failure of alignment.

使用软件 DAMBE (Data Analysis in Molecular Biology and Evolution) 来统计本研究所涉及的 DNA 片段的基本碱基构成 (Xia, 2000; Xia & Xie, 2001)。目前的分子系统生物学认为, 在进化模型确定的情况下, 最大似然法 (maximum likelihood, ML) 是与进化事实吻合最好的建树算法。运行软件 DAMBE、采用启发式搜索和 TBR 树枝交换技术计算最大似然树 (maximum likelihood tree, MLT)。根据本数据集类型, 选择命令 "Phylogenetics → Maximum likelihood → Nucleotide sequence → DNAML", 计算最大似然树。用贝叶斯方法 (Bayesian inference, BI) 作为另外一种主要的系统发育分析方法, 后验概率最高的系统树被选作系统发育的最佳估计, 这样, 可根据系统树的后验概率对系统发育作出推测。

本研究中, 转换的观察数的各例及和显著高于期望数, 而颠换的观察数各例 (除 5.8S AT 外) 显著低于期望数 (表 5)。由于该类经验性证据更倾向于使用整合了转换/颠换比 (s/v ratio) 的复杂替换模型来进行分析 (Xia, 2000), 因此, 本志涉及的数据需要使用复杂模型, 而非 JC69、K2、F84 或 HKY85 等简单模型来进行研究。本志选用 GTR+I+Γ (General time reversible plus Invariant plus Gamma distributed) 模型作为进化模型 (Grande et al., 2004)。

表 5　28S rDNA, 碱基替代频数的观察数和期望数
Table 5　28S rDNA, observation (Obs.) and expection (Exp.) of substitution frequence

		相同替换 Identical				转换 Transition		颠换 Transversion			
		AA	CC	GG	TT	AG	CT	AC	AT	CG	GT
28S	观察数 Obs.	558 163	572 790	680 360	410 119	30 643	41 946	16 569	16 199	16 031	16 910
	期望数 Exp.	541 397	579 102	789 134	311 800	28 061	18 243	24 038	17 639	29 022	21 295
5.8S		AA	CC	GG	TT	AG	CT	AC	AT	CG	GT
	观察数 Obs.	112 873	168 737	133 763	91 304	9796	11 298	9660	8407	3439	2868
	期望数 Exp.	102 539	208 770	128 251	67 117	7255	7488	9256	5248	10 352	5869

在 50%多数一致树 (BI 树) 中, 仅有一处节点未受到>50%后验概率的支持。各节点后验概率值范围为 50%—100%; 50%—89%的后验概率在 24 个节点出现, 其余 86 个节点的后验概率在 90%—100%。共出现 2 处三叉节点 (图 20)。BI 树中, 将所有属所隶属的科在其属后注明并归并, 所有科所隶属的总科在其科后注明并归并; 其中科和总科的划分方案依据 Zilch (1959—1960)。

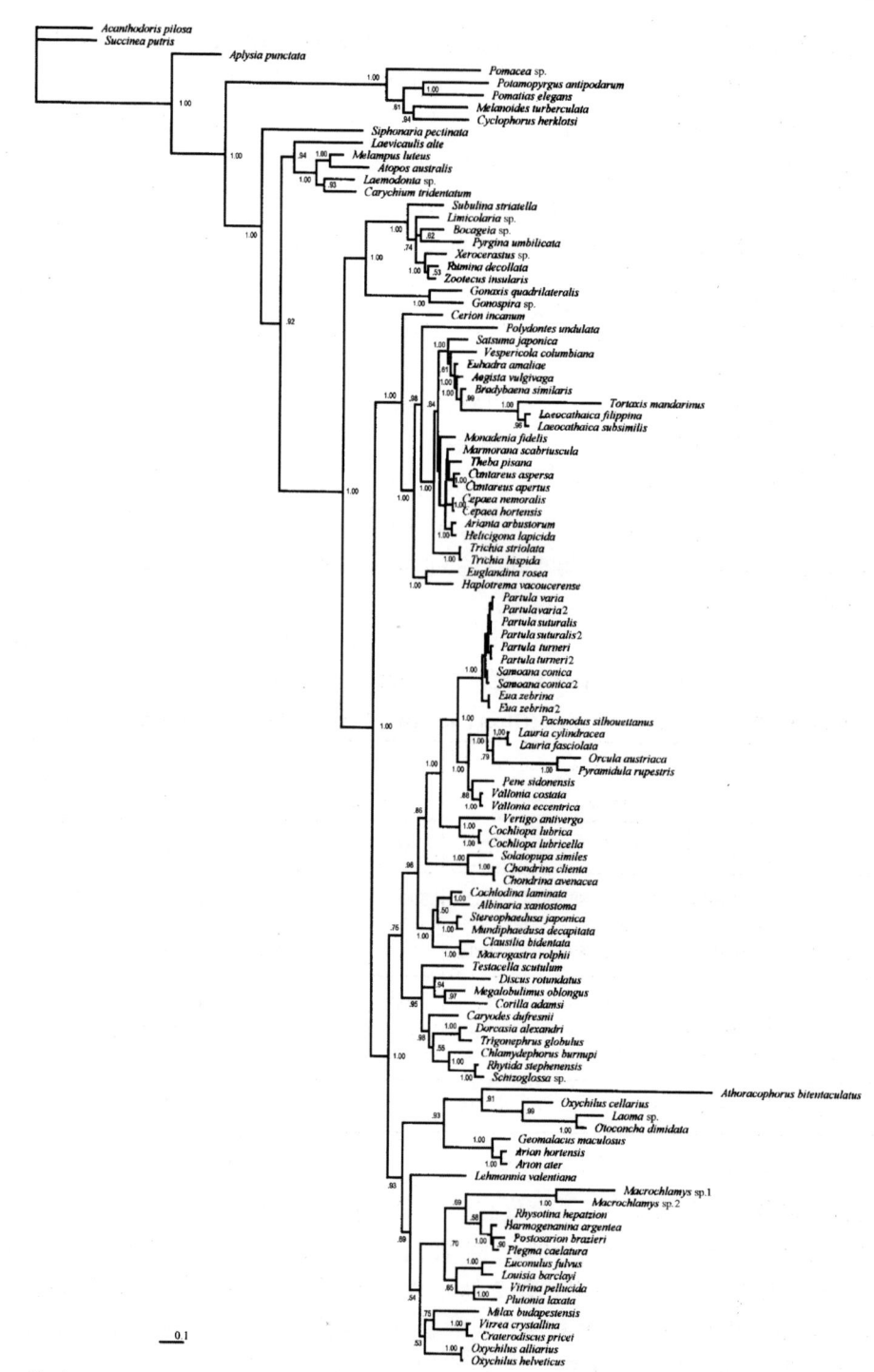

图 20 基于 ITS-2、5.8S 和 28S rDNA 数据的 BI 树，以 *Acanthodoris pilosa* 为外群，运用程序 MrBayes 计算得到的 BI 树，图中数字示支持该分支的后验概率

Fig. 20 With *Acanthodoris pilosa* as outgroup, phylogenetic trees reconstructed using the Bayes Inference algorithm as implemented in MrBayes, based on ITS-2, partial 5.8S and partial 28S rDNA Data, labeled with the posterior probability values on branches

总　论　分类系统及系统学地位

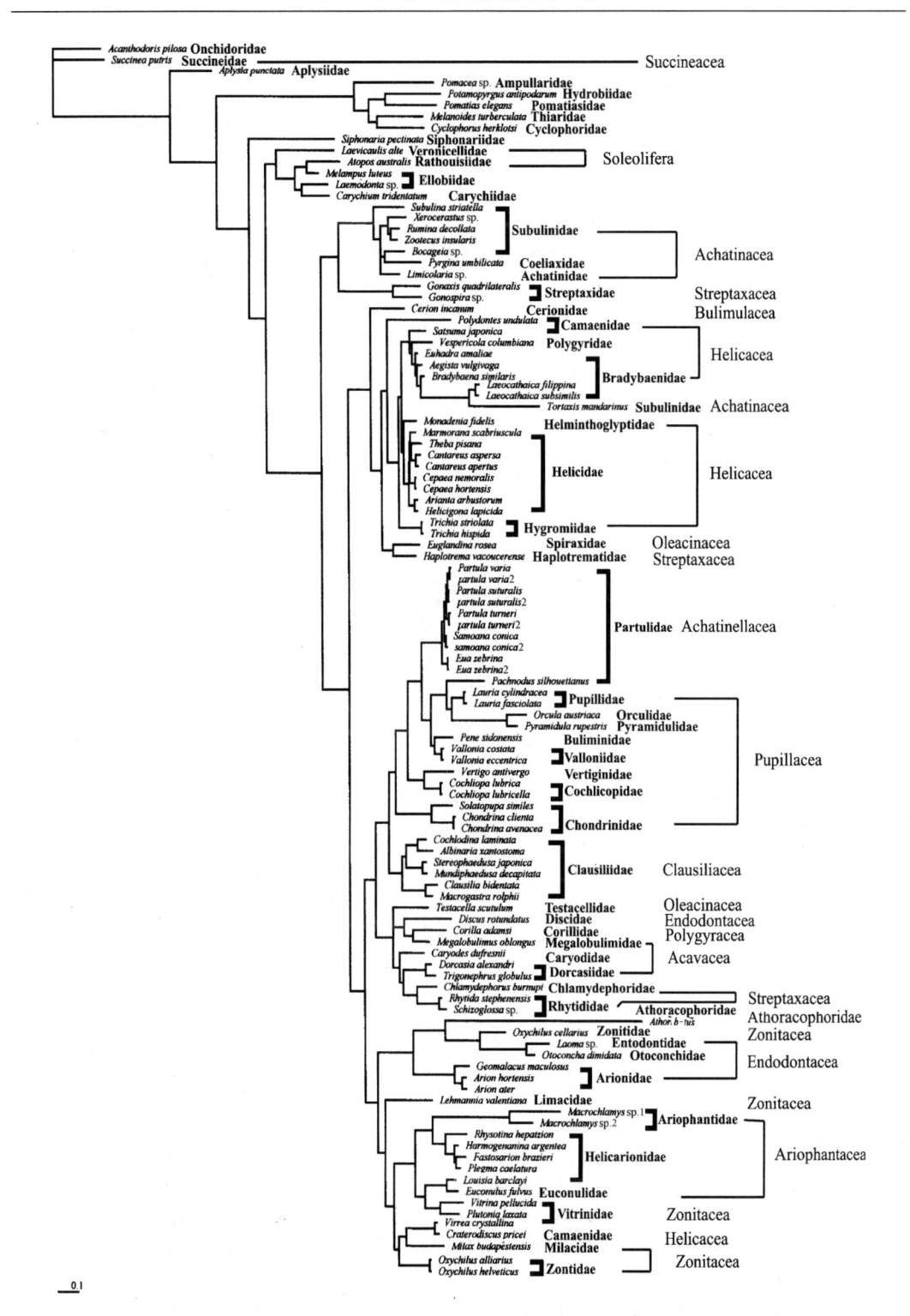

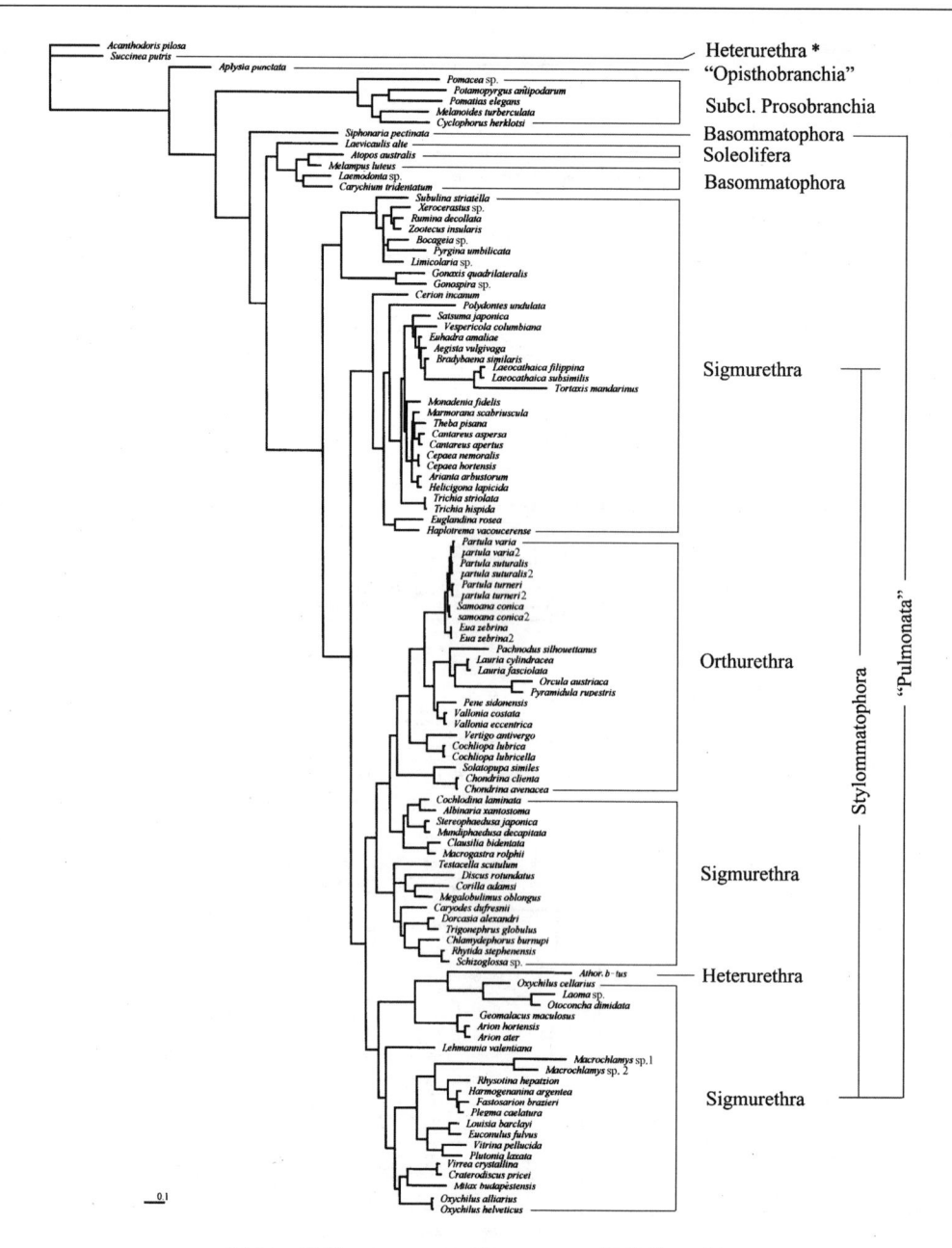

图 21 基于 ITS-2、5.8S 和 28S rDNA 数据的 BI 树

上图：示科和总科；下图：示目及目以上阶元。*Acanthodoris pilosa* 为外群

Fig. 21 Phylogenetic trees reconstructed using the Bayes Inference algorithm as implemented in MrBayes, based on ITS-2, partial 5.8S and partial 28S rDNA data. Outgroup *Acanthodoris pilosa*. Upper: families and superfamilies are marked. Lower: hierarchies of orders or higher are marked

以非柄眼目腹足类 Onchidoridae 科为根。在 BI 树和 ML 树中，非柄眼目类群都位于支序图的基部。BI 树结构显示，柄眼目中，坚螺在 3 个独立的分支中出现，除分布于日本的 *Satsuma* 属的后验概率值低于 50%外，其余两属在其分支中的后验概率均高于 50%。

帕图螺科 Partulidae 除了未得到很好后验概率支持的 *Pachnodus* 游离于其主要分支外，体现出与形态分类一致的结果。除坚螺科 Camaenidae、钻头螺科 Subulinidae、帕图螺科 Partulidae、Helicarionidae、Vitrinidae 和 Zonitidae 6 个科为多系发生外，其余各科的单系性多少得到验证，在树中很好地解决了单系问题的分支有扭轴螺科 Streptaxidae、大蜗牛科 Helicidae、潮蜗牛科 Hygromiidae、蛹螺科 Pupillidae、瓦娄蜗牛科 Valloniidae、榍果螺科 Cochlicopidae、Chondrinidae、烟管螺科 Clausiliidae、阿勇蛞蝓科 Arionidae 和拟阿勇蛞蝓科 Arionphantidae。

玛瑙螺总科的成员（钻头螺科 Subulinidae、Coeliaxidae 和玛瑙螺科 Achatinidae）分布在后验概率为 1.00 的 2 个分支上。扭轴螺总科由 2 个距离甚远的单系构成，分别为扭轴螺科 Streptaxidae 和 Chlamydephoridae + Rhytididae，以及 Haplotrematidae。蜗牛总科中的成员分布于 4 个分支上，其坚螺的一属 *Craterodiscus* 与其姐妹群 *Virrea crystalline* (Zonitacea) 间及由此上溯的各拓扑结构节点处的后验概率均大于 0.5，除此属外的"坚螺 + Polygyridae + 巴蜗牛科 + 扁雕蜗牛科 Helminthoglyptidae + 潮蜗牛科"形成蜗牛总科的主体。榄剑螺总科 Oleacinacea 的一部分（Spiraxidae）与 Haplotrematidae 为姐妹群，另一部分混杂于由内齿螺总科 Endodontacea 的一部分、总科 Polygyracea 的一部分、总科 Acavacea 的一部分和扭轴螺总科的一部分所共同组成的一支上。小玛瑙螺总科 Achatinellacea 为一并系群，其一属 *Pachnodus* 分布在蛹螺总科 Pupillacea 的分支上。蛹螺总科的所有成员与小玛瑙螺总科的帕图螺科的全部成员构成了一个单系；其科级成员，除蛹螺科组合 Pupillidae + Orculidae + Pyramidulidae 与小玛瑙螺总科帕图螺科一属 *Pachnodus* 成姐妹群外，各自均具有单系的性质。总科 Acavacea、内齿螺总科 Endodontacea、拟阿勇蛞蝓总科和总科 Zonitacea 均与其他类群混杂，分别形成复杂的多系起源的局面。ML 得到的结果与此相似（图22）。

柄眼目直尿道亚目 Orthurethra 的单系性得到 0.86 的后验概率的支持，成为柄眼目 3 个亚目中唯一的单系类群。曲尿道目 Sigmurethra 由 7 个单系群组成，散布于各个分支，显示为多系发生。异尿道目仅有的两个总科分别位于 BI 树的基部和最大的一支上。除琥珀螺科 Succineidae (*Succinea putris*) 位于 BI 树的基部（后验概率<50%）(ML 树中相应的拓扑结构类似，图22）外，柄眼目的所有成员均位于一个得到 100%后验概率支持的分支中。

结果表明：在本数据集支持下，前鳃亚纲具单系性，直神经亚纲 (sensu Zilch, 1959—1960) 及以前被归入肺螺类的基眼目、柄眼目、鞋形目分别为多系起源；直尿道亚目具有单系性；总科级类群均缺乏单系性质；在所有研究的 46 个柄眼目科级阶元中，扭轴螺科、大蜗牛科、潮蜗牛科、蛹螺科、瓦娄蜗牛科、榍果螺科、烟管螺科、阿勇蛞蝓科、拟阿勇蛞蝓科的单系性得到支持。与以线粒体中的蛋白质编码基因 *COX1*、*nad6* 和 *nad5* 序列为数据集的 Bayes 分析 (50% majority rule，模型为 GTR+I+Γ) 所表明的直神经类、肺螺类、前鳃类均非单系类群 (Grande *et al.*, 2004) 不同的是，本研究表明以 5 个科为代表的前鳃类为一单系；直神经类、肺螺类分别为非单系类群。

柄眼目直尿道亚目 Orthurethra 的单系性得到 0.86 的后验概率的支持，形成单系 (((Partulidae, (Pupillidae, (Orculidae, Pyramidulidae)), (Enidae, Valloniidae)), (Vertiginidae,

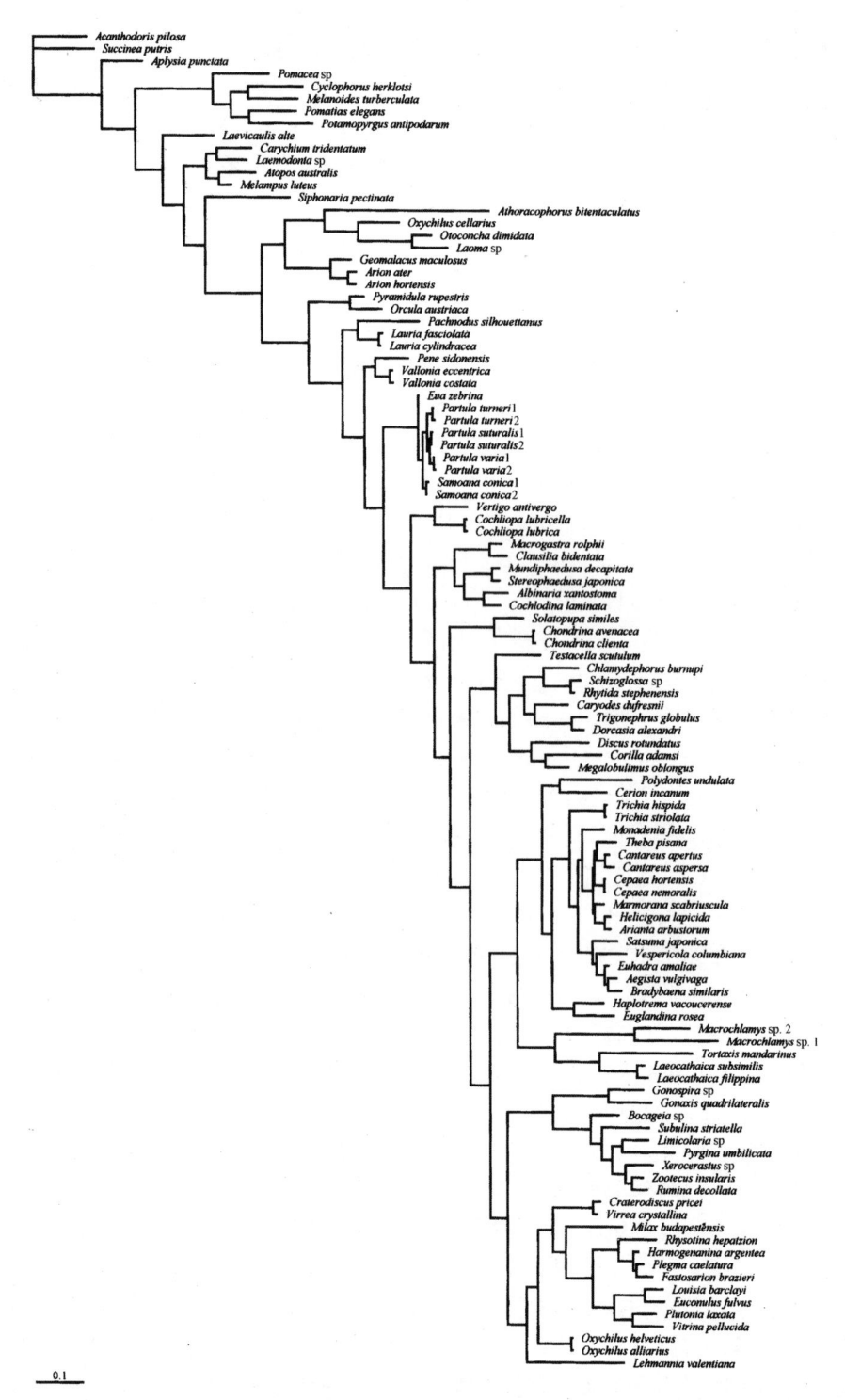

图 22 基于 ITS-2、5.8S 和 28S rDNA 数据的 ML 树 (以 *Acanthodoris pilosa* 为外群，运用软件 DAMBE 计算)

Fig. 22 ML tree reconstructed using the DAMBE, based on ITS-2, partial 5.8S and partial 28S rDNA data. Outgroup *Acanthodoris pilosa*

Cochlicopidae))，Chondrinidae)，而艾纳螺与瓦娄蜗牛科呈姐妹群关系 (图 20 和图 21)。上述研究表明，基于该研究所采用的数据集，艾纳螺 (Enidae = Buliminidae sensu Zilch, 1960) 与其姐妹群瓦娄蜗牛一起，隶属于直尿道亚目 (Orthurethra) 蛹螺总科 (Pupillacea)。而直尿道亚目以上的较主观安排为柄眼目 (Stylommatophora) 直神经亚纲 (Euthyneura) 腹足纲 (Gastropoda)。

四、地 理 分 布

我国艾纳螺总科的分布地包括北京、陕西、甘肃、新疆、江苏、安徽、湖北、江西、湖南、福建、台湾、广东、香港、广西、重庆、四川、贵州、云南和西藏，主要分布于山地。62%以上的艾纳螺种类分布在甘肃、四川和重庆，在这些地区物种均体现出丰富的多样性和高度的土著性。

在比较艾纳螺分布的特点、关系时，作者采用的地理基础框架为"世界陆地生态区" (Terrestrial ecoregions of the world) (Olson & Dinerstein, 1998; Olson et al., 2001)。这个系统将全球陆地生态系统划分为 8 个界和 14 个生境类型 (Olson & Dinerstein, 1998)。

我国陆地生态系统包含上述 8 界中的古北生态界和印度马来生态界两界，共含 9 种生境类型及其包括的 56 类陆地生态区。我国的艾纳螺物种分布在 2 界 8 种生境类型的 19 类陆地生态区，仅乏见于水淹草地和稀树草原 (表 6 和表 7)。

表 6 我国艾纳螺物种所分布的陆地生态区
Table 6 Realms, biomes and terrestrial regions of China, with enid species recorded or not

界 Realms	陆地生境类型 Biomes	中国的陆地生态区 Terrestrial ecoregions of China	艾纳螺有否分布 With (+) enid or not (−)	艾纳螺分布区生态区编号 Eco-code	地理区域编号 Object ID
印度马来生态界	热带和亚热带湿润阔叶林	海南岛季风雨林	−	/	/
		华南-海南湿润森林	+	IM0118	8651
		中南半岛北部亚热带森林	−	/	/
		南海诸岛	−	/	/
		华南-越南亚热带常绿森林	+	IM0149	9328，9550
		台湾亚热带常绿森林	+	IM0172	9128
		台湾南部季风雨林	+	IM0171	9267
	温带阔叶和混合林	东喜马拉雅阔叶和针叶林	+	IM0402	8885
		东喜马拉雅亚高山针叶林	−	/	/
古北生态界	热带和亚热带针叶林	贵州高原阔叶和混合林	+	PA0101	8493
		云南高原亚热带常绿森林	+	PA0102	8804
	温带阔叶和混合林	华中黄土高原混合林	+	PA0411	7523
		长白山地混合林	−	/	/
		长江平原常绿森林	+	PA0415	8184

续表

界 Realms	陆地生境类型 Biomes	中国的陆地生态区 Terrestrial ecoregions of China	艾纳螺有否分布 With (+) enid or not (−)	艾纳螺分布区生态区编号 Eco-code	地理区域编号 Object ID
古北生态界	温带阔叶和混合林	大巴山地常绿森林	+	PA0417	8314
		黄河平原混合森林	+	PA0424	7688
		满洲混合森林	−	/	/
		东北平原落叶森林	−	/	/
		秦岭山地落叶森林	+	PA0434	8132
		四川盆地常绿阔叶林	+	PA0437	8396
		塔里木盆地落叶林和草原	−	/	/
	温带针叶林	阿尔泰山地森林和森林草原	−	/	/
		大兴安岭针叶林	−	/	/
		横断山山地亚高山针叶林	+	PA0509	8355
		怒江-澜沧江峡谷高山针叶和落叶林	−	/	/
		祁连山针叶林	−	/	/
		贺兰山山地针叶林	−	/	/
		邛崃-岷山针叶林	+	PA0518	8283
		天山山地针叶林	+	PA0521	7528，7586
	温带草地、稀树草地和灌木地	达斡尔森林草原	−	/	/
		额敏谷地草原	−	/	/
		蒙满草原	−	/	/
		天山丘陵干旱草原	+	PA0818	7379
	水淹草地和稀树草原	黑龙江草甸和草原	−	/	/
		渤海盐碱草甸	−	/	/
		嫩江草地	−	/	/
		乌苏里草甸和森林草甸	−	/	/
		黄海盐碱草甸	−	/	/
	山地草地和灌木地	阿尔泰高山草甸和苔原	−	/	/
		西藏高原中部高山草原	−	/	/
		东喜马拉雅高山灌木地和草甸	−	/	/
		喀喇昆仑-藏西高原高山草原	−	/	/
		藏北高原-昆仑山脉高山沙漠	−	/	/
		西北喜马拉雅高山灌木地和草甸	−	/	/
		鄂尔多斯高原草原	−	/	/
		帕米尔高山沙漠和苔原	−	/	/
		祁连山亚高山草甸	−	/	/
		藏东南灌木地和草甸	+	PA1017	6939

续表

界 Realms	陆地生境类型 Biomes	中国的陆地生态区 Terrestrial ecoregions of China	艾纳螺有否分布 With (+) enid or not (−)	艾纳螺分布区生态区编号 Eco-code	地理区域编号 Object ID
古北生态界	山地草地和灌木地	天山山脉草原和草甸	−	/	/
		西藏高原高山灌木地和草原	−	/	/
		雅鲁藏布干旱草原	−	/	/
	沙漠和干旱灌木地	阿拉善高原半沙漠	−	/	/
		东戈壁沙漠草原	−	/	/
		准噶尔盆地半荒漠	−	/	/
		柴达木盆地沙漠	−	/	/
		塔克拉玛干沙漠	+	PA1330	7542

　　我国的艾纳螺具有明显的山地分布性。其2个多样性最高的地区分别为：①秦岭山地落叶森林西端以及与其毗邻的大巴山地常绿森林分界线和与其相毗邻的邛崃-岷山针叶林分界线；②邛崃-岷山针叶林中部。这两片地区分别分布有9属和7属，而前一地区所蕴含物种的多样性程度最高。按物种数量对各种生态区排序，序列为秦岭山地落叶森林 (48种)；邛崃-岷山针叶林 (38种)；大巴山地常绿森林 (35种)；藏东南灌木地和草甸 (19种)；横断山山地亚高山针叶林 (12种)；云南高原亚热带常绿森林 (8种)；长江平原常绿森林 (8种)；东喜马拉雅阔叶和针叶林 (8种)；贵州高原阔叶和混合林 (6种)，华南-海南湿润森林 (5种)；华中黄土高原混合林 (5种)；黄河平原混合林 (3种)；四川盆地常绿阔叶林 (3种)；台湾亚热带常绿森林，华南-越南亚热带常绿森林，天山山地针叶林，天山丘陵干旱草原，塔克拉玛干沙漠 (各2种)；台湾南部季风雨林 (1种)(表7)。

　　以所有物种 (含亚种) 参加的系统发育分析 (Heuristics, 搜索方法：Multiple TBR+TBR；Winclada) 得到2棵生态区关系树 (L 204，Ci=78，Ri=45) 及其合意树。并非基于此套数据的所有生态区关系都是明确的。仅 (大巴山地常绿森林 (秦岭山地落叶森林，邛崃-岷山针叶林))、(横断山山地亚高山针叶林，藏东南灌木地和草甸) 和 (台湾亚热带常绿森林，台湾南部季风雨林) 这3组关系得到很好的物种共有的支持，而 (华中黄土高原混合林，黄河平原混合林) 的关联仅得到较弱的支持。而秦岭山地落叶森林、邛崃-岷山针叶森林和大巴山地常绿林拥有极其丰富的特有属、种。

表 7 艾纳螺物种在我国各陆地生态区的分布 (+, 有分布记录; 阴影, 缺乏分布资料)

Table 7 The distribution of the China's enid species in terrestrial ecoregions. +, with distribution record(s); shadowed, detailed distribution information unknown

陆地生态区类型 \ 物 种	华南-海南湿润森林 8651	华南-越南亚热带常绿森林 a 9328	华南-越南亚热带常绿森林 b 9550	台湾亚热带常绿森林 9128	台湾南部季风雨林 9267	东喜马拉雅阔叶和针叶林 8885	贵州高原阔叶和混合林 8493	云南高原亚热带常绿森林 8804	华中黄土高原混合林 7523	长江平原常绿森林 8184	大巴山地常绿森林 8314	黄河平原混合林 7688	秦岭山地落叶森林 8132	四川盆地常绿阔叶林 8396	横断山山地亚高山针叶林 8355	邛崃-岷山针叶林 8283	天山山地针叶林 a 7528	天山山地针叶林 b 7586	天山丘陵干旱草原 7379	藏东南灌木地和草甸 6939	塔克拉玛干沙漠 7542
(1) 暖暖杂斑螺指名亚种 *Subzebrinus asaphes asaphes*																				+	
(2) 短暖杂斑螺 *S. asaphes brevior*													+			+					
(3) 别氏杂斑螺 *S. beresowskii*																+					
(4) 巴塘杂斑螺 *S. batangensis*															+						
(5) 布氏杂斑螺 *S. bretschneideri*							+								+						
(6) 波氏杂斑螺 *S. baudoni*											+					+					
(7) 达僧杂斑螺 *S. dalailamae*						+														+	
(8) 长口杂斑螺 *S. dolichostoma*													+								
(9) 环绕杂斑螺 *S. erraticus*																+					

36　中国动物志　无脊椎动物　第五十八卷

续表

陆地生态区类型 / 物种	华南-海南湿润森林 8651	华南-越南亚热带常绿森林 a 9328	华南-越南亚热带常绿森林 b 9550	台湾亚热带常绿森林 9128	台湾南部季风雨林 9267	东喜马拉雅阔叶和针叶林 8885	贵州高原阔叶和混合林 8493	云南高原亚热带常绿森林 8804	华中黄土高原混合林 7523	长江平原常绿森林 8184	大巴山地常绿森林 8314	黄河平原混合林 7688	秦岭山地落叶森林 8132	四川盆地常绿阔叶林 8396	横断山山地亚高山针叶林 8355	邛崃岷山针叶林 8283	天山山地针叶林 a 7528	天山山地针叶林 b 7586	天山丘陵干旱草原 7379	藏东南灌木地和草甸 6939	塔克拉玛干沙漠 7542
(10) 紫红杂斑螺 S. fuchsianus	+																				
(11) 福氏杂斑螺 S. fultoni										+				+							
(12) 棉杂斑螺 S. gossipinus																					
(13) 冬杂斑螺 S. hyemalis							+			+											
(14) 浩罕杂斑螺 S. kokandensis																					+
(15) 库氏杂斑螺 S. kuschakewitzi																	+	+			
(16) 瘦瓶杂斑螺 S. macroceramiformis																					
(17) 宏口杂斑螺 S. macrostoma													+								
(18) 奥托杂斑螺指名亚种 S. ottonis ottonis													+			+					
(19) 凸奥托杂斑螺 S. ottonis convexospirus													+								
(20) 波图杂斑螺 S. postumus																					

续表

物 种 \ 陆地生态区类型	华南-海南湿润森林	华南-越南亚热带常绿森林a	华南-越南亚热带常绿森林b	台湾亚热带常绿森林	台湾南部季风雨林	东喜马拉雅阔叶和针叶林	贵州高原阔叶和混合林	云南高原亚热带常绿森林	华中黄土高原混合林	长江平原常绿森林	大巴山地常绿森林	黄河平原混合林	秦岭山地落叶森林	四川盆地常绿阔叶林	横断山山地亚高山针叶林	邛崃岷山针叶林	天山山地针叶林a	天山山地针叶林b	天山丘陵干旱草原	藏东南灌木地和草甸	塔克拉玛干沙漠
	8651	9328	9550	9128	9267	8885	8493	8804	7523	8184	8314	7688	8132	8396	8355	8283	7528	7586	7379	6939	7542
(21) 石鸡杂斑螺 S. schypaensis																					
(22) 纹杂斑螺 S. substrigatus													+								
(23) 虎杂斑螺 S. tigricolor											+		+								
(24) 脐杂斑螺 S. umbilicaris																					
(25) 具腹杂斑螺 S. ventricosulus																					
(26) 上曲蛹巢螺 Pupinidius anocamptus											+										
(27) 金蛹巢螺 P. chrysalis																					
(28) 格氏蛹巢螺 P. gregorii															+						
(29) 阔唇蛹巢螺 P. latilabrum																				+	
(30) 灰口蛹巢螺指名亚种 P. melinostoma melinostoma													+								
(31) 近柱灰口蛹巢螺 P. melinostoma subcylindricus																					

续表

陆地生态区类型 / 物种	华南-海南湿润森林 8651	华南-越南亚热带常绿森林 a 9328	华南-越南亚热带常绿森林 b 9550	台湾亚热带常绿森林 9128	台湾南部季风雨林 9267	东喜马拉雅阔叶和针叶林 8885	贵州高原阔叶和混合林 8493	云南高原亚热带常绿森林 8804	华中黄土高原混合林 7523	长江平原常绿森林 8184	大巴山地常绿森林 8314	黄河平原混合林 7688	秦岭山地落叶森林 8132	四川盆地常绿阔叶林 8396	横断山山地亚高山针叶林 8355	邛崃岷山针叶林 8283	天山山地针叶林 a 7528	天山山地针叶林 b 7586	天山丘陵干旱草原 7379	藏东南灌木地和草甸 6939	塔克拉玛干沙漠 7542
(32) 南坪蛹巢螺指名亚种 P. nanpingensis nanpingensis													+							+	
(33) 惑南坪蛹巢螺 P. nanpingensis ambigua																				+	
(34) 奥蛹巢螺指名亚种 P. obrutschewi obrutschewi													+		+	+					
(35) 缩奥蛹巢螺 P. obrutschewi contractus																+					
(36) 伸蛹巢螺指名亚种 P. porrectus porrectus																+					
(37) 侏伸蛹巢螺 P. porrectus pygmaea																+					
(38) 文县蛹巢螺 P. wenxian													+								
(39) 豆蛹巢螺指名亚种 P. pupinella pupinella													+								
(40) 高旋豆蛹巢螺 P. pupinella altispirus													+								
(41) 蛹巢螺 P. pupinidius																				+	
(42) 扭轴蛹巢螺 P. streptaxis																					

续表

陆地生态区类型 物　种	华南-海南湿润森林 8651	华南-越南亚热带常绿森林 a 9328	华南-越南亚热带常绿森林 b 9550	台湾亚热带常绿森林 9128	台湾南部季风雨林 9267	东喜马拉雅阔叶和针叶林 8885	贵州高原阔叶和混合林 8493	云南高原亚热带常绿森林 8804	华中黄土高原混合林 7523	长江平原常绿森林 8184	大巴山地常绿森林 8314	黄河平原混合林 7688	秦岭山地落叶森林 8132	四川盆地常绿阔叶林 8396	横断山山地亚高山针叶林 8355	邛崃-岷山针叶林 8283	天山山地针叶林 a 7528	天山山地针叶林 b 7586	天山丘陵干旱草原 7379	藏东南灌木地和草甸 6939	塔克拉玛干沙漠 7542
(43) 矛金丝雀螺 Serina belae						+															
(44) 条金丝雀螺 S. cathaica													+								
(45) 前口金丝雀螺 S. prostoma						+															
(46) 戒金丝雀螺 S. egressa											+		+		+	+					
(47) 暮金丝雀螺 S. ser											+										
(48) 近暮金丝雀螺 S. subser									+												
(49) 舒丝雀螺指名亚种 S. soluta soluta																					
(50) 狭唇舒金丝雀螺 S. soluta stenochila																					
(51) 膨舒金丝雀螺 S. soluta inflata													+			+					
(52) 文氏金丝雀螺 S. vincentii																				+	
(53) 安氏沟颈螺 Holcauchen anceyi																					

续表

陆地生态区类型 物　种	华南-海南湿润森林 8651	华南-越南亚热带常绿森林 a 9328	华南-越南亚热带常绿森林 b 9550	台湾亚热带常绿森林 9128	台湾南部季风雨林 9267	东喜马拉雅阔叶和针叶林 8885	贵州高原阔叶和混交林 8493	云南高原亚热带常绿森林 8804	华中黄土高原混交林 7523	长江平原常绿森林 8184	大巴山地常绿森林 8314	黄河平原混合林 7688	秦岭山地落叶森林 8132	四川盆地常绿阔叶林 8396	横断山地亚高山针叶林 8355	邛崃-岷山针叶林 8283	天山山地针叶林 a 7528	天山山地针叶林 b 7586	天山丘陵干旱草原 7379	藏东南灌木地和草甸 6939	塔克拉玛干沙漠 7542
(54) 布鲁氏沟颈螺 H. brookedolani																+					
(55) 似烟沟颈螺 H. clausiliaeformis											+										
(56) 左沟颈螺 H. compressicollis											+										
(57) 内坎沟颈螺 H. entocraspedius																					
(58) 格氏沟颈螺 H. gregoriana																+					
(59) 海氏沟颈螺 H. hyacinthi											+										
(60) 康定沟颈螺 H. kangdingensis																+					
(61) 马尔康沟颈螺 H. markamensis																+					
(62) 微放沟颈螺 H. micropeas																+					
(63) 针沟颈螺 H. rhaphis																+					
(64) 杆沟颈螺指名亚种 H. rhabdites rhabdites													+								

续表

陆地生态区类型 物种	华南-海南湿润森林 8651	华南-越南亚热带常绿森林 a 9328	华南-越南亚热带常绿森林 b 9550	台湾亚热带常绿森林 9128	台湾南部季风雨林 9267	东喜马拉雅阔叶和针叶林 8885	贵州高原阔叶和混合林 8493	云南高原亚热带常绿森林 8804	华中黄土高原混合林 7523	长江平原常绿森林 8184	大巴山地常绿森林 8314	黄河平原混合林 7688	秦岭山地落叶森林 8132	四川盆地常绿阔叶林 8396	横断山山地亚高山针叶林 8355	邛崃岷山针叶林 8283	天山山地针叶林 a 7528	天山山地针叶林 b 7586	天山丘陵干旱草原 7379	藏东南灌木地和草甸 6939	塔克拉玛干沙漠 7542
(65) 尖杆沟颈螺 H. rhabdites aculus													+								
(66) 漆沟颈螺 H. rhusius											+										
(67) 束沟颈螺 H. strangnlatus																					
(68) 沟颈螺 H. sulcatus																+					
(69) 瘤拟烟螺 Clausiliopsis amphischnus																					
(70) 布氏拟烟螺 C. buechneri																				+	
(71) 格拟烟螺 C. clathratus																				+	
(72) 平拟烟螺 C. elamellatus													+								
(73) 横丹拟烟螺 C. hengdan													+								
(74) 柯氏拟烟螺 C. kobelti											+										
(75) 暗线拟烟螺 C. phaeorhaphe													+								

续表

陆地生态区类型 物种	华南-海南湿润森林 8651	华南-越南亚热带常绿森林 a 9328	华南-越南亚热带常绿森林 b 9550	台湾亚热带常绿森林 9128	台湾南部季风雨林 9267	东喜马拉雅阔叶和针叶林 8885	贵州高原阔叶和混合林 8493	云南高原亚热带常绿森林 8804	华中黄土高原混合林 7523	长江平原常绿森林 8184	大巴山地常绿森林 8314	黄河平原混合林 7688	秦岭山地落叶森林 8132	四川盆地常绿阔叶林 8396	横断山地亚高山针叶林 8355	邛崃-岷山针叶林 8283	天山山地针叶林 a 7528	天山山地针叶林 b 7586	天山丘陵平原干草草原 7379	藏东南灌木地和草甸 6939	塔克拉玛干沙漠 7542
(76) 肖氏拟烟螺 C. schalfejewi																				+	
(77) 瑟珍拟烟螺 C. senckenbergianus																					
(78) 蔡氏拟烟螺 C. szechenyi															+						
(79) 双蛹纳螺 Pupopsis dissociabilis											+										
(80) 边蛹纳螺 P. paraplesius											+		+								
(81) 多扭蛹纳螺 P. polystrepta													+			+					
(82) 蛹纳螺 P. pupopsis													+								
(83) 扭蛹纳螺 P. torquilla													+								
(84) 反齿蛹纳螺 P. retrodens																			+		
(85) 横丹蛹纳螺 P. hendan													+								
(86) 茂蛹纳螺 P. maoxian																+					

续表

陆地生态区类型\物种	华南-海南湿润森林 8651	华南-越南亚热带常绿森林 a 9328	华南-越南亚热带常绿森林 b 9550	台湾亚热带常绿森林 9128	台湾南部季风雨林 9267	东喜马拉雅阔叶和针叶林 8885	贵州高原阔叶混和合林 8493	云南高原亚热带常绿森林 8804	华中黄土高原混合林 7523	长江平原常绿森林 8184	大巴山地常绿森林 8314	黄河平原混合林 7688	秦岭山地落叶森林 8132	四川盆地常绿阔叶林 8396	横断山山地亚高山针叶林 8355	邛崃岷山针叶林 8283	天山山地针叶林 a 7528	天山山地针叶林 b 7586	天山丘陵干旱草原 7379	藏东南灌木地和草甸 6939	塔克拉玛干沙漠 7542
(87) 绯口蛹纳螺 P. rhodostoma																	+				
(88) 拟蛹纳螺 P. subpupopsis													+			+					
(89) 似扭蛹纳螺 P. subtorquilla													+								
(90) 英蛹纳螺 P. yengiawat																					+
(91) 玉楚蛹纳螺 P. yuxu													+								
(92) 茨氏蛹纳螺 P. zilchi																					
(93) 倭丸鸟唇螺指名亚种 Petraeomastus breviculus breviculus													+								
(94) 锥旋倭丸鸟唇螺 P. breviculus anoconus																					
(95) 谐鸟唇螺 P. commensalis											+										
(96) 德氏鸟唇螺 P. desgodinsi															+					+	
(97) 念珠鸟唇螺 P. diaprepes																+					

续表

陆地生态区类型 \ 物 种	华南-海南湿润森林 8651	华南-越南亚热带常绿森林 a 9328	华南-越南亚热带常绿森林 b 9550	台湾亚热带常绿森林 9128	台湾南部季风雨林 9267	东喜马拉雅阔叶和针叶林 8885	贵州高原阔叶和混合林 8493	云南高原亚热带常绿森林 8804	华中黄土高原混合林 7523	长江平原常绿森林 8184	大巴山地常绿森林 8314	黄河平原混合林 7688	秦岭山地落叶森林 8132	四川盆地常绿阔叶林 8396	横断山山地亚高山针叶林 8355	邛崃-岷山针叶林 8283	天山山地针叶林 a 7528	天山山地针叶林 b 7586	天山丘陵干旱草原 7379	藏东南灌木地和草甸 6939	塔克拉玛干沙漠 7542
(98) 吉氏鸟唇螺 P. giraudelianus						+									+					+	
(99) 格氏鸟唇螺 P. gredleri						+										+				+	
(100) 厄氏鸟唇螺 P. heudeanus						+															
(101) 藏鸟唇螺 P. tibetanus															+	+				+	
(102) 摩氏鸟唇螺 P. moellendorffi											+		+								
(103) 锐鸟唇螺 P. mucronatus															+					+	
(104) 纽氏鸟唇螺 P. neumayri																					
(105) 尖锥鸟唇螺 P. oxyconus									+				+			+					
(106) 邦达鸟唇螺 P. pantoensis																				+	
(107) 皮氏鸟唇螺 P. perrieri																					
(108) 阔唇鸟唇螺指名亚种 P. platychilus platychilus																					

续表

陆地生态区类型／物种	华南-海南湿润森林 8651	华南-越南亚热带常绿森林 a 9328	华南-越南亚热带常绿森林 b 9550	台湾亚热带常绿森林 9128	台湾南部季风雨林 9267	东喜马拉雅阔叶和针叶林 8885	贵州高原阔叶和混交混合林 8493	云南高原亚热带常绿森林 8804	华中黄土高原混合林 7523	长江平原常绿森林 8184	大巴山地常绿森林 8314	黄河平原混合林 7688	秦岭山地落叶森林 8132	四川盆地常绿阔叶林 8396	横断山山地亚高山针叶林 8355	邛崃-岷山针叶林 8283	天山山地针叶林 a 7528	天山山地针叶林 b 7586	天山丘陵干旱草原 7379	藏东南灌木地和草甸 6939	塔克拉玛干沙漠 7542
(109) 锤阔唇鸟唇螺 P. platychilus malleatus													+								
(110) 罗氏鸟唇螺 P. rochebruni																				+	
(111) 丸鸟唇螺 P. semifartus																					
(112) 圆鸟唇螺 P. teres											+										
(113) 维鸟唇螺 P. vidianus											+		+			+					
(114) 枯藤鸟唇螺指名亚种 P. xerampelinus xerampelinus											+										
(115) 碎枯藤鸟唇螺 P. xerampelinus thryptica																+					
(116) 白谷纳螺 Coccoderma albescens		+																			
(117) 粒谷纳螺 C. granifer			+																		
(118) 谷纳螺 C. granulata				+																	
(119) 细粒谷纳螺 C. leptostraca																					

续表

物 种 \ 陆地生态区类型	华南-海南湿润森林 8651	华南-越南南亚热带常绿森林 a 9328	华南-越南南亚热带常绿森林 b 9550	台湾亚热带常绿森林 9128	台湾南部季风雨林 9267	东喜马拉雅阔叶和针叶林 8885	贵州高原阔叶和混合林 8493	云南高原亚热带常绿森林 8804	华中黄土高原混合林 7523	长江平原常绿森林 8184	大巴山地常绿森林 8314	黄河平原混合林 7688	秦岭山地落叶森林 8132	四川盆地常绿阔叶林 8396	横断山山地亚高山针叶林 8355	邛崃-岷山针叶林 8283	天山山地针叶林 a 7528	天山山地针叶林 b 7586	天山丘陵干旱草原 7379	藏东南灌木地和草甸 6939	塔克拉玛干沙漠 7542
(120) 浅纹谷纳螺 C. trivialis	+																				
(121) 沃氏谷纳螺 C. warburgi																					
(122) 锐奇异螺 Mirus acuminatus									+												
(123) 白缘奇异螺指名亚种 M. alboreflexus alboreflexus											+		+		+						
(124) 纹白缘奇异螺 M. alboreflexus striolatus																					
(125) 小白缘奇异螺 M. alboreflexus minor											+										
(126) 小节白缘奇异螺 M. alboreflexus nodulatus													+			+					
(127) 钻白缘奇异螺 M. alboreflexus perforatus																					
(128) 桂奇异螺 M. antisecalinus											+										
(129) 阿氏奇异螺指名亚种 M. armandi armandi											+										
(130) 大阿氏奇异螺 M. armandi major																					

续表

物 种 \ 陆地生态区类型	华南-海南湿润森林 8651	华南-越南亚热带常绿森林 a 9328	华南-越南亚热带常绿森林 b 9550	台湾亚热带常绿森林 9128	台湾南部季风雨林 9267	东喜马拉雅阔叶和针叶林 8885	贵州高原阔叶和混合林 8493	云南高原亚热带常绿森林 8804	华中黄土高原混合林 7523	长江平原常绿森林 8184	大巴山地常绿森林 8314	黄河平原混合林 7688	秦岭山地落叶森林 8132	四川盆地常绿阔叶林 8396	横断山山地亚高山针叶林 8355	邛崃-岷山针叶林 8283	天山山地针叶林 a 7528	天山山地针叶林 b 7586	天山丘陵干旱草原 7379	藏东南灌木地和草甸 6939	塔克拉玛干沙漠 7542
(131) 奥奇异螺 *M. aubryanus*																					
(132) 燕麦奇异螺 *M. avenaceus*																					
(133) 短口奇异螺 *M. brachystoma*					+																
(134) 稚奇异螺 *M. brizoides*																					
(135) 康氏奇异螺指名亚种 *M. cantori cantori*							+				+		+	+	+	+					
(136) 角康氏奇异螺 *M. cantori corneus*										+	+		+								
(137) 肥康氏奇异螺 *M. cantori corpulenta*							+			+	+										
(138) 弗康氏奇异螺 *M. cantori fragilis*	+																				
(139) 洛康氏奇异螺 *M. cantori loczyi*										+	+										
(140) 渭康氏奇异螺 *M. cantori obesus*										+											
(141) 灰康氏奇异螺 *M. cantori pallens*										+											

续表

陆地生态区类型 / 物种	华南-海南湿润森林 8651	华南-越南亚热带常绿森林 a 9328	华南-越南亚热带常绿森林 b 9550	台湾亚热带常绿森林 9128	台湾南部季风雨林 9267	东喜马拉雅阔叶和针叶林 8885	贵州高原阔叶和混合林 8493	云南高原亚热带常绿森林 8804	华中黄土高原混合林 7523	长江平原常绿森林 8184	大巴山地常绿森林 8314	黄河平原混合林 7688	秦岭山地落叶森林 8132	四川盆地常绿阔叶林 8396	横断山山地高山针叶林 8355	邛崃岷山针叶林 8283	天山山地针叶林 a 7528	天山山地针叶林 b 7586	天山丘陵干旱草原 7379	藏东南灌木地和草甸 6939	塔克拉玛干沙漠 7542
(142) 绿岛康氏奇异螺 M. cantori taivanica				+																	
(143) 玉髓奇异螺 M. chalcedonicus																					
(144) 胡萝卜奇异螺 M. daucopsis							+														
(145) 戴氏奇异螺 M. davidi										+					+						
(146) 衍奇异螺 M. derivatus												+									
(147) 美名奇异螺 M. euonymus																					
(148) 佛尔奇异螺 M. fargesianus											+										
(149) 反柱奇异螺 M. friniamus										+						+					
(150) 索形奇异螺 M. funiculus										+											
(151) 细锥奇异螺 M. gracilispirus								+					+								
(152) 哈氏奇异螺 M. hartmanni	+																				

续表

陆地生态区类型 \ 物种	华南-海南湿润森林 8651	华南-越南亚热带常绿森林 a 9328	华南-越南亚热带常绿森林 b 9550	台湾亚热带常绿森林 9128	台湾南部季风雨林 9267	东喜马拉雅阔叶和针叶林 8885	贵州高原阔叶和混合林 8493	云南高原亚热带常绿森林 8804	华中黄土高原混合林 7523	长江平原常绿森林 8184	大巴山地常绿森林 8314	黄河平原混合林 7688	秦岭山地落叶森林 8132	四川盆地常绿阔叶林 8396	横断山山地亚高山针叶林 8355	邛崃-岷山针叶林 8283	天山山地针叶林 a 7528	天山山地针叶林 b 7586	天山丘陵干旱草原 7379	藏东南灌木地和草甸 6939	塔克拉玛干沙漠 7542
(153) 间盖奇异螺 *M. interstratus*													+								
(154) 克氏奇异螺 *M. krejcii*	+																				
(155) 梅奇异螺 *M. meronianus*	+																				
(156) 湘微奇异螺 *M. minutus hunanensis*							+														
(157) 微奇异螺指名亚种 *M. minutus minutus*							+				+										
(158) 远微奇异螺 *M. minutus subminutus*							+			+											
(159) 穆坪奇异螺 *M. mupingianus*						+				+	+		+								
(160) 伪奇异螺 *M. nothus*																+					
(161) 前顶奇异螺指名亚种 *M. praelongus praelongus*											+			+							
(162) 引前顶奇异螺 *M. praelongus productior*											+										
(163) 梨形奇异螺 *M. pyrinus*									+												

续表

陆地生态区类型\物种	华南-海南湿润森林 8651	华南-越南亚热带常绿森林 a 9328	华南-越南亚热带常绿森林 b 9550	台湾亚热带常绿森林 9128	台湾南部季风雨林 9267	东喜马拉雅阔叶和针叶林 8885	贵州高原阔叶和混合林 8493	云南高原亚热带常绿森林 8804	华中黄土高原混合林 7523	长江平原常绿森林 8184	大巴山地常绿森林 8314	黄河平原混合林 7688	秦岭山地落叶森林 8132	四川盆地常绿阔叶林 8396	横断山山地亚高山针叶林 8355	邛崃岷山针叶林 8283	天山山地针叶林 a 7528	天山山地针叶林 b 7586	天山丘陵平原干旱草原 7379	藏东南灌木地和草甸 6939	塔克拉玛干沙漠 7542
(164) 囊形奇异螺 M. saccatus																					
(165) 谢河奇异螺 M. siehoensis																					
(166) 透奇异螺 M. transiens												+									
(167) 草囊奇异螺 M. utriculus													+								
(168) 倍唇图灵螺 Turanena diplochila											+		+								
(169) 克氏图灵螺 T. kreitneri																					
(170) 伊犁图灵螺 T. kuldshana																	+		+		
(171) 稚锥图灵螺 T. microconus																	+	+			
(172) 优浃纳螺 Dolichena miranda																		+			
(173) 克氏厄纳螺 Heudiella krejcii											+										
(174) 奥氏厄纳螺 H. olivieri																					

续表

陆地生态区类型 物种	华南-海南湿润森林	华南-越南亚热带常绿森林 a	华南-越南亚热带常绿森林 b	台湾亚热带常绿森林	台湾南部季风雨林	东喜马拉雅阔叶和针叶林	贵州高原阔叶混和合林	云南高原亚热带常绿森林	华中黄土高原混合林	长江平原常绿森林	大巴山地常绿森林	黄河平原混合林	秦岭山地落叶森林	四川盆地常绿阔叶林	横断山山地亚高山针叶林	邛崃-岷山针叶林	天山山地针叶林 a	天山山地针叶林 b	天山丘陵干旱草原	藏东南灌木地和草甸	塔克拉玛干沙漠
	8651	9328	9550	9128	9267	8885	8493	8804	7523	8184	8314	7688	8132	8396	8355	8283	7528	7586	7379	6939	7542
(175) 左弓小索螺 Funiculus asbestinus																					
(176) 皮小索螺 F. coriaceus								+													
(177) 羸小索螺 F. debilis								+													
(178) 德氏小索螺 F. delavayanus											+										
(179) 优小索螺 F. probatus								+			+										
(180) 劳氏小索螺 F. laurentianus															+						
(181) 金脊纳螺 Rachis aurea								+													
(182) 爪脊纳螺 R. onychinus															+						

总　论　地理分布

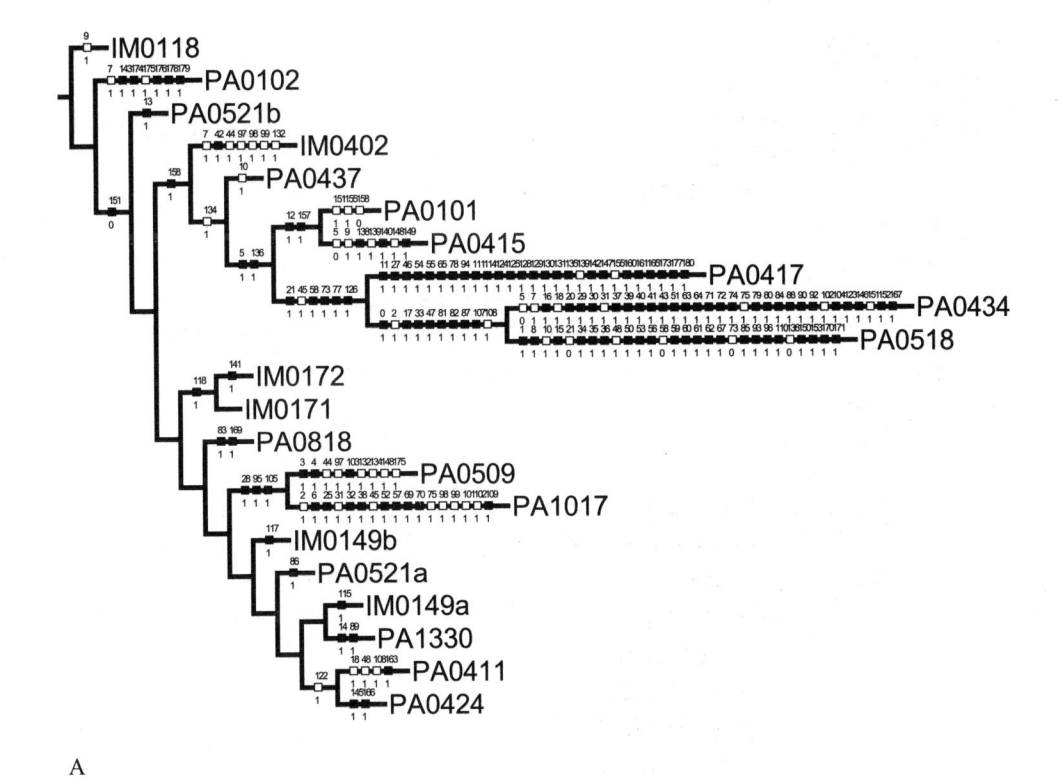

A

B

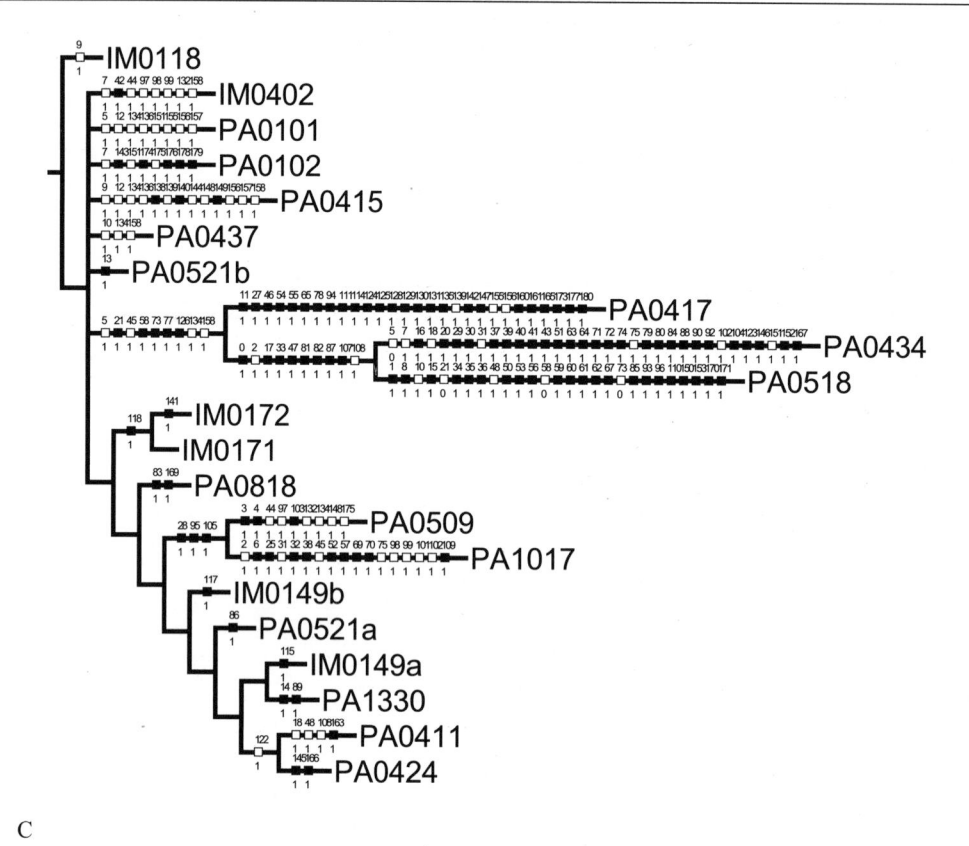

图 23 中国艾纳螺科物种分布的生态区分支图

C 为 A 和 B 的严格合意树。生态区名称见表 6

Fig. 23 Cladogram of ecoregions with enid distributed. Names of terminals are as listed in Table 6. C is the strict consensus tree of A and B

五、生　物　学

艾纳螺总科的种类多栖息于山地环境。尽管艾纳螺总科在物种保育上很重要，但迄今对其生物学的观察和研究极少。

与我国物种数最多的另外一类陆生贝类巴蜗牛科相比，艾纳螺中通常很少出现与人类活动伴生的物种。常在田园、城郊等人类环境出现的艾纳螺几乎仅有康氏奇异螺 *Mirus cantori* 一种，即便如此，也未曾观察到它能取食栽培植物。

在自然环境中，艾纳螺单一物种常形成极小的种群。野外观察表明，这类物种很少取食具有大叶片的各类绿色植物，这与巴蜗牛科物种（如同型巴蜗牛 *Bradybaena similaris*，灰尖巴蜗牛 *Acusta ravida*，毛巴蜗牛 *Trichocathaica submissa* 等）能广泛取食各类大型生活植物体形成区别。生活在富有大型植物环境中的种类，更倾向于啃食一些覆满真菌、藻类等微小生物的叶、花等富含营养的植物凋落物；而生活在裸岩区域的种类，通常以地衣等岩表植物或其残体作为食物。故推测艾纳螺科物种为狭食性类群。饲以其产地的某些植物凋落物，也很难在室内将艾纳螺幼体培养至成熟个体，更不用说稳定地繁殖。而在室内饲养、繁殖诸如巴蜗牛 (Bradybaenidae)、坚螺 (Camaenidae) 和钻头螺科 (Subulinidae) 的大多数种类，除高山蛞蝓科 (Anadenidae) 的几种蛞蝓 (Philomycidae，Limacidae，Agriolimacidae) 及烟管螺 (Clausiliidae) 的一些广布种，通常都能成功而且效果很好。

我国已知艾纳螺科贝类的栖息地类型可分为地面栖息型 (如康氏奇异螺 *Mirus cantori* 等少数种类)；植物栖息型 (如环绕杂斑螺 *Subzebrinus erraticus* 等) 以及岩壁栖息型 (如金丝雀螺属 *Serina*、沟颈螺属 *Holcauchen*、奇异螺属 *Mirus* 许多种类) 和土壁栖息型 (如金丝雀螺属、沟颈螺属、蛹巢螺属许多种类)。与蜗牛总科等具近球形贝壳的贝类相比，艾纳螺极少在地面活动，它们常在面积狭窄的表面上活动，而且在遇到临时性的不适气候变化时，常不躲避，而在原地以分泌物将反折的壳口密接在树皮、岩面等附着物上度过暂时的逆境。作者曾在西藏朗县温度接近 60℃ 的朝西岩壁上，观察到由健康活体组成的艾纳螺群体。这种行为与其他典型的山地贝类的行为有差异，后者如栖息在裸岩的多种蛇蜗牛 *Pseudiberus* (巴蜗牛科)、多种烟管螺等，当遇到类似气候条件时及时钻入岩石缝隙中以藏匿方式度过逆境。

艾纳螺的天敌众多，如哺乳动物中的啮齿类、食虫类 (如在环绕杂斑螺贝壳上留下微小的对应齿痕者。吴岷，未发表研究)，鸟类中各类中小体型的隼形目种类等，各种昆虫中的花萤科 (Cantharidae) 的萤亚科 (Lampyrinae) 以及稚萤亚科 (Drilinae)、步甲 (Carabidae)、拟步甲 (Tenebrioniidae)，以及双翅目中的麻蝇科 (Sarcophagidae) 等。经作者等近 10 年的研究，发现麻蝇科的一种 (*Miltogrammoides* sp., Miltogrammatinae, Miltogrammatini，蒙薛万琦先生鉴定) 专一性地对环绕杂斑螺进行拟寄生。被拟寄生的蜗牛最终被麻蝇幼虫以海绵样物质固定在灌木枝条上，其壳顶多朝向地面，壳顶内部堆积了麻蝇幼体的粪便。随着幼虫的发育，捕食者在螺壳的倒数第 2 层结茧，而蛹和海绵样封口之间保留为类似气室的宽阔空间。捕食者以蛹的方式在贝壳内越冬 (Gao *et al.*, 2011)。

除艾纳螺所具有的陆生贝类共性外，艾纳螺的生活史特点等众多生物学方面的细节知识迄今不为人所知。

六、经济意义

目前全球已描述的无脊椎动物约有 140 万种，其中约 10 万种为软体动物。腹足类约有 5 万种，而柄眼目均为陆地的代表。

在我国能形成农林业灾害的陆生软体动物仅包括褐云玛瑙螺 (*Achatina fulica*)、同型巴蜗牛 (*Bradybaena similaris*) 等少数几种，且至多形成间歇性、小规模的灾害。目前尚未见艾纳螺发生灾害的报道。

陆生贝类对植物无选择性或具有弱选择性，而对各类陆地环境条件体现出多样的适应性，这使得它们成为研究动物进化、动物地理学的一类非常好的材料。在我国，地域辽阔，有着各种各样的地形、土壤和植被，以及多种的气候条件，许多地域适宜陆生软体动物的生长和繁衍。

包括艾纳螺总科在内的诸多陆生软体动物类群具有相当重要的科学价值、审美价值和多样性保护价值。

根据 IUCN 红色名录截至 2006 年的评估数据,昆虫、鱼类、两栖类、爬行类、鸟类和哺乳类物种的灭绝比例 (含野外灭绝,以下同) 和濒危以上等级比例分别为 7.8%和 25.5%、4.0%和 21.2%、0.8%和 26.3%、3.8%和 28.9%、1.4%和 5.4%,以及 1.7%和 11.4%,而动物界的这两个比例分别为 3.1%和 15.0%。与此相比,软体动物的灭绝比例为 18.8%,濒危以上等级的比例为 36.16%,它们的处境令人担忧。

在陆生软体动物中,除了已灭绝的 197 种外,濒危物种有 721 种,其中野外灭绝的含 10 种,极危的有 166 种,濒危的有 130 种,易危的有 265 种,近危的有 150 种,其中极危和濒危的比例占 41.1%;淡水软体动物中,除 88 种已灭绝外,濒危物种有 515 种,其中野外灭绝的含 3 种,极危的 97 种,濒危的有 90 种,易危的有 215 种,近危的有 110 种,其中极危和濒危的比例占 36.3%;而海洋贝类中,已知 4 种灭绝,23 种受威胁物种中,极危和濒危的比例占 21.7%。在各门类得到评估的种类 (除数据缺乏的情况外) 中,已知 19.0%的陆生贝类、11.6%的淡水贝类和 4.1%的海洋贝类灭绝,其中陆生贝类居各类群之首。

在我国,目前已有 375 个海洋、淡水和陆生贝类物种得到濒危等级评估,除去其中 105 种缺乏数据外,有 4.4%的物种灭绝,53.0%的物种为濒危或极度濒危。在得到评估的 273 种陆生贝类中,濒危以上等级的比例达 54.9%。从这些数据可以了解,对我国陆生贝类等软体动物的编目研究,作为生物多样性保护的第一步,亟待深入开展。

植物及哺乳类、鸟类等脊椎动物往往具有广阔的分布范围,而与此相反,多数软体动物 (尤其是非海洋贝类) 具有狭窄的栖息地范围,并且特有程度高。例如,在海南岛,特有陆生贝类物种的比例 (特有种与物种总数的比例) 达 66.7%,该比例远远高于相应的海南特有乔木比例 5%和海南特有两栖类的比例 21% (数据源自国家统计局,2001)。通常认为,从全球来看,陆生软体动物分布范围的平均值为 100 km^2。而在澳大利亚,陆生和淡水贝类的分布范围往往低于 2 km^2 (Solem, 1988)。软体动物栖息地范围狭窄,且日益受到人为活动的干扰和改变,成为贝类多样性锐减的一个主要原因。对于海洋贝类,如珊瑚礁区域标志性的宝贝科诸多物种,其濒危等级提高多因栖息地 (珊瑚礁) 破坏和人为过度采捕而造成。陆生贝类主要栖息于石灰岩裸岩区。在石灰岩相对匮乏的地区,人们为降低成本首先开采露头处的石灰岩,从而严重威胁了当地的土著陆生贝类。例如,海南岛石灰岩露头点不多,但许多露头点附近都建有以石灰岩为主要生产原料的水泥厂,或因不合理垦殖造成石灰岩露头点生境的孤岛化和/或崩溃 (吴岷等,2009;Wu and Pang, 2010)。而在贵州等石灰岩丰富的地区,由于对环境进行人为干预而造成喀斯特地区的石漠化现象,对土著软体动物多样性也可能正在产生巨大的影响。

最关键的问题在于,与对大型动物和高等植物的公众关注度相比,公众对除几种经济种类以外的软体动物知道得不多,从而影响了他们对这些物种的兴趣程度,进而影响到政府部门对受威胁种类及其栖息地环境的立法保护,而在现存的各类自然保护区中,保育措施也几乎完全与这些濒危程度最高的物种无关。

在我国贝类研究的初期，对陆生贝类采集、研究即比较注重。然而，就目前的研究程度而言，对该类群的研究与对其他生物类群的研究相比，尚存在一定的差距。从全球的角度，目前陆生腹足类多样性处境堪忧。这种危险一方面来自于导致陆生贝类直接灭绝的各种人为的和自然流变的原因，另一方面也来自于对这一类群缺乏重视和基础分类研究，如其中较受关注的蜗牛总科大型陆生贝类，在研究程度和研究水平上都与国际水准有一定的差距 (Wu, 2004)。在我国，2000 多种陆生贝类种类中 50%以上是土著类群 (吴岷，待发表数据)，因各个物种的分布区狭窄，其承受的压力更大。我国陆生贝类面临危险的最主要原因是环境的均一化，如人工环境替换原始环境 (砍伐森林、大型水利工程、过度载畜等)、迅速发生的工业污染使异质环境快速均一化、入侵种加入后的陆生贝类群落均一化加上自然界一些随机事件 (洪水、森林火灾、连续的冷冬或连续的大旱)。陆生贝类的迁移能力很差，选择次适栖息地的能力有限，从目前不多的实例来推测，上述情况一旦发生，陆生贝类的种群乃至物种的灭绝将很可能迅速发生 (Wu *et al*., 2003)。

然而，迄今为止人们仅了解少数几种陆生贝类种群剧减和濒临灭绝的原因，如夏威夷的小玛瑙螺科 (Achatinellidae) 和太平洋岛屿的帕图螺科 (Partulidae) 中的一小部分物种 (Cowie, 2001)。造成这种研究差距的主要原因在于：①贝类物种资源的不平均分布；②贝类研究力量在类群和世界各地区的不平均分布；③对热点研究地区的理解差异。例如，在目前讨论较多的濒危贝类物种研究中，对腹足纲受胁程度的评估和研究，主要是对一些由于过度利用而遭致威胁的海洋腹足类，而并非针对一些罹受更大威胁的陆生贝类而开展的。

七、标本的采集、制作和保存

(一) 野外采集的准备工作

1. 采集袋

对一位陆生贝类采集者而言，准备 1 个大包和 1 个背包式小采集袋是必要的。大包用于装所有的采集工具、药品、容器及已采集的标本。使用小采集袋以利于步行采集时双手能自由活动。包内均需有固定盛装液体的容器的装置。

2. 采集工具及方法

采集方法主要分为手采法和诱捕法 2 种。

手采法所使用的工具有：花园铲、小耙、上接帆布袋的大网眼筛、注射器、钢丝扫网、吸虫器、小型千斤顶、全长 3 m 的可伸缩杆、猎刀、镊子、采集记录本和海拔仪或地理卫星定位仪等。网眼筛用于在枯枝落叶层中筛取螺类；坚固的钢丝扫网用于在高草及灌木丛中扫取标本；使用吸虫器可以避免在吸取细小的螺类时损坏标本 (图 26，示作者常用的便于取换采集管的吸螺器)；注射器用于固定大型螺类的软体部分；小型千斤顶用于翻开难以移动的大石块后搜索标本；猎刀用于撬开朽树寻找树皮与朽木之间的螺类；可伸缩杆在伸长后用于够取岩壁、枝梢上的标本。

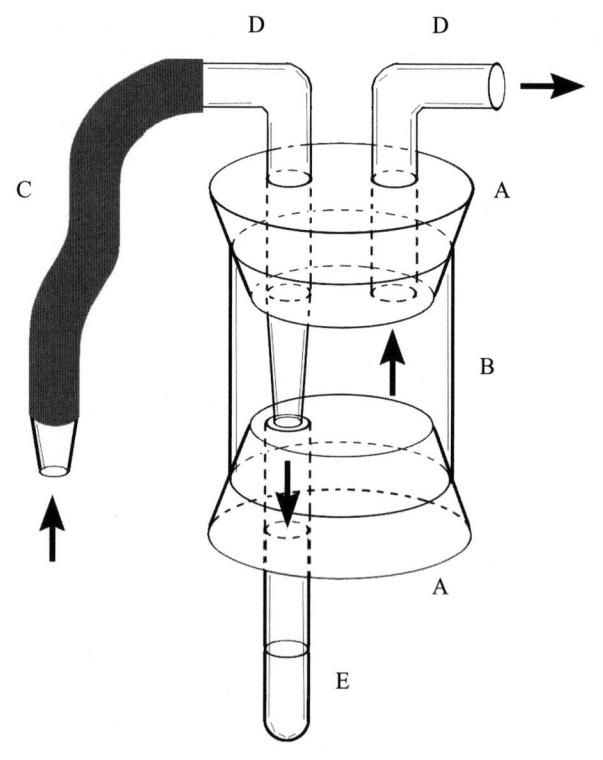

图 24　作者使用的吸螺器
A. 橡胶塞；B. 透明塑料管；C. 硅胶软管；D. 玻璃管或铜管；E. 小指管或离心管，底部为少量吸水纸或75%乙醇。箭头指示气流方向
Fig. 24　Shell intaker used by the author
A. Rubber plug; B. Transparent plastic tube; C. Silicon rubber tube; D. Class/copper tube; E. Collection tube with facial tissue or 75% alcohol

当采集时间较为宽裕或使用样方设计时，可考虑使用诱捕法，预先准备一些塑料杯及含乙酸、糖的引诱剂，陷阱的数量和间隔距离应依具体采集地螺类的生物量而定，或按样方的设计要求而定。使用诱捕法时要注意经常巡视诱杯，以便及时或按取样方案收取并清洗标本，以防止落入诱杯中的标本长时间浸泡在含酸溶液中造成贝壳溶蚀，从而影响标本质量。另外也可采用杯内壁黏附酸甜物质的方法进行杯诱，以免造成标本损害，以便选择性保留标本，并可放归幼体或无必要伤害的动物。此外，在涉及调查样方的标本采集中还要准备软尺、样方框、随机样方选定器等工具。

3. 容器和采集物的包装、运输

容器必需坚固而且密封性好。盛放戊二醛溶液的容器外最好要覆以厚的黑塑料布以防止阳光的照射；在炎热气候中，应准备冰瓶或用便携式保鲜箱以保持较低的保存温度。在运输蜗牛活体时，为防止蜗牛排泄物、黏液等污染容器而造成蜗牛死亡，可在蜗牛软体部分充分缩回壳内后，用2—3层纱布将贝壳紧紧包裹，置入空气十分流通的容器内，这样可使运输途中的蜗牛死亡率降至最低。此外，由于经历长时间的旅途，贝壳间的互相搓擦易使标签磨损或使其上的字迹模糊，故必须注意浸制标本中的采集标签必需足够牢固，一般可用铝箔将标签包裹好后，将其置入容器；或直接采用以碳素笔书写的竹、木片或棉布条作为标签。

(二) 采集地点和时间的选择

陆生贝类几乎可在所有类型的陆地环境中生活，可见于各种生态环境。但如果采集变成漫无目的的游历，则可能使贝类调查和采集收获寥寥。通常情况下，在较潮湿的环境中会采集到比干旱的环境中种类、数量更多的陆生贝类标本；但常年干旱的环境，如荒漠等，则由于以前鲜有采集者重视而可能存在一些易被忽略的罕见物种。故一旦时间充裕，对这类陆生贝类非典型分布地的调查也是很有意义的。

在复杂的生境中，对陆生贝类的可能栖息环境要有充分的估计。例如，在树皮下、朽木中、苔藓中、枯枝败叶下、植食性动物的粪便下、挺水植物上、灌木梢端及高大植物的茎干及枝条上等处的调查和采集，会得到意想不到的收获。

在蜗牛的调查、采集中，应注意对石块及农田附近进行搜索，尤其在单调的环境中，石块与地面形成的空隙就成为其聚集栖息或越冬之所，而且往往石块越大，栖息于其下的成熟个体越多。

陆生贝类在活跃季节，行晨昏性活动。故调查采集活动通常在凉爽而潮湿的清晨、傍晚及阵雨后进行，此时是观察、记录繁殖行为的合适时机。

需要十分注意的是，在采集或搜索后应尽量将原来的小生境复原。应即时将翻开的石块仔细还原，以免破坏蜗牛的固有栖息环境。同时，应根据类群的濒危程度，酌情考虑不采集、少采集；除非研究必需，原则上避免采集幼体。

(三) 饲 养

不是在每次的采集中都能获得成熟的蜗牛个体，故蜗牛在实验室中的饲养非常必要。一般而言，通过人工饲养得到的成体较天然成体的体型小，但一旦内部器官已成熟，就足够进行以分类为目的的研究。饲养可在 18—28℃，相对湿度 60%—80% 的标准培养室中进行。饲养容器为无毒、无嗅的合适材料制成的小盒，当培养室不具湿度条件时，也可在饲养容器上覆吸水的毛巾以保持容器内的湿度。容器底部铺 1 层取自标本采集地的土壤、腐植质及石块；或视蜗牛大小、容器体积大小等具体情况，在容器底部均匀铺 1 层 1—8 cm 厚的蛭石。若饲养蜗牛，在蛭石中可均匀加入 5%—10% 的碳酸钙；若饲养蛞蝓类，可直接使用蛭石。饲料可以为生菜叶或卷心菜，辅以不超过青饲料量 10% 的精饲料。精饲料可人工配制，作者使用的 1 个配方为鸡蛋壳 6%、大豆 27%、蛋鸡饲料 16%、玉米 50% 和维生素 C 1%，充分粉碎、混匀后制成 1 cm^3 见方的块状，然后放入微波炉缓慢加热干燥 2 次后取出，密封保存。

(四) 标本制作和保存

在利用活体制作标本前应先记录标本的体色，在标本未受惊吓即生活状态时，测量标本的体长、体宽，也可拍摄生活状态下的照片留为资料。

在制作标本时主要使用两类试剂：一类是麻醉剂，用于在固定标本前使标本松弛，如氯化镁、薄荷和三氯乙醛等，先将标本置入盛满水的容器内，使其慢慢窒息而伸展身体，或逐步加入麻醉剂进行麻醉。利用水淹使蜗牛窒息是一个简单的办法，但所需时间较长 (12 h 或更长)，且在炎热的气候中标本容易腐败，所以一般不应轻易使用。较为方便的麻醉方法是在用水窒息蜗牛的同时，在水中加入 2%—5%的乙醇，然后将容器置入 4℃左右的冰箱中，这样只需 4—6 h 就可以麻醉大型或小型的蜗牛个体。另一类是固定剂，一般使用 70%的乙醇溶液和乙醇、甘油溶液；应避免使用福尔马林液，以减少对壳的腐蚀。如果以进行分子遗传学研究为目的，则应在解剖标本后将生殖腺、口球和肾脏等部分保存在纯乙醇中；如果用于进行组织学或超微结构的研究，则需分别准备甲醛、Buinn 液、戊二醛等作为软体部分的固定液。

通常采集的蜗牛标本可分为 3 类，制作要求和保存方法也不尽相同。对于采集的化石或半化石标本，要保持挖掘时的原貌，标本上所粘的泥土不应除去，如果在研究时须去除部分泥土，则应及时做好记录，并保留去除物。对于采集到的空蜗牛贝壳，应用水或乙醇清洗，在不易清洁时可用超声波处理。待贝壳自然干燥后在其颜色较浅的非观察部位 (如唇部) 用碳素墨水书写上采集编号及馆藏编号，在干燥容器中保存即可成为干制标本。

对于采集到的含软体部分的标本，应首先轻柔地清洗，若用超声波清洁，则清洗时尤其要注意避免破坏贝壳上的刺毛、鳞片等构造 (可将贝壳置入软网袋中后再用超声波清洗)，在采集时初步固定的基础上用 90%的乙醇溶液浸泡 1 周左右，换入 70%的乙醇溶液，保存 2 个月，然后去除标本软体部分的黏液等污物后，在唇部写好编号，置入相同浓度的乙醇溶液中作永久保存。在有较充裕的保藏空间时，应将空壳与软体部分分开保存，但此时应作好壳与软体部分的对应记号，不至于在研究时混淆。对于采集时不能及时取出软体部分的标本或未按此要求处理的旧标本，可在贝壳螺旋部近胚螺层处在解剖镜下以钻 1 个小于 0.5 mm 的小孔，然后将螺顶部密接在接通稳定水流的乳胶管上，用镊子小心地镊住露出壳口的腹足末端，在水压稳定作用于壳上小孔的同时，沿贝壳的螺旋方向轻柔用力，将完整的软体部旋转取出。依据标本状况的不同，稳定水流的速度应从小到大，所需时间为 30 s 至 5 min 不等。原则上为安全起见，缓慢操作有利于得到完整的软体部分标本并避免破坏贝壳。当贝壳脆弱或破损时不应使用这种方法，以免彻底破坏贝壳。浸制标本的标签可书写或印刷在硫酸描图纸上，这样的标签可在乙醇溶液中长期保存。若长期保存标本，应用密闭性良好的螺口瓶或磨口瓶，后者的瓶口需封以液态蜡或凡士林，以防乙醇挥发。每个标本瓶中所装的浸制标本不应超过容器体积的 $^2/_3$。

当保存标本的生殖系统等剖出物时，应将各解剖部分用小指管或大小合适的塑料离心管分别保存，并做好记录标签。在解剖标本时，应从生殖孔的对面侧开始，以免破坏标本的待观察特征。若进行切片和观察染色体数目、形状，可分别用 Buinn 氏液和卡诺尔液固定，然后将生殖器逐渐置入各级浓度的乙醇溶液中，用德氏苏木精染色 4 h，然后用水清洗，并且在 20% 盐酸中脱色，直到标本变为淡粉红色为止，再用各级浓度的乙醇逐步脱水，最后用二甲苯透明，就可以进行切片、观察了。

制作颚片和齿舌时，首先从软体动物头部内剖出口球部分，将其置入 10% 的氢氧化钠或氢氧化钾中，置于加热台上或 100W 白炽灯下距灯泡 2—5 cm 处加热 10—15 min，即可使其颚片和齿舌周围的组织腐蚀掉，不可为节省时间而用明火加热，以免损坏标本；然后，在水中冲洗颚片和齿舌；再用红光酸性橙 (orange G) 染色 1 h 或用苏木精染色；用水冲洗，并用 20% 的盐酸脱色，然后用水冲洗；将齿舌和颚片置于无水乙醇中脱水 2 次，脱水时注意用镊子将齿舌抚平；最后将齿舌和颚片分别以聚乙烯醇胶封片，封片时应注意将齿舌的齿面朝上。齿舌也可不经染色而直接封片观察，效果也较好。

(五) 有关软体动物标本保存的馆藏须知

在以前的保存中，有以指甲油涂抹贝壳表面以增其光泽的做法。近来博物馆保藏方法研究表明，此法可能对贝壳有损害。故可用有机溶剂清洗的方法来去除老旧标本上遗留的指甲油。

标本标签是承载标本信息的最重要的物质基础。对于通常残损、质地酥脆的古旧的标签，须从标本瓶、标本盒中取出、单独保存。标本保管人员可在原标本系列上添加该古旧标签的完整复制品，以保证标本所对应标签系列的完整。古老标签可塑封或裱糊干燥后造册保存。

软体动物标本贝壳主要为碳酸钙质地，长期保藏时，最好避光存放在金属标本柜中。橡木等壳斗科植物木材能缓慢释放酸性气体，应避免使用以这些材料制成的标本盒、标本柜，以避免标本受到腐蚀。

八、研究材料和方法

(一) 研 究 标 本

本文涉及的标本来源于 2003—2009 年作者等在甘肃、四川、湖北、湖南、新疆、云南、江苏等省的采集调查。年代久远的模式标本及相应干标本系列来源于俄罗斯圣彼得堡俄罗斯科学院动物研究所 (the Zoological Institute, Russian Academy of Sciences, St. Petersburg, ZI RAS) 馆藏标本，英国自然历史博物馆 (the Natural History Museum, London, NHM) 和德国法兰克福的瑟肯堡自然历史博物馆 (the Forschungsinstitut und Naturmuseum Senckenberg, Frankfurt, SMF)。

本研究中，活体标本在采集后，经含少量乙醇的缺氧水窒息处理后，经数次更换 70% 乙醇固定液后，永久保存于 70% 乙醇溶液中。

(二) 地　名

在早期，对我国地名的西文拼法缺乏规范，且地名本身也常在变化之中，在古老文献和标本标签中，某一地名或因记录者使用西文文字不同或地名拼写依中国不同方言发音等原因，常遇到难以确定地名的情况。经作者多年研究和考证，在这里列出涉及中国艾纳螺科物种分布地点的 39 个地名及其在艾纳螺文献中曾出现的拼写，以供陆生贝类研究者在以后研究时对照使用：巴东：Badung，湖北；邦达：Panto, Ben-to，云南；宝成县：Bau-tsheng-hsien，陕西；奔子栏：Pung-tsula，云南；巢湖：Tsao-hu；大渡河：Luho, Tung；大冶：Ta-yeh，湖北；宕昌：Tan-tshang；董家湾：Tshun-dshia-wan；广元：Kwang-yuen-shien, Kuan-yuan, Quang-juoen，四川；桂阳州：Kwei-yang-dshou，湖南；海口：Hoihow，海南；汉源县：Tshing-tshi-hsien，旧称清溪县；富庄镇：Fu-dshuang，汉源县，四川；三交坪：San-dshou-ping，汉源县三交乡，四川；徽县：Hui-hsien，甘肃；火溪沟：Ho-dshi-kou，平武县；江西：Dshiang-his, Kiang-si；九江：Kiukiang，江西；康定：Ta-tsienlou，旧称打箭炉；阔达坝：Kutupa，平武县；梁家坝：Liang-dshia-pa，甘肃文县；泸定：Lu-ting (Tung)，四川；勉县：Mien-hsien；木瓜溪：Mu-gua-tshi，平武县；穆坪：Muping, Mouping，宝兴县；南坪：Nanpin, Nanping，原属甘肃，现属四川省九寨沟县；平武县：Lung-an-fu，旧称龙安府；石鸡坝：Shypa, Shy-pa, Shypu，李家堡与舟曲之间一村庄；塔巴村：Tapa，大渡河，四川西部；瓦斯沟：Wa-sy-kou (Tung), Ja-sz'kou，四川；王家坝：Wan-dshia-pa，平武县；武昌：Wu-tshang-fu，湖北；武都：Zsedschou，旧称阶州；盐井：Yerkalo, Jerkalo，云南；宜昌：Ichang，湖北；荥经县：Yung-dshing-hsien；玉垒关：Yuen-ling-kuan, Yuj-lin-guan, Yue-lin-kuan，村名，今文县玉垒乡；舟曲：Hsi-kutsheng, Hsi-gu-tshêng，旧称西固城。

此外，迄今仍有 21 个地名难以确认其具体地点，具体有：Aalwen：西藏一地名；Baksa：台湾一地名；Bankimtsong：台湾一地名；Da-tung：安徽一地名；Dshang-ling-dshang：广元和昭化之间一地名，四川；Dshykow：四川一地名；Liu-an：湖南；Lu-feng-kou：广元一地名，四川；Lung-chia-shan：大冶一地名，湖北；Lung-so-tan：广东；Naj-ti-cha, Nai-ti-ha：村名，甘肃文县；Pchin-lo：甘肃一地名；Pchipiao：甘肃一地名；Poi-cho：河流名，四川/西藏；Rumichangu：靠近 Sinkiatze，四川西部；Sh-wa-tsun：位于澜沧江河谷，云南；Sie-Ho (-Thal)：疑为"谢河"，湖北一流域名；Sinkiatze：疑为"新开寺"或"抚边"，四川西部一地名；Tong-san in Sei-zo：宜昌一地名，湖北；Tshiu-dsei-dsy：村名，靠近舟曲；Wechuan：疑为"汶川"（旧称威州）的误拼。

此外，其余在各类古老标本、文献中的标签和地名的誊写、印刷错误，已在"各论"中具体涉及某物种时，在"研究标本"中注明。

(三) 测　量

生殖系统解剖部位的绘图借助体视显微镜投射仪完成。贝壳的测量 (长度和螺层数)

依据 Kerney 和 Cameron (1979) 确定的方法进行。贝壳和生殖系统各部位测量精确到 0.1 mm (如出现 2 位小数或在数值范围中小数位数参差不齐的情况, 则表明该数据来源于旧文献, 对此本志并不进行位数调整)。螺层测量精确到 $1/8$ 圈。测量值的算术平均值以下划线表示。所采用的长度单位除指出外, 均为毫米 (mm)。在生殖系统描述中使用的方向: 近端, 是指朝向生殖腔开口的方向; 远端, 是指远离生殖腔开口的方向。老种的测量值在该种的重描述中给出, 而其模式标本, 若已研究, 则其测量值在"研究材料"中给出。研究中未测量来源于 ZI RAS 的标本。

(四) 缩　写

除已注明外, 在本卷的图、文中使用的英文缩写为 Ap—壳口; Aph—壳口高; Apw—壳口宽; a.s.l.—海拔; A-1—交接器附器的最近端部分; A-2—交接器附器中, 在 A-1 和 A-3 之间的部分, 往往较 A-1 和 A-3 粗壮; A-3—交接器附器中, 位于 A-2 和 A-4 之间; A-4—位于 A-5 和 A-3 之间, 为交接器附器中最纤细的部分; A-5—交接器附器的端部, 多少膨大; At—生殖腔; AtR—生殖腔牵引肌; AR—交接器牵引肌的交接器附器支; BC—纳精囊; BCD—纳精囊管; D—纳精囊盲管; W, diam. maj.—贝壳最大径; Ep—成荚器; EpC—成荚器盲囊; Ewh—胚螺层; Rhw—壳高与壳径的比例; Rah—壳高与壳口高的比例。

(五) 标准分类系统

使用软件 Delta (CSIRO Delta for Windows, Version 1.04) 对物种特征及特征状态进行录入和管理。作者对我国艾纳螺科总科物种所使用的特征及特征状态, 均包括在如下的艾纳螺科标准分类系统 (特征状态间以分号间隔) 中:

1. 贝壳特征

(1) 形状: 卵圆锥形; 卵形; 卵塔形; 尖卵形; 锥形; 高锥形; 子弹头形; 蛹形; 塔形。

(2) 厚度: 厚; 薄。

(3) 壳质: 脆薄, 坚实。

(4) 螺层数: 螺层数量。

(5) 透明程度: 透明; 不透明。

(6) 光泽: 有强烈光泽; 暗淡。

(7) 螺层: 具斑点; 无斑点。

(8) 螺层: 有螺旋向细沟; 无螺旋向细沟。

(9) 螺层: 具肩; 不具肩。

(10) 上部螺层: 与下部同色; 深色。

(11) 胚螺层: 光滑; 具螺旋向细线; 具颗粒; 具螺旋向小肋。

(12) 胚螺层：光亮；不光亮。
(13) 胚螺后螺层：光滑；具颗粒；具螺旋向、间隔均匀的细沟；具明显的宽间隔螺旋刻纹；具排列规则的肋；具宽间隔、排列规则的薄膜样小肋；具规则的轴向肋且肋断裂为成排的明显圆瘤。
(14) 螺层：突出；扁平。
(15) 体螺层：直；下倾。
(16) 体螺层：周缘圆；周缘略具角。
(17) 体螺层：具螺旋向沟；无螺旋向沟。
(18) 贝壳高度：数量特征。
(19) 贝壳宽度：最大径。数量特征。
(20) 壳口形状：圆；圆卵形；半圆形。
(21) 壳口倾斜程度：倾斜；垂直。
(22) 壳口：成体具齿；仅在亚成体阶段具齿。
(23) 腭壁：具褶皱；无褶皱。
(24) 腭壁：圆；具凹陷。
(25) 口缘：平直；反折。
(26) 口缘：不扩大；扩大。
(27) 腔壁的胼胝部：明显；不明显。
(28) 轴唇缘：反折覆盖脐孔；不反折。
(29) 轴柱：平截；不平截。
(30) 脐孔：宽阔地开放；狭窄地开放；封闭且不具脐孔嵴；封闭而具深脐孔嵴。
(31) 贝壳：颜色描述。
(32) 贝壳：具明亮色带；不具明亮色带。
(33) 贝壳：明亮色带条数。数量特征。
(34) 贝壳：具有螺旋向色带；无螺旋向色带。
(35) 贝壳：具锯齿形色斑；无锯齿形色斑。

2. 生殖系统特征

(1) 输精管：长；短。
(2) 输精管：中部膨大；中部不膨大。
(3) 输精管：与成荚器交界处界线明显；与成荚器交界处无明显界线。
(4) 输精管：呈一角度与成荚器相接；与成荚器平直相接。
(5) 成荚器：长；短。
(6) 成荚器：朝交接器渐窄；朝交接器不变窄。
(7) 成荚器：形成数个圈环；直。
(8) 成荚器：具有腺样壁；无腺样壁。
(9) 成荚器：具半圆形凹痕；无半圆形凹痕。
(10) 成荚器盲囊：出现；阙如。

(11) 成荚器盲囊：末端尖；末端钝。
(12) 成荚器盲囊：位于交接器接入处；在成荚器中部；接近输精管接入处。
(13) 成荚器：具鞭状体；无鞭状体。
(14) 鞭状体：长；短。
(15) 鞭状体：球形；亚球形；不呈球形。
(16) 鞭状体：基部变窄；基部不变窄。
(17) 鞭状体：末端尖；末端钝。
(18) 精囊：从外部不可见；与两性管分离，位于两性腺下部管基部外周；不与两性管分离。
(19) 交接器内部褶襞：在成荚器孔处愈合呈发育程度不同的缘膜；不在成荚器孔处愈合。
(20) 交接器：内部具雄突；内部不具雄突。
(21) 交接器：内具锥状肉质刺激器；内部不具锥状肉质刺激器。
(22) 雄突：光滑；具横向细沟；具纵向沟痕。
(23) 雄突：三叶；乳突状；乳突状且具侧叶；横截面封闭良好。
(24) 雄突：与刺激器愈合；不与刺激器愈合。
(25) 雄突：具内腔；无明显的内腔。
(26) 雄突：内腔腔壁薄；内腔腔壁厚。
(27) 雄突横截面：呈圆形；呈 2 个半月形；镰状。
(28) 交接器：壁薄；壁厚。
(29) 交接器：球形；长而粗细均匀；棒状，近端膨大；棒状，远端膨大；线形，粗细与输精管相近。
(30) 交接器：具交接器鞘；无交接器鞘。
(31) 交接器：具交接器突；无交接器突。
(32) 交接器突：锥形；形状不规则。
(33) 交接器内壁：具横向腺样斑；无横向腺样斑。
(34) 交接器内壁：光滑；具纵向褶襞；无纵向褶襞；具 1 个 "V" 形褶襞；具 2 个 "V" 形褶襞；具微小马蹄形褶皱；具无数杂乱排列的褶皱和冠嵴；具截锥状瘤突；具圆瘤突。
(35) 截锥状瘤突：分布于交接器整个内壁；分布于交接器远端的内壁。
(36) 交接器褶襞：特化；不特化。
(37) 交接器：无环状嵴；具 2—3 个环状嵴。
(38) 交接器：具 2 条纵向褶襞；具众多纵向褶襞。
(39) 交接器腔：内壁具裂缝样半圆形凹陷；内部无裂缝样半圆形凹陷。
(40) 交接器腔：刺激器短，表面具窄浅沟；无表面具窄浅沟的刺激器。
(41) 交接器：具无数褶皱和瘤突；无褶皱或瘤突。
(42) 交接器：具交接器附器；无交接器附器。
(43) 交接器附器：长；短。
(44) 交接器附器：分段 (A-1—A-5)；不分段。

(45) A-1：长；短。

(46) A-2：内壁具纵向褶皱；内壁无纵向褶皱。

(47) A-1：具凸向交接器腔的突起；凸向交接器腔的突起阙如。

(48) A-3：内部具乳突；内部无乳突。

(49) A-1 和 A-2：愈合；分离。

(50) A-2 和 A-3：愈合；分离。

(51) A-3：具凸入 A-2 开口的乳突；无凸入 A-2 开口的乳突。

(52) A-4：与 A-5 界线明显；与 A-5 界线不明显。

(53) 交接器盲囊：无；呈锥形 (PC-2)；呈纤细的蚓突 (PC-1)。

(54) 交接器牵引肌：2 条，独立着生于隔膜；2 条，紧邻着生于隔膜；2 条，愈合后着生于隔膜。

(55) 交接器牵引肌：阙如；单支；双支。

(56) 交接器牵引肌：着生于交接器和 A-1；着生于交接器和 A-2；着生于成荚器和 A-3；着生于成荚器和 A-1；着生于交接器与成荚器的连接处和交接器附器；着生于交接器和 A-1、A-2 的连接处；在交接器附器着生处下方着生于交接器。

(57) 交接器牵引肌的交接器支：着生于交接器近端；着生于交接器中部；着生于交接器远端。

(58) 除交接器支和交接器附器支外的交接器牵引肌：有；无。

(59) 连接雌道和成荚器的肌肉束：有；无。

(60) 生殖腔：长；短。

(61) 生殖腔牵引肌：粗壮；纤弱；阙如。

(62) 雌道：不膨大；膨大。

(63) 游离输卵管：远长于雌道；与雌道几等长；远短于雌道。

(64) 雌道：旋绕；不旋绕。

(65) 雌道：衬有疏松的海绵样组织；不衬有疏松的海绵样组织。

(66) 雌道：具色素；无色素。

(67) 纳精囊：无柄；具柄。

(68) 纳精囊：具顶部系带；无顶部系带。

(69) 纳精囊：膨大明显；膨大不明显。

(70) 纳精囊：小型；大型。

(71) 纳精囊盲管：无；位于纳精囊管道；位于纳精囊膨大处。

(72) 纳精囊盲管：长于纳精囊；短于纳精囊；几等长于纳精囊。

(73) 纳精囊盲管：外形上可与纳精囊区分；外形上与纳精囊不能区分。

(74) 纳精囊盲管：着生于纳精囊基部；远离纳精囊基部。

(75) 纳精囊盲管：末端膨大；末端不膨大。

(76) 纳精囊柄：基部多少旋绕；基部直。

(77) 精荚：形态之文字描述。

(78) 精荚：具刺；不具刺。

各 论

艾纳螺总科 ENOIDEA Woodward, 1903

Enoidea Woodward, 1903: 354, 358.

特征 贝壳多数中等大小，卵圆形至塔形或蛹状。胚螺层光滑，很少具放射线；后胚螺层具有不同的雕饰。壳口具齿或通常无齿；如有齿，齿仅形成于亚成体阶段。壳口缘简单，或反折并膨大，常具唇。脐孔狭窄地开放或封闭。

头部具 2 对触角。

精囊从外部不可见，或与两性管分离并围绕于两性腺下的两性管基部。附腺紧密，由无数葡萄状腺体组成，带状。成荚器具盲囊，通常具有鞭状器。交接器内部大多具乳突和/或壁柱。交接器附器通常出现；交接器收缩肌具 2 支。纳精囊柄通常具分支盲管。

分布 欧洲，亚洲，非洲，澳大利亚北部。

科 检 索 表

贝壳卵圆形至细长的圆柱形；壳口大多简单，有时具齿。成荚器具盲囊；精荚绝大多数具 1—2 个距；交接器附器不具鞘···**艾纳螺科 Enidae**

贝壳多数卵圆形至圆锥形；壳口不具齿。精囊不与两性管分离；鞭状器阙如；成荚器不具盲囊；精荚无距；交接器附器具鞘···**霜纳螺科 Pachnodidae**

一、艾纳螺科 Enidae Woodward, 1903

Enidae Woodward, 1903: 354, 358.
Buliminidae L. Pfeiffer, 1879: 282; Schileyko, 1984: 238.

特征 贝壳卵圆形至细长的圆柱形，单纯的白色、黄色、角质色、褐色或栗色；有时具有放射条纹，极少有双色。螺旋色带无。壳口大多简单，有时具齿，齿最多 7 枚。

除锥亚科 Buliminuinae 和 Spelaeoconchinae 两亚科外精囊通常与两性管分离，并围绕于两性管基部。通常具鞭状器；若鞭状器阙如，输精管则偏心地进入成荚器。成荚器通常具有不长的形成精荚上距的盲管。交接器不具明显的突起或鞘 (仅不明显地出现在锥亚科中)。雌道不膨大，其壁坚厚、无色素沉着。纳精囊长，总是具柄；纳精囊柄基部大多数情况具分支盲管。精荚绝大多数具 1 个或 2 个强的距；有时有其他一些简单的突起。

分布 除北部和东北部外的欧洲，加那利群岛，亚速尔群岛，佛得角群岛，北非，小亚细亚，阿拉伯，高加索，中亚，中国 (仅假锥亚科)，东南亚，日本。

亚科检索表

贝壳形态多样，具不同的雕饰。成荚器具有或无鞭状器；成荚器盲囊发达；具交接器附器；纳精囊分支盲管在基部大多出现 ·· 假锥亚科 **Pseudonapaeinae**
贝壳子弹状，表面几乎光滑至具小瘤。成荚器具有长的鞭状器；成荚器盲囊阙如；交接器附器及纳精囊分支盲管出现或消失 ·· 锥亚科 **Buliminuinae**

假锥亚科 Pseudonapaeinae Schileyko, 1978

Pseudonapaeinae Schileyko, 1978: 843.

特征 贝壳形态多样，具不同的雕饰。胚螺层光滑。壳口不具齿，很少具 1—3 齿，或具有腭部褶皱。

输精管偏心地进入成荚器。成荚器具有或无鞭状器；当鞭状器阙如时，成荚器的盲端阔圆。成荚器盲囊发达。在 *Ottorosenia* 属中交接器呈线状，而在其他属中，交接器内部具纵向褶皱，这些皱褶可能汇集成 1—2 个 "V" 形壁柱或 2—3 个环形嵴。有时具有具沟的雄突 (刺激器)。交接器内的平截头棱锥状瘤及交接器盲囊阙如。具交接器附器，纳精囊分支盲管在基部大多出现。

分布 中国，外高加索，土耳其，伊朗，阿富汗，印度，尼泊尔，中亚，东南亚，爪哇，朝鲜半岛，日本。

属 检 索 表

1. 贝壳塔形 ··· 2
   贝壳圆柱形 ··· 6
   贝壳卵圆形 ··· 7
   贝壳近圆柱形 ··· 鸟唇螺属 *Petraeomastus*
   贝壳圆锥形 ··· 图灵螺属 *Turanena*
2(1). 壳口具齿 ··· 3
   壳口不具齿 ·· 厄纳螺属 *Heudiella*
3(2). 具腔壁齿 ·· 拟烟螺属 *Clausiliopsis*
   不具腔壁齿 ·· 4
4(3). 具腭壁齿 ··· 5
   不具腭壁齿 ··· 金丝雀螺属 *Serina*
5(4). 不具轴柱齿 ··· 狭纳螺属 *Dolichena*
   轴柱具 2 齿 ·· 沟颈螺属 *Holcauchen*

6(1).	螺层数少于 11，粗短圆柱状	**蛹巢螺属 *Pupinidius***
	螺层数多于 11，细长圆柱状	**小索螺属 *Funiculus***
7(1).	壳口具齿	**蛹纳螺属 *Pupopsis***
	壳口不具齿	8
8(7).	生长线不破碎成小瘤	9
	生长线破碎成小瘤	**谷纳螺属 *Coccoderma***
9(8).	体螺层向壳口方向上抬	**奇异螺属 *Mirus***
	体螺层不向壳口方向上抬	**杂斑螺属 *Subzebrinus***

1. 杂斑螺属 *Subzebrinus* Westerlund, 1887

Subzebrinus Westerlund, 1887 (1884-1890): 66; Wiegmann, 1901: 241.
Type species: *Buliminus labiellus* Martens, 1881; SD Möllendorff, 1901

特征 贝壳圆柱形至卵圆柱形，很坚实，螺层数 6.750—10.875；螺层略微至一定程度地凸出；体螺层很少在前方上升。白色、浅灰色或角色，通常有深色条纹。胚螺层后的螺层壳饰弱，具弱的不规则分布放射向褶皱。壳口圆形，略斜，有些反折，边缘厚。脐孔为微小的开口。壳高 9—25 mm，壳径 4.5—11 mm。

输精管偏心地进入成茎器。鞭状器有或无。成茎器在输精管进入处和发育很好的盲囊之间的部分高度肌化。交接器内部具 2—3 条纵向皱褶的壁柱，其中 2 条在成茎器孔处愈合，形成发育程度不同的瓣膜；一条壁柱或消失，或一直延伸至成茎器内部。交接器雄突阙如。游离输卵管长，雌道很短。纳精囊柄很长，袖状，松散地旋绕，纳精囊与柄无明显界线。分支盲管有或无。

分布 中国西部，哈萨克斯坦东南部。
种数 中国 23 种和 4 亚种，国外 1 种。

种 检 索 表

1.	螺层凸出	2
	螺层扁平	14
2(1).	腔壁胼胝部明显	3
	腔壁胼胝部不明显	5
3(2).	壳口缘完全不反折，超过 8 个螺层	**达僧杂斑螺 *S. dalailamae***
	壳口缘反折，少于 8 个螺层	4
4(3).	螺层无螺旋向细沟，壳口与螺层接合处联生，具凹陷瘢痕	**库氏杂斑螺 *S. kuschakewitzi***
	螺层具螺旋向细沟，壳口与螺层接合处不联生，无凹陷瘢痕	**具腹杂斑螺 *S. ventricosulus***
5(2).	壳顶螺层着色如常	6
	壳顶螺层着色特殊	12
6(5).	壳口缘反折成卷边	7
	壳口缘不具卷边	8

7(6).	轴柱垂直 ······	凸奥托杂斑螺 *S. ottonis convexospirus*
	轴柱弓形 ······	宏口杂斑螺 *S. macrostoma*
8(6).	壳口面平直 ······	9
	壳口面波形 ······	冬杂斑螺 *S. hyemalis*
9(8).	螺层具凹陷瘢痕，贝壳多色 ······	10
	螺层无凹陷瘢痕，贝壳单色 ······	棉杂斑螺 *S. gossipinus*
10(9).	轴柱弓形，轴唇外缘倾斜 ······	瘦瓶杂斑螺 *S. macroceramiformis*
	轴柱向轴倾斜，轴唇外缘垂直 ······	11
11(10).	生长线通常不清晰，最膨大部分为次体螺层 ······	波图杂斑螺 *S. postumus*
	生长线纤细而清晰，最膨大部分为体螺层 ······	紫红杂斑螺 *S. fuchsianus*
12(5).	螺层无螺旋向细沟，少于 8 个螺层，壳口面平直 ······	13
	螺层具螺旋向细沟，多于 8 个螺层，壳口面波形 ······	短暧杂斑螺 *S. asaphes brevior*
13(12).	壳口缘不扩大且切除轴区外不反折，螺层无凹陷瘢痕，壳口无角结节 ······	
	······	浩罕杂斑螺 *S. kokandensis*
	壳口缘扩大且反折，螺层具凹陷瘢痕，壳口具角结节 ······	虎杂斑螺 *S. tigricolor*
14(1).	壳口缘完全不反折 ······	15
	壳口缘除轴区外不反折 ······	福氏杂斑螺 *S. fultoni*
	壳口缘反折 ······	16
15(14).	壳口与螺层相接处联生，少于 8 个螺层 ······	布氏杂斑螺 *S. bretschneideri*
	壳口与螺层相接处不联生，不少于 8 个螺层 ······	巴塘杂斑螺 *S. batangensis*
16(14).	螺层无螺旋向细沟 ······	17
	螺层具螺旋向细沟 ······	20
17(16).	壳顶着色如常 ······	18
	壳顶着色特殊 ······	19
18(17).	成荚器向远端逐渐变细，A-1 与 A-2 愈合，A-3 明显，A-4 与 A-5 愈合，游离输卵管远短于雌道 ······	长口杂斑螺 *S. dolichostoma*
	成荚器向近端逐渐变细，A-1 与 A-2 愈合，具不愈合的 A-3、A-4 和 A-5，游离输卵管几与雌道等长 ······	别氏杂斑螺 *S. beresowskii*
	成荚器均匀的圆柱形，A-1、A-2 和 A-3 清晰可分，A-4 与 A-5 愈合，游离输卵管较雌道长 ······	奥托杂斑螺指名亚种 *S. ottonis ottonis*
19(17).	壳口面平，轴柱弓形，生长线常不清晰，体螺层向壳口方向平直 ······	石鸡杂斑螺 *S. schypaensis*
	壳口面波状，轴柱垂直，生长线纤细而清晰，体螺层向壳口方向上抬 ······	波氏杂斑螺 *S. baudoni*
20(16).	右旋 ······	21
	左旋 ······	22
21(20).	轴柱垂直，壳顶着色特殊，多于 8 个螺层 ······	暧杂斑螺指名亚种 *S. asaphes asaphes*
	轴柱弓形，壳顶着色如常，少于 8 个螺层 ······	纹杂斑螺 *S. substrigatus*
22(20).	螺层具凹陷瘢痕，壳口面波形 ······	脐杂斑螺 *S. umbilicaris*
	螺层无凹陷瘢痕，壳口面平直 ······	环绕杂斑螺 *S. erraticus*

(1) 暧杂斑螺指名亚种 *Subzebrinus asaphes asaphes* (Sturany, 1900) (图版 I: 1)

Buliminus asaphes Sturany, 1900: 33, pl. 3, fig. 21.
Buliminus (*Subzebrinus*) *asaphes*: Möllendorff, 1901: 339, pl. 13, figs. 18, 19; Kobelt, 1902: 844, pl. 108, fig. 16, pl. 120, figs. 18, 19.
Subzebrinus asaphes asaphes: Yen, 1939: 83, pl. 7, fig. 43; Yen, 1942: 252.

检视标本 SMF42030：1 枚成熟空壳；官亭，甘肃，Slg. Mlldff。SMF42028：2 枚成熟空壳；董家湾与王家坝之间，甘肃，Slg. Mlldff。N632，N476，N186：ZI RAS 模式标本，1885.VI.22，Mlldff 鉴定。BMNH 1912.6.27.50：1 枚成熟空壳；澜沧江，长江上游，阎敦建鉴定。MHM05552，5575：甘肃文县横丹，2006.IX.29，采集人：吴岷，刘建民，郑伟，高林辉。

形态特征 贝壳：卵圆锥形，壳顶不尖出，右旋，壳质薄，坚固，不透明，有光泽。生长线通常不十分清晰。螺层扁平，无凹陷瘢痕，不具肩，具螺旋向细沟 (仅微弱出现在脐孔区域)。胚螺层平滑，光亮。胚螺后螺层平滑。缝合线上无窄带。体螺层向壳口方向平直或逐渐上升地延长，侧面边缘圆整，周缘无螺旋向的光滑凹陷或皱褶区域。壳口几在一平面上，平截卵圆形，壳口与螺层接合处不联生，倾斜，完全贴合于体螺层，无齿样构造，具角结节。壳口缘锋利，扩张，反折但不形成明显的卷边。腔壁胼胝部明显或不明显。壳口反折于轴唇缘。轴柱垂直。轴唇外缘垂直。脐孔狭窄。壳色两种，在壳顶部为红褐色。壳顶后的螺层为白色，杂有一些轴向分布的棕色条纹。壳口呈夹褐色调的白色。壳顶具不同的色调。贝壳螺旋向无色带。

标本测量 Ewh：1.500—<u>1.667</u>—1.750 whorls，Wh：9.875—<u>10.333</u>—10.875 whorls，H：21.3—<u>24.1</u>—25.5 mm，W：7.7—<u>8.2</u>—8.8 mm，Ah：7.4—<u>8.5</u>—9.6 mm，Aw：5.1—<u>5.5</u>—5.9 mm，Rhw：2.75—<u>2.93</u>—3.17，Rhah：2.65—<u>2.84</u>—2.97 (SMF42030，SMF42028)。

地理分布 甘肃、云南。

模式标本产地 甘肃。

(2) 短暧杂斑螺 *Subzebrinus asaphes brevior* (Sturany, 1900) (图版 I: 2)

Buliminus asaphes brevior Sturany, 1900: 33.
Buliminus (*Subzebrinus*) *asaphes brevior*: Möllendorff, 1901: 340.
Subzebrinus asaphes brevior: Yen, 1939: 83, pl. 7, fig. 44.

检视标本 SMF42029：1 枚成熟空壳；李家堡与舟曲之间，甘肃，Slg. Mlldff (Ewh 1.625 whorls，Wh 9.125 whorls，H 22.03 mm，W 8.78 mm，Ah 8.49 mm，Aw 5.55 mm，Rhw 2.51，Rhah 2.59)。MHM5677：2 枚成熟空壳；甘肃两河口东岸，2006.X.2，采集人：刘建民，郑伟。

形态特征 贝壳：高圆锥状，壳顶不尖出，右旋，壳质薄，坚固，不透明，有光泽。生长线通常不十分清晰。螺层略突起，无凹陷瘢痕，不具肩，仅在脐孔区域具微弱的螺旋向细沟。胚螺层平滑，光亮。胚螺后螺层平滑。缝合线上无窄带。体螺层朝壳口方向逐渐上升，侧面边缘圆整，周缘无螺旋向的光滑凹陷或皱褶区域。壳口面波状，平截卵圆形，壳口与螺层接合处不联生，倾斜，完全贴合于体螺层，无齿样构造，具角结节。壳口缘锋利，扩张，反折但不形成明显的卷边。腔壁胼胝部不明显。壳口反折于轴唇缘。轴柱垂直。轴唇外缘垂直。脐孔狭窄。壳色两种，在壳顶部为红褐色。壳顶后的螺层为白色，杂有一些轴向分布的棕色条纹。壳口呈夹褐色调的白色。壳顶具不同的色调。贝壳螺旋向无色带。

标本测量 Ewh: 1.875—2.000 whorls, Wh: 9.875—10.000 whorls, H: 22.1—23.3 mm, W: 7.4 mm, Ah: 7.9—8.0 mm, Aw: 5.0—5.4 mm, Rhw: 2.98—3.13, Rhah: 2.78—2.96 (MHM5677)。

地理分布 甘肃。

模式标本产地 李家堡与舟曲之间 (Shypa)。

(3) 别氏杂斑螺 *Subzebrinus beresowskii* (Möllendorff, 1901) (图 25; 图版 I: 3)

Buliminus (*Subzebrinus*) *beresowskii* Möllendorff, 1901: 336. pl. 13, figs. 1, 2; Wiegmann, 1901: 231, pl. 10, figs. 24-26; Kobelt, 1902: 840, pl. 120, figs. 1, 2.
Zebrinus (*Subzebrinus*) *beresowskii*: Yen, 1938: 441.
Subzebrinus beresowskii: Yen, 1939: 82, pl. 7, fig. 37.

检视标本 MHM00359: 体型较小。甘肃康县，2004. IV. 24，采集人: 吴岷。MHM05628: 均测量，spec.1 解剖; 甘肃武都县佛崖，2006. X. 1，采集人: 刘建民，郑伟。MHM03337: 四川南坪县，2004. V. 8，采集人: 吴岷。N197, N710: ZI RAS 模式标本; 1885.VII，南坪，Mlldff 鉴定。SMF41961: 选模; 南坪，甘肃，Slg. Mlldff。Potanin 197. SMF41963: 副模; 4 枚成熟空壳; 松潘，Slg. Mlldff, Beresowaski 710, 837。SMF41962: 副模; 南坪，甘肃，Slg. Mlldff。

形态特征 贝壳: 长卵圆形，壳顶不尖出，右旋，壳质薄，坚固，不透明，有光泽。螺层扁平，凹陷瘢痕（见于少数标本）有或无，不具肩，无螺旋向细沟。胚螺层平滑但不光亮。胚螺后螺层平滑。缝合线上无窄带。体螺层朝壳口方向逐渐上升，侧面边缘圆整，周缘无螺旋向的光滑凹陷或皱褶区域。壳口面平，平截卵圆形，壳口与螺层接合处不联生，极倾斜，完全贴合于体螺层，无齿样构造，角结节阙如。壳口缘锋利，扩张，反折且具明显的卷边。卷边平直且不朝反壳口方向翻折。腔壁胼胝部不明显。壳口反折于轴唇缘。轴柱弓形。轴唇外缘垂直。脐孔狭窄。壳色两种，深栗色，具多少等间距排列的白色条纹，但壳顶白色或有褐色色调的白色。贝壳螺旋向无色带。

生殖系统: 输精管粗细一致，在亚端部进入成荚器。成荚器长，向近端逐渐变细，外部光滑，形成数个圈环。成荚器盲囊阙如。鞭状体极短，圆锥形，近端直，顶端钝。交接器棒状，远端膨大，其端部与成荚器相连，壁薄。交接器壁柱多于 2 条，形成 1 个 "V" 形结构。"V" 形结构远端愈合处无乳突。交接器突起阙如。交接器附器中等长度，在距生殖腔一定长度处与交接器分叉，有分节，A-1 与 A-2 愈合，而 A-3、A-4 和 A-5 均可由明显的界线区分。A-1 短。A-5 长度中等，略呈旋绕状。交接器收缩肌 2 支，分别着生于体壁上，其交接器支的另一端着生于交接器远端，而交接器附器支的另一端着生于愈合的 A-1 和 A-2 上。连接雌道和成荚器的肌质带阙如。生殖腔短，具生殖腔收缩肌。游离输卵管短，几与雌道等长。雌道短，远端膨大，直，未衬有疏松的海绵样组织，无色素沉着。纳精囊管极长，其基部管道强烈盘绕。纳精囊池小，与纳精囊管界线不明显。纳精囊管分支盲管较纳精囊长，端部不膨大。纳精囊和分支盲管可区别，其分叉处离纳精囊基部远。

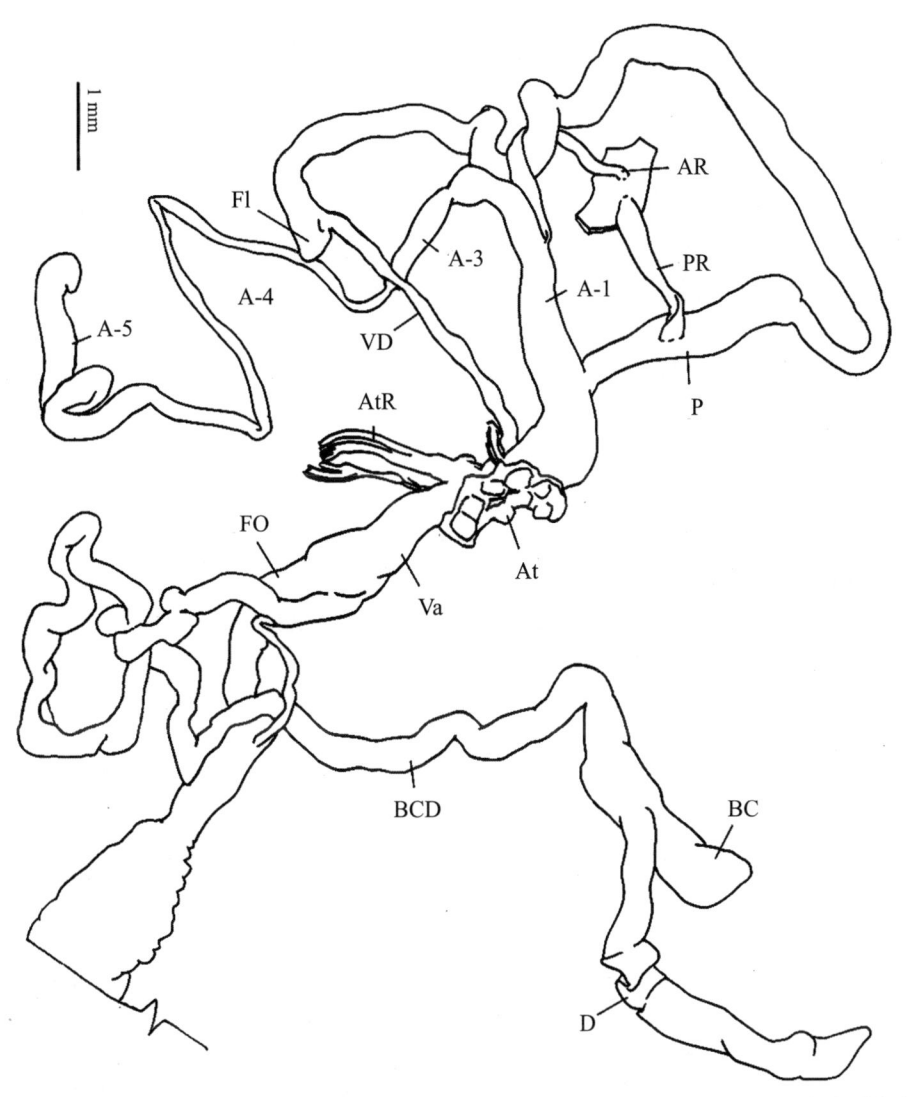

图 25 别氏杂斑螺 *Subzebrinus beresowskii* (Möllendorff, 1901)，MHM05628-spec.1，生殖系统全面观
Fig. 25 *Subzebrinus beresowskii* (Möllendorff, 1901), MHM05628-spec.1. General view of genitalia

标本测量 Ewh: 1.500—1.541—1.625 whorls, Wh: 7.500—7.646—7.875 whorls, H: 19.8—20.9—22.5 mm, W: 8.0—8.4—9.1 mm, Ah: 7.9—8.4—9.8 mm, Aw: 4.9—5.6—

6.2 mm，Rhw：2.37—2.47—2.65，Rhah：2.30—2.48—2.69 (SMF41961，SMF41962，SMF41963)。

地理分布 甘肃、四川。

模式标本产地 南坪、松潘。

(4) 巴塘杂斑螺 *Subzebrinus batangensis* (Hilber, 1883)

Buliminus (*Zebrina*) *batangensis* Hilber, 1883: 1365, pl. 5, fig. 9.
Buliminus (*Subzebrinus*) *batangensis*: Möllendorff, 1901: 332.
Buliminus (*Napaeus*) *batangensis*: Kobelt, 1902: 550, pl. 86, figs. 16, 17.
Zebrinus (*Subzebrinus*) *batangensis*: Yen, 1938: 441.

检视标本 无。

形态特征 贝壳：卵圆塔形，壳顶不尖出，右旋，不透明，贝壳最膨大部位出现于体螺层。体螺层周缘圆整。壳口面平，平截卵圆形，壳口与螺层接合处不联生，完全贴合于体螺层，无齿状结构。无次生壳口。腔壁胼胝部明显。轴唇外缘倾斜。贝壳复色。贝壳上部着色如其余部分。

原始描述中的测量 Wh：9 whorls, H：15.5—16.5 mm, W：3.75 mm, Ah：4 mm, Rhw：4.13—4.40, Rhah：3.88—4.13。

地理分布 四川。

模式标本产地 巴塘。

(5) 布氏杂斑螺 *Subzebrinus bretschneideri* (Möllendorff, 1901) (图版 I：4)

Buliminus (*Subzebrinus*) *bretschneideri* Möllendorff, 1901: 339, pl. 13, figs. 15-17.
Zebrinus (*Subzebrinus*) *bretschneideri*: Yen, 1938: 441.
Subzebrinus bretschneideri: Yen, 1942: 252.

检视标本 N232：ZI RAS 模式标本；1885.VI.13-14, fluss Poi-cho, 采集人：Potanin, Mlldff 鉴定，另一标签 "*B. dalailamae* Hilb"。BMNH 1912.6.27.29-31：3 枚成熟空壳；巴塘，中国西部，阎敦建鉴定。

形态特征 贝壳：长卵圆形，壳顶不尖出，右旋，壳质薄，坚固，不透明，有光泽。螺层相当扁平，除壳顶部分外具凹陷瘢痕，不具肩，无螺旋向细沟。胚螺层平滑，多少具光泽。胚螺后螺层平滑。缝合线上无窄带。体螺层向壳口极平直地延伸，侧面边缘圆整，周缘无螺旋向的光滑凹陷或皱褶区域。壳口呈圆角的菱形，壳口与螺层接合处联生，倾斜，完全贴合于体螺层，无齿样构造，角结节阙如。壳口缘增厚，几乎不扩张，除在轴唇缘外不反折。腔壁胼胝部明显。脐孔狭缝状。壳色两种，褐色，胚螺层后的螺层上密布轴向白色条带，壳口呈夹褐色调的白色。螺层上部着色如贝壳其余部分。贝壳螺旋向无色带。

标本测量 Ewh：1.500—1.542—1.625 whorls, Wh：7.625—7.667—7.750 whorls, H：

21.8—22.2—22.5 mm, W: 7.8—8.0—8.1 mm, Ah: 7.7—7.9—8.1 mm, Aw: 4.4—4.5—4.7 mm, Rhw: 2.75—2.78—2.80, Rhah: 2.72—2.81—2.93 (BMNH 1912.6.27.29-31)。

地理分布 四川。

模式标本产地 Poi-cho。

(6) 波氏杂斑螺 *Subzebrinus baudoni* (Deshayes, 1870) (图版 I: 5)

Buliminus baudoni Deshayes, 1870: 24; Deshayes, 1874: t. 7, fig. 20, 21; Ancey, 1882: 10.
Buliminus mupinensis Deshayes, 1870: Ancey, 1882: 9.
Buliminus (*Subzebrinus*) *baudoni*: Möllendorff, 1901: 330; Kobelt, 1902: 833, pl. 125, figs. 28, 29.
Buliminus (*Napaeus*) *baudoni*: Kobelt, 1902: 545, pl. 85, figs. 22, 23.
Zebrinus (*Subzebrinus*) *baudoni*: Yen, 1938: 441.
Subzebrinus baudoni baudoni: Yen, 1939: 81, pl. 7, fig. 26; Yen, 1942: 251.

检视标本 SMF41930：4 枚成熟空壳；湖北，Slg. Mlldff。SMF41944(a, b)：72 枚成熟空壳；涪陵，四川，Krejci-Graf S. 1930。SMF41945：14 枚成熟空壳；涪陵，Krejci-Graf S. 1930。SMF41947：7 枚成熟空壳；泸定县南部，Krejci-Craf S. 1930。SMF41946：12 枚成熟空壳；在康定和瓦斯沟之间，四川，Krejci-Graf S. 1930 (注：Ta-pien-pu 系 "打箭炉" 的抄录错误，常见于许多 SMF 德文标签中；本系列标本数量众多。以下重描述根据 2 个最新鲜的 SMF41945 标本进行)。MHM04348：四川康定县，2003. VIII. 19, 采集人：石恺。MHM0269：四川泸定县，2004. IX. 5, 采集人：石恺。MHM01287：四川汶川县，2003. VII. 16, 采集人：吴岷。

形态特征 贝壳：壳顶不尖出，右旋，壳质薄，坚固，不透明，有光泽。生长线纤细而清晰。螺层扁平，略具凹陷瘢痕，不具肩，无螺旋向细沟。胚螺层平滑，光亮。胚螺后螺层具非均匀分布的颗粒。缝合线上无窄带。体螺层向壳口方向略逐渐上升，周缘无螺旋向的光滑凹陷或皱褶区域。壳口面略呈波浪状，平截卵圆形，壳口与螺层接合处不联生，倾斜，完全贴合于体螺层，无齿样构造，具角结节。壳口缘锋利，扩张，反折且具明显的卷边。卷边平直且不朝反壳口方向翻折。腔壁胼胝部不明显。壳口反折于轴唇缘。轴柱垂直。轴唇外缘垂直。脐孔狭窄。贝壳色泽均匀，褐色且具沿生长线方向的白色细纹。壳口白色。壳顶色调与贝壳其余部分不同。

分类讨论 来自四川和湖北的标本在贝壳特征上有差别。

标本测量 Ewh：1.750—1.844—1.875 whorls, Wh: 7.250—7.938—8.625 whorls, H: 14.0—15.2—17.8 mm, W: 5.4—6.1—6.7 mm, Ah: 4.7—5.6—6.2 mm, Aw: 3.6—4.1—4.4 mm, Rhw: 2.29—2.52—2.65, Rhah: 2.41—2.73—2.98 (SMF41930)。

地理分布 湖北、四川。

模式标本产地 宜昌、巴东、宝兴。

(7) 达僧杂斑螺 *Subzebrinus dalailamae* (Hilber, 1883)

Buliminus (*Zebrina*) *dalailamae* Hilber, 1883: 1364-1365, pl. 5, fig. 8.

Buliminus (*Subzebrinus*) *dalailamae*: Möllendorff, 1901: 332.
Buliminus (*Napaeus*) *dalailamae*: Kobelt, 1902: 548, pl. 86, figs. 8-10.

检视标本 无。
形态特征 贝壳：卵圆锥形，壳顶不尖出，右旋，坚固，贝壳最膨大部位出现于体螺层。螺层突起。缝合线上无窄带。体螺层周缘圆整。壳口面平，平截卵圆形，壳口与螺层接合处不联生，无齿状结构。无次生壳口。腔壁胼胝部明显。壳口反折于轴唇缘。轴柱几乎垂直。轴唇外缘倾斜。壳色两种，无螺旋向色带。
原始描述中的测量 Wh：8 whorls，H：18 mm，W：6 mm，Ah：7 mm，Rhw：3.00，Rhah：2.57。
地理分布 西藏。
模式标本产地 西藏（邦达）。

(8) 长口杂斑螺 *Subzebrinus dolichostoma* (Möllendorff, 1901)（图 26；图版 I：6）

Buliminus (*Subzebrinus*) *dolichostoma* Möllendorff, 1901: 338, pl. 13, figs. 13, 14; Annandale, 1923: 390; Kobelt, 1902: 843, pl. 120, figs. 13, 14.

检视标本 MHM05568：均测量，spec.1 解剖；甘肃省文县横丹白龙江对岸，2006.IX.29，采集人：吴岷，刘建民，郑伟，高林辉。MHM01822：云南维西县，2002.VII.18，采集人：A. Wiktor & M. Wu。N233：ZI RAS 模式标本；1885.IX.6-8，采集人：Potanin，文县，甘肃。SMF41970：选模；玉垒关与文县之间，甘肃，Slg. Mlldff。SMF41971：副模；2 枚成熟空壳；标本信息同选模。
形态特征 贝壳：长圆锥形，壳顶不尖出，右旋，壳质薄，坚固，不透明，有光泽。生长线通常不十分清晰。螺层扁平，无凹陷瘢痕，不具肩，无螺旋向细沟。胚螺层平滑，光亮。胚螺后螺层平滑。缝合线上无窄带。体螺层向壳口逐渐上升，或在壳口后立刻上升，侧面边缘圆整，周缘无螺旋向的光滑凹陷或皱褶区域。壳口平截卵圆形，壳口与螺层接合处不联生，略倾斜，完全贴合于体螺层，无齿样构造，角结节明显或否。壳口缘增厚，扩张，反折但不形成明显的卷边。腔壁胼胝部多少不明显。壳口反折于轴唇缘。脐孔狭窄。贝壳两色。螺层上部着色如贝壳其余部分。贝壳螺旋向无色带。
生殖系统：输精管长，粗细一致，与成荚器相连处界线明显。成荚器长度中等，向远端逐渐变细，外部光滑，形成数个圈环。成荚器盲囊端部钝，接近成荚器与交接器连接处。鞭状器短，管状，近端直，顶端钝。交接器棒状，远端膨大，壁薄。交接器壁柱多于 2 条，形成 1 个 "V" 形结构，且在成荚器孔处愈合成 1 个瓣膜。"V" 形壁柱在远端愈合为 1 个乳突。乳突大型，占据 $1/2$ 的交接器内腔。交接器突起 1 枚，低囊状，位于成荚器和交接器相接处。交接器附器中等长度，在交接器基部分出，有分节，A-1 与 A-2 愈合，A-3 明显，A-4 与 A-5 愈合。A-1 内壁具均匀排列的横向皱襞。A-2 内壁具均匀排列的横向皱襞，近 A-3 处内壁无 1 圈乳突。A-3 向 A-2 开口处具 1 枚针样的长形乳突。A-5 短，直。交接器收缩肌 2 支，分别着生于体壁上，交接器支另一端着生于近交接器中央处，而交接器附器支的另一端着生于愈合的 A-1 和 A-2 上。连接雌道和成荚器的肌质带阙如。生殖腔短，具粗壮的生殖腔收缩肌。游离输卵管短，远短于雌道长度。雌道长，不膨大，略盘曲，未衬有疏松的海绵样组织，无色素沉着。纳精囊管极长，近端剧烈盘曲。纳精囊中等大小，与纳精囊管区分明显，具柄。纳精囊管分支盲管较纳精囊长，膨大。纳精囊和分支盲管可区别，其分叉处离纳精囊基部远。

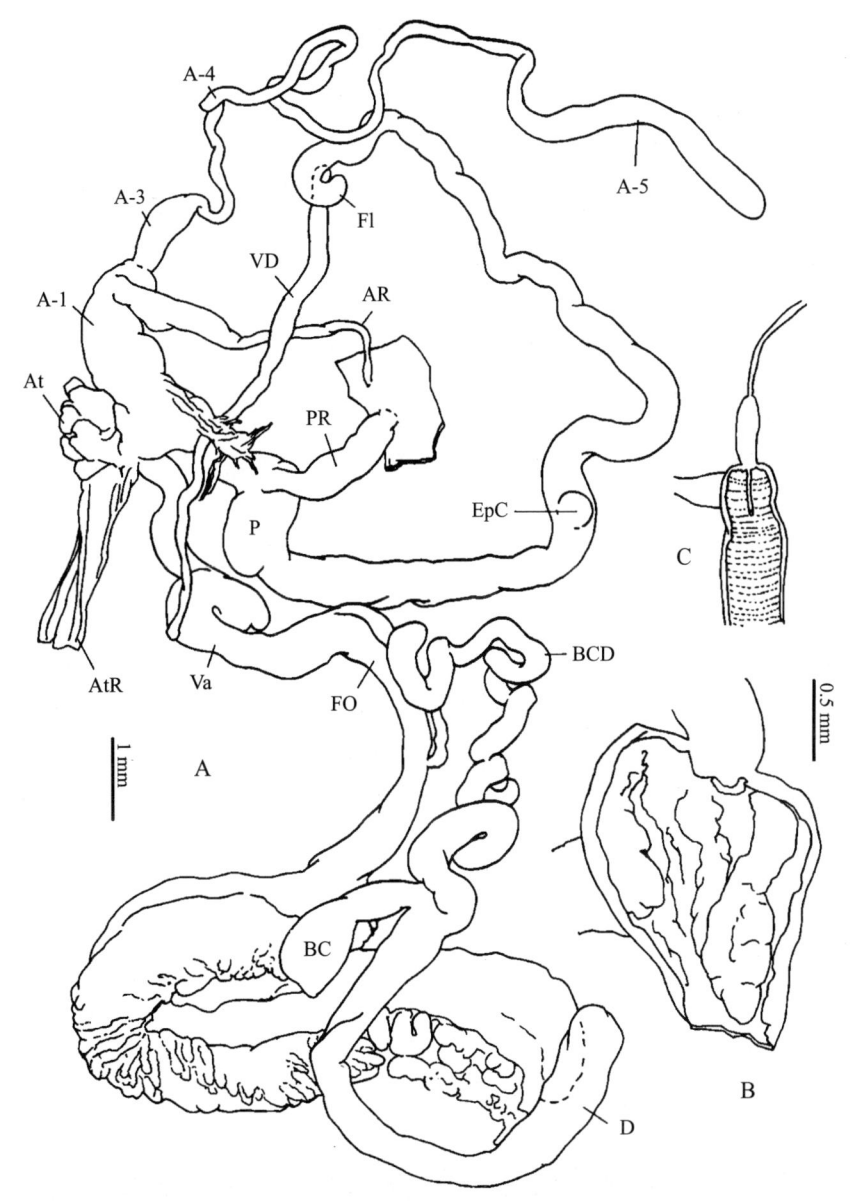

图 26 长口杂斑螺 *Subzebrinus dolichostoma* (Möllendorff)，MHM05568-spec.1
A. 生殖系统全面观；B. 交接器内面观；C. A-3 内面观示意图，显示针状乳突进入 A-1+A-2 及均匀分布的纤细横向褶襞
Fig. 26 *Subzebrinus dolichostoma* (Möllendorff), MHM05568-spec.1
A. General view of genitalia; B. Exposed penis, showing penial pilasters and elongated papilla; C. Diagrammatic sketch of penial appendix section A-3, showing a needle-like papilla entering A-1+A-2, and fine and evenly distributed transversal folds

标本测量 Ewh：1.625—1.750—1.875 whorls，Wh：7.250—7.458—7.625 whorls，H：21.9—22.6—23.6 mm，W：8.2—8.4—8.7 mm，Ah：9.3—9.54—9.8 mm，Aw：5.7—5.9—6.0 mm，Rhw：2.58—2.68—2.88，Rhah：2.33—2.37—2.42 (SMF41970，SMF41971)。

地理分布 甘肃、云南 (半化石，洱海西北岸地层中)。

模式标本产地 文县。

(9) 环绕杂斑螺 *Subzebrinus erraticus* (Pilsbry, 1934) (图 27；图版 I：7)

Ena (*Subzebrinus*) *erratica* Pilsbry, 1934: 22, pl. 5, figs. 1, 1a.
Zebrinus (*Subzebrinus*) *erratica*: Yen, 1938: 441.

检视标本 MHM01028：124 个成熟个体，2 个幼体；测量，解剖：spec.7；四川省茂县，2004. X. 11，采集人：吴岷；MHM01184：4 个成熟个体；体型较大；四川茂县，2004. X. 11，采集人：吴岷。

形态特征 贝壳：尖卵圆形，壳顶略尖出，左旋，壳质薄，坚固，不透明，有光泽。螺层扁平，无凹陷瘢痕，不具肩，具微弱但排列密集的螺旋向细沟。胚螺层平滑，无光泽。胚螺后螺层平滑。缝合线上无窄带。体螺层向壳口方向略逐渐上升，侧面边缘圆整，周缘无螺旋向的光滑凹陷或皱褶区域。壳口卵圆形，壳口与螺层接合处不联生，略倾斜，无齿样构造，具角结节。壳口缘增厚，扩张，反折但不形成明显的卷边。腔壁胼胝部不明显。壳口反折于轴唇缘。脐孔狭窄。壳色两种，褐白色，具有多少等距排列的轴向褐色条纹，壳口呈具红色调的白色。螺层上部着色如贝壳其余部分。贝壳螺旋向无色带。

生殖系统：输精管长度中等，粗细一致，与成荚器相连处界线明显。成荚器长度中等，圆柱形，粗细均匀，两端外部具半环形的切痕，直。成荚器盲囊端部钝，位于接近与输精管相连处。鞭状器短，管状，近端直，顶端钝。交接器棒状，远端膨大，其端部与成荚器相连,壁薄。交接器壁柱多于 2 条,在成荚器孔处愈合成 1 个瓣膜，形成 2 个 "V" 形结构。"V" 形壁柱近端游离且达交接器收缩肌连接处，在远端不愈合成乳突。交接器突起阙如。交接器附器长，几乎在交接器基部分出，有分节，A-1 与 A-2 愈合，而 A-3、A-4 和 A-5 均可由明显的界线区分。A-1 短。A-2 内腔在近 A-3 处有 1 圈乳突。A-3 向 A-2 开口处无针状乳突。A-5 长，直，外部具环形切痕。交接器收缩肌 2 支，彼此愈合后着生于体墙壁，交接器支另一端着生于近交接器中央处，而交接器附器支的另一端着生于愈合的 A-1 和 A-2 上。除这两支外，具第 3 支着生于鞭状器的端部。连接雌道和成荚器的肌质带阙如。生殖腔短，无生殖腔收缩肌。游离输卵管极短，远短于雌道长度。雌道长度中等，不膨大，直，未衬有疏松的海绵样组织，无色素沉着。纳精囊管长度中等，近端盘曲。纳精囊大型，与纳精囊管区分明显，具柄。纳精囊具分支盲管，远长于纳精囊，末端略膨大。纳精囊和分支盲管可区别，其分叉处离纳精囊基部远。

标本测量 Ewh：1.750—1.919—2.000 whorls，Wh：8.125—8.781—9.750 whorls，H：15.7—16.9—19.8 mm，W：6.1—6.8—7.3 mm，Ah：5.8—6.4—6.9 mm，Aw：3.8—4.3—4.7 mm，Rhw：2.25—2.46—2.69，Rhah：2.46—2.63—2.87 (MHM01028)。

地理分布 四川。

模式标本产地 汶川与茂县之间。

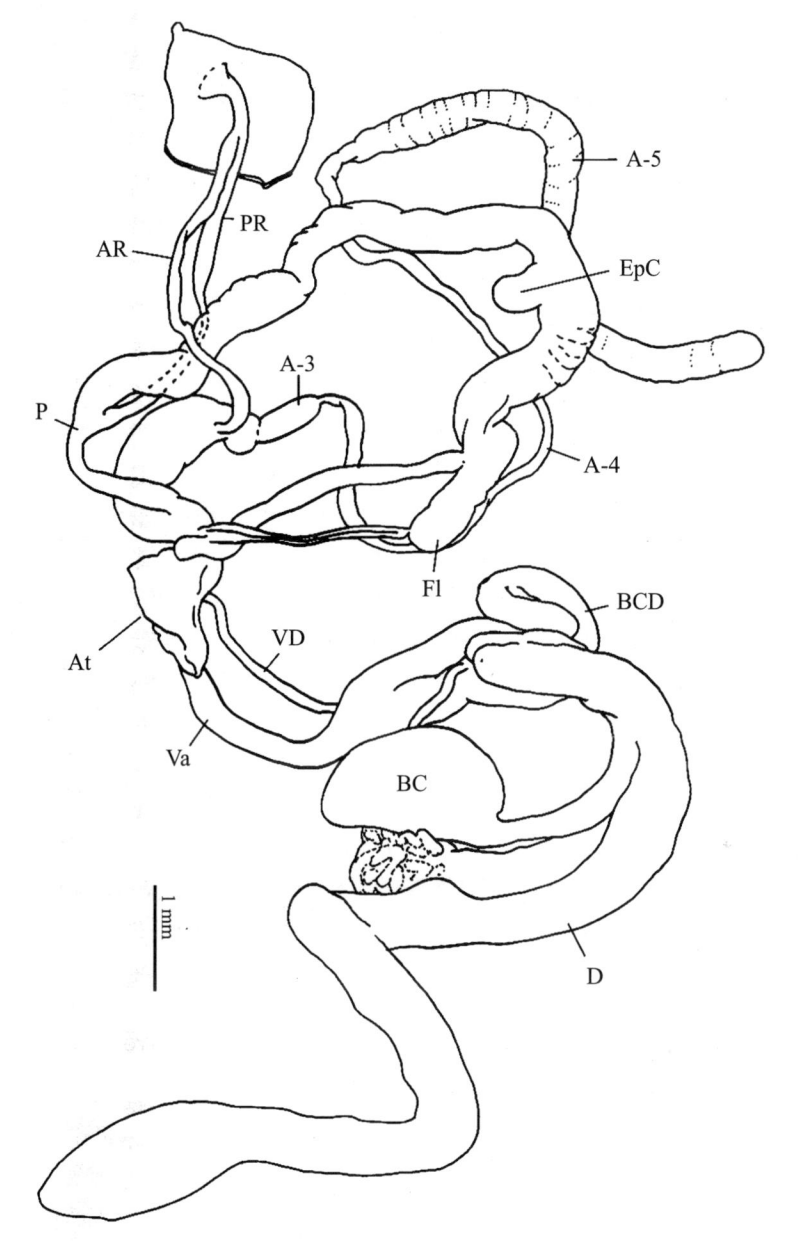

图27 环绕杂斑螺 *Subzebrinus erraticus* (Pilsbry), MHM01028-spec.7, 生殖系统全面观
Fig. 27 *Subzebrinus erraticus* (Pilsbry), MHM01028-spec.7, General view of genitalia

(10) 紫红杂斑螺 *Subzebrinus fuchsianus* (Heude, 1882) (图28；图版 I: 8)

Buliminus fuchsianus Heude, 1882: 53, pl. 20, fig. 21.
Buliminus hunancola Gredler, 1882: 176.
Buliminus (*Napaeus*) *fuchsianus*: Möllendorff, 1884: 172; Kobelt, 1902: 493, pl. 80, figs. 13, 14.

Buliminus (*Subzebrinus*) *fuchsianus*: Möllendorff, 1901: 329.
Subzebrinus fuchsianus: Yen, 1939: 80, pl. 7, fig. 25; Yen, 1942: 251; Zilch, 1974: 197.

检视标本 BMNH 82.5.9.8。BMNH 91.3.14.81-82：2 枚成熟空壳；衡山县。BMNH 99.3.15(14?).4：Kuotun，福建西北部，阎敦建鉴定。SMF41921：3 枚成熟空壳；Liu-an, 湖南，Slg. Mlldff。SMF41931：2 枚成熟空壳；湖南，Slg. Kobelt。SMF104583：3 枚成熟空壳；湖南，Ex. Mlldff. Slg. Jetschin (K. L. Pfr.)。SMF203133：1 枚成熟空壳；湖南，Slg. S. H. Jaeckel。SMF41920：4 枚成熟空壳；桂阳州，湖南，Slg. Mlldff。SMF41922：4 枚成熟空壳；湖南，Slg. Hashagen。SMF42824：2 枚成熟空壳；湖南，Slg. Mlldff。SMF41929：3 枚成熟空壳；广东北部流域，Slg. Mlldff。SMF104584：6 枚成熟空壳；湖南，Lg. C. R. Böttger, 1904。SMF238370：*Buliminus hunancola* Gredler 的副模；2 枚成熟空壳；湖南，Ex. Gredler，Slg. Kobelt。SMF44474：*Buliminus hunancola* Gredler 的副模；1 枚成熟空壳和 1 枚接近成熟的空壳，湖南，Ex. Gredler，Slg. Kobelt。MHM06418，MHM06406，MHM06430：仅 1 枚具软体部分；湖南永州道县，2007. VIII. 11，采集人：高林辉，霍清伟，贾文双。MHM06307，MHM06320：多枚成熟空壳；广东省连南县，采集人：高林辉，霍清伟，贾文双。MHM04305：均测量，spec.1 解剖；湖北武昌，2005. III，采集人：朱彤。

形态特征 贝壳：长卵圆形，壳顶不尖出，右旋，壳质薄，坚固，不透明，具光泽，生长线纤细而清晰。螺层略突起，具凹陷瘢痕，不具肩，明显或不明显地均匀密布着螺旋向细沟。胚螺层平滑，光亮。胚螺后螺层光滑，或具颗粒。缝合线上无窄带。体螺层向壳口方向平直或逐渐上升地延长，侧面边缘圆整，周缘无螺旋向的光滑凹陷或皱褶区域。壳口近位于同一平面，平截卵圆形，壳口与螺层接合处不联生，倾斜，无齿样构造，具角结节。壳口缘锋利，扩张，反折但不形成明显的卷边。腔壁胼胝部不明显。壳口反折于轴唇缘。轴柱向轴倾斜。轴唇外缘垂直。脐孔狭窄。壳色两种，褐黄色，具白黄色条纹。螺层上部着色如贝壳其余部分。贝壳螺旋向无色带。

生殖系统：输精管长，粗细一致，与成荚器相连处界线明显。成荚器短，向近端逐渐变细，外部光滑，直。成荚器盲囊端部钝，位于接近与输精管相连处。鞭状器短，圆锥形，近端直，顶端钝。交接器棒状，远端膨大，其端部与成荚器相连，壁薄。交接器壁柱多于 2 条，形成 1 个 "V" 形结构，且在成荚器孔处愈合成 1 个瓣膜。"V" 形壁柱近端游离且达交接器收缩肌连接处，在远端不愈合成乳突。交接器突起阙如。交接器附器中等长度，在距生殖腔一定长度处与交接器分叉，有分节，A-1 与 A-2 愈合，A-3 明显，A-4 与 A-5 愈合。交接器收缩肌 2 支，其交接器支的另一端着生于交接器远端，而交接器附器支的另一端着生于愈合的 A-1 和 A-2 上。连接雌道和成荚器的肌质带阙如。生殖腔短，无生殖腔收缩肌。游离输卵管极短至阙如，远短于雌道长度。雌道长，不膨大，直，未衬有疏松的海绵样组织，无色素沉着。纳精囊管短，近端直。纳精囊中等大小，与纳精囊管区分明显，具柄。纳精囊管分支盲管较纳精囊长，端部不膨大。纳精囊和分支盲管可区别，在其基部立刻分叉。

标本测量 Ewh：1.750—1.891—2.125 whorls, Wh：6.875—7.531—7.750 whorls, H：

13.2—<u>15.7</u>—18.1 mm，W：5.6—<u>6.6</u>—7.7 mm，Ah：4.8—<u>5.6</u>—6.2 mm，Aw：3.7—<u>4.3</u>—4.9 mm，Rhw：2.19—<u>2.36</u>—2.56，Rhah：2.54—<u>2.81</u>—3.03 (SMF41931，SMF104584)。

地理分布　湖北、湖南、福建、广东 (北部)、四川。

模式标本产地　湖南。

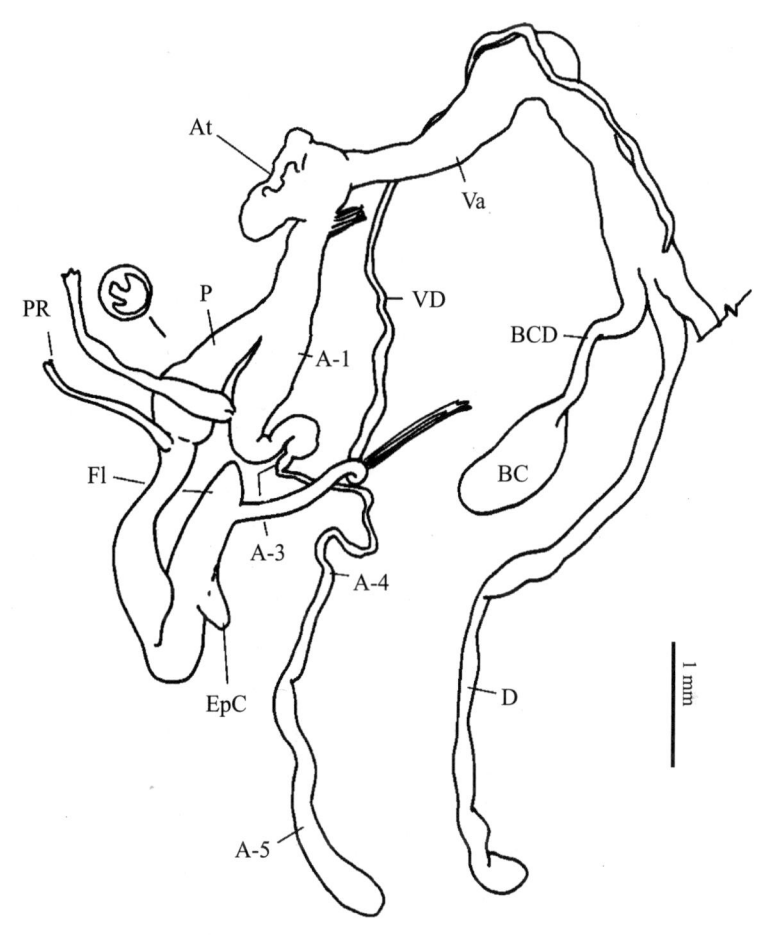

图 28　紫红杂斑螺 *Subzebrinus fuchsianus* (Heude)，MHM04305-spec.1，生殖系统全面观
Fig. 28　*Subzebrinus fuchsianus* (Heude), MHM04305-spec.1, General view of genitalia

(11) 福氏杂斑螺 *Subzebrinus fultoni* (Möllendorff, 1901) (图版 I：9)

Buliminus (*Subzebrinus*) *fultoni* Möllendorff, 1901: 334, pl. 12, figs. 23-25; Kobelt, 1902: 837, pl. 119, figs. 23-25.

Zebrina (*Subzebrinus*) *fultoni*: Haas, 1933: 320.

Subzebrinus fultoni: Yen, 1939: 82, pl. 7, fig. 34; Yen, 1942: 252.

检视标本　N283：ZI RAS 模式标本；1893，瓦斯沟 (Ba-si-koy)。BMNH 94.3.1.1-3：3 枚成熟空壳 (均测量)，四川。BMNH：无登记号；1 枚成熟空壳；康定，采集人：H. H.

Godwin-Austen。BMNH：无登记号；1枚成熟空壳；康定，Chinese Thibet ex Preston，采集人：H. H. Godwin-Austen。BMNH 91.4.24.161-162：2枚成熟空壳；康定以东1天路程处，采集人：W. Kricheldorff。BMNH Trechmann Acc. No. 2176：1枚成熟空壳；四川。BMNH 94.10.15.31：2枚成熟空壳；湖北，采集人：S. L. Pace (Acc. No. 2141)。SMF41952：选模；峨眉山，四川，Schmacker G.，Slg. Mlldff。SMF41953：副模；峨眉山，四川，Schmacker G.，Slg. Mlldff。SMF41956：副模；4枚成熟空壳；瓦斯沟，四川西部，Slg. Mlldff。SMF41955：副模；3枚成熟空壳；泸定，四川，Slg. Mlldff。SMF41957：副模；泸定，Ex Möllendorff，Slg. Kobelt。SMF104578：副模；2枚成熟空壳；大渡河，泸定桥下，1893. IV. 15，采集人：Potanin，Mlldff 鉴定。

形态特征 贝壳：纺锭形，壳顶不尖出，左旋，壳质薄，坚固，不透明，具光泽。生长线通常不十分清晰。螺层略扁平，尤在体螺层略有凹陷瘢痕，不具肩，具螺旋向细沟 (在胚螺后螺层，近脐孔区的细沟密集而排列整齐)。胚螺层平滑，光亮。胚螺后螺层平滑。缝合线上无窄带。体螺层朝壳口方向逐渐上升，侧面边缘圆整，周缘无螺旋向的光滑凹陷或皱褶区域。壳口面呈强烈波形，平截卵圆形，壳口与螺层接合处不联生，极倾斜，完全贴合于体螺层，无齿样构造，具角结节。壳口缘锋利，除轴唇区外几乎不扩张。腔壁胼胝部不明显。轴柱垂直。轴唇外缘垂直。脐孔狭缝状。壳色两种，底色角褐色，胚螺后螺层具多少等间距排列的白色条纹。壳口呈具褐色调的白色。螺层上部着色如贝壳其余部分。贝壳螺旋向无色带。

标本测量 Ewh：1.625—<u>1.740</u>—1.875 whorls, Wh：7.625—<u>8.125</u>—9.000 whorls, H：14.8—<u>17.3</u>—19.4 mm, W：6.0—<u>6.5</u>—7.1 mm, Ah：6.1—<u>6.8</u>—7.8 mm, Aw：3.3—<u>3.6</u>—4.1 mm, Rhw：2.31—<u>2.68</u>—2.96, Rhah：2.34—<u>2.54</u>—2.87 (SMF41952, SMF41953, SMF41956, SMF41955, SMF41957, SMF104578)。

地理分布 湖北、四川。

模式标本产地 峨眉山附近、泸定。

(12) 棉杂斑螺 *Subzebrinus gossipinus* (Heude, 1888) (图29；图版 I：10)

Buliminus gossipinus Heude, 1890: 149, pl. 35, fig. 13.
Buliminus (*Subzebrinus*) *gossipinus*: Möllendorff, 1901: 329; Kobelt, 1902: 832, pl. 125, figs. 24, 25.
Zebrinus (*Subzebrinus*) *gossipinus*: Yen, 1938: 441.
Subzebrinus gossipinus: Yen, 1942: 251.

检视标本 MHM01235：4个成熟个体；测量：4，解剖：spec.1；重庆城口县，2003. VIII. 17，采集人：吴岷。

形态特征 贝壳：高圆锥状，壳顶不尖出，右旋，壳质薄，坚固，不透明，无光泽。螺层凸出，无凹陷瘢痕，不具肩，密布螺旋向细沟 (尤其在脐孔区域)。胚螺层平滑，无光泽。胚螺后螺层平滑。缝合线上无窄带。体螺层向壳口方向平直延伸，或在壳口后立刻上升，侧面边缘圆整，周缘无螺旋向的光滑凹陷或皱襞区域。壳口卵圆形，壳口与螺层接合处不联生，倾斜，无齿样构造，角结节阙如。壳口缘锋利，略扩张，略反折但不形成明显的卷边。腔壁胼胝部不明显。脐孔狭缝状。贝壳色泽均匀，白色。贝壳上部着色如其余部分。

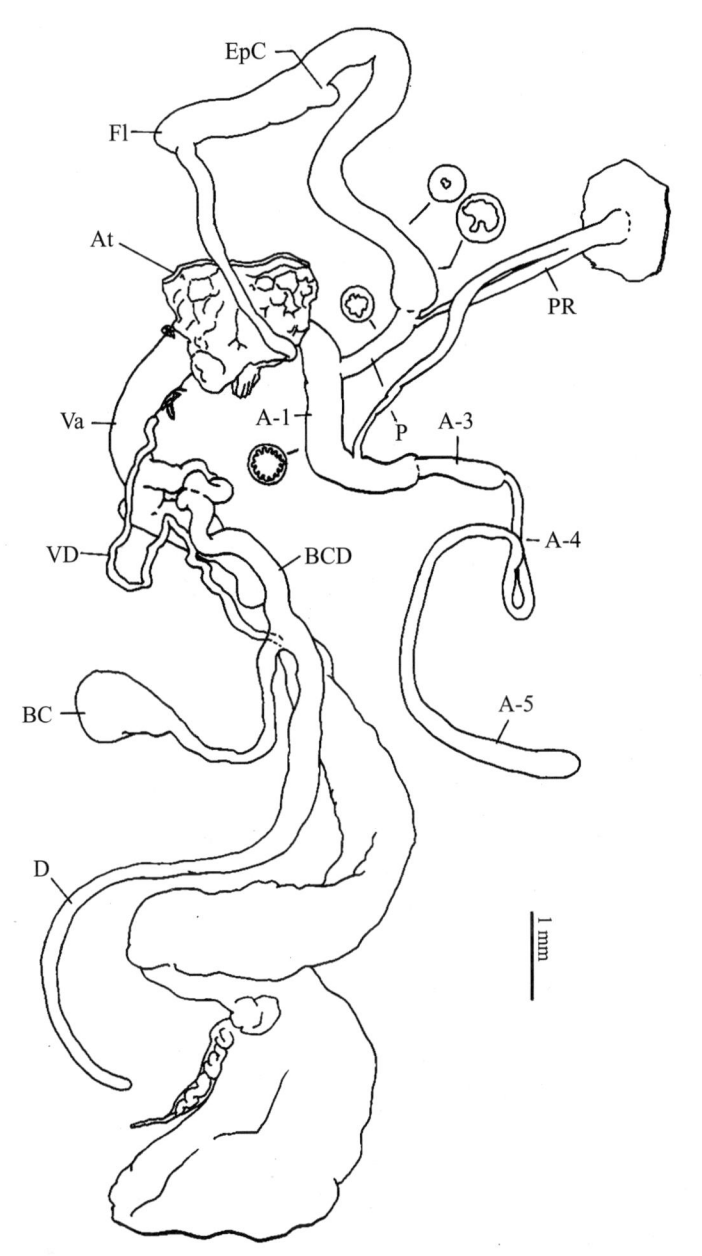

图 29　棉杂斑螺 *Subzebrinus gossipinus* (Heude)，MHM01235-spec.1，生殖系统全面观
Fig. 29　*Subzebrinus gossipinus* (Heude), MHM01235-spec.1, General view of genitalia

生殖系统：输精管长，粗细一致，与成荚器相连处界线明显。成荚器长度中等，圆柱形，粗细均匀，外部光滑，直。成荚器盲囊端部钝，位于接近与输精管相连处。鞭状

器很短，圆锥形，近端直，顶端钝。交接器棒状，远端膨大，其端部与成荚器相连，壁薄。交接器壁柱多于 2 条，形成 1 个 "V" 形结构，且在成荚器孔处愈合成 1 个瓣膜。"V" 形壁柱近端游离且达交接器收缩肌连接处。交接器突起阙如。交接器附器中等长度，在距生殖腔一定长度处与交接器分叉，有分节，A-1 与 A-2 愈合，A-3 明显，A-4 与 A-5 愈合。A-1 内壁具纵向壁柱。A-2 内壁具纵向壁柱。A-5 直。交接器收缩肌 2 支，彼此愈合后着生于体墙壁，其交接器支的另一端着生于交接器远端，而交接器附器支的另一端着生于愈合的 A-1 和 A-2 上。连接雌道和成荚器的肌质带阙如。生殖腔短，具细弱的生殖腔收缩肌（？）。游离输卵管长度中等，较雌道长。雌道短，不膨大，直，未衬有疏松的海绵样组织，无色素沉着。纳精囊管长度中等，近端盘曲。纳精囊中等大小，与纳精囊管区分明显，具柄。纳精囊管分支盲管较纳精囊长，端部不膨大。纳精囊和分支盲管可区别，其分叉处离纳精囊基部远。

分类讨论 Gredler (1890b, p.77) 将此种作为 *Buliminus chalcedonicus* Gredler, 1887 [= *Rachis onychinus* (Heude, 1885)] 的异名是一个明显的错误，因为本种和 *Rachis* spp. 的区别很显著（见后文）。

标本测量 Ewh：1.875—2.031—2.250 whorls，Wh：7.375—7.531—7.875 whorls，H：16.7—18.0—20.5 mm，W：6.7—7.2—7.8 mm，Ah：6.5—7.0—7.8 mm，Aw：4.7—5.0—5.4 mm，Rhw：2.47—2.53—2.62，Rhah：2.49—2.57—2.64 (MHM01235)。

地理分布 重庆。

模式标本产地 城口。

(13) 冬杂斑螺 *Subzebrinus hyemalis* (Heude, 1882)（图 30；图版 I：11）

Buliminus hyemalis Heude, 1882: 54, pl. 17, fig. 14.
Buliminus (Subzebrinus) hyemalis: Möllendorff, 1901: 328; Kobelt, 1902: 831, pl. 125, figs. 5, 6.
Subzebrinus hyemalis: Yen, 1939: 80, pl. 7, fig. 22; Yen, 1942: 250.

检视标本 MHM04285：测量：7，解剖：spec.1；湖北长阳县，2005. IV. 20，采集人：朱彤。BMNH 91.3.17.84：1 枚成熟空壳（测量：H 12.89, W 5.07, Ah 4.16, Aw 3.36, Wh 7.750），中国内地。SMF41915：模式，安徽巢湖，Slg. Mlldff u. Kobelt。SMF104558：3 枚成熟空壳；中国内地，Ex. Schmacker, Slg. Jetschin (K. L. Pfr.)。SMF41916：2 枚成熟空壳；安徽，Slg. W. Kobelt。SMF41914：3 枚成熟空壳和 1 枚近成熟空壳；安徽，Slg. Mlldff。

形态特征 贝壳：高圆锥状，壳顶不尖出，右旋，壳质薄，坚固，不透明，无光泽（可能由于标本较老旧）。螺层凸出，有或无凹陷瘢痕，不具肩，密布螺旋向细沟。胚螺层平滑，无光泽。胚螺后螺层平滑。缝合线上无窄带。体螺层向壳口向几乎平直延伸，侧面边缘圆整，周缘无螺旋向的光滑凹陷或皱褶区域。壳口面略波曲，平截卵圆形，壳口与螺层接合处不联生，倾斜，完全贴合于体螺层，无齿样构造，具角结节。壳口缘增厚，稍扩张，略反折但不形成明显的卷边。腔壁胼胝部不明显。轴唇缘略反折。脐孔狭窄。壳色两种，底色浅角褐色，上密覆白色条纹以致贝壳表面几呈白色。螺层上部着色如贝壳其余部分。贝壳螺旋向无色带。

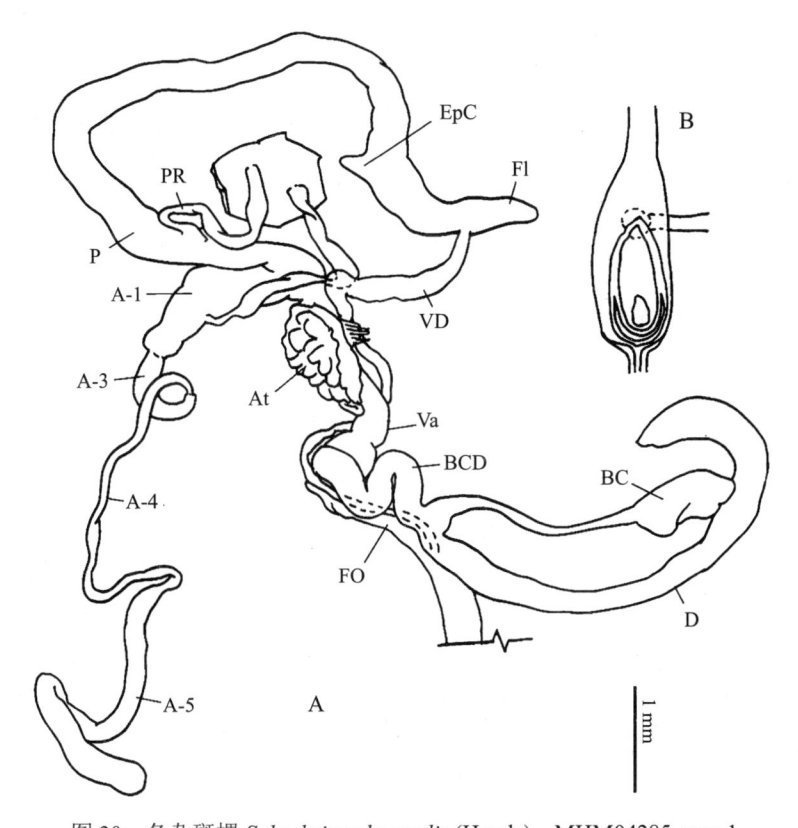

图 30 冬杂斑螺 *Subzebrinus hyemalis* (Heude)，MHM04285-spec.1
A. 生殖系统全面观；B. 交接器矢切面示意图
Fig. 30 *Subzebrinus hyemalis* (Heude), MHM04285-spec.1
A. General view of genitalia; B. Diagrammatic sketch of penis, sagittal view

生殖系统：输精管长，近端膨大，与成荚器相连处界线明显。成荚器长度中等，圆柱形，粗细均匀，外部光滑，直。成荚器盲囊顶部略尖，位于接近与输精管相连处。鞭状器短，圆锥形，近端直，顶端钝。交接器棒状，远端膨大，其端部与成荚器相连，壁薄。交接器壁柱多于 2 条，在成荚器孔处愈合成 1 个瓣膜，形成 2 个 "V" 形结构。"V" 形壁柱近端游离且达交接器收缩肌连接处，远端愈合为 1 个乳突。乳突小。交接器突起阙如。交接器附器长，在距生殖腔一定长度处与交接器分叉，有分节，A-1 与 A-2 愈合，A-3 明显，A-4 与 A-5 愈合。A-1 短，纵向壁柱不明显。A-2 内壁不显著地具壁柱，近 A-3 处有 1 圈乳突。A-3 向 A-2 开口处无针状乳突。A-5 略盘曲。交接器收缩肌 2 支，分别着生于体壁上，其交接器支的另一端着生于交接器远端，而交接器附器支的另一端着生于愈合的 A-1 和 A-2 上。连接雌道和成荚器的肌质带阙如。生殖腔短，无生殖腔收缩肌。游离输卵管短，几与雌道等长。雌道短，不膨大，直，未衬有疏松的海绵样组织，无色素沉着。纳精囊管长度中等，近端盘曲。纳精囊中等大小，与纳精囊管区分明显，具柄。纳精囊具分支盲管，略长于纳精囊池，末端膨大。纳精囊和分支盲管可区别，其分叉处离纳精囊基部远。

标本测量 Ewh：1.750—1.800—1.875 whorls，Wh：7.250—7.700—8.000 whorls，H：11.7—12.8—13.8 mm，W：4.9—5.2—5.7 mm，Ah：3.9—4.2—4.7 mm，Aw：3.2—3.4—3.8 mm，Rhw：2.37—2.47—2.62，Rhah：2.91—3.04—3.15（SMF41915，SMF104558，SMF41916，SMF41914）。

地理分布 安徽、湖北。

模式标本产地 巢湖。

(14) 浩罕杂斑螺 *Subzebrinus kokandensis* (Martens, 1882)（图版 I：12）

Buliminus labiellus kokandensis Martens, 1882: 21.
Buliminus (*Subzebrinus*) *kokandensis*: Kobelt, 1902: 501, pl. 81, figs. 17, 18.
Subzebrinus kokandensis: Yen, 1939: 81, pl. 7, fig. 30.

检视标本 BMNH 1915.3.30.275-276。

形态特征 贝壳：纺锭形，壳顶不尖出，右旋，壳质厚，坚固，不透明，有光泽。螺层凸出，无凹陷瘢痕，不具肩，无螺旋向细沟。胚螺层平滑，光亮。胚螺后螺层平滑。缝合线上无窄带。体螺层朝壳口方向逐渐上升，侧面边缘圆整，周缘无螺旋向的光滑凹陷或皱褶区域。壳口平截卵圆形，壳口与螺层接合处不联生，倾斜，完全贴合于体螺层，无齿样构造，角结节阙如。壳口缘增厚，不扩张，除轴唇区外不反折。腔壁胼胝部不明显。壳口反折于轴唇缘。脐孔狭缝状。壳色两种，污白色。壳顶红褐色。螺层具有一些与壳顶同色的条纹。壳口呈具红色调的白色。壳顶具不同的色调。贝壳螺旋向无色带。

标本测量 Ewh：1.500—1.750 whorls，Wh：7.625—7.875 whorls，H：14.0—14.5 mm，W：6.1—6.5 mm，Ah：5.3—5.4 mm，Aw：3.9—4.1 mm，Rhw：2.16—2.38，Rhah：2.77（BMNH 1915.3.30.275-276）。

地理分布 新疆（天山）；费尔干纳 Ferghana。

模式标本产地 费尔干纳（Margelan）。

(15) 库氏杂斑螺 *Subzebrinus kuschakewitzi* (Ancey, 1886)（图版 I：13）

Buliminus kuschakewitzi Ancey, 1886: 35.
Buliminus (*Subzebrinus*) *kuschakewitzi*: Kobelt, 1902: 500, pl. 81, figs. 15, 16.
Subzebrinus kuschakewitzi: Yen, 1939: 81, pl. 7, fig. 28.

检视标本 BMNH 1915.3.30.521-522：2 枚成熟空壳；Turkestan，J. H. Ponsonby, Esq.，标签为 "*kokandensis*, Mtns"。

形态特征 贝壳：柱圆锥形，壳顶不尖出，右旋，壳质厚，坚固，不透明，有强烈光泽。螺层略凸出，尤其在最后 2 层具凹陷瘢痕，不具肩，无螺旋向细沟。胚螺层平滑，光亮。胚螺后螺层平滑。缝合线上无窄带。体螺层向壳口方向略逐渐上升，侧面边缘圆整，周缘无螺旋向的光滑凹陷或皱褶区域。壳口平截卵圆形，壳口与螺层接合处联生，倾斜，完全贴合于体螺层，无齿样构造，角结节有但不明显。壳口缘锋利，扩张，反折但卷边很窄。腔壁胼胝部明显。壳口反折于轴唇缘。脐孔狭窄。壳色两种，浅褐色。第1、第2螺层后的部分具等间距分布的白色宽条纹。壳口白色。螺层上部着色如贝壳其余部分。贝壳螺旋向无色带。

标本测量 Ewh：1.500—1.750 whorls，Wh：7.750—7.875 whorls，H：13.1—13.5 mm，W：5.5—5.8 mm，Ah：4.6—4.7 mm，Aw：3.5—3.8 mm，Rhw：2.28—2.46，Rhah：2.82—2.96 (BMNH 1915.3.30.521-522)。

地理分布 新疆（叶城）；费尔干纳 Ferghana。

模式标本产地 不详。

(16) 瘦瓶杂斑螺 *Subzebrinus macroceramiformis* **(Deshayes, 1870)** (图版 I：14)

Buliminus macroceramiformis Deshayes, 1870: 25; Ancey, 1882: 10.

Buliminus (*Napaeus*) *macroceramiformis*: Möllendorff, 1884: 169.

Buliminus (*Subzebrinus*) *macroceramiformis*: Möllendorff, 1901: 331; Kobelt, 1902: 835, pl. 125, figs. 30, 31.

Zebrinus (*Subzebrinus*) *macroceramiformis*: Yen, 1938: 441.

Subzebrinus macroceramiformis: Yen, 1939: 81, pl. 7, fig. 31; Yen, 1942: 251.

检视标本 MHM04324：四川泸定县，2003. VIII. 2，采集人：石恺。MHM04590：螺层数约为7；四川汶川县，2003. VII. 18，采集人：吴岷。MHM00587：体型很小；甘肃舟曲县，2004. V. 1，采集人：吴岷。BMNH 1902.5.13.16-17：2枚成熟空壳；四川。SMF41948：4枚成熟空壳；其中1枚顶端残破，大渡河，塔巴村，四川西部，Slg. Mlldff, Ex Potanin 446。

形态特征 贝壳：长卵圆形，壳顶不尖出，右旋，壳质薄，坚固，不透明，有光泽。生长线纤细而清晰。螺层凸出，具凹陷瘢痕，不具肩，螺旋向细沟微弱。胚螺层平滑，光亮。胚螺后螺层具似由生长线断裂而成的明显圆形小瘤。缝合线上无窄带。体螺层末端通常向壳口逐渐上升，侧面边缘圆整，周缘无螺旋向的光滑凹陷或皱褶区域。壳口面平，呈具圆角的三角形或四边形状，壳口与螺层接合处不联生，略倾斜，完全贴合于体螺层，无齿样构造，角结节阙如。壳口缘锋利，扩张，反折但不形成明显的卷边。腔壁胼胝部不明显。壳口反折于轴唇缘。轴柱弓形。轴唇外缘倾斜。脐孔宽阔。壳色两种，黄褐色，具细或粗的白色条纹，壳口发白。螺层上部着色如贝壳其余部分。贝壳螺旋向无色带。

标本测量 Ewh：1.625—<u>1.708</u>—1.750 whorls，Wh：7.250—<u>7.450</u>—7.750 whorls，H：11.7—<u>12.3</u>—13.3 mm，W：5.1—<u>5.3</u>—5.5 mm，Ah：4.3—<u>4.5</u>—4.9 mm，Aw：3.3—<u>3.5</u>—3.7 mm，Rhw：2.15—<u>2.31</u>—2.43，Rhah：2.69—<u>2.74</u>—2.80 (BMNH 1902.5.13.16-17，SMF41948)。

地理分布 甘肃、四川。

模式标本产地 宝兴。

(17) 宏口杂斑螺 *Subzebrinus macrostoma* (Möllendorff, 1901) (图版 I：15)

Buliminus (*Subzebrinus*) *macrostoma* Möllendorff, 1901: 336, pl. 13, figs. 3-5; Kobelt, 1902: 841, pl. 120, figs. 3-5.

Subzebrinus macrostoma: Yen, 1939: 82, pl. 7, fig. 38.

检视标本 N57：ZI RAS 模式标本，1885. IV. 11，采集人：Potanin。N213：ZI RAS 模式标本，1885. IV. 11，甘肃文县 (Dorf Naj-ti-cha)，采集人：Potanin。SMF41964：选模；甘肃文县 (Dorf Nai-ti-ha)，Slg. Mlldff。SMF41966：副模；3 枚成熟空壳；董家湾与王家坝之间，文县，Potanin 948。SMF41965：副模，标本信息同选模。

形态特征 贝壳：尖卵圆形，壳顶略尖出，右旋，壳质薄，坚固，不透明或半透明有光泽。生长线通常不十分清晰。螺层凸出，无凹陷瘢痕，不具肩，在脐孔区域具螺旋向细沟（在 SMF41964、41965 的标本中清晰，但在 SMF41966 标本中模糊因而难以区分)。胚螺层平滑，光亮。胚螺后螺层平滑。缝合线上无窄带。体螺层朝壳口方向逐渐上升，周缘无螺旋向的光滑凹陷或皱褶区域。壳口面平，平截卵圆形，壳口与螺层接合处不联生，倾斜，完全贴合于体螺层，无齿样构造，角结节有但不明显。壳口缘锋利，扩张，反折且具明显的卷边。卷边平直且不朝反壳口方向翻折。腔壁胼胝部不明显。壳口反折于轴唇缘。轴柱弓形。轴唇外缘垂直。脐孔很狭窄。壳色两种，绿栗色具白色的轴向条纹，其中一些白条纹似由断裂而成为成串排列的白色斑点。壳口污白色，带点褐色调子。螺层上部着色如贝壳其余部分。贝壳螺旋向无色带。

标本测量 Ewh：1.750—1.800—1.875 whorls，Wh：6.750—6.850—7.000 whorls，H：19.2—19.8—20.7 mm，W：9.1—9.4—9.8 mm，Ah：8.8—9.1—9.4 mm，Aw：6.4—6.9—7.2 mm，Rhw：1.96—2.11—2.28，Rhah：2.06—2.17—2.25 (SMF41964，SMF41965，SMF41966)。

地理分布 甘肃。

模式标本产地 文县。

(18) 奥托杂斑螺指名亚种 *Subzebrinus ottonis ottonis* (Sturany, 1900) (图 31；图版 I：16)

Buliminus ottonis Sturany, 1900: 32, pl. 3, figs. 23-25.

Buliminus (*Subzebrinus*) *ottonis*: Möllendorff, 1901: 337, pl. 13, figs. 8, 9; Wiegmann, 1901: 226, pl. 10, fig. 21; Kobelt, 1902: 842, pl. 108, figs. 12, 13, pl. 120, figs. 8-12.

Subzebrinus ottonis ottonis: Yen, 1939: 82, pl. 7, fig. 40; Yen, 1942: 252.

检视标本 MHM05487：甘肃文县碧口，2006. IX. 28，采集人：刘建民，郑伟。MHM05483：甘肃文县白龙江边，2006. IX. 27，采集人：吴岷，刘建民，郑伟，高林辉。MHM04273：甘肃文县，2004. V. 6，采集人：吴岷。MHM05560：甘肃礼县，2006. IX. 25，采集人：吴岷，刘建民，郑伟，高林辉。MHM01274：四川汶川县，2003. VII. 19，采集人：吴岷。ZI RAS：武都，甘肃，采集人：Potanin，1885。BMNH 1912.6.27.49：1 枚成

熟空壳；澜沧江，西藏。BMNH 1912.3.26.2, 5：1枚成熟空壳；石灰岩地区，甘肃东南，3000 ft[①]。SMF41972：4枚成熟空壳；董家湾与王家坝之间，甘肃，Slg. Mlldff，Potanin 873。SMF41973：3枚成熟空壳；武都，甘肃，Slg. Mlldff，Potanin 759。SMF41974：3枚成熟空壳；靠近木瓜溪的火溪沟，四川，Potanin 859。

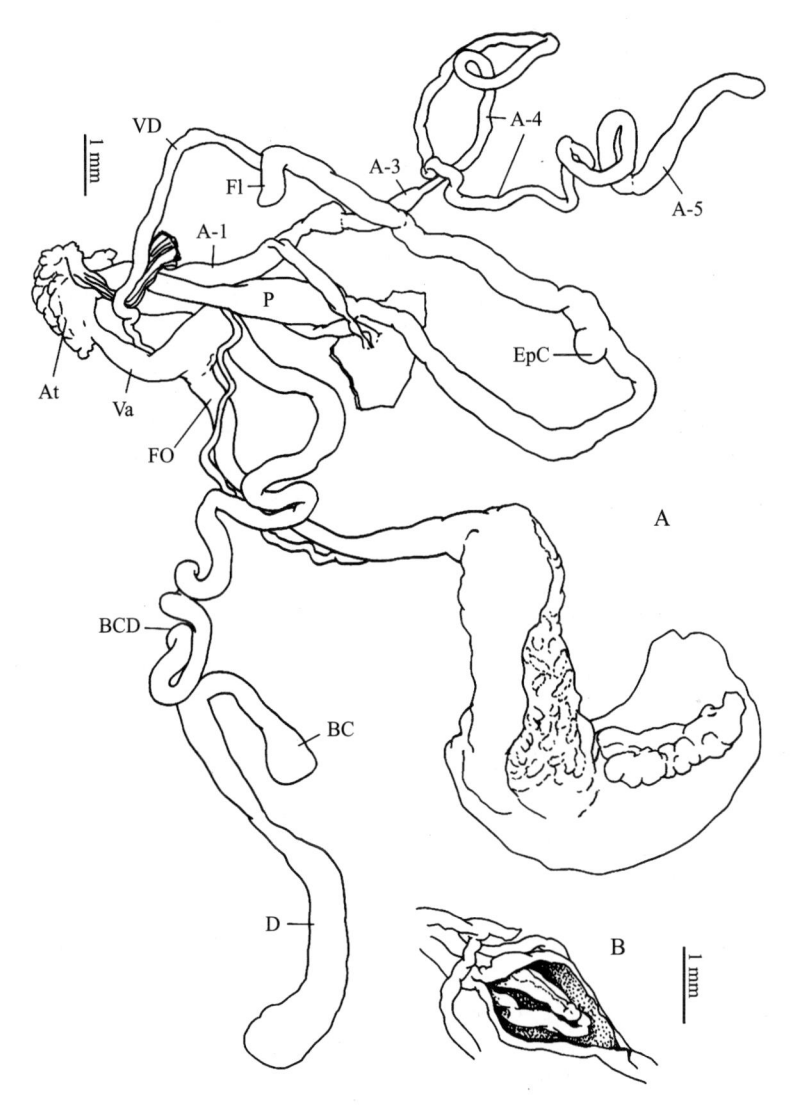

图 31　奥托杂斑螺指名亚种 *Subzebrinus ottonis ottonis* (Sturany)，MHM05483-spec.1
A. 生殖系统全面观；B. 交接器内面观
Fig. 31　*Subzebrinus ottonis ottonis* (Sturany), MHM05483-spec.1
A. General view of genitalia; B. Exposed penis, showing penial pilasters and elongated papilla

形态特征　贝壳：高圆锥状，壳顶不尖出，右旋，壳质薄，坚固，不透明，有光泽。

[①] 1ft=0.3048m，后同。

生长线通常不清晰，或很模糊 (在 1 个 SMF 标本中)。螺层相当扁平，具凹陷瘢痕，不具肩，无螺旋向细沟。胚螺层平滑，光亮。胚螺后螺层平滑。缝合线上无窄带。体螺层朝壳口方向逐渐上升，侧面边缘圆整，周缘无螺旋向的光滑凹陷或皱褶区域。壳口面平，平截卵圆形，壳口与螺层接合处不联生，倾斜，完全贴合于体螺层，无齿样构造，角结节或多或少清晰。壳口缘增厚，扩张，反折且具明显的卷边。卷边平直且不朝反壳口方向翻折。腔壁胼胝部不明显。壳口反折于轴唇缘。轴柱垂直。轴唇外缘垂直。脐孔狭窄。壳色两种，栗色，杂有多少等距离排列的或粗或细的白色条纹。壳口白色，带红色调子。螺层上部着色如贝壳其余部分。贝壳螺旋向无色带。

生殖系统：输精管长，近端膨大，与成茎器相连处界线明显。成茎器长，圆柱形，粗细均匀，外部光滑，直。成茎器盲囊端部钝，位于成茎器中部。鞭状器短，管状，近端直，顶端钝。交接器棒状，远端膨大，其端部与成茎器相连，壁薄。交接器壁柱形成 1 个 "V" 形结构，且在成茎器孔处愈合成 1 个瓣膜。"V" 形壁柱近端游离且达交接器收缩肌连接处，远端愈合为 1 个乳突。乳突大，其顶部到达交接器收缩肌着生处。交接器突起阙如。交接器附器相当长，在距生殖腔一定长度处与交接器分叉，有分节，A-1、A-2 和 A-3 清晰可分，A-4 和 A-5 愈合。A-1 短，其内壁具纵向壁柱。A-2 内壁具众多纵向壁柱，近 A-3 处内壁无 1 圈乳突。A-5 盘曲。交接器收缩肌 2 支，彼此靠近着着生于体墙壁，交接器支的另一端着生于交接器中部，而交接器附器支的另一端着生于愈合的 A-1 和 A-2 上。连接雌道和成茎器的肌质带阙如。生殖腔短，具细弱的生殖腔收缩肌。游离输卵管长度中等，约为 2 倍雌道长。雌道短，不膨大，直，未衬有疏松的海绵样组织，无色素沉着。纳精囊管长，近端剧烈盘曲。纳精囊池小，与纳精囊管界线不明显，具柄。纳精囊管分支盲管较纳精囊长，末端膨大。纳精囊和纳精囊盲管在外形上难以区别，其分叉处离纳精囊基部远。

分类讨论 观察标本 MHM06109 极似模式标本 SMF41972。

标本测量 Ewh：1.375—<u>1.556</u>—1.625 whorls, Wh：7.375—<u>7.625</u>—7.875 whorls, H：21.3—<u>22.6</u>—24.2 mm，W：9.5—<u>10.2</u>—11.1 mm，Ah：9.4—<u>10.2</u>—10.9 mm，Aw：6.8—<u>7.3</u>—8.0 mm，Rhw：2.03—<u>2.22</u>—2.37，Rhah：2.09—<u>2.22</u>—2.37 (SMF41972，SMF41973，SMF41974)。

地理分布 甘肃、四川。

模式标本产地 阔达坝、文县附近、武都。

(19) 凸奥托杂斑螺 *Subzebrinus ottonis convexospirus* (Möllendorff, 1901) (图版 I：17)

Buliminus (Subzebrinus) ottonis convexospirus Möllendorff, 1901: 338, pl. 13, figs. 10-12; Wiegmann, 1901: 221, pl. 10, figs. 1-20; Kobelt, 1902: 842.

Subzebrinus ottonis convexospirus: Yen, 1939: 82, pl. 7, fig. 41.

检视标本 MHM03063：体型较大的标本；甘肃文县，2004. IV，采集人：吴岷。N217: ZI RAS 模式标本；1885. IX. 6-8，甘肃南部，玉垒关村和文县之间，采集人：Potanin。SMF41977：选模；文县，甘肃，Slg. Mlldff。SMF41976：副模，文县，甘肃，Slg. Mlldff。

SMF41975：副模；3 枚成熟空壳；玉垒关村和文县之间，Slg. Mlldff。

形态特征 贝壳：长卵圆形，壳顶不尖出，右旋，壳质薄，坚固，不透明，具光泽。生长线通常不十分清晰。螺层略突起，凹陷瘢痕有 (选模和副模 SMF41976) 或无 (副模 SMF41975)，不具肩，仅脐孔区域具螺旋向细沟 (SMF41976 中十分微弱且不明显，但在 SMF41975 上明显而密集)。胚螺层平滑，光亮。胚螺后螺层平滑。缝线上无窄带。体螺层向壳口方向逐渐上抬 (副模) 或在壳口后立即上抬 (选模)，侧面边缘圆整，周缘无螺旋向的光滑凹陷或皱褶区域。壳口面平，平截卵圆形或圆角四边形 (选模)，壳口与螺层接合处不联生，倾斜，完全贴合于体螺层，无齿样构造，角结节不甚明显。壳口缘锋利，扩张，反折且具明显的卷边。卷边平直且不朝反壳口方向翻折。腔壁胼胝部不明显。壳口反折于轴唇缘。轴柱垂直。轴唇外缘垂直。脐孔很狭窄。贝壳顶部浅褐色，随后螺层污白色具间隔大的栗色条纹 (有时断碎成点状)。壳口呈发红的白色。贝壳螺旋向无色带。

标本测量 Ewh：1.625—1.725—1.750 whorls，Wh：7.250—7.425—7.750 whorls，H：22.2—23.5—24.9 mm，W：9.0—9.5—9.8 mm，Ah：10.0—10.2—10.6 mm，Aw：6.3—6.8—7.2 mm，Rhw：2.31—2.48—2.62，Rhah：2.10—2.31—2.49 (SMF41975，SMF41976，SMF41977)。

地理分布 甘肃。

模式标本产地 文县附近。

(20) 波图杂斑螺 *Subzebrinus postumus* (Gredler, 1886) (图版 I：18)

Buliminus postumus Gredler, 1886: 13; 1890b: 77.
Buliminus (*Ena*) *anceyi* Gredler, 1884a: Jahrb., S. 144.
Buliminus meleagrinus Heude, 1890: 149, pl. 38, fig. 23; Gredler, 1890b : 77 = *Buliminus postumus* Gredler, 1886.
Buliminus (*Subzebrinus*) *postumus*: Möllendorff, 1901: 328.
Zebrinus (*Subzebrinus*) *meleagrinus*: Yen, 1938: 441.
Subzebrinus postumus: Yen, 1939: 80, pl. 7, fig. 23.
Subzebrinus meleagrinus: Yen, 1942: 250.

检视标本 BMNH 1900.2.13.213-214：1 枚成熟空壳 (阎敦建鉴定标签指出体型较大的标本为 *Subzebrinus baudoni*、体型较小的标本为 *Subzebrinus meleaquinus*)，湖北。BMNH 97.5.5.119-120：1 枚成熟空壳；湖北。BMNH 94.2.26.23-24：2 枚成熟空壳；这批标本较 BMNH 97.5.5.119-120 更膨大且短。SMF191671：*anceyi* Gredler 的副模，江西 (Kiang-si, 非 Kuang-si)，Ex. Coll. Gredler。SMF41917：江西，Slg. Mlldff。

形态特征 贝壳：纺锭形或长卵圆形，壳顶不尖出，右旋，壳质薄，坚固，不透明，具光泽。生长线通常不十分清晰。螺层凸出，具凹陷瘢痕，不具肩，仅在脐孔区域具纤细而密集分布的螺旋向细沟。胚螺层平滑，光亮。胚螺后螺层平滑。缝合线上无窄带。体螺层向壳口方向平直延伸，或在壳口后立刻上升，侧面边缘圆整，周缘无螺旋向的光滑凹陷或皱褶区域。壳口面平，椭圆形，壳口与螺层接合处不联生，倾斜，完全贴合于体螺层，无齿样构造，角结节有或无。壳口缘锋利，扩张，反折但不形成明显的卷边。腔壁胼胝部不明显。壳口反折于轴唇缘。轴柱向轴倾斜。轴唇外缘垂直。脐孔狭窄。贝壳浅褐色，具密集分布的白色条纹，后者中的一些愈合。壳口白色。贝壳螺旋向无色带。

标本测量 Wh：7.250—<u>7.313</u>—7.375 whorls，H：14.0—<u>14.2</u>—14.5 mm，W：5.2—<u>5.3</u>—5.5 mm，Ah：4.6—<u>4.8</u>—5.0 mm，Aw：3.3—<u>3.5</u>—3.6 mm，Rhw：2.63—<u>2.67</u>—2.70，Rhah：2.88—<u>2.96</u>—3.03 (BMNH 94.2.26.23-24)。

地理分布 湖北、江西、湖南、四川。

模式标本产地 不详。

(21) 石鸡杂斑螺 *Subzebrinus schypaensis* (Sturany, 1900) (图版 I：19)

Buliminus schypaensis Sturany, 1900: 28, pl. 3, figs. 11-13.
Buliminus (Subzebrinus) schypaensis: Möllendorff, 1901: 335, pl. 12, figs. 28, 29, pl. 13, figs. 30, 31;
　　Kobelt, 1902: 839, pl. 108, figs. 14, 15, pl. 119, figs. 28, 29, pl. 120, figs. 30, 31.
Subzebrinus schypaensis: Yen, 1939: 82, pl. 7, fig. 36; Yen, 1942: 252.

检视标本 BMNH 1900.2.13.211-212：1 枚成熟空壳和 1 幼螺，湖北 (此地点 "Hupe" 可能有误)，阎敦建鉴定。SMF42031：1 枚成熟空壳；甘肃，石鸡坝，文县，洮河，Slg. Mlldff，Potanin 966。

形态特征 贝壳：近长圆锥形，壳顶不尖出，右旋，壳质薄，坚固，半透明至不透明，具光泽。生长线通常不十分清晰。螺层扁平，壳顶下部具凹陷瘢痕，不具肩，无螺旋向细沟。胚螺层平滑，无光泽。胚螺后螺层平滑。缝合线上无窄带。体螺层向壳口方向平直，侧面边缘圆整，周缘无螺旋向的光滑凹陷或皱褶区域。壳口面平，平截卵圆形，壳口与螺层接合处不联生，极倾斜，完全贴合于体螺层，无齿样构造，具角结节。壳口缘锋利，扩张，反折且具明显的卷边。卷边平直且不朝反壳口方向翻折。腔壁胼胝部不明显。壳口反折于轴唇缘。轴柱弓形。轴唇外缘垂直。脐孔狭窄。壳色两种，浅褐色。在最先的 4 个螺层后具厚而具凹陷瘢痕的条纹。壳顶具不同的色调。贝壳螺旋向无色带。

标本测量 Ewh：1.500 whorls，Wh：7.750 whorls，H：18.3 mm，W：7.2 mm，Ah：5.8 mm，Aw：2.6 mm，Rhw：2.55，Rhah：2.69 (SMF42031)。

地理分布 甘肃、湖北 (存疑分布)。

模式标本产地 文县。

(22) 纹杂斑螺 *Subzebrinus substrigatus* (Möllendorff, 1902) (图 32；图版 I：20)

Buliminus substrigatus Möllendorff, 1902. Ann. Mus. Zool. Petersb. 6, S. 337, T. 13, F. 6-7.
Zebrinus (Subzebrinus) substrigatus: Yen, 1938: 441.
Subzebrinus substrigatus: Yen, 1939. 82, taf. 7, fig. 39.

检视标本 MHM05055：测量 12 枚成熟贝壳，spec.1 解剖；甘肃文县碧口，2006. IX. 28，采集人：吴岷，刘建民，郑伟，高林辉。MHM05463：甘肃文县白龙江边，2006. IX.

27，采集人：吴岷，刘建民，郑伟，高林辉。SMF41967：选模；1个成熟个体，胚螺层有破损，平武县，四川北部，Slg. Mlldff。SMF41968：副模；2枚成熟空壳；标本信息同选模；SMF41969：副模；1枚成熟空壳；标本信息同选模。SMF：无登记号；副模，1枚成熟空壳；四川。

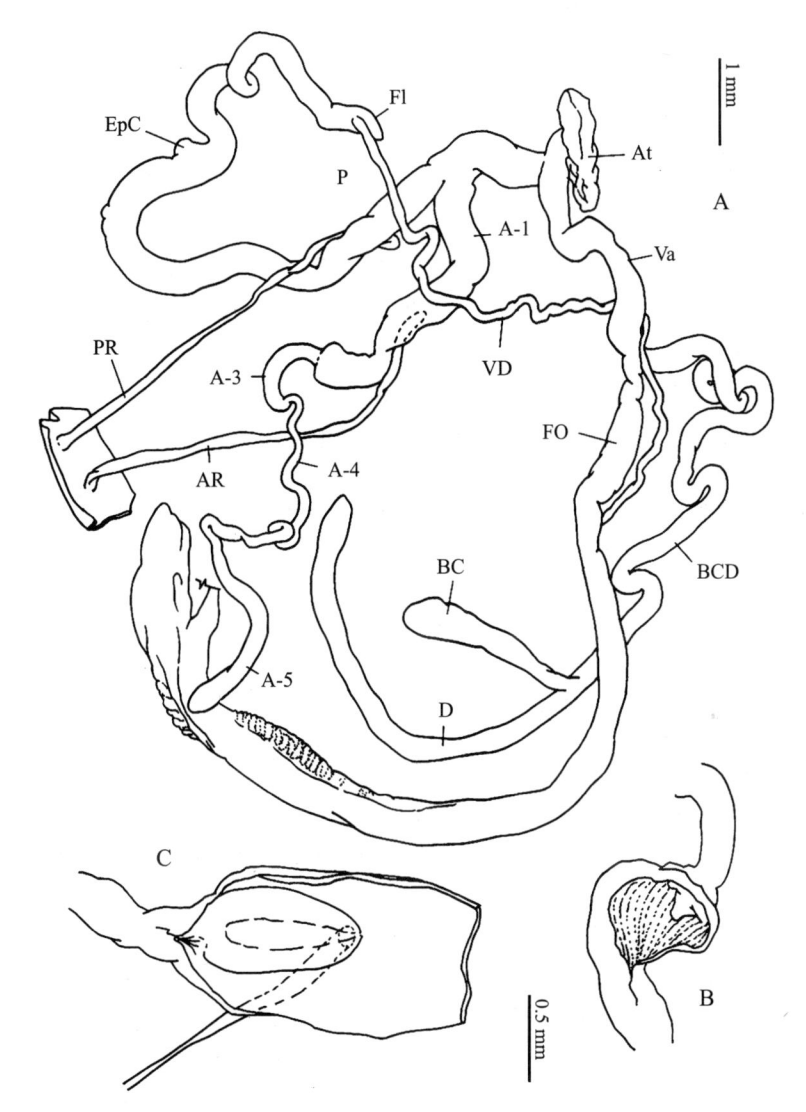

图32 纹杂斑螺 *Subzebrinus substrigatus* (Möllendorff)，MHM05055-spec.1
A. 生殖系统全面观；B. 示由 A-3 进入 A-2 的细部
Fig. 33 *Subzebrinus substrigatus* (Möllendorff), MHM05055-spec.1
A. General view of genitalia; B. Detailed part of transition from A-3 to A-2

形态特征 贝壳：长卵圆形，壳顶不尖出，右旋，壳质薄，坚固，不透明，具光泽。生长线通常不十分清晰。螺层几乎扁平，无凹陷瘢痕，不具肩，螺旋向细沟微弱。胚螺层平滑，光亮。胚螺后螺层平滑。缝合线上无窄带。体螺层在壳口后立即上抬，侧面边缘圆整，周缘无螺旋向的光滑凹陷或皱褶区域。壳口面平，平截卵圆形，壳口与螺层接合处不联生，倾斜，完全贴合于体螺层，无齿样构造，角结节明显或不明显。壳口缘锋利，扩张，反折但不形成明显的卷边。腔壁胼胝部不明显。壳口反折于轴唇缘。轴柱弓形。轴唇外缘垂直。脐孔狭窄。贝壳色泽均匀，角褐色且具很细弱的浅色条纹，或呈绿褐色。壳口白色。贝壳上部着色如其余部分。

生殖系统：输精管长，粗细一致，与成茎器相连处界线明显。成茎器长度中等，圆柱形，粗细均匀，外部光滑，形成数个圈环。成茎器盲囊阙如。鞭状器短，圆锥形，近端直，顶端钝。交接器粗细一致，其端部与成茎器相连，壁薄。交接器纵向壁柱形成1个"V"形结构，且在成茎器孔处愈合成1个瓣膜。"V"形壁柱近端游离且达交接器收缩肌连接处，在远端不愈合成乳突。交接器突起阙如。交接器附器长，在距生殖腔一定长度处与交接器分叉，有分节，A-1 与 A-2 愈合，A-3 明显，A-4 与 A-5 愈合。A-1 内腔壁柱纤细。A-2 内腔壁柱纤细，近 A-3 处内壁无1圈乳突。A-3 开口于 A-2 处具1短乳突。A-5 短，直。交接器收缩肌2支，分别着生于体壁上，其交接器支的另一端着生于交接器远端，而交接器附器支的另一端着生于愈合的 A-1 和 A-2 上。连接雌道和成茎器的肌质带阙如。生殖腔短，无生殖腔收缩肌。游离输卵管短，几与雌道等长。雌道短，不膨大，直，未衬有疏松的海绵样组织，无色素沉着。纳精囊管长，近端盘曲。纳精囊池小，与纳精囊管界线不明显。具柄。纳精囊具分支盲管，较纳精囊池长。纳精囊和纳精囊盲管在外形上难以区别，其分叉处离纳精囊基部远。

标本测量 Ewh: 1.500—<u>1.656</u>—1.875 whorls, Wh: 6.750—<u>6.875</u>—7.000 whorls, H: 15.7—<u>16.6</u>—18.5 mm, W: 6.3—<u>7.0</u>—7.8 mm, Ah: 6.5—<u>6.9</u>—7.6 mm, Aw: 4.5—<u>4.8</u>—5.1 mm, Rhw: 2.30—<u>2.37</u>—2.49, Rhah: 2.35—<u>2.41</u>—2.45 (SMF41967, SMF41968, SMF41969)。

地理分布 甘肃、四川。

模式标本产地 平武。

分类讨论 观察的标本壳口形态和体型大小与模式标本相比不甚典型。

(23) 虎杂斑螺 *Subzebrinus tigricolor* (Annandale, 1923) (图版 II: 1)

Buliminus (*Subzebrinus*) *tigricolor* Annandale, 1923: 390, pl. 16, figs. 3, 3a.
Buliminus (*Mirus*) *tigricolor*: Annandale, 1923: 395.
Turanena tigricolor: Yen, 1942: 255.

检视标本 BMNH 1912.6.27.67-68：澜沧江流域，2 ex. 1912. VI. 27，2 枚成熟空壳；阎敦建鉴定。

形态特征 贝壳：卵圆锥形，壳顶微弱地尖出，右旋，壳质薄，坚固，不透明，有光泽。螺层凸出，略具凹陷瘢痕，不具肩，无螺旋向细沟。胚螺层平滑，光亮。胚螺后螺层平滑。缝合线上无窄带。体螺层朝壳口方向逐渐上升，侧面边缘圆整，周缘无螺旋向的光滑凹陷或皱褶区域。壳口卵圆形，壳口与螺层接合处不联生，略倾斜，无齿样构造，具角结节。壳口缘锋利，扩张，反折但不形成明显的卷边。腔壁胼胝部不明显。壳口反折于轴唇缘。脐孔狭缝状。壳色两种，棕色，具白条纹，条纹在体螺层上更密集。壳顶具不同的色调。贝壳螺旋向无色带。

标本测量 Ewh：1.500—2.500 whorls，Wh：5.500—6.250 whorls，H：8.7—8.9 mm，W：4.6—6.0 mm，Ah：4.09—4.38 mm，Aw：3.1—3.3 mm（BMNH 1912.6.27.67-68）。

地理分布 云南、西藏。

模式标本产地 澜沧江流域、长江上游。

(24) 脐杂斑螺 *Subzebrinus umbilicaris* (Möllendorff, 1901)（图版 II：2）

Buliminus (*Subzebrinus*) *umbilicaris* Möllendorff, 1901: 335, pl. 12, figs. 26, 27; Kobelt, 1902: 838, pl. 119, figs. 26, 27.
Ena umbilicaris: Yen, 1935: 55, pl. 3, figs. 18, 18a.
Zebrinus (*Subzebrinus*) *umbilicaris*: Yen, 1938: 441.
Subzebrinus umbilicaris: Yen, 1939: 82, pl. 7, fig. 35.

检视标本 N403：ZI RAS 模式标本；Mlldff 鉴定。SMF41959：选模；四川，Slg. Mlldff。Potanin 403。SMF41960：副模；1 枚成熟空壳；标本信息同选模。

形态特征 贝壳：长卵圆形，壳顶不尖出，左旋，壳质薄，坚固，不透明，具光泽。生长线通常不十分清晰。螺层十分扁平，具凹陷瘢痕（尤见于体螺层），不具肩，具不均匀分布的微弱螺旋向细沟。胚螺层平滑，光亮。胚螺后螺层具颗粒，在脐孔区域颗粒尤其明显和密集。缝合线上无窄带。体螺层向壳口方向略逐渐上升，侧面边缘圆整，周缘无螺旋向的光滑凹陷或皱褶区域。壳口面波状，平截卵圆形，壳口与螺层接合处不联生，倾斜，完全贴合于体螺层，无齿样构造，角结节明显。壳口缘锋利，稍扩张，略反折但不形成明显的卷边。腔壁胼胝部不明显。轴唇缘略反折。轴柱垂直。轴唇外缘垂直。脐孔狭窄。壳色两种，底色为角褐色，壳顶以下具宽的白色条纹。壳口呈夹褐色调的白色。螺层上部着色如贝壳其余部分。贝壳螺旋向无色带。

分类讨论 本种和另一左旋的福氏杂斑螺 *S. fultoni* 比较，可通过前者脐孔区域密集的颗粒来区别。此外，后者的壳口明显狭窄。

标本测量 Ewh：1.625—<u>1.688</u>—1.750 whorls，Wh：8.625—<u>8.750</u>—8.875 whorls，H：14.9—<u>16.0</u>—17.0 mm，W：6.2—<u>6.7</u>—7.2 mm，Ah：5.8—<u>6.1</u>—6.4 mm，Aw：3.8—<u>4.1</u>—4.3 mm，Rhw：2.38—<u>2.40</u>—2.42，Rhah：2.58—<u>2.62</u>—2.66（SMF41959，SMF41960）。

地理分布 四川。

模式标本产地 四川（具体地点不详）。

(25) 具腹杂斑螺 *Subzebrinus ventricosulus* (Möllendorff, 1902)（图版 II：3）

Buliminus ventricosulus Möllendorff, 1902: Ann. Mus. Zool. Petersb. 6, S. 329.
Subzebrinus ventricosulus: Yen, 1939: 80, taf. 7, fig. 24.

检视标本 SMF41918：选模；Lung-so-tan，广东，Slg. Mlldff。SMF41919：副模；

4枚成熟和1近枚成熟空壳；Lung-so-tan，广东，Slg. Mlldff。

形态特征 贝壳：纺锭形或长卵圆形，壳顶不尖出，右旋，壳质薄，贝壳脆弱，不透明，有光泽。生长线通常不十分清晰。螺层凸出，无凹陷瘢痕，不具肩，具螺旋向细沟。胚螺层平滑，光亮。胚螺后螺层平滑。缝合线上无窄带。体螺层向壳口方向平直延伸，或向壳口逐渐上升 (见于选模和1个副模标本)，侧面边缘圆整，周缘无螺旋向的光滑凹陷或皱褶区域。壳口面平，平截卵圆形，壳口与螺层接合处不联生，倾斜，完全贴合于体螺层，无齿样构造，具角结节。壳口缘锋利，扩张，反折且具明显的卷边。卷边向离壳口的方向翻折。腔壁胼胝部多少明显。壳口反折于轴唇缘。轴柱垂直。轴唇外缘垂直，或离轴倾斜。脐孔宽阔。贝壳绿褐色，具近白色的条纹。壳口白色。螺层上部着色如贝壳其余部分。贝壳螺旋向无色带。

标本测量 Ewh：1.500—<u>1.800</u>—2.125 whorls，Wh：7.000—<u>7.250</u>—7.875 whorls，H：10.9—<u>11.7</u>—13.0 mm，W：4.6—<u>5.2</u>—5.6 mm，Ah：3.5—<u>4.1</u>—4.4 mm，Aw：2.9—<u>3.2</u>—3.5 mm，Rhw：2.11—<u>2.25</u>—2.4，Rhah：2.65—<u>2.87</u>—3.14 (SMF41918，SMF41919)。

地理分布 广东。

模式标本产地 广东 (Lung-so-tan)。

2. 蛹巢螺属 *Pupinidius* Möllendorff, 1901

Buliminus (*Pupinidius*) Möllendorff, 1901: 341; Wiegmann, 1901: 254.
Type species: *Buliminus pupinidius* Möllendorff, 1901.

特征 贝壳短圆柱形，通常小桶状，具 5.125—8.375 个螺层。体螺层明显向壳口方向上抬。白色或乳白色，常具放射状的、不同发达程度且不规则间隔的白色条纹。胚螺层光滑，胚螺后螺层具纤细的皱褶。壳口垂直，无齿。壳口缘与体螺层相接处略联生，具角结节。壳口缘膨大，反折成卷边。脐孔凹陷成狭缝状。壳高 13—30 mm，壳径 6.7—19.5 mm。

输精管在离端部一定距离后接入成荚器。鞭状器短，略呈锥形。成荚器从短到很长，纤细，直或形成数个或很多盘曲，具或不具明显的盲囊。交接器圆柱形，具或不具交接器盲囊。交接器内部近端具有细弱的波状壁柱，远端由薄而高的"V"形壁柱占据，其延展的臂进入成荚器腔。交接器内部具"V"形结构近端愈合成的乳突。交接器附器在离生殖腔一段距离后从交接器分支出。A-1与A-2愈合，长。A-3明显，短。A-4逐渐进入A-5。交接器收缩肌的交接器支附着于交接器，交接器附器支着生于A-1+A-2的远端。游离输卵管 (除 *Pupinidius obrutschewi contractus* 中几乎不见) 和雌道长。纳精囊管直或强烈盘曲，具长的纳精囊盲管。

分布 中国西部和尼泊尔。

种数 中国12种和10亚种；尼泊尔3种。

分类讨论 具成荚器盲囊是假锥亚科的鉴别特征。在蛹巢螺属的属模中也可见到成荚器盲囊。但在蛹巢螺属中一些其他物种中，如 *P. melinostoma*，*P. nanpingensis* 和 *P.*

pupinella altispirus 中缺乏成荚器盲囊。通过与尼泊尔的蛹巢螺 *P. tukuchensis* Kuznetsov & Schileyko, 1997, *P. siniayevi* Kuznetsov & Schileyko, 1999 和 *P. himalayanus* Kuznetsov & Schileyko, 1999 (Kuznetsov & Schileyko, 1997; 1999) 的比较发现, 所有中国蛹巢螺物种若具成荚器盲囊, 则成荚器盲囊较小而短, 而同时鞭状器也更短、更钝。但在蛹巢螺的两个主要分布区, 中国和尼泊尔, 蛹巢螺的生殖系统结构特征还是很接近, 如刺激器 (sensu Kuznetsov & Schileyko, 1997) 或多或少发达 (Wu & Zheng, 2009, Fig. 14B) 等。

分布上, 中国的分布记录 (Sturany, 1900; Möllendorff, 1901; Annandale, 1923; Wu & Zheng, 2009) 和尼布尔的记录 (Kuznetsov & Schileyko, 1997; 1999) 表明, 蛹巢螺物种较广泛地分布于青藏高原的南坡和东南坡), 并呈现出环青藏高原的多样性。这与巴蜗牛多样性分布格局 (Wu & Guo, 2006) 的特点是一致的。

种 检 索 表

1.	壳口卵圆形 ···	2
	壳口半圆形 ···	6
	壳口平截卵圆形 ···	7
2(1).	脐孔狭窄地开放 ···	3
	脐孔圆柱形, 较宽阔 ··· 伸蛹巢螺 *P. porrectus*	(14)
	脐孔狭缝状 ··· 文蛹巢螺 *P. wenxian*	
3(2).	壳顶不尖出, 壳口垂直 ··	4
	壳顶尖出, 壳口倾斜 ···	5
4(3).	壳口缘反折但无明显卷边, 生长线纤细清晰, 壳口无角结节 ·············· 金蛹巢螺 *P. chrysalis*	
	壳口缘反折形成明显卷边, 生长线通常不清晰, 壳口具角结节 ······· 阔唇蛹巢螺 *P. latilabrum*	
5(3).	螺层凸出, 半透明, 壳口缘增厚, 贝壳单色 ··································· 上曲蛹巢螺 *P. anocamptus*	
	螺层扁平, 不透明, 壳口缘锋利, 贝壳非单色 ······························· 格氏蛹巢螺 *P. gregorii*	
6(1).	螺层无螺旋向细沟, 具螺旋向色带 ·· 豆蛹巢螺指名亚种 *P. pupinella pupinella*	
	螺层具螺旋向细沟, 无螺旋向色带 ·· 高旋豆蛹巢螺 *P. pupinella altispirus*	
7(1).	壳口缘反折但无明显卷边 ··	8
	壳口缘反折, 具明显卷边 ··	9
8(7).	输精管粗细一致, 成荚器盘曲, 交接器附器长, 游离输卵管短 ·· 高旋豆蛹巢螺 *P. pupinella altispirus*	
	输精管近端膨大, 成荚器直, 交接器附器短, 游离输卵管不可见 ·· 缩奥蛹巢螺 *P. obrutschewi contractus*	
	输精管中部膨大, 成荚器盘曲, 交接器附器与游离输卵管长度中等 ·· 灰口蛹巢螺 *P. melinostoma* (13)	
9(7).	脐孔狭窄开放, 螺层扁平 ··	10
	脐孔狭缝状, 螺层凸出 ··· 蛹巢螺 *P. pupinidius*	
10(9).	贝壳不透明 ···	11
	贝壳半透明 ··· 南坪蛹巢螺指名亚种 *P. nanpingensis nanpingensis*	

11(10). 贝壳单色 ·· 惑南坪蛹巢螺 *P. nanpingensis ambigua*
贝壳非单色 ··· 12
12(11). 体螺层侧面边缘圆整，螺层数 6 以下，壳高/壳径小于 1.5 ············· 扭轴蛹巢螺 *P. streptaxis*
体螺层周缘略呈角度，具 6—7 个螺层，壳高/壳径大于 1.5 ······································
··· 奥蛹巢螺指名亚种 *P. obrutschewi obrutschewi*
13. 贝壳下部几乎为圆柱形，壳口较小 ············· 近柱灰口蛹巢螺 *P. melinostoma subcylindricus*
贝壳下部倒锥形，壳口较大 ······················ 灰口蛹巢螺指名亚种 *P. melinostoma melinostoma*
14. 贝壳较粗壮，壳口与体螺层贴合 ··················· 伸蛹巢螺指名亚种 *P. porrectus porrectus*
贝壳较纤细，壳口与体螺层分离 ······························· 侏伸蛹巢螺 *P. porrectus pygmaea*

(26) 上曲蛹巢螺 *Pupinidius anocamptus* (Möllendorff, 1901) (图 33；图版 II: 4)

Buliminus (*Pupinidius*) *anocamptus* Möllendorff, 1901: 346, pl. 14, figs. 11, 12; Kobelt, 1902: 850, pl. 121, figs. 11-12.
Pupinidius anocamptus: Wu & Zheng, 2009: 3, figs. 1, 2A, 8A, 9.

检视标本 MHM00332：测量：8，解剖：spec.6；四川南坪县，2004. V. 7，采集人：吴岷。

形态特征 贝壳：尖卵圆形，壳顶尖出。贝壳最膨大的部分位于次体螺层和体螺层。右旋，壳质薄，坚固，半透明，有光泽。螺层无凹陷瘢痕，无螺旋向细沟，不具肩，螺层凸出。生长线通常不很清晰。胚螺层平滑，光亮。胚螺后螺层平滑。缝合线上无窄带。体螺层朝壳口方向逐渐上升，侧面边缘圆整，周缘无螺旋向的光滑凹陷或皱褶区域。壳口完全贴合于体螺层，卵圆形，壳口与螺层接合处不联生，非常倾斜，无齿样构造，具角结节，壳口面平。壳口缘反折，反折部分平直而不向离壳口方向翻折，扩张，增厚。腔壁胼胝部不明显。壳口反折于轴唇缘。脐孔狭窄。贝壳单色，深褐色，壳口发白或带红色调子。

生殖系统：输精管长，近端膨大，与成荚器顶端相连且分界明显。成荚器长，圆柱状，粗细均匀，一般几乎直，外部光滑。成荚器盲囊端部钝，位于接近于输精管相连处。鞭状器短，管状，近端直，顶端钝。交接器位于成荚器端部，棒状，交接器盲囊阙如，远端膨大，壁薄，内壁纵向壁柱数量多于 2，具 1 个 "V" 形结构。"V" 形壁柱近端游离部分达交接器收缩肌附着处。"V" 形壁柱远端愈合成 1 个乳突。乳突中等大小。交接器无突起。交接器附器相当长，在距生殖腔一定长度处与交接器分叉，分成数节。A-1 与 A-2 愈合，内有纤细的纵向壁柱。A-2 近 A-3 处内壁无 1 圈乳突。A-2 与 A-3 不愈合。A-3 开口于 A-2 处具 1 短乳突。A-4 和 A-5 间的界线不明显。A-5 短，直。交接器收缩肌 2 支，分别附着于交接器和靠近 A-3 的 A-2 部分，另一端分别独自附着于体腔壁。此外无其他交接器收缩肌。连接雌道和成荚器的肌质带阙如。生殖腔短，无收缩肌。游离输卵管远短于雌道长度。雌道长度中等，不膨大，直，未衬有疏松的海绵样组织，无色素沉着。纳精囊管长度中等，近端直。纳精囊具柄，上部无系带，中等大小，与纳精囊管分界明显。纳精囊盲管较纳精囊池长，尤在末端膨大。纳精囊和分支盲管可区别，其分叉处离纳精囊基部远。生殖系统测量：P：2.6；Ep：10.3；Fl：0.7.VD：7.4. Va：3.7；FO：0.7；BCD：4.6；BC：1.1；D：5.6. A-1+A-2：4.1. A3：1.4. A-4+A-5：13.9 (in MHM00332-spec. 6)。

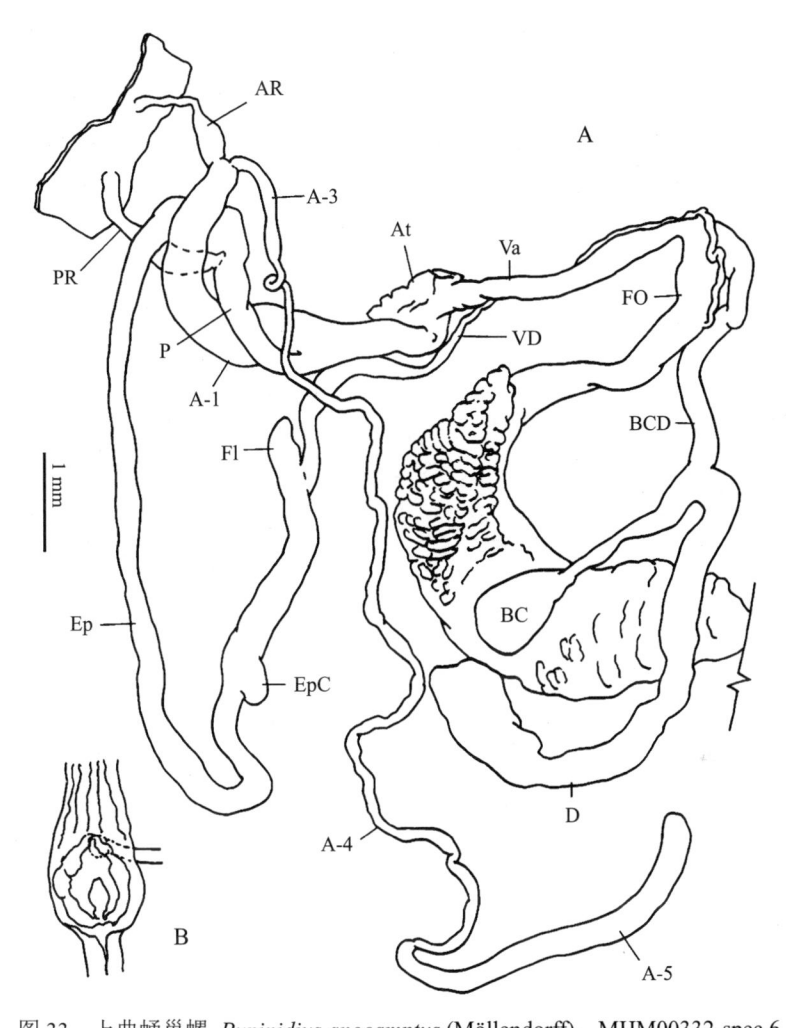

图 33 上曲蛹巢螺 *Pupinidius anocamptus* (Möllendorff)，MHM00332-spec.6
A. 生殖系统全面观；B. 交接器内部示意图（仿 Wu and Zheng, 2009）
Fig. 33 *Pupinidius anocamptus* (Möllendorff), MHM00332-spec.6
A. General view of genitalia; B. Diagrammatic sketch of exposed penis (After Wu and Zheng, 2009)

标本测量 Ewh：1.625—<u>1.781</u>—2.000 whorls，Wh：7.375—<u>7.781</u>—8.000 whorls，H：14.1—<u>16.0</u>—17.7 mm，W：6.7—<u>7.2</u>—7.7 mm，Ah：6.0—<u>6.7</u>—7.6 mm，Aw：4.8—<u>5.3</u>—5.9 mm，Rhw：2.00—<u>2.21</u>—2.53，Rhah：2.21—<u>2.38</u>—2.50 (MHM00332)。

地理分布 四川。

模式标本产地 南坪。

(27) 金蛹巢螺 *Pupinidius chrysalis* (Annandale, 1923) (图版 II: 5)

Buliminus (*Pupinidius*) *chrysalis* Annandale, 1923: 391, pl. 16, figs. 4, 4a.
Pupinidius chrysalis: Yen, 1942: 254; Wu & Zheng, 2009: 5, figs. 1, 2B-D.

检视标本 BMNH Acc. No. 2136: 1 枚近成熟空壳, 澜沧江花岗岩质河谷, 2133—2286 m a.s.l., Zool. Survey of India, Ind. Mus. (Ewh 1.375 whorls, Wh 5.500 whorls, H 23.4 mm, W 16.1 mm, Aph 11.6 mm, Apw 9.2 mm)。BMNH 1912.6.27.65: 1 枚成熟空壳; 澜沧江流域, 西藏, 阎敦建鉴定。BMNH 1923.5.24.1-16: 副模; 5 个幼体, 1 枚近成熟空壳和 11 枚成熟空壳 (成体均测量), 澜沧江花岗岩质河谷, 2133—2286 m a.s.l., 采集人: J.W. Gregory。

形态特征 贝壳: 柱圆锥形, 壳顶不尖出, 右旋, 壳质薄, 坚固, 不透明, 有光泽, 最膨大部分为体螺层。壳顶具不同的色调。螺层无凹陷瘢痕, 无螺旋向细沟, 不具肩, 扁平。胚螺层平滑, 光亮。胚螺后螺层平滑。缝合线上无窄带。体螺层朝壳口方向逐渐上升, 侧面边缘圆整, 周缘无螺旋向的光滑凹陷或皱褶区域。壳口完全贴合于体螺层, 卵圆形, 壳口与螺层接合处不联生, 几乎垂直, 无齿样构造, 角结节阙如。壳口缘反折, 无明显卷边, 扩张, 锋利。腔壁胼胝部多少明显。壳口反折于轴唇缘。脐孔狭窄。贝壳多色, 最初 3—4 个螺层半透明、红褐色, 之后的螺层白色, 厚而不透明, 无条纹, 壳口污白色, 无螺旋向色带。

标本测量 Ewh: 1.250—<u>1.475</u>—1.625 whorls, Wh: 5.125—<u>5.750</u>—6.000 whorls, H: 22.7—<u>23.6</u>—25.0 mm, W: 12.1—<u>13.6</u>—15.0 mm, Ah: 10.2—<u>10.8</u>—11.5 mm, Aw: 6.9—<u>8.1</u>—8.5 mm, Rhw: 1.57—<u>1.75</u>—1.89, Rhah: 2.06—<u>2.19</u>—2.31 (BMNH 1923.5.24.1-16)。

地理分布 云南、西藏。

模式标本产地 澜沧江河谷。

(28) 格氏蛹巢螺 *Pupinidius gregorii* (Möllendorff, 1901) (图版 II: 6)

Buliminus (*Pupinidius*) *gregorii* Möllendorff, 1901: 345, pl. 14, figs. 9, 10; Kobelt, 1902: 849, pl. 121, figs. 9, 10.
Pupinidius gregorii: Yen, 1939: 84, pl. 7, fig. 52; Wu & Zheng, 2009: 7, figs. 1, 2E-F.

检视标本 SMF42003: 选模; 火溪沟, 接近木瓜溪, 平武, 四川, Slg. Mlldff。SMF42004: 副模; 2 枚成熟空壳; 标本信息同选模。

形态特征 贝壳: 长圆锥形。壳顶尖出。最膨大部分为体螺层和/或次体螺层。右旋, 壳质略薄, 坚固, 不透明, 具光泽, 无凹陷瘢痕, 无螺旋向细沟 (除在模式标本中, 极微弱地出现在接近脐孔区域)。螺层不具肩, 扁平。生长线通常不很清晰。胚螺层平滑, 光亮。胚螺后螺层平滑。缝合线上无窄带。体螺层朝壳口方向逐渐上升, 侧面边缘圆整, 周缘无螺旋向的光滑凹陷或皱褶区域。壳口面平, 完全贴合于体螺层, 卵圆形, 壳口与

螺层接合处不联生 (但壳口缘与螺层接合处接近)，略倾斜，无齿样构造，角结节有但不明显。壳口缘反折且具明显的卷边。卷边平直且不向离壳口方向翻折。壳口缘扩张，锋利。腔壁胼胝部明显或不明显。壳口反折于轴唇缘。轴柱垂直，或在离轴方向略倾斜。轴唇外缘垂直。脐孔极狭窄。壳顶具不同的色调。贝壳两色，栗色，在缝合线上方具白色宽螺旋向色带，紧邻缝合线。脐孔区域亦呈栗色。

标本测量 Ewh：1.500—1.625—1.750 whorls，Wh：7.375—7.541—7.750 whorls，H：19.9—20.8—21.3 mm， W： 11.2—11.3—11.5 mm，Ah：8.6—9.5—10.6 mm，Aw：7.5—7.7—8.1 mm，Rhw：1.78—1.84—1.89，Rhah：1.98—2.20—2.32 (SMF42003，SMF42004)。

地理分布 四川。

模式标本产地 平武。

(29) 阔唇蛹巢螺 *Pupinidius latilabrum* (Annandale, 1923) (图 34；图版 II：7)

Buliminus (Petraeomastus) latilabrum Annandale, 1923: 392, 395, pl. 16, figs. 5, 5a.
Pupinidius gregorii: Yen, 1942: 254.
Pupinidius latilabrum: Wu & Zheng, 2009: 7, figs. 1, 3A-B, 8B, 10.

检视标本 BMNH Ellis Coln Acc. No. 2136：1 枚属于原始描述标本系列的成熟空壳；奔子栏 (28°12′ N, 99°12′ E) 以西，长江上游，2896 m a.s.l.，Zool. Survey of India, Indian Museum。MHM04328：18 个成熟个体和 1 个幼螺；测量：17，解剖：spec.7，四川乡城县，2004. IX. 2，采集人：石恺。

形态特征 贝壳：近圆柱形，壳顶不尖出。体螺层为贝壳最膨大部分。右旋，壳质薄，坚固，不透明，具光泽，无凹陷瘢痕。螺层不具肩，扁平。生长线通常不很清晰。胚螺层平滑，光亮。胚螺后螺层平滑。缝合线上无窄带。体螺层朝壳口方向逐渐上升，侧面边缘圆整。壳口完全贴合于体螺层，卵圆形，壳口与螺层接合处不联生，几乎垂直，无齿样构造，角结节不甚明显，壳口面平。壳口缘反折且具明显的卷边。卷边平直且不朝反壳口方向翻折。壳口缘扩张，锋利。腔壁胼胝部明显。壳口反折于轴唇缘。轴柱弓形。轴唇外缘垂直。脐孔狭窄。壳顶着色如贝壳其余部位。贝壳多色，褐黄色，在毗邻缝合线的位置具不明显的窄亮带。

生殖系统：输精管长，粗细均匀，与成荚器顶端相连且分界明显。成荚器极长，圆柱形，粗细均匀，在成荚器盲囊和输精管进入处之间形成许多盘曲，外部光滑。成荚器盲囊端部钝，几乎位于成荚器中部。鞭状器短，管状，近端直，顶端尖。交接器末端与成荚器相连。交接器棒状，壁薄，末端膨大成 1 个交接器盲囊，内部具 2 条以上的纤细纵向壁柱。交接器内 "V" 形壁柱具有游离端部。该游离端部未达交接器收缩肌着生处位置。"V" 形壁柱另一端不愈合成乳突。交接器附器长，在距生殖腔一定长度处与交接器分叉，分为数节。A-1 和 A-2 内部具有纤细纵向壁柱。A-1 和 A-2 愈合。A-2 内腔在近 A-3 处有 1 圈乳突。A-2 与 A-3 不愈合。A-3 向 A-2 开口处具 1 枚针样的长形乳突。A-4 和 A-5 间的界线不明显。A-5 短，略呈旋绕状。交接器收缩肌 2 支，分别附着于交接器中部和 A-1+A-2，另一端彼此靠近、着生在体腔壁上。其余交接器收缩肌无。连接雌道和成茎器的肌质带阙如。生殖腔短，无生殖腔收缩肌。游离输卵管远短于雌道长度。雌道长，直，不膨大，未衬有疏松的海绵样组织，无色素沉着。纳精囊管长，近端剧烈盘曲。纳精囊具柄，上部无系带，中等大小，颈部短，与纳精囊管界线明显。纳精囊管分支盲管较纳精囊长，略膨大。纳精囊和分支盲管可区别，其分叉处离纳精囊基部远。生殖系统测量：P：7.5；Ep：31.5；Fl：0.9. VD：15.4. Va：6.7；FO：2.7；BCD：19.3；BC：1.9；D：7.8. A-1+A-2：4.5. A3：1.4. A-4+A-5：18.8 (MHM04328-spec. 7)。

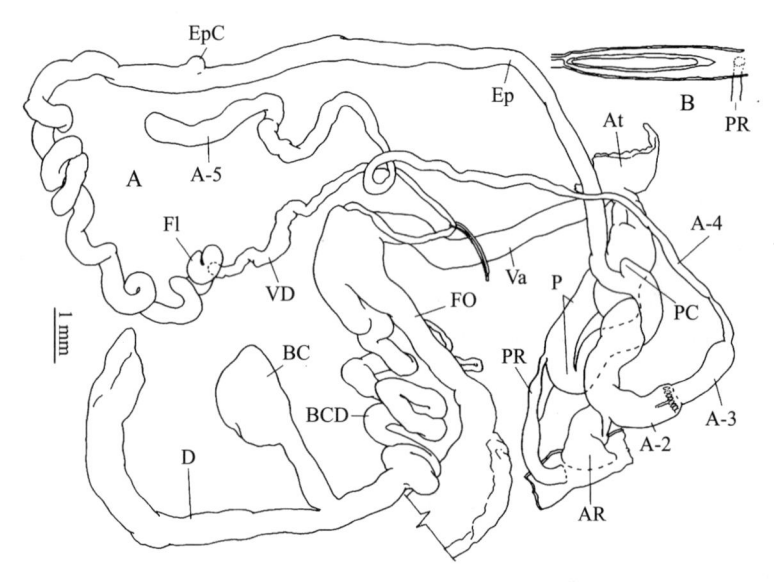

图 34　阔唇蛹巢螺 *Pupinidius latilabrum* (Annandale, 1923)，MHM04328-spec.7
A. 生殖系统全面观；B. 交接器内部示意图（仿 Wu and Zheng, 2009）
Fig. 34　*Pupinidius latilabrum* (Annandale, 1923), MHM04328-spec.7
A. General view of genitalia; B. Diagrammatic sketch of exposed penis (After Wu and Zheng, 2009)

标本测量　Ewh：1.750—1.856—2.250 whorls, Wh：7.000—7.471—7.875 whorls, H：22.5—24.6—25.8 mm, W：12.2—13.0—13.6 mm, Ah：10.9—11.5—12.1 mm, Aw：8.8—9.4—9.9 mm, Rhw：1.66—1.89—2.00, Rhah：1.99—2.14—2.25 (MHM04328)。

地理分布　四川、云南。

模式标本产地　云南（奔子栏）。

分类讨论　与原始系列标本相比，在贝壳特征上，新采集的标本（MHM04328）的壳高明显短。本种很容易与 *Pupinidius gregorii* 相区分，体现在前者贝壳的壳顶不甚凸出，形态略呈圆柱形，壳口明显大，在缝合线下有 1 狭窄的亮带，生长线很不清晰，以及更加明显可见的腔壁胼胝部等方面。此外，这两个物种的栖息地地理位置是隔离的。因此，*Pupinidius latilabrum* (Annandale, 1923)是一个有效的物种。

(30) 灰口蛹巢螺指名亚种 *Pupinidius melinostoma melinostoma* (Möllendorff, 1901) (图 35；图版 II：8)

Buliminus (*Subzebrinus*) *melinostoma* Möllendorff, 1901: 341, pl. 13, figs. 20-22; Wiegmann, 1901: 237, pl. 10, figs. 29-33; Kobelt, 1902: 845, pl. 120, figs. 20-22.
Subzebrinus melinostoma: Yen, 1939: 83, pl. 7, fig. 45.
Pupinidius melinostoma melinostoma: Wu & Zheng, 2009: 7, figs. 1, 3C-D, 8C, 11.

检视标本 MHM05480，MHM05481 (56 个成熟个体，33 个幼体)：943 m a.s.l., 32°56′33.5″ N, 104°40′33.2″ E, 白龙江岸边, 文县, 甘肃, 2006. IX. 27, 采集人: 吴岷, 刘建民, 郑伟, 高林辉。MHM05577：13 个成熟个体，均测量；解剖: spec.1；789 m a.s.l., 32°51′41.6″ N, 104°50′43.1″ E, 甘肃文县横丹, 2006. IX. 29, 采集人: 吴岷, 刘建民, 郑伟, 高林辉。MHM05548：180 个成熟个体, 1 个个体近成熟；沿 829 m a.s.l., 32°51′44.7″ N, 104°50′48.2″ E 至 779 m a.s.l., 32°51′49.4″ N, 104°50′37.7″ E 一线, 甘肃文县横丹, 2006. IX. 29, 采集人: 吴岷, 刘建民, 郑伟, 高林辉。SMF41978：选模；Shy-pu am Pui-ho, 甘肃南部, Slg. Mlldff。SMF41979：副模；2 枚成熟空壳；Shypu am Pui-ho, 甘肃南部, Slg. Mlldff。SMF41980：副模；3 枚成熟空壳 (1 枚顶部破损)。Fluss Lum-pu, Pui-ho, 甘肃, Slg. Mlldff (测量: Ewh 1.500—1.575—1.750 whorls, Wh 6.500—6.625—6.750 whorls, H 20.2—20.9—21.7 mm, W 10.8—11.8—13.3 mm, Aph 9.3—9.9—11.0 mm, Apw 7.3—7.6—8.0 mm, Rhw 1.64—1.78—1.99, Rhah 1.98—2.12—2.19)。

形态特征 贝壳：柱圆锥形，壳顶稍尖出。贝壳最膨大的部分位于次体螺层和体螺层。右旋，壳质薄，坚固，不透明，具光泽，除壳顶外略有凹陷瘢痕，无螺旋向细沟。生长线通常不很清晰。螺层不具肩，略扁平，胚螺层平滑，光亮。胚螺后螺层平滑。缝合线上无窄带。体螺层朝壳口方向逐渐上升，侧面边缘圆整，周缘无螺旋向的光滑凹陷或皱褶区域。壳口面平，完全贴合于体螺层，平截卵圆形，壳口与螺层接合处不联生，略倾斜，无齿样构造，角结节明显。壳口缘强烈反折，无明显卷边，扩张，锋利。腔壁胼胝部不明显。轴唇缘略反折。轴柱弓形。轴唇外缘垂直。脐孔狭窄。壳顶着色如贝壳其余部位。贝壳多色，底色深栗色，壳顶后沿生长线具不规则分布的粗、细条纹。壳口红褐色。无螺旋向色带。

生殖系统：输精管中部不明显地膨大，与成荚器顶端相连且分界明显。成荚器极长，圆柱状，粗细均匀，形成许多盘曲，外部光滑。成荚器盲囊阙如。鞭状器短，管状，近端直，顶端钝。交接器棒状，交接器盲囊阙如，远端膨大，壁薄，内部具 2 条以上的纤细纵向壁柱。交接器内 "V" 形壁柱的近端游离且达交接器收缩肌着生位置。壁柱另一端愈合形成乳突。交接器突起低囊状，位于成荚器和交接器相接处。交接器附器中等长度，在距生殖腔一定长度处与交接器分叉，分成数节。A-1 短，内壁具均匀分布的横向皱襞。A-1 和 A-2 愈合。A-3 进入 A2 处具 1 枚长针样乳突。A-4 和 A-5 间的界线不明显。A-5 短，直。交接器收缩肌 2 支，分别着生于交接器端部和 A-2 上，另一端相邻着生于体腔壁上。其他收缩肌无。连接雌道和成荚器的肌质带阙如。生殖腔短，无收缩肌。游离输卵管较雌道长。雌道很短，不膨大，直，未衬有疏松的海绵样组织，无色素沉着。

纳精囊管极长，近端剧烈盘曲。纳精囊具柄，上部无系带，小，颈部短，与纳精囊管之间的界线不明显。纳精囊管分支盲管较纳精囊长，末端膨大。纳精囊和纳精囊盲管极难区分，其分叉处离纳精囊基部远。生殖系统测量：P：5.1；Ep：26.3；Fl：0.8；VD：4.2；Va：2.3；FO：3.3；BCD：28；BC：1.6；D：7.5；A-1+A-2：3.1；A3：1.4；A-4+A-5：12.6 (in MHM05577-spec. 1)。

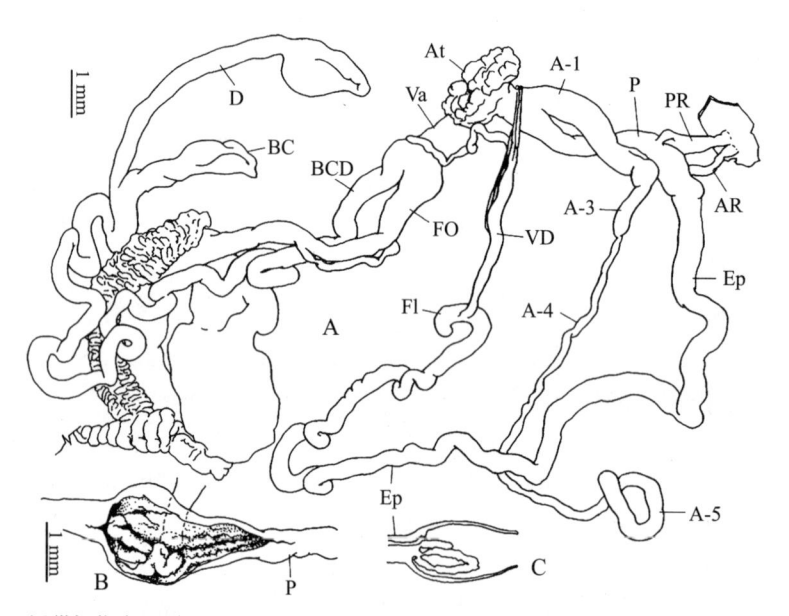

图 35　灰口蛹巢螺指名亚种 *Pupinidius melinostoma melinostoma* (Möllendorff)，MHM05577-spec.1
A. 生殖系统全面观；B. 交接器内面观，示交接器壁柱和较长的乳突；C. 交接器矢切面示意图 (仿 Wu and Zheng, 2009)
Fig. 35　*Pupinidius melinostoma melinostoma* (Möllendorff), MHM05577-spec.1
A. General view of genitalia; B. Exposed penis, showing penial pilasters and somewhat elongated papilla; C. Diagrammatic sketch of penis, sagittal view (After Wu and Zheng, 2009)

标本测量　Ewh：1.375—1.538—1.750 whorls，Wh：6.250—6.740—7.000 whorls，H：20.9—22.9—24.8 mm，W：11.3—12.1—13.1 mm，Ah：10.0—10.7—12.1 mm，Aw：7.2—8.0—8.8 mm，Rhw：1.76—1.90—2.07，Rhah：2.04—2.15—2.28 (MHM05577)。

地理分布　甘肃。

模式标本产地　白龙江流域。

分类讨论　新采集的材料与原始描述系列标本相比，螺层数较少 (6.25—7 vs 7.5)。前者比后者在贝壳形态上明显纤细。但是，这两类壳高/壳径的重叠程度相当大，表明这种差异可能还限于亚种种群间的差异。

(31) 近柱灰口蛹巢螺 *Pupinidius melinostoma subcylindricus* (Möllendorff, 1901)

Buliminus (*Subzebrinus*) *melinostoma subcylindricus* Möllendorff, 1901: 341.
Pupinidius melinostoma subcylindricus: Wu & Zheng, 2009: 11.

检视标本　无。
形态特征　贝壳下部几乎为圆柱形，壳口较小。
原始描述中的测量　Wh：8 whorls，H：23 mm，W：11 mm。
地理分布　甘肃。
模式标本产地　文县。

(32) 南坪蛹巢螺指名亚种 *Pupinidius nanpingensis nanpingensis* (Möllendorff, 1901) (图 36；图版 II：9)

Buliminus (*Pupinidus*) *nanpingensis* Möllendorff, 1901: 346, pl. 14, figs. 13-17; Wiegmann, 1901: 249, pl. 11, figs. 45-48; Kobelt, 1902: 850, pl. 121, figs. 11, 12.

Pupinidius nanpingensis nanpingensis Yen, 1939: 84, pl. 8, fig. 1; Wu & Zheng, 2009: 11, figs. 1, 4A-D, 8D, 12.

检视标本　MHM05497：20 个成熟个体，8 个幼体或未充分成熟，解剖 spec.13。沿 689 m a.s.l.，32°45′57.3″ N, 105°13′36.4″ E 至 641 m a.s.l.，32°45′43.8″ N, 105°14′21.5″ E 一线，山地，石灰岩和黄土，文县，甘肃，采集人：吴岷，刘建民，郑伟，高林辉。MHM05567：4 个成熟个体，789 m a.s.l.，32°51′41.6″ N, 104°50′43.1″ E，甘肃文县横丹，2006. IX. 29，采集人：吴岷，刘建民，郑伟，高林辉。ZI RAS-N193：模式标本，南坪，四川，1885. VII. 19，采集人：Potanin，Mlldff 鉴定。SMF41994：正模；南坪，甘肃，Slg. Mlldff （测量：Ewh 1.500 whorls, Wh 6.250 whorls, H 21.1 mm, W 11.8 mm, Aph 9.9 mm, Apw 7.6 mm）。SMF41995：2 枚幼螺螺壳，Ha-ti-gu，接近南坪，Slg. Mlldff。

形态特征　贝壳：卵圆形，壳顶不尖出。体螺层为贝壳最膨大部分。右旋，壳质薄，坚固，半透明，具光泽，无凹陷瘢痕，无螺旋向细沟。上部螺层着色如贝壳其他部分。螺层不具肩，凸出。胚螺层平滑，无光泽。胚螺后螺层平滑。体螺层向壳口方向略逐渐上升，侧面边缘圆整。壳口卵圆形，壳口与螺层接合处不联生，倾斜，无齿样构造，角结节微小。壳口缘反折，形成明显的反折，扩张，增厚。腔壁胼胝部不明显。壳口反折于轴唇缘。脐孔狭窄。贝壳单色或多色，通常为单一的绿褐色，有些个体在壳顶后具微弱的白色条纹，无螺旋向色带。

生殖系统：输精管长，近端膨大，与成荚器顶端相连且分界明显。成荚器长，圆柱形，粗细均匀，形成一些圈环，外部光滑。成荚器盲囊阙如。鞭状器短，圆锥形，近端直，顶端钝。交接器棒状，粗细一致，交接器盲囊阙如，壁薄，内部具 2 条以上的纤细纵向壁柱。交接器内 "V" 形壁柱的近端游离且达交接器收缩肌着生位置，远端愈合成 1 枚乳突。乳突中等大小。交接器突起囊状，位于成荚器和交接器相接处。交接器附器中等长度，在交接器基部分出，分为数节。A-1 长。A-1 和 A-2 愈合。A-2 近 A-3 处内壁无 1 圈乳突。A-2 与 A-3 不愈合。A-3 开口于 A-2 处具 1 短乳突。A-4 和 A-5 间的界线不明显。A-5 短，直。交接器收缩肌 2 支，分别附着于交接器中部和 A-1+A-2，另一端彼此靠近、着生在体腔壁上。其余交接器收缩肌无。连接雌道和成荚器的肌质带阙如。生殖腔短，无生殖腔收缩肌。游离输卵管长度中等，几与雌道等长。雌道长，膨大，直，未衬有疏松的海绵样组织,无色素沉着。纳精囊管极长,近端盘曲。纳精囊具柄,上部无系带,大,与纳精囊管界线明显。纳精囊具分支盲管,后者短于纳精囊池,膨大。纳精囊和分支盲管可区别,其分叉处离纳精囊基部远。生殖系统测量:P: 4.1; Ep: 22; Fl: 0.6; VD: 14.2; Va: 3.9; FO: 2.6; BCD: 19; BC: 1.4; D: 2.6; A-1+A-2: 3.9; A3: 1.5; A-4+A-5: 13.4 (MHM05497-spec. 13)。

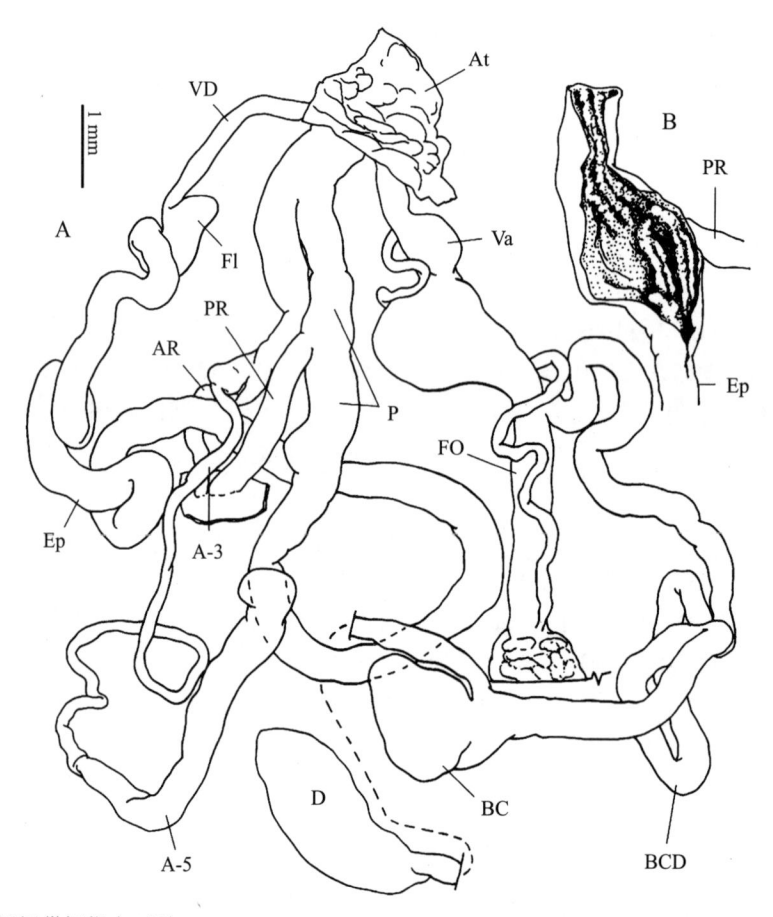

图 36 南坪蛹巢螺指名亚种 *Pupinidius nanpingensis nanpingensis* (Möllendorff), MHM05497-spec.13
A. 生殖系统全面观; B. 交接器内面观 (仿 Wu and Zheng, 2009)
Fig. 36 *Pupinidius nanpingensis nanpingensis* (Möllendorff), MHM05497-spec.13
A. General view of genitalia; B. Interior view of penis (After Wu and Zheng, 2009)

标本测量 Ewh: 1.250—1.508—1.750 whorls, Wh: 6.250—6.664—7.000 whorls, H: 17.1—18.5—21.5 mm, W: 9.6—10.7—12.5 mm, Ah: 8.1—8.8—9.7 mm, Aw: 6.3—7.0—7.8 mm, Rhw: 1.57—1.73—1.89, Rhah: 1.92—2.10—2.26 (MHM05497)。

地理分布 甘肃、四川。

模式标本产地 南坪。

(33) 惑南坪蛹巢螺 *Pupinidius nanpingensis ambigua* (Möllendorff, 1901) (图版 II: 10)

Buliminus (*Pupinidius*) *nanpingensis ambigua* Möllendorff, 1901: 347, pl. 14, figs. 18, 19; Kobelt, 1902: 850.

Pupinidius nanpingensis ambigua: Yen, 1939: 84, pl. 8, fig. 2; Wu & Zheng, 2009: 13, figs. 1, 3E-F.

检视标本 SMF41996：选模；南坪，四川，Slg. Mlldff。SMF41997：副模；3 枚成熟空壳；南坪，四川，Slg. Mlldff。

形态特征 贝壳：子弹头状，壳顶略尖出。体螺层为贝壳最膨大部分。右旋，壳质薄，坚固，不透明，具光泽，无凹陷瘢痕，无螺旋向细沟。螺层不具肩，扁平。生长线通常不很清晰。胚螺层平滑，光亮。胚螺后螺层平滑。缝合线上无窄带。体螺层向壳口逐渐上升或平直（在 1 个副模中），侧面边缘圆整，周缘无螺旋向的光滑凹陷或皱褶区域。壳口面平，完全贴合于体螺层，平截卵圆形，壳口与螺层接合处不联生，倾斜，无齿样构造，有或无角结节。壳口缘反折且具明显的卷边。卷边平直且不朝反壳口方向翻折。壳口缘扩张，锋利。腔壁胼胝部不明显。壳口反折于轴唇缘。轴柱垂直或向轴地倾斜。轴唇外缘垂直。脐孔狭窄。贝壳为均一红褐色。壳口呈夹褐色调的白色。

标本测量 Ewh: 1.375—<u>1.500</u>—1.625 whorls，Wh: 6.000—<u>6.063</u>—6.125 whorls，H: 17.2—<u>18.4</u>—20.1 mm，W: 9.5—<u>10.0</u>—10.7 mm，Ah: 8.4—<u>8.8</u>—9.7 mm，Aw: 6.5—<u>6.8</u>—7.2 mm，Rhw: 1.81—<u>1.84</u>—1.89，Rhah: 2.05—<u>2.09</u>—2.13 (SMF41996，SMF41997)。

地理分布 四川。

模式标本产地 南坪。

(34) 奥蛹巢螺指名亚种 *Pupinidius obrutschewi obrutschewi* (Sturany, 1900) (图 37；图版 II: 11)

Buliminus obrutschewi Sturany, 1900: 29, pl. 3, figs. 26-28.

Buliminus (*Pupinidius*) *obrutschewi*: Möllendorff, 1901: 342.

Buliminus (*Pupinidius*) *obrutschewi eurystoma*: Möllendorff, 1901: 342, pl. 8, figs. 23, 24; Wiegmann, 1901: 246, pl. 10, figs. 40-44; Kobelt, 1902: 846, pl. 108, figs. 1, 2, pl. 120, figs. 23-27.

Pupinidius obrutschewi obrutschewi: Yen, 1939: 83, pl. 7, fig. 46; Wu & Zheng, 2009: 14, figs. 1, 4E-G, 5A-B, 8E, 13.

检视标本 MHM05672：36 个成熟个体，测量：20，解剖：spec.1；1233 m a.s.l.，33°41′47.3″ N，104°29′10.3″ E，石灰岩，甘肃宕昌两河口东岸，2006．X．2，采集人：刘建民，郑伟。MHM05678：30 个成熟个体；1286 m a.s.l.，33°41′38.5″ N，104°28′48.6″ E，甘肃两河口西岸，2006．X．2，采集人：刘建民，郑伟 （测量：Ewh 1.500—<u>1.669</u>—1.875 whorls，Wh 6.500—<u>7.044</u>—7.500 whorls，H 18.7—<u>21.0</u>—23.3 mm，W 10.1—<u>11.1</u>—11.8 mm，Aph 9.0—<u>9.7</u>—10.9 mm，Apw 6.4—<u>7.5</u>—8.0 mm，Rhw 1.62—<u>1.89</u>—2.12，Rhah 1.99—<u>2.16</u>—2.33）。N512: ZI RAS，模式；1885. VI. 22，采集人：Potanin。SMF41982：*B. eurystoma* Mlldff 的选模，梁家坝，甘肃，Slg. Mlldff。SMF41983：*B. eurystoma* Mlldff 的副模，2

枚成熟空壳；标本信息同 SMF41982（测量：Ewh 1.500—1.563—1.625 whorls, Wh 6.875—7.129—7.375 whorls, H 21.1—22.2—23.8 mm, W 12.9—13.4—13.9 mm, Aph 9.9—10.7—11.2 mm, Apw 8.5—8.8—9.0 mm, Rhw 1.58—1.66—1.72, Rhah 1.97—2.06—2.13）。SMF41984：一个幼体，文县，甘肃，Slg. Mlldff。

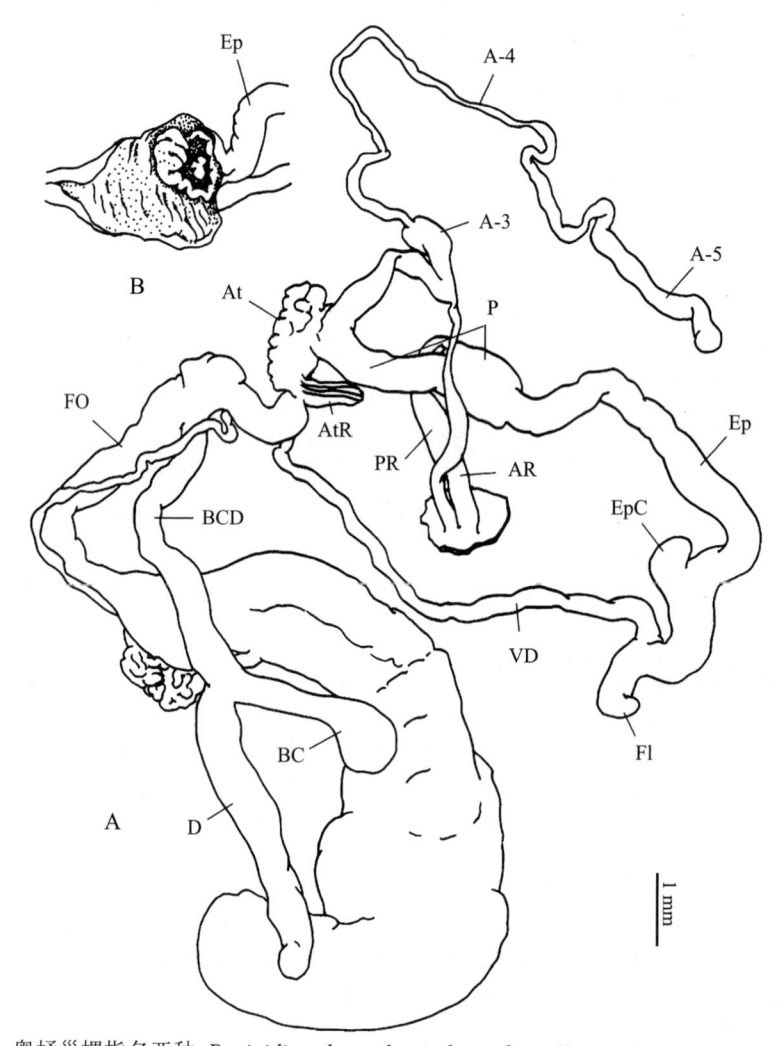

图 37 奥蛹巢螺指名亚种 *Pupinidius obrutschewi obrutschewi* (Sturany)，MHM-05672-spec.1
A. 生殖系统全面观；B. 交接器内面观，示交接器壁柱和很短的乳突（仿 Wu and Zheng, 2009）
Fig. 37 *Pupinidius obrutschewi obrutschewi* (Sturany), MHM-05672-spec.1
A. General view of genitalia; B. Exposed penis, showing penial pilasters and very short papilla (After Wu and Zheng, 2009)

形态特征 贝壳：尖卵圆形，壳顶尖出。体螺层为贝壳最膨大部分。右旋，壳质薄，坚固，不透明，具光泽，具或不具凹陷瘢痕，无螺旋向细沟。螺层扁平，不具肩。生长线通常不很清晰。胚螺层平滑，光亮。胚螺后螺层平滑。缝合线上无窄带。体螺层向壳口方向略逐渐上升，周缘略具角度（在选模中不明显），周缘无螺旋向的光滑凹陷或皱褶区域。壳口面平，完全贴合于体螺层，平截卵圆形，壳口与螺层接合处不联生，倾斜，无齿样构造，角结节不明显或无。壳口缘狭窄地反折，卷边明显，扩张，锋利。腔壁胼胝部不明显。壳口反折于轴唇缘。轴柱垂直。轴唇外缘垂直。脐孔很狭窄。壳顶着色如贝壳其余部位。贝壳多色，深褐色或浅褐色。胚螺层后具粗、细白色条纹。壳口白色，无螺旋向色带。

生殖系统：输精管近端略膨大，与成莱器顶端相连且分界明显。成莱器较短，略向近端逐渐变细，直，外部光滑。成莱器盲囊端部钝，位于接近于输精管相连处。鞭状器短，管状，近端直，顶端尖。交接器末端与成莱器相连，棒状，交接器盲囊阙如，远端膨大，壁薄，内壁无小壁柱，具2—3个环形嵴和1个"V"形结构。"V"形壁柱的近端游离并达交接器收缩肌着生处，远端愈合为1个小乳头状的乳突。交接器无突起。交接器附器中等长度，在交接器基部分出，分成数节。A-1与A-2愈合，内壁光滑。A-2与A-3不愈合。A-4和A-5间的界线不明显。A-5长，几乎直。交接器收缩肌2支，分别附着于交接器中部和A-1+A-2，另一端彼此靠近、着生在体腔壁上。其余交接器收缩肌无。连接雌道和成莱器的肌质带阙如。生殖腔短，具细弱的收缩肌。游离输卵管较雌道长。雌道短，不膨大，直，未衬有疏松的海绵样组织，无色素沉着。纳精囊管长度中等，近端直。纳精囊具柄，上部无系带，中等大小，颈部短，与纳精囊管界线明显。纳精囊管分支盲管较纳精囊长，端部不膨大。纳精囊和分支盲管可区别，其分叉处离纳精囊基部远。生殖系统测量：P: 3; Ep: 7.8; Fl: 1.4; VD: 15.0; Va: 2.3; FO: 4.3; BCD: 5.9; BC: 1.1; D: 4.5; A- 1+A-2: 3.8; A3: 1.8; A-4+A-5: 12 (MHM05672-spec. 1)。

标本测量 Ewh: 1.750—<u>1.900</u>—2.750 whorls, Wh: 6.000—<u>6.650</u>—7.000 whorls, H: 18.3—<u>20.3</u>—26.5 mm, W: 9.7—<u>10.4</u>—11.8 mm, Ah: 8.6—<u>9.6</u>—10.8 mm, Aw: 6.6—<u>7.1</u>—8.4 mm, Rhw: 1.73—<u>1.97</u>—2.60, Rhah: 1.82—<u>2.12</u>—2.78 (MHM05672)。

地理分布 甘肃。

模式标本产地 文县 (石鸡坝)。

分类讨论 新采集的标本或多或少比模式系列标本的体型小。

(35) 缩奥蛹巢螺 *Pupinidius obrutschewi contractus* (Möllendorff, 1901) (图38; 图版 II: 12)

Buliminus (Pupinidius) obrutschewi contractus Möllendorff, 1901: 343, pl. 13, figs. 25, 26, 27; Kobelt, 1902: 847.

Pupinidius obrutschewi contractus: Yen, 1939: 83, pl. 7, fig. 47; Wu & Zheng, 2009: 16, figs. 1, 5C-D, 8F, 14.

检视标本 MHM04282：测量：19个成熟个体，解剖：spec.2；甘肃舟曲县，2004. IV. 30，采集人：吴岷。MHM00333：8个成熟个体，无条纹；甘肃舟曲县，2004. IV. 30，采集人：吴岷。SMF41981：选模；在李家堡和舟曲之间，甘肃，Slg. Mlldff。SMF41985：副模；1枚成熟空壳；在李家堡和舟曲之间，甘肃，Slg. Mlldff。

形态特征 贝壳：右旋，壳质薄，坚固，几乎不透明，具光泽，具或不具凹陷瘢痕，无螺旋向细沟。螺层不具肩，略凸出。生长线通常不很清晰。胚螺层平滑，光亮。胚螺后螺层平滑。缝合线上无窄带。体螺层朝壳口方向逐渐上升，侧面边缘圆整，周缘无螺旋向的光滑凹陷或皱褶区域。壳口面平，完全贴合于体螺层，平截卵圆形，壳口与螺层接合处不联生，倾斜，无齿样构造，角结节不明显或阙如。壳口缘反折，无明显卷边，扩张，锋利。腔壁胼胝部不明显。轴唇缘略反折。轴柱垂直。轴唇外缘垂直。脐孔很狭窄。壳顶着色如贝壳其余部位。贝壳多色，除顶部外，为浅栗色，具较均匀分布的白色轴向条纹。壳口白色，无螺旋向色带。

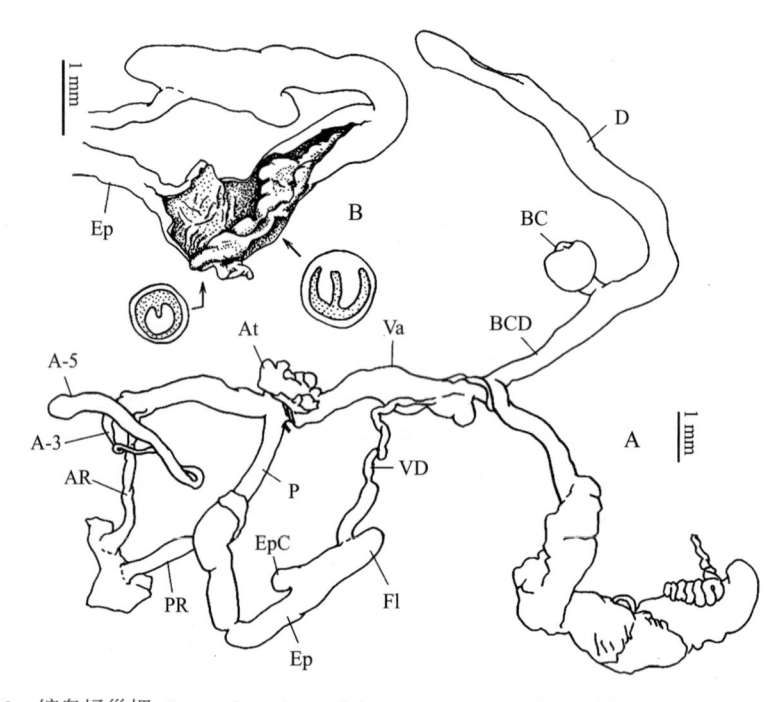

图 38　缩奥蛹巢螺 *Pupinidius obrutschewi contractus* (Möllendorff)，MHM04282-spec.2
A. 生殖系统全面观；B. 交接器内面观，示横切 (仿 Wu and Zheng, 2009)
Fig. 38　*Pupinidius obrutschewi contractus* (Möllendorff), MHM04282-spec.2
A. General view of genitalia; B. Interior view of penis, showing cross-sections (After Wu and Zheng, 2009)

生殖系统：输精管短，近端膨大，与成荚器顶端相连且分界明显。成荚器短，圆柱状，粗细均匀，直，外部光滑。成荚器盲囊位于输精管接入处，顶部钝。鞭状器短，略呈球形；近端直，顶端钝。交接器末端与成荚器相连，棒状，交接器盲囊阙如，远端膨大，壁薄，内壁无小壁柱，具 1 个由大壁柱愈合成的"V"形结构。"V"形结构远端不愈合成乳突。交接器无突起。交接器附器短，在交接器基部分出，分成数节。A-1 和 A-2 愈合。A-2 与 A-3 不愈合。A-4 和 A-5 间的界线不明显。A-5 很短，直。交接器收缩肌 2 支，分别附着于交接器中部和 A-1+A-2，另一端分别独自附着于体腔壁。其他收缩肌无。连接雌道和成荚器的肌质带阙如。生殖腔短，无生殖腔收缩肌。游离输卵管远短于雌道，几乎不可见。雌道长度中等，不膨大，直，未衬有疏松的海绵样组织，无色素沉着。纳精囊管短，近端直。纳精囊具柄，上部无系带，小，与纳精囊管之间的界线不明显。纳精囊具分支盲管，短于纳精囊池，膨大。纳精囊和分支盲管可区别，在其基部立刻分叉。
生殖系统测量：P: 5.2；Ep: 3.3；Fl: 0.6；VD: 5.3；Va: 4.7；FO: 0；BCD: 3.8；BC:

1.2；D：9.1；A-1+A-2：3.4；A3：1；A-4+A-5：6.8 (in MHM04282-spec. 2)。

标本测量 Ewh：1.625—<u>1.801</u>—2.000 whorls，Wh：6.250—<u>6.713</u>—7.250 whorls，H：16.1—<u>18.4</u>—20.6 mm, W：8.9—<u>10.4</u>—11.9 mm, Ah：8.0—<u>9.3</u>—10.5 mm, Aw：6.2—<u>7.0</u>—7.8 mm, Rhw：1.59—<u>1.78</u>—1.94，Rhah：1.83—<u>1.98</u>—2.19 (MHM04282，MHM00333)。

地理分布 甘肃。

模式标本产地 舟曲与李家堡之间。

(36) 伸蛹巢螺指名亚种 *Pupinidius porrectus porrectus* (Möllendorff, 1901) (图版 II：13)

Buliminus (Pupinidius) porrectus Möllendorff, 1901: 347, pl. 14, figs. 20, 21, 22; Kobelt, 1902: 851, pl. 121, figs. 20-22.

Pupinidius porrectus: Yen, 1939: 84, pl. 8, fig. 3; Yen, 1942: 254 (not Möllendorff, 1902); Wu & Zheng, 2009: 17, figs. 1, 5E-F.

检视标本 BMNH Acc. No. 2176：2 枚成熟空壳；四川。BMNH：无编号，1 枚成熟空壳；康定，中国西藏 (现四川)，采集人：H. B. Preston。BMNH 1902.5.13.20：1 枚成熟空壳；四川。SMF41998：选模，泸定，四川，Slg. Mlldff。SMF41999：副模，2 枚成熟空壳；泸定，四川，Slg. Mlldff。SMF42000：副模，3 枚成熟空壳；瓦斯沟，四川，Slg. Mlldff。SMF203192：1 枚成熟空壳；瓦斯沟 (Wa-su-kou，系 Wa-sy-kou 之误写)，采集人：Jihifer，Slg. S. H. Jaeckel。SMF104054：副模；2 枚成熟空壳；靠近瓦斯沟，四川，Ex. Mus. Petersburg, Slg. Jetschin。SMF42001：3 枚成熟空壳；康定，四川，Slg. O. Böttger。SMF42002：30 枚成熟空壳；大渡河西岸，康定和瓦斯沟之间，四川，K. Krejci-Graf S.，1930. VIII. 5，G. 1932。

形态特征 贝壳：纺锭形，壳顶尖出。贝壳最膨大的部分位于次体螺层和体螺层。右旋，壳质厚，坚固，不透明，具光泽，无凹陷瘢痕，无螺旋向细沟。螺层不具肩，扁平。胚螺层平滑，光亮。胚螺后螺层平滑。缝合线上无窄带。体螺层向壳口方向平直延伸，或下降，侧面边缘圆整，周缘无螺旋向的光滑凹陷或皱褶区域。壳口面平，与体螺层分离，卵圆形，壳口与螺层接合处联生，倾斜，无齿样构造，无角结节。壳口缘反折形成明显的卷边，扩张，锋利。腔壁胼胝部明显。轴唇缘明显反折。脐孔较阔大。壳顶具不同的色调。贝壳多色，底色白，壳顶褐色。从第 3 层到壳口在缝合线下有 1 条窄褐色色带，与缝合线毗连。

标本测量 Ewh：1.750 whorls，Wh：7.250 whorls，H：19.7 mm，W：11.3 mm，Ah：9.4 mm，Aw：7.5 mm，Rhw：1.74，Rhah：2.10 (SMF41998)。

地理分布 四川。

模式标本产地 泸定瓦斯沟。

(37) 侏伸蛹巢螺 *Pupinidius porrectus pygmaea* (Blume, 1925)

Ena porrecta pygmaea Blume, 1925: 17; Yen, 1938: 451, pl. I, fig. 6.

Pupinidius porrecta pygmaea: Wu & Zheng, 2009: 18, fig. 1.

检视标本 无。

形态特征 壳口与体螺层分离，角结节阙如。贝壳最膨大的部分位于次体螺层和体螺层。测量接近 *P. porrecta* s. str. 的典型标本，但贝壳略纤细 (Yen, 1938)。

地理分布 四川 (仅见于模式产地)。

模式标本产地 瓦斯沟。

(38) 文蛹巢螺 *Pupinidius wenxian* Wu & Zheng, 2009 (图 39；图版 II：14)

Pupinidius wenxian Wu & Zheng, 2009: 28, fig. 1, 7H, 8H, 16.

检视标本 正模：MHM05432 spec.1，解剖；副模：MHM05432 spec. 2-60（测量：正模和 19 个副模），保存于 70%乙醇中。1070 m a.s.l.，32°57′35.5″ N，104°40′41.6″ E，甘肃文县玉虚山，山脚，2006. IX. 27，采集人：吴岷，刘建民，郑伟，高林辉。

形态特征 贝壳：柱圆锥形，壳顶尖出。贝壳最膨大的部分位于次体螺层和体螺层。右旋，壳质薄，坚固，半透明，具光泽，无凹陷瘢痕，无螺旋向细沟。上部螺层着色如贝壳其他部分。螺层不具肩，螺层凸出。胚螺层平滑，光亮。胚螺后螺层平滑。体螺层朝壳口方向逐渐上升，周缘圆整。壳口卵圆形，壳口与螺层接合处不联生，略倾斜，无齿样构造，具角结节。壳口缘反折，形成明显的反折，扩张，锋利。腔壁胼胝部不明显。壳口反折于轴唇缘。脐孔狭缝状。贝壳单一的绿褐色，壳口白色。

生殖系统：输精管长，粗细均匀，与成荚器顶端相连且分界明显。成荚器长度中等，圆柱形且粗细均匀，直，外部近光滑。成荚器盲囊接近输精管入口，顶部钝。鞭状器略长，管状，近端直，顶端钝。交接器末端与成荚器相连。交接器棒状，交接器盲囊阙如，粗细一致，壁薄，内壁具几条较粗壮的纵向壁柱，1 个 "V" 形结构。"V" 形结构近端游离且达到交接器收缩肌着生位置。另一端形成的乳突阙如。交接器附器长，在交接器基部分出，分成数节。A-1 短，内壁具均匀分布的横向皱襞。A-2 内部无结构分化。A-1 和 A-2 愈合。A-2 近 A-3 处内壁无 1 圈乳突。A-2 与 A-3 不愈合。A-3 向 A-2 开口处无针状乳突。A-4 和 A-5 间的界线不明显。A-5 长，直。交接器收缩肌 2 支，分别附着于交接器中部和 A-1+A-2，另一端彼此靠近、着生在体腔壁上。其余交接器收缩肌无。连接雌道和成荚器的肌质带阙如。生殖腔短，无生殖腔收缩肌。游离输卵管长度中等，几与雌道等长。雌道长度中等，不膨大，直，未衬有疏松的海绵样组织，无色素沉着。纳精囊管短，近端直。纳精囊具柄，上部无系带，中等大小，与纳精囊管分界明显。纳精囊盲管较纳精囊池长，端部几不膨大。纳精囊和分支盲管可区别，其分叉处离纳精囊基部远。生殖系统测量：P：3.9；Ep：8.9；Fl：1.7；VD：14.5；Va：4.2；FO：3.3；BCD：5.5；BC：2；D：6.3；A-1+A-2：3.4；A3：1.7；A-4+A-5：16.1 (in Holotype, MHM05432-spec. 1)。

标本测量 Ewh：1.375—1.575—1.75 whorls，Wh：6.625—7.481—8.375 whorls，H：15.3—17.5—19.7 mm，W：8.0—9.3—10.6 mm，Ah：6.9—8.0—9.0 mm，Aw：5.1—6.4—7.2 mm，Rhw：1.64—1.88—2.04，Rhah：2.05—2.20—2.41 (MHM05432)。

栖息地 本种生活于玉虚山山脚下覆满了苔藓和地衣的板岩表面。环境湿润。

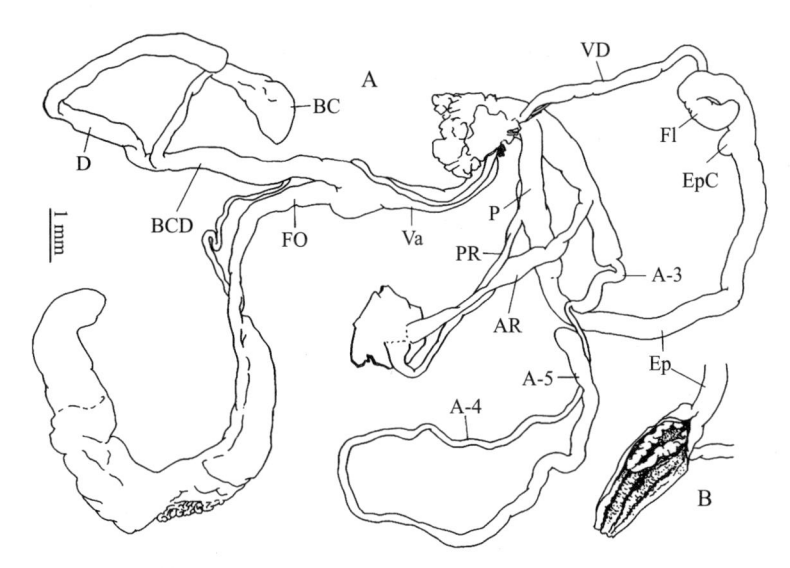

图 39 文蛹巢螺 *Pupinidius wenxian* Wu & Zheng，正模 MHM05432-spec.1
A. 生殖系统全面观；B. 交接器内面观（仿 Wu and Zheng, 2009）
Fig. 39 *Pupinidius wenxian* Wu & Zheng, holotype, MHM05432-spec.1
A. General view of genitalia; B. Interior view of penis (After Wu and Zheng, 2009)

地理分布 甘肃。

模式标本产地 文县。

分类讨论 在贝壳特征上，本种最接近 *P. anocamptus*，并和后者一起与本属其他物种壳相特征差异较大。与本属其他成员相比，本种缺乏由 "V" 形结构远端形成的乳突。在解剖上，本种与属模式最接近。

(39) 豆蛹巢螺指名亚种 *Pupinidius pupinella pupinella* (Möllendorff, 1901) (图版 Ⅱ: 15)

Buliminus (*Pupinidius*) *pupinella* Möllendorff, 1901: 344, pl. 14, figs. 1, 2, 3.
Pupinidius pupinella pupinella: Yen, 1939: 84, pl. 7, fig. 49; Yen, 1942: 254 (not Möllendorff, 1902);
Wu & Zheng, 2009: 19, figs. 1, 6A-C.

检视标本 N498：ZI RAS 模式标本，Mlldff 鉴定。BMNH 1912.6.27.66：1 枚成熟空壳；澜沧江流域，西藏。BMNH 1912.3.26.1：1 枚成熟空壳；3000 ft，石灰岩地区，甘肃东南（测量：Ewh 1.5 whorls, Wh 6.5 whorls, H 19.5 mm, W 14.5 mm, Aph 11.5 mm, Apw 10.3 mm）。SMF41988：选模；在李家堡和舟曲之间，甘肃，Slg. Mlldff。SMF41989：副模；2 枚成熟空壳；标本信息同 SMF41988。

形态特征 贝壳：柱圆锥形，壳顶略尖出。贝壳最膨大的部分位于次体螺层和体螺层。右旋，壳质薄，坚固，不透明，具光泽，无凹陷瘢痕，无螺旋向细沟。螺层不具肩，扁平。生长线通常不很清晰。胚螺层平滑，光亮。胚螺后螺层平滑。缝合线上无窄带。体螺层朝壳口方向逐渐上升，侧面边缘圆整，周缘无螺旋向的光滑凹陷或皱褶区域。壳口面平，完全贴合于体螺层，近圆形，壳口与螺层接合处不联生，略倾斜，无齿样构造，角结节有但不明显。壳口缘反折，无明显的卷边，扩张，锋利。腔壁胼胝部不明显。壳口反折于轴唇缘。轴柱垂直。轴唇外缘垂直。脐孔狭窄。贝壳多色，壳顶和脐孔区域浅褐色。自第 4 螺层向下，具 1 白色阔色带占据整个螺层，但有时该色带阙如。壳口白色。

标本测量 Ewh: 1.500—<u>1.542</u>—1.625 whorls, Wh: 6.250—<u>6.333</u>—6.375 whorls, H: 18.3—<u>19.7</u>—20.8 mm, W: 14.0—<u>14.9</u>—15.8 mm, Ah: 11.4—<u>12.0</u>—12.7 mm, Aw: 9.7—<u>10.0</u>—10.2 mm, Rhw: 1.26—<u>1.32</u>—1.38, Rhah: 1.61—<u>1.64</u>—1.69 (SMF41988, SMF41989)。

地理分布 甘肃。

模式标本产地 舟曲和李家堡之间。

(40) 高旋豆蛹巢螺 *Pupinidius pupinella altispirus* (Möllendorff, 1901) (图 40; 图版 II: 15)

Buliminus (*Pupinidius*) *pupinella altispirus* Möllendorff, 1901: 344, pl. 14, figs. 4, 5; Kobelt, 1902: 848.
Pupinidius pupinella altispirus: Yen, 1939: 84, pl. 7, fig. 50; Wu & Zheng, 2009: 19, figs. 1, 6D-H, 8G, 15.

检视标本 MHM05723：1 个幼体和 26 个成熟个体，其中 3 枚顶部破损；测量：20，解剖：spec.1，14，1661 m a.s.l.，34°0′127.6″ N，104°25′16.4″ E，黄土，甘肃宕昌，2006. X. 4，采集人：刘建民，郑伟。N602：ZI RAS，模式，1885. VI. 19，采集人：?Potanin，Mlldff 鉴定。SMF41990：选模；宕昌，甘肃，Slg. Mlldff。SMF41991：副模；3 枚成熟空壳；宕昌，甘肃，Slg. Mlldff（测量：Ewh 1.500—<u>1.656</u>—1.750 whorls, Wh 6.375—<u>6.500</u>—6.625 whorls, H 15.4—<u>16.8</u>—17.9 mm, W 11.4—<u>11.8</u>—12.0 mm, Aph 8.7—<u>9.3</u>—9.7 mm, Apw 7.2—<u>7.8</u>—8.6 mm, Rhw 1.35—<u>1.40</u>—1.49, Rhah 1.68—<u>1.77</u>—1.87)。

形态特征 贝壳：卵圆形，壳顶尖出。贝壳最膨大的部分位于次体螺层和体螺层。右旋，壳质薄，坚固，不透明，具光泽，无凹陷瘢痕，仅脐孔区具螺旋向细沟。螺层不具肩，扁平。生长线通常不很清晰。胚螺层平滑，光亮。胚螺后螺层平滑。缝合线上无窄带。体螺层朝壳口方向逐渐上升，侧面边缘圆整，周缘无螺旋向的光滑凹陷或皱褶区域。壳口面平，完全贴合于体螺层，近圆形或平截卵圆形，壳口与螺层接合处不联生，倾斜，无齿样构造，具角结节。壳口缘反折，无明显卷边，扩张，锋利。腔壁胼胝部不明显。壳口反折于轴唇缘。轴柱垂直或略呈弓形。轴唇外缘垂直。脐孔很狭窄。壳顶的螺层同色或着色不同。贝壳多色，背景浅灰褐色，从第 3 或第 4 层螺层开始，螺层几被宽阔的白色螺旋向色带占据。壳口白色。

生殖系统：输精管长，粗细均匀，与成荚器顶端相连且分界明显。成荚器长，圆柱状，粗细均匀，形成一些圈环，外部光滑，无盲囊。鞭状器短，管状，近端直，顶端钝。交接器末端与成荚器相连，棒状，粗细一致，交接器盲囊阙如，壁薄，内壁的小壁柱多于 2 条，具 1 个由大壁柱愈合成的 "V" 形结构。"V" 形壁柱近端游离且达交接器收缩肌连接处，远端不发育成乳突。交接器突起乳头状，位于成荚器和交接器相接处。交接器附器长，在距生殖腔一定长度处与交接器分叉，分为数节。A-1 和 A-2 愈合，内壁具多于 2 条的细小纵向壁柱。A-2 近 A-3 处内壁无 1 圈乳突。A-2 与 A-3 不愈合。A-3 向

A-2 开口处无乳突。A-4 和 A-5 间的界线不明显。A-5 长，盘曲。交接器收缩肌 2 支，分别着生于交接器远端和 A-1+A-2，另一端彼此靠近、着生在体腔壁上。连接雌道和成荚器的肌质带阙如。其余交接器收缩肌无。生殖腔短，具细弱的生殖腔收缩肌。游离输卵管短，远短于雌道长度。雌道长，不膨大，直，未衬有疏松的海绵样组织，无色素沉着。纳精囊管极长，近端盘曲。纳精囊具柄，上部无系带，中等大小，与纳精囊管分界明显。纳精囊管分支盲管较纳精囊长，膨大。纳精囊和分支盲管可区别，其分叉处离纳精囊基部远。

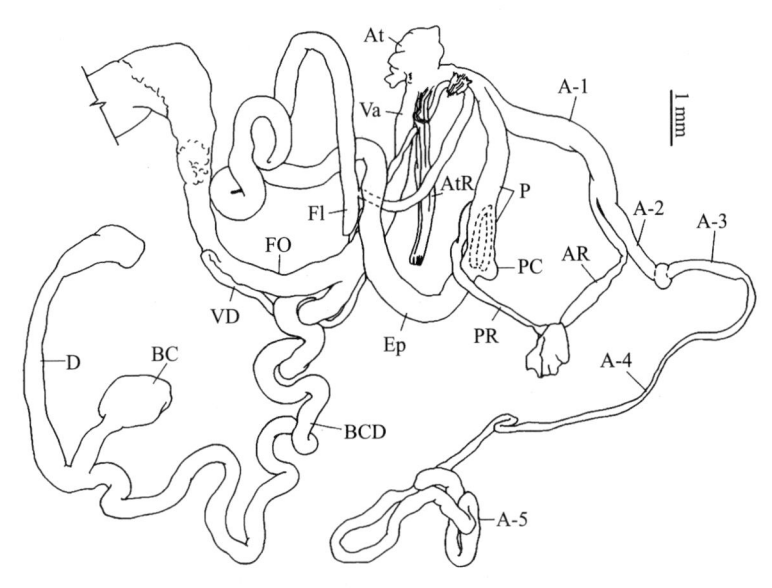

图 40 高旋豆蛹巢螺 *Pupinidius pupinella altispirus* (Möllendorff)，MHM05723-spec.14，生殖系统全面观（仿 Wu and Zheng, 2009）

Fig. 40 *Pupinidius pupinella altispirus* (Möllendorff), MHM05723-spec.14, general view of genitalia (After Wu and Zheng, 2009)

生殖系统测量 P：4.4；Ep：19.0；Fl：0.7；VD：13.0；Va：3.9；FO：2.2；BCD：26.1；BC：1.6；D：4.5；A-1+A-2：6.0；A3：1.6；A-4+A-5：20.2。

标本测量 Ewh：1.375—1.529—1.750 whorls，Wh：6.375—6.588—7.000 whorls，H：16.4—17.5—18.7 mm，W：12.0—12.7—14.0 mm，Ah：9.0—10.0—10.9 mm，Aw：7.2—8.4—9.3 mm，Rhw：1.30—1.38—1.48，Rhah：1.60—1.75—1.92 (MHM05723)。

地理分布 甘肃。

模式标本产地 宕昌。

(41) 蛹巢螺 *Pupinidius pupinidius* (Möllendorff, 1901) (图版 III：1)

Buliminus (*Pupinidius*) *pupinidius* Möllendorff, 1901: 345, pl. 11, figs. 6-8; Kobelt, 1902: 847, pl. 121, figs. 1-5.

Pupinidius pupinidius: Yen, 1939: 84, pl. 7, fig. 51; Schileyko, 1998: 190, fig. 234; Wu & Zheng, 2009: 23, figs. 1, 7A-E.

检视标本 N613：ZI RAS 模式标本，1885-?，采集人：?Potanin，Mlldff 鉴定。SMF41992：选模；武都，甘肃，Slg. Mlldff。SMF41993：副模；3 枚成熟空壳；武都，甘肃。

形态特征 贝壳：柱圆锥形，壳顶尖出。贝壳最膨大的部分位于次体螺层和体螺层。右旋，壳质薄，坚固，不透明，具光泽，无凹陷瘢痕，仅脐孔区微弱出现螺旋向细沟。螺层不具肩，略凸出。生长线通常不很清晰。胚螺层平滑，光亮。胚螺后螺层平滑。缝合线上无窄带。体螺层朝壳口方向逐渐上升，侧面边缘圆整，周缘无螺旋向的光滑凹陷或皱褶区域。壳口面平，完全贴合于体螺层，平截卵圆形，壳口与螺层接合处不联生，无齿样构造，具角结节。壳口缘反折且具明显的卷边。卷边或多或少向离壳口面翻折。壳口缘扩张，锋利。腔壁胼胝部不明显。壳口反折于轴唇缘。轴柱垂直。轴唇外缘垂直。脐孔狭缝状。壳顶着色如贝壳其余部位。贝壳多色，壳顶和脐孔区域浅褐色，具灰白色螺旋向色带占据每个螺层缝合线上 $2/3$ 部分。壳口白色。生殖系统：参见 Schileyko (1998: 190, fig. 234)。

标本测量 Ewh：1.500—1.563—1.625 whorls，Wh：6.875—7.219—7.375 whorls，H：21.1—22.2—23.8 mm，W：12.9—13.3—13.9 mm，Ah：9.9—10.7—11.2 mm，Aw：8.5—8.8—9.0 mm，Rhw：1.58—1.66—1.72，Rhah：1.97—2.07—2.13 (SMF41992，SMF41993)。

地理分布 甘肃 (仅见于模式产地)。

模式标本产地 武都。

(42) 扭轴蛹巢螺 *Pupinidius streptaxis* (Möllendorff, 1901) (图版 III：2)

Buliminus (*Pupinidius*) *streptaxis* Möllendorff, 1901: pl. 8, figs. 28, 29; Wiegmann, 1901: 242, pl. 10, figs. 34-39; Kobelt, 1902: 847, pl. 120, figs. 28, 29.

Pupinidius streptaxis: Yen, 1939: 83, pl. 7, fig. 48; Wu & Zheng, 2009: 25, figs. 1, 7F-G.

检视标本 ZI RAS 模式标本，无编号。SMF41986：选模；官亭，甘肃，Slg. Mlldff。SMF41987：副模；2 枚成熟空壳；标本信息同 SMF41986。

形态特征 贝壳：球形，壳顶尖出。体螺层为贝壳最膨大部分。右旋，壳质薄，坚固，不透明，具光泽，无凹陷瘢痕，无螺旋向细沟。螺层略扁平，不具肩。生长线通常不很清晰。胚螺层平滑，光亮。胚螺后螺层平滑。缝合线上无窄带。体螺层朝壳口方向逐渐上升，侧面边缘圆整，周缘无螺旋向的光滑凹陷或皱褶区域。壳口面平，完全贴合于体螺层，平截卵圆形，壳口与螺层接合处不联生，倾斜，无齿样构造，角结节阙如。壳口缘反折且具明显的卷边。卷边平直，或向离壳口面翻折。壳口缘扩张，锋利。腔壁胼胝部不明显。壳口反折于轴唇缘。轴柱垂直，或呈弓形。轴唇外缘垂直。脐孔很狭窄。壳顶着色如贝壳其余部位。贝壳多色，底色为角褐色，壳顶下螺层具很宽的白色条纹，无螺旋向色带。

标本测量 Ewh：1.500 whorls，Wh：5.375—5.583—5.875 whorls，H：15.8—16.7—17.3 mm，W：12.1—12.7—13.3 mm，Ah：9.2—10.1—10.1 mm，Aw：7.5—8.2—8.8 mm，

Rhw：1.27—1.31—1.36，Rhah：1.62—1.66—1.72 (SMF41986，SMF41987)。

地理分布　甘肃。

模式标本产地　宕昌。

3. 金丝雀螺属 *Serina* Gredler, 1898

Serina Gredler, 1898a: 10; Gredler, 1898b: 106; Wiegmann, 1891: 270.
Type species: *Buliminus ser* Gredler, 1898; SD Möllendorff, 1901.

特征　贝壳高，细长，塔状，坚实，具有光泽，螺层一定程度地凸出，螺层数6.125—11.000。体螺层在前方或多或少地下降，通常具有光滑的螺旋向周缘凹陷。黄色或浅褐色，具不规则的深色放射条纹；壳顶为充分的红褐色；壳缘色白。胚螺层光亮，以后的螺层具无规则的微弱且光滑的放射向褶皱。壳口接近垂直，圆形，几乎联生，扩大，反折，轴柱具或不具齿，腭壁和腔壁无齿，具缝状的窄道。脐孔狭窄地开放。壳高8.0—14.5 mm，壳径2.8—5.8 mm。

鞭状器短，圆锥形。成荚器很长，形成一些弯曲，具小的盲囊。交接器呈不规则的蛹形，内具"V"形壁柱，其两臂进入成荚器内腔。A-1长；A-2小，球形；A-3短；A-4很长，纤细；A-5异常短。交接器收缩肌呈并列的双束附着于体腔肌膜；交接器收缩肌的交接器支附着于交接器远端，附器支附着于A-1中部。游离输卵管很长，雌道显著短。纳精囊柄异常长，旋绕；纳精囊颈部极短；分支盲管很长。

分布　中国。

种数　8种和3亚种。

种 检 索 表

1.	轴柱垂直	2
	轴柱弓形	3
	轴柱向轴倾斜	5
2(1).	生长线通常不清晰，缝合线在下邻螺层上无窄带区，壳口面波形，体螺层侧面边缘圆整 ······ 近暮金丝雀螺 *S. subser*	
	生长线纤细清晰，缝合线在下邻螺层上具窄带区，壳口面平直，体螺层周缘凹陷 ······ 暮金丝雀螺 *S. ser*	
3(1).	体螺层具光滑的螺旋向凹陷 ······ 戒金丝雀螺 *S. egressa*	
	体螺层具粗糙的螺旋向凹陷	4
	体螺层无凹陷区域 ······ 文氏金丝雀螺 *S. vincentii*	
4(3).	体螺层周缘圆整，壳口与体螺层分离，轴唇外缘弓形 ······ 舒金丝雀螺 *S. soluta*	
	体螺层周缘平直，壳口完全贴合于体螺层，轴唇外缘倾斜 ······ 条金丝雀螺 *S. cathaica*	
5(1).	生长线通常不清晰，缝合线在下邻螺层上无窄带区，壳口面波状，体螺层在壳口后突然上抬 ······ 矛金丝雀螺 *S. belae*	

生长线纤细而清晰，缝合线在下邻螺层上具窄带区，壳口面平，体螺层向壳口方向下倾 ……
…………………………………………………………………………… 前口金丝雀螺 *S. prostoma*

(43) 矛金丝雀螺 *Serina belae* (Hilber, 1883) (图版 III: 3)

Buliminus (*Zebrina*?) *belae* Hilber, 1883: 1367-1368, pl. 5, figs. 11, 12.
Buliminus (*Clausiliopsis*) *belae*: Möllendorff, 1901: 370.
Buliminus (?) *belae*: Kobelt, 1902: 552, pl. 86, figs. 20-23.
Serina belae: Yen, 1939: 87, pl. 8, fig. 19; Chen, Zhou, Luo & Zhang, 2003: 442.

检视标本 SMF42069: 副模，邦达，云南 (现西藏)，Hng. Nat. Mus. G.。
形态特征 贝壳: 柱圆锥形，壳顶不尖出，最膨大部分出现在次体螺层，或体螺层。生长线通常不很清晰。螺层略凸出。胚螺后螺层平滑。缝合线上无窄带区。体螺层在壳口后立即上抬，周缘或多或少平直，在反壳口侧、近壳口处具密集的/增厚的生长线样褶皱所形成的粗糙区域。壳口面波状，卵圆形，壳口与螺层接合处联生，极倾斜，完全贴合于体螺层，角结节阙如。无次生壳口。壳口缘反折且具明显的卷边。卷边平直且不朝反壳口方向翻折。体螺层出现的凹陷约延伸 1 个螺层。轴柱具 2 个皱襞。壳口反折于轴唇缘。轴柱向轴倾斜。轴唇外缘垂直。脐孔宽阔。贝壳单色，壳顶黄褐色，之后的螺层白色。壳口白色。
标本测量 Ewh: 1.625 whorls, Wh: 9.625 whorls, H: 12.4 mm, W: 3.9 mm, Ah: 2.4 mm, Aw: 3.2 mm, Rhw: 3.34, Rhah: 3.71 (SMF42069)。
地理分布 西藏。
模式标本产地 邦达。

(44) 条金丝雀螺 *Serina cathaica* Gredler, 1898 (图版 III: 4)

Serina cathaica Gredler, 1898a: 11, T. F. 7. Gredler, 1898b: 106; Yen, 1939: 87, pl. 8, fig. 20; Yen, 1942: 255; Chen, Zhou, Luo & Zhang, 2003: 442.
Buliminus (*Serina*) *cathaicus*: Möllendorff, 1901: 360, pl.16, figs. 11-14; Kobelt, 1902: 862, pl. 123, figs. 11-14.

检视标本 IZ RAS，无编号，1 枚个幼体空壳。BMNH 1902.5.13.19: 1 枚成熟空壳 (测量: Wh 9 whorls, H 10.6 mm, W 2.8 mm, Ah 3.0 mm, Aw 2.4 mm)，甘肃。SMF42046: 4 枚成熟空壳; 在玉垒关和文县之间，甘肃。
形态特征 贝壳: 塔形或卵圆塔形，壳顶不尖出，最膨大的部分出现于次体螺层。生长线纤细而清晰。螺层突起。胚螺后螺层平滑。毗邻缝合线具一窄带区。体螺层在壳口后立即上抬，周缘平直，在反壳口侧、近壳口处具密集的或增厚的生长线样褶皱所形成的粗糙区域。壳口面平，卵圆形，壳口与螺层接合处联生，几乎垂直，完全贴合于体螺层，角结节阙如。无次生壳口。壳口缘反折且具明显的卷边。卷边平直且不朝反壳口方向翻折。体螺层出现的凹陷约延伸 1 个螺层。壳口反折于轴唇缘。轴柱弓形，是否具齿未知。轴唇外缘倾斜。脐孔狭窄。贝壳单一栗色，壳口同色或色浅。壳顶着色如贝壳其余部位。

标本测量 Ewh: 1.250—1.563—2.000 whorls, Wh: 8.125—8.375—8.625 whorls, H: 9.7—10.4—11.4 mm, W: 2.8—3.0—3.3 mm, Ah: 2.7—2.9—3.4 mm, Aw: 2.0—2.4—2.8 mm, Rhw: 3.30—3.45—3.68, Rhah: 3.37—3.59—3.83 (SMF42046)。

地理分布 甘肃。

模式标本产地 文县。

(45) 前口金丝雀螺 *Serina prostoma* (Ancey, 1884) (图41；图版 III: 5)

Bulimus prostomus Ancey, 1884: 395-396.
Bulimus prostomus leucochila Ancey, 1884: 396.
Buliminus (*Serina*) *prostoma*: Kobelt, 1902: 933, pl. 131, figs. 8-10.
Buliminus (*Holcauchen*) *tubios* Annandale, 1923: 394, pl. 16, figs. 6, 6a.
Ena (*Serina*) *prostomus*: Yen, 1938: 442.
Serina prostoma: Yen, 1939: 87, pl. 8, fig. 24; Yen, 1942: 255; Chen, Zhou, Luo & Zhang, 2003: 442.
Serina deqenensis Chen, Zhou & Luo, 2003: 444, figs. 1-4.

检视标本 MHM04287：16个成熟个体（均测量，1个个体解剖）和1个幼体；云南德钦县，2003. VIII. 28，采集人：石恺。MHM04296：171个成熟个体（20个个体测量，2个个体解剖）和15个幼体；2583 m a. s. l., 29°02′00.0″N, 098°36′22.9″E，红色砂岩，砂质壤土，灌草；澜沧江东岸，盐井镇西部，西藏芒康县，2002. VII. 11，采集人：A. Wiktor & M. Wu。BMNH 1920.8.10.38：1枚成熟空壳；澜沧江流域，西藏。BMNH 1912.6.27.69-71：3枚空壳；澜沧江，长江上游，西藏。BMNH：1枚成熟空壳；澜沧江流域，Ancey，西藏，Trechmann Acc. No. 2176。SMF42050：副模，Dshy-kow，四川。BMNH 1923.5.24.17-36：*Buliminus* (*Holcauchen*) *tubios* 之副模，无数成体空壳，澜沧江河谷，2134—2286 m，干旱。

形态特征 贝壳：塔形或纺锭形，壳顶略尖出，除壳顶4层略半透明外不透明，或多或少具光泽，最膨大的部分出现于次体螺层。生长线纤细而清晰。除最后2层外，螺层凸出。胚螺后螺层平滑。毗邻缝合线具一窄带区。体螺层向壳口方向略下降，周缘略凹陷或平直，在反壳口侧、近壳口处具密集的或增厚的生长线样褶皱所形成的粗糙区域。壳口几在一平面上，卵圆形，壳口与螺层接合处联生，非常倾斜，与体螺层分离，无齿样构造，角结节阙如。无次生壳口。壳口缘反折且具明显的卷边。卷边平直且不朝反壳口方向翻折。体螺层出现的凹陷约延伸1个螺层。壳口反折于轴唇缘。轴柱向轴倾斜，无齿样构造。轴唇外缘向轴倾斜。脐孔宽阔。贝壳多色，顶部4层红褐色，随后的螺层白色且具一些浅褐色条纹。壳口白色。壳顶具不同的色调。贝壳螺旋向无色带。

生殖系统：输精管近端膨大，在侧面与成荚器相接，与成荚器相连处界线明显。成荚器短，圆柱形，粗细均匀，直。成荚器盲囊端部钝，位于成荚器中部。鞭状器短，管状，近端直，顶端钝。交接器棒状，粗细一致，从侧面与成荚器相连，壁薄。交接器内纵向壁柱多于2条，在成荚器开口处不愈合，形成2个"V"形结构。"V"形壁柱近端游离且达交接器收缩肌连接处，在远端不愈合成乳突。交接器突起阙如。交接器附器短，在距生殖腔一定长度处与交接器分叉，A-1 与 A-2 愈合，A-3 明显，A-4 与 A-5 愈合。A-1 长，无朝向交接器腔的突起，A-2 内壁具众多纵向壁柱，近 A-3 处有 1 圈乳突。A-3 向 A-2 开口处具 1 枚针样的长形乳突。A-5 短，直。交接器收缩肌 2 支，其在体腔壁上的着生处彼此分离或靠近，交接器收缩肌支的另一端着生于交接器近端，而交接器附器支的另一端着生于愈合的 A-1 和 A-2 上。生殖腔短，具细弱的生殖腔收缩肌。游离输卵管长度中等，几与雌道等长。雌道长度中等，不膨大，直，无色素沉着。纳精囊管长度中等，近端直。纳精囊中等大小，与纳精囊管区分明显，具柄，上部无系带，颈部长。

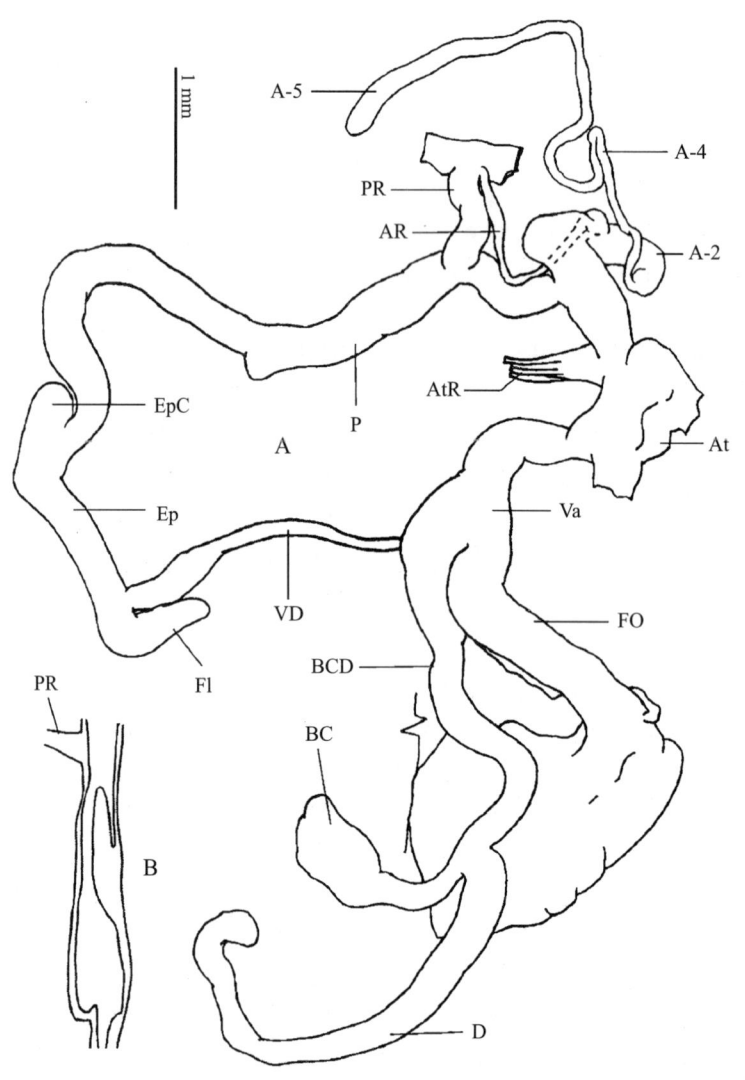

图 41 前口金丝雀螺 *Serina prostoma* (Ancey)，MHM04287-spec.1
A. 生殖系统全面观；B. 交接器内面观

Fig. 41 *Serina prostoma* (Ancey), MHM04287-spec.1
A. General view of genitalia; B. Internal view of penis

纳精囊具分支盲管, 后者与纳精囊池等长或更长, 端部不膨大。纳精囊和分支盲管可区别, 其分叉处离纳精囊基部远。

标本测量 Ewh: 1.625—1.906—2.125 whorls, Wh: 7.875—8.413—9.000 whorls, H: 11.2—13.3—14.9 mm, W: 3.4—4.4—4.9 mm, Ah: 3.2—3.9—4.5 mm, Aw: 2.8—3.5—3.9 mm, Rhw: 2.55—3.02—3.50, Rhah: 2.99—3.41—4.02 (MHM04287, MHM04296)。

分类讨论 *Buliminus* (*Holcauchen*) *tubios* Annandale 和 *Serina deqenensis* Chen, Zhou & Luo, 2003 是两个明显的 *Serina prostoma* (Ancey, 1884) 的异名。亚种 *Bulimus prostomus leucochila* Ancey, 1884 所依赖的鉴别特征主要是由贝壳的大小和颜色决定: "Testa minore, exiliore, pallid caerulea; apice corneo; aperture intus subcornea; peristomate albido; -alt. 12 millim" (Ancey, 1884)。但这样大小的贝壳和主要的贝壳着色特征在新采集标本 MHM04287 中也大量观察到: 16 枚贝壳具有白色壳口, 壳高为 11.2—12.7—14.0 mm。故 *Bulimus prostomus leucochila* 作为 *S. prostoma* 的亚种的基础不充分。

生态学与栖息地 本种的新发现种群栖息在澜沧江盐井段河谷的极干旱河岸上。河岸沙土颗粒粗糙, 遍生景天、蒿等耐旱植物。在相同的季节中, 作者也观察到附近某种沟颈螺的种群栖息地相对潮湿, 栖息地表面被覆丰富的季节性喜水的苔藓、藻类 (地皮菜) 和地衣。这表明这两个属或种具有多少不同的栖息地偏好。

地理分布 四川、云南、西藏。

模式标本产地 四川 (Dshykow)。

(46) 戒金丝雀螺 *Serina egressa* (Sturany, 1900) (图 42; 图版 III: 6)

Buliminus cathaica egressa Sturany, 1900: 35, pl. 3, figs. 14-16.
Buliminus (*Serina*) *ser egressus*: Möllendorff, 1901: 359; Kobelt, 1902: 859, pl. 124, figs. 28-30.
Serina ser egressa: Yen, 1939: 86, pl. 8, fig. 17; Yen, 1942: 255; Chen, Zhou, Luo & Zhang, 2003: 442.

检视标本 MHM05426: 194 个成熟个体 (测量: 20; 解剖: 2)和 41 个幼体, 1070 m a. s. l., 32°57′35.5″N, 104°40′41.6″E, 甘肃文县玉虚山, 2006. IX. 27, 采集人: 吴岷, 刘建民, 郑伟, 高林辉。MHM05464: 26 个成熟个体 (测量: 20, 解剖: 1), 5 个幼体; 943 m a. s. l., 32°56′33.5″N, 104°40′33.2″E, 甘肃文县白龙江边, 2006. IX. 27, 采集人: 吴岷, 刘建民, 郑伟, 高林辉。MHM05538: 115 个成熟个体 (测量: 20, 解剖: 1) 和 4 个幼体; 沿 829 m a. s. l., 32°51′44.7″N, 104°50′48.2″E 至 779 m a. s. l., 32°51′49.4″N, 104°50′37.7″E 一线, 甘肃文县横丹, 2006. IX. 29, 采集人: 吴岷, 刘建民, 郑伟, 高林辉。MHM05563: 132 个成熟个体 (测量: 20, 解剖: 1) 和 2 个幼体, 789 m a. s. l., 32°51′41.6″N, 104°50′43.1″E, 甘肃文县横丹, 2006. IX. 29, 采集人: 吴岷, 刘建民, 郑伟, 高林辉。MHM05648: 5 个成熟个体 (均测量) 和 2 个幼体, 石灰岩, 沿 1137 m a. s. l., 33°34′21.7″N, 104°39′00.3″E 至 1151 m a. s. l., 33°34′28.3″N, 104°39′10.7″E 一线, 甘肃角弓镇, 2006. X. 2, 采集人: 刘建民, 郑伟。MHM05673: 无数成体 (测量: 20, 解剖: 1) 和 11 个幼体; 1223 m a. s. l., 33°41′47.3″N, 104°29′10.3″E, 石灰岩; 甘肃两河口东岸, 舟曲县, 2006. X. 2, 采集人: 刘建民, 郑伟。BMNH 1902.5.13.21-22: 2 枚成

熟空壳；甘肃。SMF42038：在玉垒关和文县之间。SMF104651：2枚成熟空壳；文县县城，1885. IX. 8。SMF42039：4枚成熟空壳；南坪，840。SMF42040：1枚成熟空壳；甘肃和四川交界处，B. 722。SMF42035：6枚成熟空壳；标签"*Serina ser* Gredler"，文县。

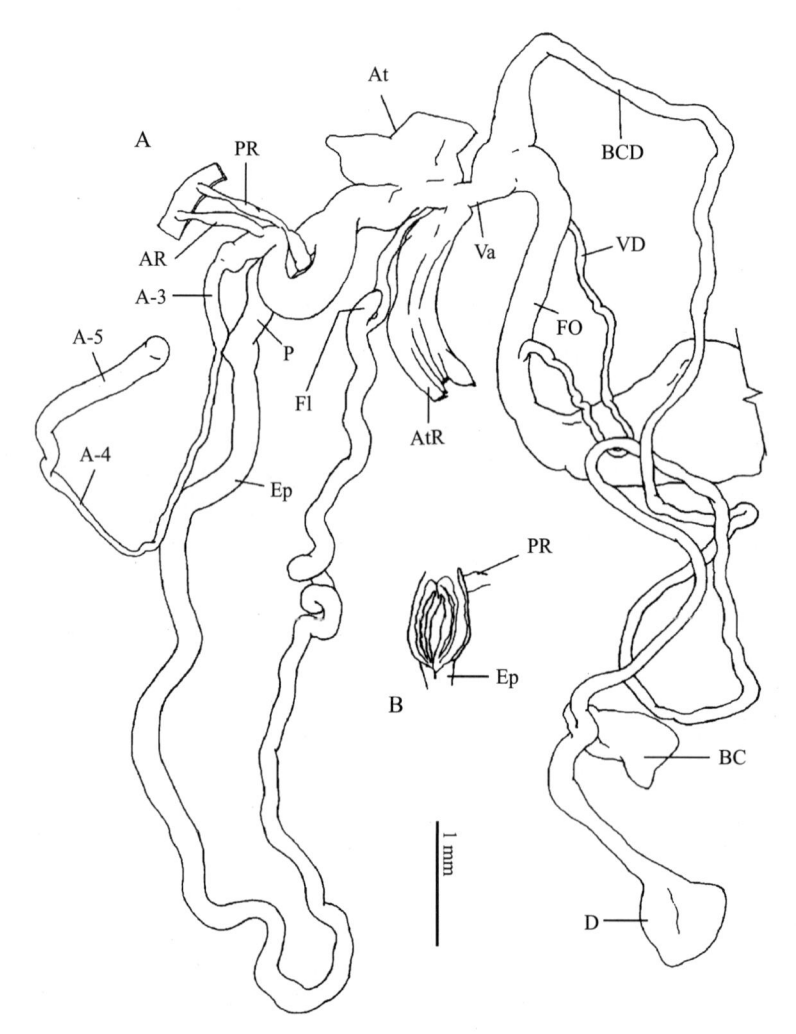

图 42　戒金丝雀螺 *Serina egressa* (Sturany)，MHM05563-spec.21
A. 生殖系统全面观；B. 交接器内面观
Fig. 42　*Serina egressa* (Sturany), MHM05563-spec.21
A. General view of genitalia; B. Internal view of penis

形态描述　贝壳：卵圆塔形，壳顶不尖出，贝壳最膨大的部分出现在次体螺层和体螺层。生长线通常不很清晰。螺层突起。胚螺后螺层平滑。毗邻缝合线具一窄带区。体螺层向壳口逐渐上升，或在壳口后立刻上升，周缘平直或呈凹陷状。壳口面平，圆卵圆形，壳口与螺层接合处联生，略倾斜，完全贴合于体螺层，具齿，角结节阙如。次生壳口出现但不明显。无腭壁皱襞。腭缘圆整，无齿。壳口缘反折且具明显的卷边。卷边平直且不朝反壳口方向翻折。腔壁无齿。体螺层出现的凹陷约延伸 $3/4$ 个螺层。腭壁无深凹或腭齿。轴唇缘反折，具1凸出而向内延伸的板齿。轴柱呈弓形。轴唇外缘倾斜或呈弓形。脐孔宽阔。贝壳着色单一或具两色，壳顶栗色。随后的螺层均一红褐色或红褐色具无数白色轴向条纹。壳口白色或褐白色。贝壳螺旋向无色带。

生殖系统：输精管短，近端膨大，在侧面与成茎器相接，与成茎器相连处界线明显。成茎器长，向远端逐渐变细，具众多盘曲。成茎器盲囊阙如。鞭状器短，圆锥形，近端直，顶端钝。交接器短棒状，远端膨大，末端与成茎器相连，壁薄。交接器内具2条以上的纵向壁柱，在成茎器孔处愈合成1个瓣膜，形成2个"V"形结构。"V"形壁柱近端游离且达交接器收缩肌连接处，在远端不愈合成乳突。交接器突起阙如。交接器附器短，在距生殖腔一定长度处与交接器分叉，A-1与A-2愈合，而A-3、A-4和A-5均可由明显的界线区分。A-1长，无朝向交接器腔的突起，A-2内壁具众多纵向壁柱，近A-3处有1圈乳突。A-3向A-2开口处具1枚针样的长形乳突。A-5短，直。交接器收缩肌2支，间隔着生于体腔壁，交接器支的另一端着生于交接器中部，而交接器附器支的另一端着生于愈合的A-1和A-2上。生殖腔短，具粗壮的生殖腔收缩肌。游离输卵管长度中等，较雌道长。雌道短，直。纳精囊管很长，近端盘曲。纳精囊中等大小，与纳精囊管区分明显，具短柄，上部无系带，颈部短。纳精囊管分支盲管较纳精囊长，膨大。纳精囊和纳精囊盲管难以区别，其分叉处离纳精囊基部远。

标本测量 Ewh: 1.500—<u>1.527</u>—1.625 whorls, Wh: 8.250—<u>8.705</u>—9.125 whorls，H: 10.4—<u>11.4</u>—12.7 mm，W: 3.9—<u>4.2</u>—4.6 mm，Ah: 3.2—<u>3.6</u>—3.9 mm，Aw: 3.0—<u>3.2</u>—3.6 mm，Rhw: 2.50—<u>2.70</u>—3.07，Rah: 3.03—<u>3.19</u>—3.40 (SMF42038，SMF104651，SMF42039，SMF42040，SMF42035)。

地理分布 甘肃、四川。

模式标本产地 阔达坝、文县。

生态学与栖息地 红褐色型栖息于海拔779—1070 m的板岩地区，而另一种颜色型出现在1137—1223 m的石灰岩地区。这表明这两种颜色型的种群在分布地上是不连续的。

分类讨论 本种在壳相特征上最接近 *Serina ser*。主成分分析表明在区分它和 *S. ser* 时，壳口高贡献最大：*S. egressa* 的壳口高度比 *S. ser* 显著小。此外，生殖系统也有足够的差异，即成茎器盲囊出现与否，也表明这是明确的2个物种。遗憾的是，本研究未观察是否在 *S. ser* 中出现轴唇齿。

本种有两种贝壳颜色类型：红褐色型 (MHM05426，MHM05464，MHM05538 和 MHM05563)和褐色具白色轴向条纹型 (MHM05648，MHM05673 和 SMF42038)。这两种不同的类型不共存于一个种群中。通过主成分分析 (88 枚红褐色型和 26 枚褐色具白色条纹型贝壳)，发现这两种类型在贝壳测量学上并无差别，并且其生殖系统特征也没有差异。这表明这两种颜色型仅是在贝壳着色上发生的分化。

(47) 暮金丝雀螺 *Serina ser* Gredler, 1898 (图版 III: 7)

Serina ser Gredler, 1898a: 11, T. F. 8. Gredler, 1898b: 107; Yen, 1939: 86, pl. 8, fig. 16; Zilch, 1974: 212; Schileyko, 1998: 91, fig. 235; Chen, Zhou, Luo & Zhang, 2003: 442.

Buliminus (*Serina*) *ser*: Möllendorff, 1901: 358, pl. 16, figs. 5-7; Wiegmann, 1901: 261, pl. 11, figs.

61-70; Kobelt, 1902: 861, pl. 123, figs. 5-7.

Ena (*Serina*) *ser*: Yen, 1938: 442.

检视标本　N76：IZ RAS 标本。SMF42036：5 枚成熟空壳；王家坝。SMF42037：3 枚成熟空壳；火溪沟靠近木瓜溪，四川。

形态特征　贝壳：卵圆塔形，壳顶不尖出，贝壳最膨大的部分出现在次体螺层和体螺层。生长线纤细而清晰。螺层突起。胚螺后螺层平滑。毗邻缝合线具一窄带区。体螺层朝壳口方向逐渐上升，周缘略凹陷，具光滑的螺旋向周缘凹陷，或在反壳口侧、近壳口处具密集的或增厚的生长线样褶皱所形成的粗糙区域。壳口面平，圆卵圆形，壳口与螺层接合处联生，几乎垂直，完全贴合于体螺层，无齿状结构。较明显具次生壳口。壳口缘反折且具明显的卷边。卷边平直且不朝反壳口方向翻折。体螺层出现的凹陷约延伸 $3/4$ 个螺层。壳口反折于轴唇缘。轴柱垂直。轴唇外缘垂直，或呈弓形，是否具齿未知。脐孔宽阔。贝壳灰褐色，壳顶带有红色。壳口白色或褐白色。贝壳螺旋向无色带。

生殖系统：输精管长度中等，粗细一致，与成荚器相连处界线明显。成荚器很长，圆柱形，粗细均匀，形成数个圈环。成荚器盲囊小，顶端钝，接近成荚器与交接器连接处。鞭状器短，圆锥形，近端直，顶端钝。交接器棒状，远端膨大，其端部与成荚器相连，壁薄。交接器内壁无纵向壁柱，在成荚器开口处不愈合，形成 1 个 "V" 形结构。交接器突起阙如。交接器附器短，在交接器基部分出，A-1 与 A-2 几乎愈合，而 A-3、A-4 和 A-5 均可由明显的界线区分。A-1 长。A-5 短，直。交接器收缩肌 2 支，相邻着生于体腔壁，交接器支的另一端着生于交接器中部，交接器附器支的另一端着生于 A-1。生殖腔短，无生殖腔收缩肌。游离输卵管长度中等，较雌道长。雌道短，不膨大，直。纳精囊管长，近端盘曲。纳精囊中等大小，与纳精囊管区分明显，具柄，上部无系带，颈部短。纳精囊管分支盲管较纳精囊长，端部不膨大。纳精囊和分支盲管可区别，自其基部较远才分叉 (Schileyko, 1998)。

标本测量　Ewh: 1.500—<u>1.575</u>—1.750 whorls, Wh: 8.750—<u>9.150</u>—9.625 whorls, H: 12.2—<u>13.1</u>—14.5 mm, W: 4.1—<u>4.6</u>—4.9 mm, Ah: 3.5—<u>3.9</u>—4.7 mm, Aw: 3.1—<u>3.4</u>—4.0 mm, Rhw: 2.66—<u>2.86</u>—2.96, Rhah: 3.10—<u>3.40</u>—3.50 (SMF42036)。

地理分布　甘肃、四川。

模式标本产地　平武王家坝。

分类讨论　本种在既发表生殖系统数据上存有问题。Schileyko (1998, Fig. 235B) 的生殖系统绘图与 Wiegmann (1901, Pl. XI, Fig. 64) 的在是否存在小的成荚器盲囊上不同。作者注意到，Schileyko 使用的标本是 "No.Lc-23295 (SPb), Van-chusa-na, Gansu Prov., China, September 12, 1885" (Schileyko, 1998)。此标本与波坦宁野外考察 (Potanin's expedition) 在时间上接近，后者的标本见于 SMF 标本：SMF104651：Stadt Wen sjan (Wen-hsien); 8.IX.1885; Potanin。因此，很可能的情况是编号为 No.Lc-23295 的标本也是波坦宁采集的，这一点在 Schileyko (1998)的专著中没有注明。此外，"Van-chusa-na" 系 Wan-dshia-pa (=Wangjiaba, 王家坝)的另一种拼法，故与 SMF 标本 SMF42036 (*Serina ser*, 采集人：波坦宁) 属一个标本系列。但是，Wiegmann 所使用的标本 "No. 752"

(Wiegmann, 1901, p. 296) 与 SMF42036 属一个系列的，标本标签上也有 "Potanin 752" 的编号。因此，Wiegmann (1901) 和 Schileyko (1998) 使用了相同的一份来源于模式产地王家坝的标本进行解剖研究。作者认为 Schileyko (1998) 的解剖工作更为可靠，因为在贝类的早期研究中，生殖系统解剖的细节结构通常被研究者忽略，因而较不可信。

(48) 近暮金丝雀螺 *Serina subser* Gredler, 1898 (图 43；图版 III: 8)

Serina subser Gredler, 1898a: 12, T. F. 9. Gredler, 1898b: 107; Yen, 1939: 87, pl. 8, fig. 18; Yen, 1942: 255; Zilch, 1974: 214; Chen, Zhou, Luo & Zhang, 2003: 442 (*sunser* is a printing error).
Buliminus (*Serina*) *subser*: Möllendorff, 1901: 360, pl. 16, figs. 8-10; Wiegmann, 1901: 266, pl. 11, figs. 71-75; Kobelt, 1902: 862, pl. 123, figs. 8-10.

检视标本 MHM00287：15 个成熟个体 (均测量，解剖：1) 和 2 个幼体，甘肃舟曲县，2004. IV. 30，采集人：吴岷。MHM05392：213 个成熟个体 (测量：20，解剖：1) 和 18 个幼体；沿 1350 m a. s. l., 34°09'14.0"N, 105°07'40.5"E 至 1373 m a.s.l., 34°10'58.4"N, 105°10'14.2"E 一线，甘肃礼县，2006. IX. 25，采集人：吴岷，刘建民，郑伟，高林辉。MHM05603：无数个成熟个体，南山南坡，武都，甘肃，2006. IX. 30，采集人：刘建民，郑伟。MHM05640：110 个成熟个体 (测量：20，解剖：1) 和 7 个幼体；角弓镇，沿 1137 m a. s. l., 33°34'21.7"N, 104°39'00.3"E 至 1151 m a. s. l., 33°34'28.3"N, 104°39'10.7"E 一线，石灰岩岩块，甘肃，2006. X. 2，采集人：刘建民，郑伟。MHM05675：6 个成熟个体 (均测量，解剖：2)，甘肃两河口东岸，2006. X. 2，采集人：刘建民，郑伟。MHM05648：5 个成熟个体 (均测量) 和 2 个幼体，标本信息同 MHM05640。MHM05709：2 个成熟个体 (均测量)，官亭，沿 1358 m a. s. l., 33°47'37.3"N, 104°31'48.0"E 至 1395 m a. s. l., 33°49'54.3"N, 104°32'12.0"E 一线。MHM05796：7 个成熟个体 (均测量)，标本信息同 MHM05640 (?)。BMNH 1902.5.13.23-24：2 枚成熟空壳；甘肃。BMNH：无登记号；1 枚成熟空壳；宕昌，甘肃，Trechmann Acc. No. 2176。SMF42045：4 枚成熟空壳；武都。SMF42042：6 枚成熟空壳；在李家堡和舟曲县城之间。SMF42043：1 枚成熟空壳；梁家坝。SMF42041：4 枚成熟空壳；宕昌。SMF42044：4 枚成熟空壳；官亭。SMF104052：2 枚成熟空壳；宕昌，1885. VI. 19。

形态特征 贝壳：塔形，壳顶不尖出，贝壳最膨大部分出现在次体螺层前一螺层。生长线通常不很清晰。螺层突起。胚螺后螺层平滑。缝合线上无窄带区。体螺层通常向壳口向逐渐上抬，或平直延伸，侧面边缘圆整，在反壳口侧、近壳口处略具密集的或增厚的生长线样褶皱所形成的粗糙区域。壳口面略波曲，卵圆形或平截卵圆形，壳口与螺层接合处联生，几乎垂直，完全贴合于体螺层，无齿样构造，角结节阙如。具次生壳口但不明显。壳口缘反折且具明显的卷边。卷边平直且不朝反壳口方向翻折。腔壁胼胝部明显。壳口反折于轴唇缘。轴柱垂直，无齿样结构。轴唇外缘垂直。脐孔狭窄。贝壳多色，底色白，壳顶偏红色。贝壳螺旋向无色带。

生殖系统：输精管长度中等，粗细均匀或近端膨大，与成荚器相连处界线明显。成荚器长度中等，圆柱形，粗细均匀，直或形成一些环圈。成荚器盲囊阙如。鞭状器短，圆锥形，近端直，顶端钝。交接器略膨大，从侧面与成荚器相连，壁薄。交接器内纵向壁柱多于2条，在成荚器开口处不愈合，形成1个"V"形结构。"V"形壁柱近端游离且达交接器收缩肌连接处，在远端不愈合成乳突。交接器突起1枚，囊状，位于成荚器和交接器相接处。交接器附器短，在交接器基部分出，A-1与A-2愈合，而A-3、A-4和A-5均可由明显的界线区分。A-1很短。A-2内壁具众多纵向壁柱，近A-3处有1圈乳突。A-3内无乳突，向A-2开口处有1针状长乳突。A-5短，直。交接器收缩肌2支，其在体腔壁上的着生处彼此分离或靠近，其交接器支的另一端着生于交接器远端，而交接器附器支的另一端着生于愈合的A-1和A-2上。生殖腔短，具细弱的生殖腔收缩肌。游离输卵管长度中等或短，较雌道长或几与雌道等长。雌道短，不膨大，直。纳精囊管长，近端盘曲。纳精囊中等大小，与纳精囊管区分明显，颈部短。纳精囊管分支盲管较纳精囊长，膨大。纳精囊和分支盲管可区别，其分叉处离纳精囊基部远。

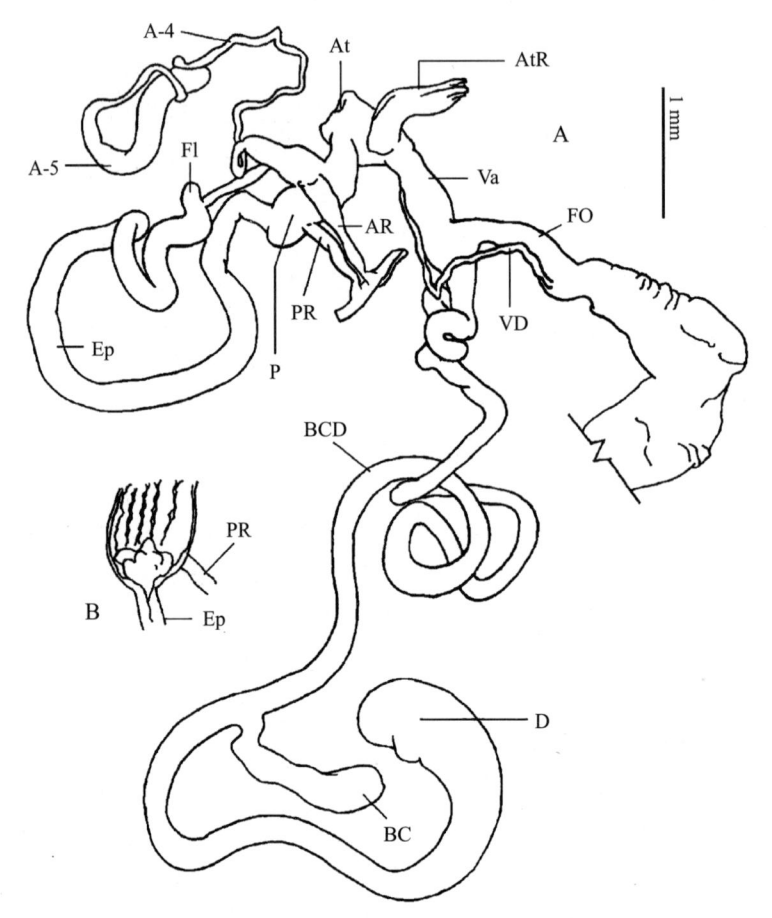

图 43　近暮金丝雀螺 *Serina subser* Gredler，MHM05392-spec.21
A. 生殖系统全面观；B. 交接器内面观
Fig. 43　*Serina subser* Gredler, MHM05392-spec.21
A. General view of genitalia; B. Internal view of penis

生殖系统测量：P：0.9—1.0；Ep：7.1—9.8；Fl：0.2—0.3；VD：4.4—7.7；Va：0.7—1.1；FO：0.9—3.3；BCD：9.3—13.2；BC：1.5；D：5.1—6.3；A-1+A-2：0.5—1.6；A-3：0.3—0.5；A-4+A-5：5.7—6.4（MHM05675-spec.2，MHM05392-spec.21）。

标本测量　Ewh：1.500—<u>1.753</u>—2.000 whorls，Wh：6.125—<u>9.227</u>—11.000 whorls，H：10.2—<u>11.9</u>—14.5 mm，W：3.1—<u>3.6</u>—4.9 mm，Ah：2.7—<u>3.3</u>—4.7 mm，Aw：2.1—<u>2.6</u>—4.0 mm，Rhw：2.58—<u>3.29</u>—4.21，Rhah：3.11—<u>3.65</u>—4.44 (SMF42041，MHM00287，MHM05392，MHM05640，MHM05675，MHM05648，MHM05709，MHM05796)。

地理分布　甘肃。

模式标本产地　宕昌。

分类讨论　本种最接近 *Serina ser*，因而也最容易和 *S. ser* 相混淆。但这两种多少可通过它们在壳口上的细微差别来区别。*S. ser* 的壳口更呈圆形。采用 Ewh、Wh、H、W、Ah、Aw、Rhw 和 Rhah 进行的主成分分析得到两个主要成分 PC$_1$ 和 PC$_2$，各自表达了 51.9% 和 29.7% 的总差异。而壳口宽和螺层数对 PC$_1$ 贡献最大 (材料：*S. ser*: SMF42036 的 6 枚贝壳，自模式产地；*S. subser*: MHM00287，MHM05392，MHM05709，MHM05796 和 SMF42041 的 48 枚贝壳)。

(49) 舒金丝雀螺指名亚种 *Serina soluta soluta* (Möllendorff, 1901) (图版 III：9)

Buliminus (Serina) solutus Möllendorff, 1901: 361, pl. 16, figs. 15-18; Kobelt, 1902: 863, pl. 123, figs. 15-18.

Ena (Serina) soluta: Haas, 1933: 319; Yen, 1938: 442.

Serina soluta soluta: Yen, 1939: 87, pl. 8, fig. 21; Chen, Zhou, Luo & Zhang, 2003: 442.

检视标本　N294：IZ RAS 标本，1893. IV. 15。N284：IZ RAS 模式标本，1893. VII. 15。BMNH Trechmann Acc. No. 2176：1 枚成熟空壳；西藏。SMF42047：选模，瓦斯沟。

形态特征　贝壳：纺锭形，壳顶不尖出，贝壳最膨大的部分出现在次体螺层和体螺层。生长线纤细而清晰。螺层突起。胚螺后螺层平滑。缝合线下有或无狭窄条区。体螺层向壳口方向平直延伸，或下降，侧面边缘圆整，在反壳口侧、近壳口处密集的或增厚的生长线样褶皱所形成的粗糙区域出现但不清晰。壳口面平或波形，近圆形，壳口与螺层接合处联生，倾斜，与体螺层分离，无齿状结构。无次生壳口。壳口缘反折且具明显的卷边。卷边平直且不朝反壳口方向翻折。壳口反折于轴唇缘。轴柱弓形，无齿。轴唇外缘呈弓形。脐孔狭窄。贝壳单一浅黄褐色。壳口污白色。

标本测量　Ewh：1.750 whorls，Wh：8.750 whorls，H：14.3 mm，W：5.3 mm，Ah：3.7 mm，Aw：2.7 mm，Rhw：4.10，Rhah：3.50 (SMF42047)。

地理分布　四川、西藏。

模式标本产地　瓦斯沟。

(50) 狭唇舒金丝雀螺 *Serina soluta stenochila* (Möllendorff, 1901) (图版 III：10)

Buliminus (Serina) solutus stenochilus Möllendorff, 1901: 362; Kobelt, 1902: 863.

Ena (Serina) solutus stenochilus: Yen, 1938: 442.

Serina soluta stenochila: Yen, 1939: 87, pl. 8, fig. 22; Chen, Zhou, Luo & Zhang, 2003: 442.

检视标本 SMF42048：选模，大渡河河谷，四川。SMF42049：副模；3 枚成熟空壳 (其中 1 枚口缘破损)，标本信息同选模。

形态特征 贝壳：纺锭形，壳顶不尖出，最膨大的部分出现于次体螺层。生长线纤细而清晰。螺层突起。胚螺后螺层平滑。缝合线上无窄带区。体螺层朝壳口方向逐渐上升，侧面边缘圆整，在反壳口侧、近壳口处密集的/增厚的生长线样褶皱所形成的粗糙区域出现但不明显。壳口面波状，近圆形，壳口与螺层接合处联生，垂直，完全与体螺层分离，无齿样构造，角结节阙如。无次生壳口。壳口缘反折且具明显的卷边。卷边平直且不朝反壳口方向翻折。壳口反折于轴唇缘。轴柱弓形，无齿。轴唇外缘呈弓形。脐孔狭窄。贝壳单一褐色，壳口呈夹褐色调的白色。

分类讨论 本亚种并非能由原始描述 (Möllendorff, 1901) 中的鉴别特征 (所谓 "较少伸出的唇部") 而与本种其他 2 个亚种相区分。使用模式材料数据进行的主成分分析表明 3 亚种的贝壳测量/计算值甚不重叠。

标本测量 Ewh：1.625—1.719—1.750 whorls, Wh：8.500—8.750—9.000 whorls, H：12.5—12.7—12.9 mm, W：4.6—4.7—4.8 mm, Ah：3.7—3.7—3.8 mm, Aw：2.8—2.9—3.0 mm, Rhw：2.65—2.71—2.79, Rhah：3.32—3.41—3.48 (SMF42048, SMF42049)。

地理分布 四川。

模式标本产地 四川大渡河河谷。

(51) 膨舒金丝雀螺 *Serina soluta inflata* Yen, 1939 (图版 III：11)

Serina soluta inflata Yen, 1939: 87, pl. 8, fig. 23; Chen, Zhou, Luo & Zhang, 2003: 442.

检视标本 MHM04318：3 个成熟个体 (均测量)，四川泸定县，2004. IX. 7，采集人：石恺。SMF42095：正模；在康定和瓦斯沟之间，四川，1930。SMF42096：副模；10 个成熟个体 (其中 1 枚壳顶破损)，标本信息同正模。

形态特征 贝壳：纺锭形，壳顶不尖出，贝壳最膨大的部分出现在次体螺层和体螺层。生长线纤细而清晰。螺层突起。胚螺后螺层平滑。缝合线上无窄带区。体螺层朝壳口向或多或少上抬，侧面边缘圆整，在反壳口侧、近壳口处不明显地出现密集的或增厚的生长线样褶皱所形成的粗糙区域。壳口面波状，近圆形，壳口与螺层接合处联生，垂直，与体螺层分离，无齿状结构。无次生壳口。壳口缘反折且具明显的卷边。卷边平直且不朝反壳口方向翻折。壳口反折于轴唇缘。轴柱弓形，无齿。轴唇外缘呈弓形。脐孔狭窄。贝壳单一褐色，壳口呈夹褐色调的白色。

标本测量 Ewh：1.500—1.625—1.750 whorls, Wh：7.500—8.150—8.500 whorls, H：11.9—13.3—14.2 mm, W：5.0—5.3—5.8 mm, Ah：3.7—4.1—4.6 mm, Aw：2.9—3.2—3.6 mm, Rhw：2.32—2.47—2.76, Rhah：2.91—3.22—3.42 (SMF42095, SMF42096)。

地理分布 四川。

模式标本产地 康定。

分类讨论 本亚种与 *S. soluta stenochila* 在壳口波形的状态上很相似，但前者的生长线更清晰、更粗，也排列得更稀疏。

(52) 文氏金丝雀螺 *Serina vincentii* (Gredler, 1898) (图版 III: 12)

Buliminus (*Napaeus*) *vincentii* Grelder, 1898a: 5, T. F. 1.
Napaeus vincentii Grelder, 1898b: 104.
Buliminus (*Serina*) *vincentii* Möllendorff, 1901: 357.
Buliminus (*Ena*) *vincentii* Kobelt, 1902: 717, pl. 106, fig. 6.
Turanena vincentii Yen, 1939: 86, pl. 8, fig. 12; Zilch, 1974: 216.
Serina vincentii Chen, Zhou, Luo & Zhang, 2003: 442.

检视标本 SMF42032：3 枚成熟空壳；在董家湾和王家坝之间，文县。

形态特征 贝壳：圆锥形，壳顶不尖出，贝壳最膨大部位出现于体螺层。生长线纤细而清晰。螺层突起。胚螺后螺层平滑。缝合线上窄带区有或无。体螺层朝壳口方向逐渐上升，侧面边缘圆整，周缘无螺旋向的光滑凹陷或皱褶区域。壳口面平，圆形，壳口与螺层接合处联生，倾斜，完全贴生于体螺层上。无次生壳口。壳口缘反折且具明显的卷边。卷边平直且不朝反壳口方向翻折。腔壁胼胝部明显。壳口反折于轴唇缘。轴柱弓形，是否具齿未知。轴唇外缘呈弓形。脐孔宽阔。贝壳单一深栗色，壳口白色或褐白色。

标本测量 Ewh：1.500 whorls，Wh：6.875—7.125—7.500 whorls，H：8.0—8.6—8.9 mm，W：5.0—5.1—5.3 mm，Ah：3.5—3.7—3.9 mm，Aw：3.5—3.6—3.7 mm，Rhw：1.61—1.66—1.69，Rhah：2.27—2.34—2.45 (SMF42032)。

地理分布 甘肃。

模式标本产地 文县。

4. 沟颈螺属 *Holcauchen* Mölldendorff, 1901

Buliminus (*Holcauchen*) Möllendorff, 1901: 362; Wiegmann, 1901: 276.
Type species: *Buliminus sulcatus* Möllendorff, 1901

特征 贝壳高，细长，有光泽，薄，透明，具 7.250—22.500 层一定程度凸出的螺层。体螺层在壳口后即略微上升。褐色至红褐色，颜色几乎单一。胚螺层光亮；随后各螺层几乎光滑，仅具数条放射向褶皱。壳口很小，胼胝发达，具角结节。轴基部具弱的斜螺旋向皱襞，及其上方一更发达的皱襞。壳口缘厚，反折部分白色。壳口的颈部白色。壳口后的体螺层具有圆形的凹陷，后者对应于腭的增厚区。脐孔卵圆形，微小。壳高 6.0—20.8 mm，壳径 1.9—5 mm。

鞭状器很短或阙如。成荚器异常长，圆柱形，无盲囊。交接器短，略呈棒状或接近圆柱状。交接器附器各部分发育良好。交接器收缩肌呈毗邻的 2 束附于体腔肌膜；其附器支附着于 A-1 上，交接器支附着于接近 A-1 的交接器上。游离输卵管和雌道中等长度。纳精囊柄异常长；分支盲管很长；纳精囊颈部短。

分布 中国。

种数 15 种和 2 亚种。

种 检 索 表

1. 壳径大于 3 mm ··· 2
   壳径不及 3 mm ··· 6
2(1). 少于 12 个螺层 ··· 3
   具有 15—20 个螺层 ·· 似烟沟颈螺 *H. clausiliaeformis*
   多于 20 个螺层 ·· 马尔康沟颈螺 *H. markamensis*
3(2). 贝壳单色 ·· 内坎沟颈螺 *H. entocraspedius*
   贝壳非单色 ··· 4
4(3). 贝壳具螺旋向色带 ·· 5
   贝壳无螺旋向色带 ·· 布鲁氏沟颈螺 *H. brookedolani*
5(4). 壳高/壳径小于 3.10，最膨大部分为次体螺层 ·· 格氏沟颈螺 *H. gregoriana*
   壳高/壳径大于 3.10，最膨大部分为体螺层 ·· 安氏沟颈螺 *H. anceyi* comb. nov.
6(1). 壳高/壳径小于 3.10 ·· 7
   壳高/壳径大于 3.10 ·· 8
7(6). 壳口缘除轴唇缘外不反折，脐孔狭缝状 ·· 束沟颈螺 *H. strangnlatus*
   壳口缘反折，无明显卷边，脐孔宽阔开放 ·· 漆沟颈螺 *H. rhusius*
   壳口缘反折形成明显的卷边，脐孔狭窄开放 ·· 微放沟颈螺 *H. micropeas*
8(6). 右旋 ·· 9
   左旋 ··· 左沟颈螺 *H. compressicollis*
9(8). 螺层凸出 ·· 10
   螺层扁平 ·· 12
10(9). 贝壳最膨大部分出现于次体螺层前的螺层 ··· 针沟颈螺 *H. rhaphis*
   贝壳最膨大部分出现于次体螺层 ··· 11
   贝壳最膨大部分出现于体螺层 ··· 康定沟颈螺 *H. kangdingensis*
11(10). 壳口缘厚，除轴唇缘不反折；壳口倾斜，与螺层接合处不联生 ·· 沟颈螺 *H. sulcatus*
   壳口缘锋利，反折形成明显的卷边；壳口垂直，与螺层接合处联生 ·· 针沟颈螺 *H. rhaphis*
12(9). 贝壳无光泽；壳口缘反折，无明显卷边；生长线纤细清晰；缝合线具下邻螺层狭窄区域 ·······················
   ·· 杆沟颈螺 *H. rhabdites* (13)
   贝壳具光泽；壳口缘反折形成明显卷边；生长线通常不清晰；缝合线无下邻螺层狭窄区域 ····················
   ··· 海氏沟颈螺 *H. hyacinthi*
13. 贝壳略粗壮，腭壁胼胝部明显 ··· 杆沟颈螺指名亚种 *H. rhabdites rhabdites*
   贝壳略细长，腭壁胼胝部薄 ··· 尖杆沟颈螺 *H. rhabdites aculus*

(53) 安氏沟颈螺 *Holcauchen anceyi* (Hilber, 1883) comb. nov.

Buliminus (*Zebrina* ?) *anceyi* Hilber, 1883: 1368-1369, pl. 5, fig. 13.
Buliminus (*Clausiliopsis*) *anceyi*: Möllendorff, 1901: 370.
Buliminus (?) *anceyi*: Kobelt, 1902: 549, pl. 86, figs. 14-15.

检视标本 无。

形态特征 贝壳塔形，体螺层下部具条纹，螺旋部光亮，角红色，随后的螺层白色，具肋，具螺旋向色带，极少凸出，体螺层基部脐孔区嵴生长线紧缩，体螺层向壳口向上抬，壳口长卵圆形。壳口白色，扩张而不反折，胼胝部薄而相连。

标本测量 Wh：11 whorls，H：19 mm，W：5 mm，Ah：5 mm，Rhw：3.8，Rah：3.8。

地理分布 西藏。

模式标本产地 邦达。

分类讨论 根据原始描述，本种在壳口完全缺乏齿状结构。因此本种不应该是仅出现于甘肃南部和四川西北部的拟烟螺。本种更宜置于沟颈螺属。

(54) 布鲁氏沟颈螺 *Holcauchen brookedolani* (Pilsbry, 1934) (图版 III：13)

Ena (Holcauchen) brookedolani Pilsbry, 1934: 23, pl. 5, figs. 5-6a; Yen, 1938: 442.

检视标本 BMNH 1933.11.22.3-6：副模；4 枚成熟空壳；Sinkiatze，四川，采集人：Brooke Dolani。MHM04340：四川康定，2003. VIII. 28，采集人：石恺。

形态特征 贝壳：塔形或高圆锥状，壳顶不尖出，右旋，壳质薄，坚固，略有光泽。螺层凸出，无凹陷瘢痕，不具肩，无螺旋向细沟。胚螺层平滑，光亮。胚螺后螺层平滑。缝合线上无窄带。体螺层向壳口方向平直延伸，或在壳口后立刻上升，周缘平直，具光滑的周缘螺旋向凹陷。壳口圆形，壳口与螺层接合处联生，倾斜，完全贴合于体螺层，无齿样构造，具角结节。壳口缘锋利，扩张，反折且具明显的卷边。腔壁胼胝部明显。壳口反折于轴唇缘。轴柱具 1 枚齿，向内扩展，且从壳口观不可见。脐孔狭窄。壳色两种，顶部 3 或 4 个螺层浅红褐色，随后的螺层污白色或具与壳顶同色的不明显条纹。壳口红褐色 (3 个标本，BMNH 1933.11.22.3-6) 或白色 (1 个标本，BMNH 1933.11.22.3-6)。贝壳螺旋向无色带。

标本测量 Ewh：1.500 whorls，Wh：8.625—8.833—9.000 whorls，H：9.2—9.4—9.6 mm，W：3.0—3.1—3.3 mm，Ah：2.3—2.5—2.6 mm，Aw：2.1—2.2—2.4 mm，Rhw：2.84—3.02—3.20，Rah：3.56—3.75—3.98 (BMNH 1933.11.22.3-6)。

地理分布 四川。

模式标本产地 康定 (Sinkaitze 和 Rumichangu 之间)。

(55) 似烟沟颈螺 *Holcauchen clausiliaeformis* (Möllendorff, 1901)

Buliminus (Holcuchen) clausiliaeformis Möllendorff, 1901: 364, pl. 16, figs. 28, 29; Kobelt, 1902: 866, pl. 123, figs. 28-29.

Ena (Holcauchen) clausiliaeformis: Yen, 1938: 442.

Holcauchen clausiliaeformis: Chen & Zhang, 2000: 369; Zhang, Chen & Zhang, 2003: 228.

检视标本 无。

形态特征 贝壳脐孔开放，长塔形，坚固，具纤细条纹，栗色。螺旋部很长。上部螺层很凸出，下部螺层凸出，缝合线下具窄带区。体螺层反壳口侧扁平，略下凹，基部略有纹饰。壳口倾斜，卵圆形，壳口缘扩张宽阔，几不形成唇，胼胝部厚而连续，具角结节。腭板齿向壳口内延伸远。

原始描述中的测量 Wh: 15.5 whorls, H: 20.8 mm, W: 4 mm, Ah: 3.25 mm, Aw: 4 mm, Rhw: 5.2, Rhah: 6.4。

地理分布 四川。

模式标本产地 平武（火溪沟和木瓜溪之间）。

(56) 左沟颈螺 *Holcauchen compressicollis* (Ancey, 1882)

Buliminus compresicollis Ancey, 1882: 13.
Bulminus (*Holcauchen*) *compressicollis*: Möllendorff, 1901: 365.
Holcauchen compressicollis: Chen & Zhang, 2000: 369; Zhang, Chen & Zhang, 2003: 228.

研究材料 无。

形态特征 贝壳长，烟管螺状，左旋，角红色，壳质薄。壳顶很钝，圆。体螺层向壳口向略上抬，朝壳口方向具宽阔的凹陷。壳口很少倾斜，顶部具浅沟，长圆形。壳口缘反折，角白色，胼胝部缘连接。

原始描述中的测量 Wh: 8 whorls, H: 9 mm, W: 2.7 mm, Rhw: 3.33。

地理分布 陕西。

模式标本产地 殷家坝。

(57) 内坎沟颈螺 *Holcauchen entocraspedius* (Möllendorff, 1901) (图版 III: 14)

Buliminus (*Holcauchen*) *entocraspedius* Möllendorff, 1901: 367, pl. 16, fig. 37; Kobelt, 1902: 868, pl. 123, fig. 37.
Ena (*Holcauchen*) *entocraspedius*: Haas, 1933: 320.
Holcauchen entocraspedius: Yen, 1939: 88, pl. 8, fig. 31; Yen, 1942: 256; Chen & Zhang, 2000: 369; Zhang, Chen & Zhang, 2003: 228.

检视标本 MHM04319：四川泸定，2004. IX. 6，采集人：石恺。MHM04313：四川康定，2003. VIII. 10，采集人：石恺。BMNH 1902.5.13.15：1 枚成熟空壳（测量：Wh 9.625 whorls, H 8.30 mm, W 3.66 mm, Aph 2.58 mm, Apw 2.01 mm），大渡河。SMF42061：选模；大渡河，四川，Potanin 299, Slg. Mlldff。SMF42062：副模；2 枚成熟空壳；标本信息同选模。SMF104053：副模，大渡河，1893. IV. 15，Ex Mus. Petersb., Mlldff 鉴定，Slg. Jetschin (K. L. Pfr.)。SMF42063：5 个成熟个体和 1 个幼体，在康定和瓦斯沟之间，四川，Krejci-Graf S. 1930。SMF203182：1 枚成熟空壳；瓦斯沟，Ex. Khoefer. Slg. S. H. Jaeckel。

形态特征 贝壳：卵圆塔形，壳顶不尖出，右旋，壳质薄，坚固，不透明，具光泽，贝壳最膨大部分出现在次体螺层。生长线或多或少纤细、清晰。螺层凸出，无凹陷瘢痕，不具肩，无螺旋向细沟。胚螺层平滑，光亮。胚螺后螺层平滑。缝合线上无窄带。体螺层朝壳口方向逐渐上升，周缘平直或凹陷（模式标本），具光滑的周缘螺旋向凹陷。壳口面略呈波浪状，平截卵圆形，壳口与螺层接合处不联生，倾斜，完全贴合于体螺层，具齿，具角结节。腭板齿始现于距离壳口缘一段距离，向内延伸 $1/2$ 个螺层。腭壁缘圆整。壳口缘增厚，略扩张，反折狭窄但卷边明显。卷边平直且不朝反壳口方向翻折。腔壁胼胝部明显。腔壁无齿。轴唇缘反折。轴柱垂直。轴唇外缘垂直。脐孔区宽阔，脐孔狭小。贝壳色泽均匀，褐黄色。壳口白色。

标本测量　Ewh: 1.500—<u>1.688</u>—1.750 whorls, Wh: 9.500—<u>9.750</u>—10.000 whorls, H: 8.5—<u>8.8</u>—9.2 mm, W: 3.2—<u>3.2</u>—3.4 mm, Ah: 2.5—<u>2.5</u>—2.6 mm, Aw: 1.9—<u>2.0</u>—2.1 mm, Rhw: 2.55—<u>2.72</u>—2.84, Rhah: 3.35—<u>3.51</u>—3.57 (SMF42061，SMF42062，SMF104053)。

地理分布　四川。

模式标本产地　泸定。

分类讨论　MHM04319 的标本的腭壁缘更垂直，不似模式标本中腭壁缘较弯曲的情形。

(58) 格氏沟颈螺 *Holcauchen gregoriana* (Annandale, 1923) (图版 III: 15)

Buliminus (Holcauchen) gregoriana Annandale, 1923: 393, pl. 16, figs. 7, 7a.

检视标本　BMNH 1923.5.24.37-52：13 个成熟和 12 个幼体空壳，澜沧江河谷，Sh-wa-tsun 北，6200 ft，采集人：J. W. Gregory。

形态特征　贝壳：塔形，壳顶不尖出，右旋，壳质薄，坚固，不透明，有光泽，贝壳最膨大部分出现在次体螺层。螺层凸出，无凹陷瘢痕，不具肩，无螺旋向细沟。胚螺层平滑，光亮。胚螺后螺层平滑。缝合线上无窄带。体螺层向壳口方向平直或逐渐上升地延长，侧面边缘圆整，周缘无螺旋向的光滑凹陷或皱褶区域。壳口卵圆形，壳口与螺层接合处不联生，倾斜，完全贴合于体螺层，无齿样构造，具角结节。壳口缘锋利，扩张，反折且具明显的卷边。腔壁胼胝部明显或不明显。壳口反折于轴唇缘。脐孔狭窄，或呈狭缝状。灰白色，具 2 条始于壳顶的栗色色带，该色带将体螺层分为 3 部分。

标本测量　Wh: 7.250—<u>7.635</u>—7.875 whorls, H: 8.5—<u>9.2</u>—9.8 mm, W: 3.3—<u>3.8</u>—4.3 mm, Ah: 2.6—<u>2.8</u>—3.2 mm, Aw: 2.2—<u>2.4</u>—2.6 mm, Rhw: 2.09—<u>2.46</u>—2.85, Rhah: 2.78—<u>3.27</u>—3.64 (BMNH 1923.5.24.37-52)。

地理分布　西藏。

模式标本产地　邦达。

(59) 海氏沟颈螺 *Holcauchen hyacinthi* (Gredler, 1898) (图版 III: 16)

Buliminus hyacinthi Gredler, 1898a: 8-9, T. F. 4; Gredler, 1898b: 105.
Buliminus (Hoclauchen) hyacinthi: Möllendorff, 1901: 363, pl. 16, figs. 23-25; Wiegmann, 1901: 271, pl. 11, figs. 76-79; Kobelt, 1902: 864, pl. 123, figs. 23-25.

Holcauchen hyacinthi: Yen, 1939: 88, pl. 8, fig. 26; Chen & Zhang, 2000: 369; Zhang, Chen & Zhang, 2003: 228.

Pupopsis (*Holcauchen*) *hyacinthi*: Zilch, 1974: 199.

检视标本 MHM4316：甘肃文县横丹，2006. IX. 29，采集人：吴岷，刘建民，郑伟，高林辉。SMF42052：3 枚成熟空壳；王家坝，甘肃南部，Potanin 806, Slg. Mlldff。

形态特征 贝壳：卵圆塔形，壳顶不尖出，右旋，壳质薄，坚固，不透明，具光泽，贝壳最膨大部分出现在次体螺层和体螺层。生长线通常不十分清晰。螺层凸出，无凹陷瘢痕，不具肩，无螺旋向细沟。胚螺层平滑，光亮。胚螺后螺层平滑。缝合线上无窄带。体螺层向壳口方向几乎平直或逐渐上抬，周缘平直或微凹下，具不明显的反壳口侧光滑凹陷。壳口面平，平截卵圆形，壳口与螺层接合处不联生，倾斜，完全贴合于体螺层，无齿样构造，具角结节。壳口缘增厚，扩张，反折。卷边平直，短，且不朝反壳口方向翻折。腔壁胼胝部明显。体螺层出现的凹陷延伸 $1-1^{1}/_{4}$ 个螺层。壳口反折于轴唇缘。轴柱向轴倾斜。轴唇外缘几乎垂直。脐孔狭缝状。贝壳呈均匀的栗色，壳口浅褐色。

标本测量 Ewh：1.500—1.542—1.625 whorls，Wh：7.250—7.708—8.625 whorls，H：8.4—8.7—9.1 mm，W：2.2—2.3—2.4 mm，Ah：2.2—2.3—2.4 mm，Aw：1.7—1.9—2.0 mm，Rhw：3.62—3.77—3.91，Rhah：3.59—3.74—3.86 (SMF42052)。

地理分布 甘肃、四川。

模式标本产地 平武王家坝。

(60) 康定沟颈螺 *Holcauchen kangdingensis* Zhang, Chen & Zhang, 2003

Holcauchen kandingensis Zhang, Chen & Zhang, 2003: 230, figs. 1, 2.

检视标本 无。

形态特征 贝壳小，壳质略厚，不透明，有光泽，长圆柱塔形，贝壳最膨大部分出现在体螺层。螺层增长迅速，凸出。体螺层向壳口方向突然上抬。体螺层的反壳口侧中部具深沟。贝壳表面褐色，具粗密的生长线和条纹。胚螺层光滑，白色。壳顶钝。缝合线深。壳口方卵圆形。壳口与体螺层分离，扩张。壳口缘厚，不反折，不连续，腭壁右侧具 1 刻缺，轴唇具 1 小乳头状齿。轴柱缘垂直，反折。脐孔小。

原始描述中的测量 Wh：7.500—9.500 whorls，H：7.6—11.3 mm，W：2.1—2.8 mm，Ah：1.3—1.6 mm，Aw：1.1—1.4 mm，Rhw：3.45，Rhah：5.99。

地理分布 四川。

模式标本产地 康定鱼通。

(61) 马尔康沟颈螺 *Holcauchen markamensis* Chen & Zhang, 2000

Holcauchen markamensis Chen & Zhang, 2000: 371, figs. 1-3; Zhang, Chen & Zhang, 2003: 228.

研究材料 无。

形态特征 贝壳右旋，细塔形，壳质厚，有光泽，贝壳最膨大部分出现在倒数第5层至次体螺层。螺层略凸出。贝壳深红褐色，具细密的生长线。壳顶钝。壳口椭圆形。壳口缘反折，锋利。胼胝部明显，近腭壁与体螺层相接处具1枚腔壁齿。脐孔狭窄。

原始描述中的测量 Wh：22.500 whorls，H：19.3 mm，W：3.4 mm，Ah：3.0 mm，Aw：2.1 mm，Rhw：5.68，Rhah：6.43。

地理分布 四川。

模式标本产地 马尔康。

(62) 微放沟颈螺 *Holcauchen micropeas* (Möllendorff, 1901) (图版 III：17)

Buliminus (*Holcauchen*) *micropeas* Möllendorff, 1901: 366, pl. 16, figs. 32, 33; Kobelt, 1902: 867, pl. 123, figs. 32-33.

Ena (*Holcauchen*) *micropeas*: Haas, 1933: 320; Yen, 1938: 442.

Holcauchen micropeas: Yen, 1939: 88, pl. 8, fig. 29; Chen & Zhang, 2000: 370; Zhang, Chen & Zhang, 2003: 228.

检视标本 MHM04312：四川康定县，2003. IX. 7，采集人：石恺。SMF42056：选模；大渡河，四川，Potanin 296，Slg. Mlldff。SMF42097：副模；2枚成熟空壳；标本信息同选模；SMF42058（贝壳中部明显膨大，具强的腭部褶襞。故怀疑是否为本种）：3枚成熟空壳和1个幼体，在康定和瓦斯沟之间，四川，Krejci-Graf S., 1930。

形态特征 贝壳：塔形或高圆锥状，壳顶不尖出，右旋，壳质薄，坚固，不透明，具光泽，贝壳最膨大部位出现于体螺层。生长线纤细，略清晰。螺层强烈凸出，无凹陷瘢痕，不具肩，在体螺层凹陷部分无细沟（模式标本）。胚螺层平滑，略有光亮。胚螺后螺层平滑。缝合线上无窄带。体螺层向壳口方向略逐渐上升，在反壳口侧具光滑的周缘螺旋向凹陷。壳口面平，近圆形，壳口与螺层接合处联生，倾斜，完全贴合于体螺层，具齿，具角结节。腭板齿在腭壁内一段距离后出现，腭壁缘圆整。壳口缘增厚，扩张，狭窄反折且具明显的卷边。卷边平直且不朝反壳口方向翻折。腔壁胼胝部明显。腔壁无齿。体螺层出现的凹陷延伸 $3/4$—1 个螺层。轴唇缘反折，在轴唇基部具1枚弱的板齿及位于其上方的1枚较强的板齿（MHM04312中基部齿位置靠内）。轴柱垂直。轴唇外缘垂直。脐孔区宽阔，脐孔狭小。贝壳呈均匀栗色，壳口同色或较浅。

标本测量 Ewh：1.500—<u>1.708</u>—1.875 whorls，Wh：7.250—<u>7.417</u>—7.500 whorls，H：6.0—<u>6.1</u>—6.1 mm，W：2.0—<u>2.1</u>—2.2 mm，Ah：1.6—<u>1.7</u>—1.8 mm，Aw：1.5 mm，Rhw：2.77—<u>2.88</u>—3.03，Rhah：3.46—<u>3.68</u>—3.82（SMF42056，SMF42097）。

地理分布 四川。

模式标本产地 大渡河。

(63) 针沟颈螺 *Holcauchen rhaphis* (Möllendorff, 1901) (图版 III：18)

Buliminus (*Holcauchen*) *rhaphis* Möllendorff, 1901: 365, pl. 16, figs. 30, 31; Kobelt, 1902: 866, pl. 123, figs. 30-31.

Holcauchen rhaphis: Chen & Zhang, 2000: 369; Zhang, Chen & Zhang, 2003: 228.

检视标本 MHM04307：西藏芒康县，2002. VII. 11，采集人：A. Wiktor & M. Wu。SMF42054：选模；大渡河，四川，Slg. Mlldff。SMF42055：副模；2枚成熟空壳；大渡河，四川，Potanin 297. Slg. Mlldff。SMF203183：1枚成熟空壳；瓦斯沟，Slg. S. H. Jaeckel。

形态特征 贝壳：塔形，壳顶不尖出，右旋，壳质薄，贝壳脆弱，半透明，具光泽，贝壳最膨大部位出现于倒数第3层和次体螺层。生长线纤细，略清晰。螺层凸出，无凹陷瘢痕，不具肩，无螺旋向细沟。胚螺层平滑，光亮。胚螺后螺层平滑。缝合线上无窄带。体螺层朝壳口方向逐渐上升，周缘凹陷，反壳口侧具光滑的周缘螺旋向凹陷。壳口面平，平截卵圆形，壳口与螺层接合处几联生，几乎垂直，完全贴合于体螺层，具齿，具角结节。腭壁板齿强。腭壁缘圆整。壳口缘锋利，扩张，反折且具明显的卷边。卷边略向背壳口方向翻折。腔壁胼胝部明显。腔壁无齿。体螺层出现的凹陷约延伸 $1^1/_2$ 个螺层。轴唇缘反折，轴唇具2枚大小相似的板齿 (MHM04307)。轴柱向轴倾斜。轴唇外缘垂直。脐孔狭窄。贝壳色泽均一黄褐色，壳口呈褐白色。

标本测量 Ewh：1.500—<u>1.583</u>—1.750 whorls，Wh：9.750—<u>9.958</u>—10.250 whorls，H：8.0—<u>8.3</u>—8.7 mm，W：2.1—<u>2.2</u>—2.4 mm，Ah：2.0—<u>2.2</u>—2.4 mm，Aw：1.5—<u>1.7</u>—1.9 mm，Rhw：3.60—<u>3.76</u>—3.87，Rhah：3.69—<u>3.84</u>—4.12 (SMF42054，SMF42055)。

地理分布 四川。

模式标本产地 大渡河泸定段。

(64) 杆沟颈螺指名亚种 *Holcauchen rhabdites rhabdites* (Gredler, 1898) (图版 III：19)

Buliminus rhabdites Gredler, 1898a: 9-10, T. F. 5; Gredler, 1898b: 106.
Buliminus (*Holcauchen*) *rhabdites*: Möllendorff, 1901: 363, pl. 16, figs. 19, 20; Wiegmann, 1901: 274, pl. 11, figs. 80-88; Kobelt, 1902: 864, pl. 123, figs. 19-22.
Holcauchen rhabdites: Yen, 1939: 88, pl. 8, fig. 25; Chen & Zhang, 2000: 369; Zhang, Chen & Zhang, 2003: 228.

检视标本 SMF42051：3枚成熟空壳；玉垒关和文县之间，甘肃，Potanin 953, Slg. Mlldff。

形态特征 贝壳：圆柱状，壳顶不尖出，右旋，壳质薄，贝壳脆弱，不透明，无光泽，贝壳最膨大部位出现于倒数第3层至次体螺层。生长线纤细，略清晰。螺层扁平，无凹陷瘢痕，不具肩，无螺旋向细沟。胚螺层平滑，光亮。胚螺后螺层平滑。缝合线下狭窄区域有但不明显。体螺层向壳口方向略逐渐上升，周缘平直或具不甚明显的光滑周缘螺旋向凹陷。壳口面平，平截卵圆形，壳口与螺层接合处不联生，垂直，完全贴合于体螺层，无齿样构造，具角结节。壳口缘增厚，扩张，反折但不形成明显的卷边。腔壁胼胝部明显。体螺层出现的凹陷向内延伸约2个螺层。壳口反折于轴唇缘。轴柱倾斜。轴唇外缘倾斜。脐孔狭缝状。贝壳均一栗色，壳口浅褐色。

标本测量　Ewh：1.500 whorls，Wh：7.750—8.040—8.375 whorls，H：8.2—8.4—8.7 mm，W：1.9—2.0—2.0 mm，Ah：2.1 mm，Aw：1.5 mm，Rhw：4.16—4.30—4.46，Rhah：3.98—4.06—4.16 (SMF42051)。

地理分布　甘肃。

模式标本产地　文县。

(65) 尖杆沟颈螺 *Holcauchen rhabdites aculus* (Möllendorff, 1901)

Buliminus (*Holcauchen*) *rhabdites aculus* Möllendorff, 1901: 363, pl. 16, figs. 21, 22; Kobelt, 1902: 864.

检视标本　无。

形态特征　贝壳略细长，腭壁胼胝部薄。

原始描述中的测量　H：8 mm，W：1.9 mm，Rhw：4.21。

地理分布　甘肃。

模式标本产地　文县。

(66) 漆沟颈螺 *Holcauchen rhusius* (Möllendorff, 1901) (图版 III：20)

Buliminus (*Holcauchen*) *rhusius* Möllendorff, 1901: 364, pl. 16, figs. 26, 27; Kobelt, 1902: 865, pl. 123, figs. 26-27.

Holcauchen rhusius: Yen, 1939: 88, pl. 8, fig. 27; Chen & Zhang, 2000: 370; Zhang, Chen & Zhang, 2003: 228.

检视标本　SMF42053：正模；接近木瓜溪的火溪沟，平武，四川。Potanin 854, Slg. Mlldff。

形态特征　贝壳：塔形，壳顶不尖出，右旋，壳质薄，贝壳脆弱，半透明至不透明，具光泽，贝壳最膨大部位出现于次体螺层至体螺层。生长线通常不十分清晰。螺层凸出，无凹陷瘢痕，不具肩，无螺旋向细沟。胚螺层平滑，光亮。胚螺后螺层平滑。缝合线上无窄带。体螺层略向壳口方向上抬；反壳口侧具光滑的周缘螺旋向凹陷。壳口面平，半圆形或圆角方形，壳口与螺层接合处联生，几乎垂直，完全贴合于体螺层，无齿样构造，具角结节。壳口缘增厚，扩张，略反折但不形成明显的卷边。腔壁胼胝部明显。体螺层出现的凹陷约延伸 $1\frac{1}{2}$ 个螺层。壳口反折于轴唇缘。轴柱向轴倾斜。轴唇外缘离轴倾斜。脐孔宽阔。贝壳呈均一栗色，壳口浅褐色。

标本测量　Ewh：1.500 whorls, Wh：7.625 whorls，H：7.0 mm，W：2.4 mm，Ah：1.9 mm，Aw：1.6 mm，Rhw：2.88，Rhah：3.73 (SMF42053)。

地理分布　四川。

模式标本产地　平武。

(67) 束沟颈螺 *Holcauchen strangnlatus* (Möllendorff, 1901)

Buliminus (*Holcuchen*) *strangnlatus* Möllendorff, 1901: 367, pl. 16, figs. 38-40; Kobelt, 1902: 869, pl. 123, figs. 38-40.

Holcauchen strangnlatus: Chen & Zhang, 2000: 370; Zhang, Chen & Zhang, 2003: 228.

检视标本 无。

形态特征 贝壳：卵圆塔形，壳顶尖出，右旋，壳质薄，坚固，不透明，有光泽，贝壳最膨大部位出现于体螺层。螺层凸出，无凹陷瘢痕，不具肩，体螺层具不均匀分布的螺旋向细沟。胚螺层平滑，光亮。胚螺后螺层平滑。缝合线上无窄带。体螺层向壳口方向平直或逐渐上升地延长，周缘凹陷，具光滑的周缘螺旋向凹陷。壳口卵圆形，壳口与螺层接合处不联生，略倾斜，具角结节。壳口缘增厚，不扩张，除轴唇区外不反折。腔壁胼胝部明显。轴唇缘略反折。脐孔狭缝状。贝壳色泽均匀，深栗色，壳口白色。贝壳上部着色如其余部分。

原始描述中的测量 Wh：8 whorls，H：7 mm，W：2.75 mm，Rhw：2.55。

地理分布 甘肃。

模式标本产地 甘肃 (Pchipiao)。

(68) 沟颈螺 *Holcauchen sulcatus* (Möllendorff, 1901) (图版 III：21)

Buliminus (*Holcauchen*) *sulcatus* Möllendorff, 1901: 366, pl. 16, figs. 34-36; Kobelt, 1902: 868, pl. 123, figs. 34-6.

Holcauchen sulcatus: Yen, 1939: 88, pl. 8, fig. 30; Chen & Zhang, 2000: 369; Zhang, Chen & Zhang, 2003: 228.

检视标本 SMF42059：选模；官亭，甘肃，Potanin 161. Slg. Mlldff。SMF42060：副模，李家堡和西固城之间，甘肃，Slg. Mlldff。MHM05706：甘肃官亭镇，2006. X. 3，采集人：刘建民，郑伟。

形态特征 贝壳：塔形，壳顶尖出，右旋，壳质薄，贝壳脆弱，半透明，具光泽，贝壳最膨大部位出现于次体螺层。生长线纤细，略清晰。螺层凸出，无凹陷瘢痕，不具肩，无螺旋向细沟。胚螺层平滑，光亮。胚螺后螺层平滑。缝合线上无窄带。体螺层朝壳口方向逐渐上升，周缘凹陷，具光滑的周缘螺旋向凹陷。壳口面平，呈具圆角的三角形或四边形状，壳口与螺层接合处不联生，倾斜，完全贴合于体螺层，具齿，具角结节。具腭壁板齿。腭缘圆整。壳口缘增厚，扩张，除轴唇区外不反折。腔壁胼胝部明显。腔壁无齿。体螺层出现的凹陷约延伸 1 个螺层。轴唇缘反折，在轴唇基部具 1 枚弱的板齿及位于其上方的 1 枚较强的板齿。轴柱垂直。轴唇外缘向轴倾斜。脐孔狭窄。贝壳除最后 1 mm 体螺层 (包括壳口) 白色外，呈均一栗色。

生殖系统：成荚器圆柱形，粗细均匀，外部光滑，具众多盘曲。成荚器盲囊阙如。鞭状器短，管状，近端直，顶端钝。交接器粗细一致，壁薄。交接器纵向壁柱在成荚器开口处不愈合，形成 1 个 "V" 形结构。"V" 形壁柱近端游离且达交接器收缩肌连接处，远端愈合为 1 个乳突。乳突中等大小。交接器附器长，在距生殖腔一定长度处与交接器分叉，有分节，A-1 与 A-2 愈合，而 A-3、A-4 和 A-5 均可由明显的界线区分。A-1 长，无朝向交接器腔的乳突，具纵向壁柱。A-2 内壁具众多纵向壁柱，近 A-3 处有 1 圈乳突。A-3 向 A-2 开口处无针状乳突。交接器收缩肌 2 支，交接器支的另一端着生于交接器中部，而交接器附器支的另一端着生于愈合的 A-1 和 A-2 上。连接雌道和成夹器的肌质带阙如。生殖腔短，无生殖腔收缩肌。游离输卵管长度中等，较雌道长。雌道长度中等，不膨大，直，未衬有疏松的海绵样组织，无色素沉着。纳精囊管长，近端盘曲。纳精囊中等大小，与纳精囊管界线不明显。具柄。纳精囊管分支盲管较纳精囊长，膨大。纳精囊和分支盲管可区别，其分叉处离纳精囊基部远。

标本测量　Ewh: 1.250—<u>1.312</u>—1.375 whorls, Wh: 8.250—<u>8.375</u>—8.500 whorls, H: 8.9—<u>9.0</u>—9.1 mm, W: 2.7—<u>2.8</u>—2.9 mm, Ah: 2.5—<u>2.5</u>—2.6 mm, Aw: 1.9—<u>1.9</u>—2.0 mm, Rhw: 3.06—<u>3.19</u>—3.31, Rhah: 3.46—<u>3.58</u>—3.69 (SMF42059, SMF42060)。

地理分布　甘肃。

模式标本产地　宕昌官亭。

5. 拟烟螺属 *Clausiliopsis* Mölldendorff, 1901

Buliminus (*Clausiliopsis*) Möllendorff, 1901: 368.
Type species: *Buliminus* (*Zebrina*) *szechenyi* O. Böttger, 1883

特征　贝壳塔状，坚实，光泽弱，具 7.250—11.750 层略凸出的螺层。体螺层略微向壳口方向上升。褐色至几乎白色，有时具弱的放射向深色条纹。胚螺层光滑；随后各螺层几乎光滑，仅不明显地具有不规则间距的放射向褶皱。壳口小，接近垂直，胼胝不发达，但角结节明显。轴具斜的螺旋向皱襞，该皱襞在次体螺层内极度扩大，以后消失。壳口缘厚，宽阔地反折。脐孔卵为短小的狭缝。壳高 9.5—22.4 mm，壳径 3.2—9.3 mm。

分布　中国。

种数　10 种。

种 检 索 表

1. 胚螺后螺层光滑 ··· 2
   胚螺后螺层具褶纹 ·· 肖氏拟烟螺 *C. schalfejewi*
   胚螺后螺层具放射向规则肋，后者破碎为成排的清晰圆瘤 ············· 瘤拟烟螺 *C. amphischnus*
   胚螺后螺层具肋 ··· 6
2(1). 贝壳极光亮 ·· 暗线拟烟螺 *C. phaeorhaphe*
   贝壳无光泽 ··· 3
   贝壳有光泽 ··· 4
3(2). 胚螺层光亮，体螺层周缘平直，壳口平截卵圆形，壳口缘锋利 ········· 蔡氏拟烟螺 *C. szechenyi*

　　　　　胚螺层无光亮，体螺层侧面边缘圆整，壳口卵圆形，壳口缘厚 ········ 横丹拟烟螺 *C. hengdan*
4(2). 体螺层侧面边缘圆整，具腔壁板齿，壳口倾斜，壳高与壳径比例小于 3.20 ······················ 5
　　　　　体螺层周缘平直，无腔壁板齿，壳口垂直，壳高与壳径比例大于 3.20 ······ 平拟烟螺 *C. elamellatus*
5(4). 壳口平截卵圆形，无腭壁板齿，壳口缘锋利，螺层无螺旋向细沟 ········ 柯氏拟烟螺 *C. kobelti*
　　　　　壳口呈圆角的菱形，具腭壁板齿，壳口缘增厚，螺层具螺旋向细沟 ··· 布氏拟烟螺 *C. buechneri*
6(1). 贝壳极光亮，壳口面波状，具腭壁板齿，具腔壁板齿 ···················· 格拟烟螺 *C. clathratus*
　　　　　贝壳具光泽，壳口面平，无腭壁板齿，无腔壁板齿 ············ 瑟珍拟烟螺 *C. senckenbergianus*

(69) 瘤拟烟螺 *Clausiliopsis amphischnus* (Haas, 1933) (图版 III：22)

Zebrina (*Styloptychus*) *amphischnus* Haas, 1933: 321, Abb. 12, 12a; Yen, 1938: 441.
Clausiliopsis amphischnus: Yen, 1939: 89, T. 8, fig. 35.

检视标本 SMF6463：正模，曾破碎的成熟空壳；4 km von Hsa-pin-tshan, 大渡河北岸，四川，Krejci-Graf S. 1930。SMF6464：副模；1 枚无壳顶的成熟空壳和 1 枚口缘未充分成熟的空壳。

形态特征 贝壳：纺锭形，壳顶不尖出，右旋，壳质薄，坚固，不透明，具光泽，贝壳最膨大部位出现于次体螺层。生长线纤细清晰 (在新鲜标本中)。螺层扁平，无凹陷瘢痕，不具肩，无螺旋向细沟。胚螺层平滑，光亮。第 5 层至体螺层具成排而明显的小圆瘤，似由规则的轴向肋破碎而成。缝合线上无窄带。体螺层朝壳口方向逐渐上升，侧面边缘圆整，周缘无螺旋向的光滑凹陷或皱褶区域。壳口面波状，平截卵圆形，壳口与螺层接合处不联生，倾斜，完全贴合于体螺层，无齿样构造，角结节阙如。壳口缘增厚，较扩张，反折但不形成明显的卷边。腔壁胼胝部明显。壳口反折于轴唇缘。轴柱向轴倾斜。轴唇外缘倾斜。脐孔狭缝状。壳色两种，无颗粒螺层黄褐色，具颗粒螺层具轴向白色条纹。壳口灰白色。贝壳螺旋向无色带。

标本测量 Ewh：1.500—<u>1.625</u>—1.750 whorls，Wh：9.250—<u>9.375</u>—9.500 whorls，H：12.4—<u>13.4</u>—14.3 mm，W：3.8—<u>3.8</u>—3.9 mm，Ah：3.5—<u>3.6</u>—3.6 mm，Aw：2.7 mm，Rhw：3.29—<u>3.48</u>—3.67，Rah：3.46—<u>3.77</u>—4.07 (SMF6463，SMF6464)。

地理分布 四川。
模式标本产地 大渡河。

(70) 布氏拟烟螺 *Clausiliopsis buechneri* (Möllendorff, 1901) (图版 III：23)

Buliminus (*Clausiliopsis*) *buechneri* Möllendorff, 1901: 372, pl. 17, figs. 12, 13; Kobelt, 1902: 872, pl. 124, figs. 12, 13.
Clausiliopsis buechneri: Yen, 1939: 90, pl. 8, fig. 39. (Remarks: it looks more like a *szechenyi*.).

检视标本 SMF42074：选模；南坪，四川，B. 842, 713b, Slg. Mlldff。SMF42075：副模；3 枚成熟空壳；标本信息同选模。

形态特征 贝壳：长卵圆形，壳顶不尖出，右旋，壳质薄，坚固，不透明，具光泽，贝壳最膨大部位出现于体螺层。生长线通常不十分清晰。螺层凸出，无凹陷瘢痕，不具肩，仅脐孔区域具弱而清晰的螺旋向细沟。胚螺层平滑，光亮。胚螺后螺层平滑。缝合线上无窄带。体螺层朝壳口方向逐渐上升，侧面边缘圆整，在反壳口侧、近壳口处不明显地出现密集的或增厚的生长线样褶皱所形成的粗糙区域。壳口面平，圆角菱形，壳口与螺层接合处不联生，略倾斜，完全贴合于体螺层，具齿，角结节大。腭板齿向壳口内延伸约 $1/2$ 个螺层。腭腔缘圆整。壳口缘增厚，扩张，除轴唇区外不反折。腔壁胼胝部明显。腔壁板齿强，通常较角结节长大。轴唇缘反折，具1凸出而向内延伸的板齿。轴柱呈弓形。轴唇外缘倾斜。脐孔狭窄。贝壳浅黄褐色，具少量或深或浅的轴向条纹。壳口呈夹褐色调的白色。贝壳螺旋向无色带。

标本测量 Ewh：1.500—<u>1.656</u>—1.750 whorls，Wh：9.125—<u>9.812</u>—10.750 whorls，H：13.2—<u>14.0</u>—14.8 mm，W：4.7—<u>4.9</u>—5.2 mm，Ah：3.7—<u>3.8</u>—3.9 mm，Aw：2.9—<u>3.1</u>—3.3 mm，Rhw：2.62—<u>2.85</u>—3.11，Rah：3.42—<u>3.71</u>—3.97 (SMF42074，SMF42075)。

地理分布　四川。

模式标本产地　南坪。

(71) 格拟烟螺 *Clausiliopsis clathratus* (Möllendorff, 1901) (图版 III：24)

Buliminus (Clausiliopsis) clathratus Möllendorff, 1901: 371, pl. 17, figs. 6-8; Kobelt, 1902: 871, pl. 124, figs. 6-8.
Clausiliopsis clathratus: Yen, 1939: 89, pl. 8, fig. 36.

检视标本　SMF42071：选模；南坪，四川，Potanin 155, 716, 843, Slg. Mlldff。SMF42072：副模；2枚成熟空壳；其中1个个体壳口破损。标本信息同选模。

形态特征　贝壳：卵塔形或纺锭形，壳顶不尖出，右旋，壳质薄，坚固，不透明，具光泽，贝壳最膨大部位出现于次体螺层。生长线通常不十分清晰。螺层凸出，无凹陷瘢痕，不具肩，无螺旋向细沟。胚螺层平滑，光亮。所有胚螺后螺层具几乎等距分布的肋，肋间距为0.2—0.7 mm。缝合线上无窄带区。体螺层朝壳口方向逐渐上升，周缘圆整或平直，周缘无螺旋向的光滑凹陷或皱褶区域。壳口面略呈波浪状，平截卵圆形，壳口与螺层接合处不联生，倾斜，完全贴合于体螺层，具齿，具角结节。腭板齿向壳口内延伸约 $3/4$ 个螺层。腭壁缘圆整。壳口缘增厚，扩张，除轴唇区外不反折。腔壁胼胝部明显。腔壁板齿小瘤状。轴唇缘反折，具1凸出而向内延伸的板齿。轴柱呈弓形。轴唇外缘倾斜。脐孔狭窄，或呈狭缝状。贝壳褐色，肋色发白，壳口浅褐色。螺层上部着色如贝壳其余部分。贝壳螺旋向无色带。

标本测量　Ewh：1.500—<u>1.625</u>—1.750 whorls，Wh：10.500—<u>10.875</u>—11.250 whorls，H：12.9—<u>13.4</u>—13.8 mm，W：3.4—<u>3.6</u>—3.8 mm，Ah：3.1—<u>3.2</u>—3.3 mm，Aw：2.2—<u>2.4</u>—2.6 mm，Rhw：3.67—<u>3.76</u>—3.85，Rah：4.17—<u>4.18</u>—4.19 (SMF42071，SMF42072)。

地理分布　四川。

模式标本产地　南坪。

(72) 平拟烟螺 *Clausiliopsis elamellatus* (Möllendorff, 1901) (图版 III: 25)

Buliminus (*Clausiliopsis*) *elamellatus* Möllendorff, 1901: 372, pl. 17, figs. 9-11; Kobelt, 1902: 871, pl. 124, figs. 9-11.
Ena elamellata Yen, 1935: 56-57, pl. 3, figs. 20, 20a.
Clausiliopsis elamellatus Yen, 1939: 90, pl. 8, fig. 38.

检视标本 SMF42073：选模；石鸡坝，白龙江，甘肃，Potanin 557, Slg. Mlldff。

形态特征 贝壳：柱圆锥形，壳顶不尖出，右旋，壳质薄，坚固，不透明，具光泽，贝壳最膨大部位出现于倒数第 3 层至体螺层。生长线纤细而清晰。螺层凸出，无凹陷瘢痕，不具肩，无螺旋向细沟。胚螺层平滑，光亮。胚螺后螺层平滑。缝合线上无窄带。体螺层略逐渐向壳口方向上抬，周缘几平直，在反壳口侧、近壳口处不明显地出现密集的/增厚的生长线样褶皱所形成的粗糙区域。壳口面平，平截卵圆形，壳口与螺层接合处不联生，几乎垂直，完全贴合于体螺层，具齿，具角结节。腭板齿向壳口内延伸约 $1/2$ 个螺层。腭壁缘圆整。壳口缘锋利，扩张，除轴唇区外不反折。腔壁板齿阙如。腭壁具长的螺旋向褶皱。轴唇缘反折，具 1 凸出而向内延伸的板齿。轴柱垂直。轴唇外缘倾斜。脐孔狭窄。贝壳角褐色，具一些深色条纹和白色增厚。壳口褐白色。贝壳螺旋向无色带。

标本测量 Ewh: 1.875 whorls, Wh: 11.750 whorls, H: 14.4 mm, W: 3.2 mm, Ah: 3.2 mm, Aw: 2.5 mm, Rhw: 4.45, Rhah: 4.47 (SMF42073)。

地理分布 甘肃。

模式标本产地 白龙江 (石鸡坝)。

(73) 横丹拟烟螺 *Clausiliopsis hengdan* Wu & Wu, 2009 (图 44；图版 III: 26)

Clausiliopsis hengdan Wu & Wu, 2009: 40(1): 94, figs. 3, 4 & 5.

检视标本 MHM05557：模式标本；甘肃文县横丹，沿 829 m a.s.l 32°51′44.7″N 104°50′48.2″E、779 m a.s.l 32°51′49.4″N 104°50′37.7″E 至 789 m a.s.l 32°51′41.6″N 104°50′43.1″E 一线；石灰岩山地，灌丛；2006.IX.29，采集人：吴岷，刘建民，郑伟，高林辉。

形态特征 贝壳：纺锭形，壳顶尖出，右旋，壳质薄，坚固，不透明，无光泽，贝壳最膨大部位出现于次体螺层。螺层凸出，无凹陷瘢痕，不具肩，无螺旋向细沟。胚螺层平滑，无光泽。胚螺后螺层平滑。缝合线上无窄带。体螺层朝壳口方向逐渐上升，侧面边缘圆整，周缘无螺旋向的光滑凹陷或皱褶区域。壳口卵圆形，壳口与螺层接合处不联生，倾斜，具齿，具角结节。无腭壁皱襞。腭壁缘圆整。壳口缘增厚，反折但不形成明显的卷边。腔壁胼胝部不明显。具腔壁板齿。腭壁无深凹或皱襞。轴唇缘反折，具 1 枚明显的向内延展的板齿。脐孔狭缝状。贝壳黄褐色，靠近壳口处浅至白色。壳口黄白色。

生殖系统：输精管粗细一致。成荚器极长，向远端逐渐变细，外部光滑，远端形成数个圈环。成荚器盲囊出现于近端 $1/3$ 处，顶端钝，接近成荚器与交接器连接处。鞭状

各　论　艾纳螺科　拟烟螺属　　　　　　　　　　　143

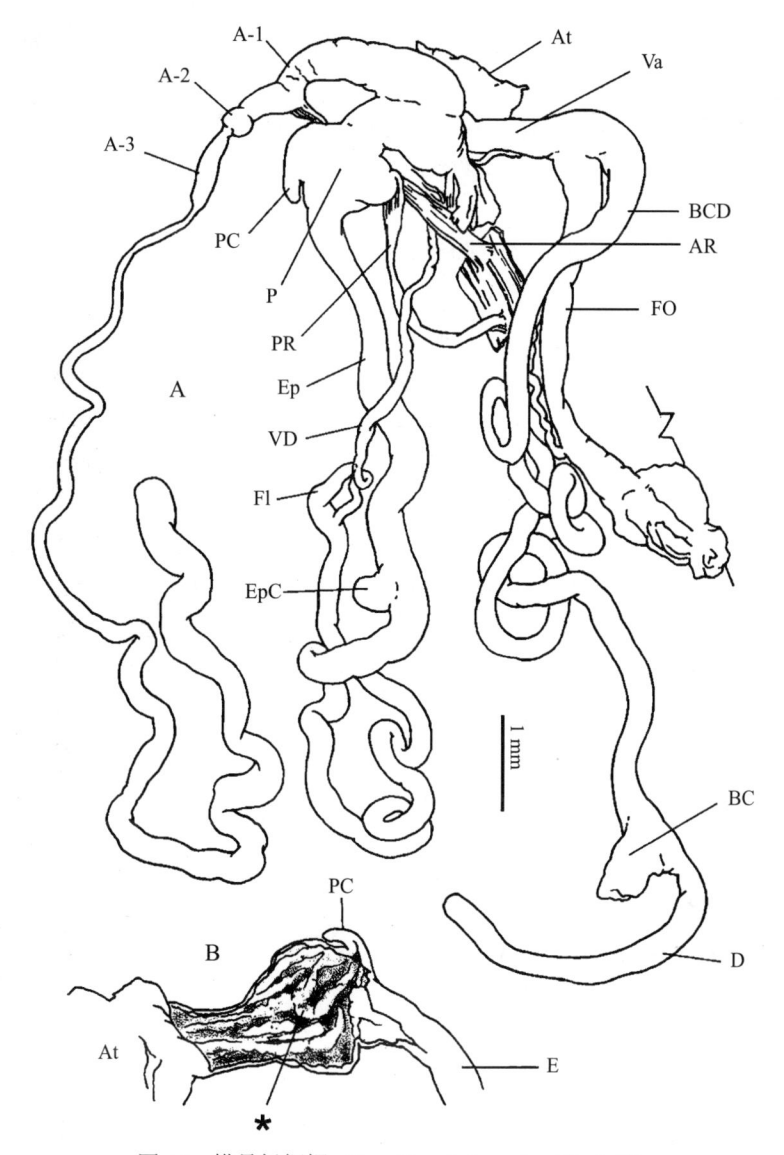

图 44　横丹拟烟螺 *Clausiliopsis hengdan* Wu & Wu
A. 生殖系统全面观，副模 MHM05557- spec.1；B. 交接器内面观，星号示 "V" 形壁柱，副模 MHM05557- spec.2 (仿 Wu and Wu, 2009)

Fig. 44　*Clausiliopsis hengdan* Wu & Wu
A. General view of genitalia, paratype MHM05557- spec.1; B. Inner view of penis, asterisk –V-shaped pilaster, MHM05557-spec.2 (After Wu and Wu, 2009)

器很短，圆锥形，近端直，顶端钝。交接器棒状，远端膨大，其端部与成莢器相连，壁较厚。交接器壁柱多于 2 条，在成莢器开口处不愈合，形成 1 个 "V" 形结构。交接器突起 1 枚，乳头状，位于成莢器和交接器相接处。交接器附器极长，在交接器基部分出，有分节，A-1、A-2 和 A-3 清晰可分，A-4 和 A-5 愈合。A-1 短。A-5 盘曲。交接器收缩肌 2 支，分别着生于体壁上，其交接器支的另一端着生于交接器远端，交接器附器支的另一端着生于 A-1。连接雌道和成荚器的肌质带阙如。生殖腔短。游离输卵管长，是雌道的 3 倍以上。雌道短，不膨大，直，未衬有疏松的海绵样组织，无色素沉着。纳精囊管极长，近端强烈盘曲。纳精囊池小，与纳精囊管界线不明显。纳精囊管分支盲管较纳精囊长，端部不膨大。纳精囊和分支盲管可区别，其分叉处离纳精囊基部远。

生殖系统测量：P 2.2；Ep 18.7；Fl 1；Va 2；FO 3.7；BCD 21.3；BC 1；D 4.7 (副模 MHM05557-spec.1；在另一副模 MHM05557-spec.2 中：App 14.3, P 3.4, Ep 18.8, Fl 1.3, Va 1.9, FO 4.7, BCD 20.0, BC 1.4, D 4.0)。

标本测量 Ewh: 1.750—1.875—2.000 whorls, Wh：8.500—8.944—9.750 whorls，H：14.1—16.1—18.2 mm, W：5.2—6.0—6.4 mm, Ah：4.9—5.5—6.1 mm, Aw：3.9—4.5—4.9 mm, Rhw：2.39—2.69—3.16, Rhah：2.66—2.91—3.33 (MHM05557)。

地理分布 甘肃。

模式标本产地 文县。

生态 本种分布在岩块错落且石缝中灌木丛生的石灰岩低山山地。岩石表面多少潮湿，其表面覆盖有生长良好的苔藓类和地衣。本种种群的个体数量极少。

分类讨论 横丹拟烟螺 *C. hengdan* 在贝壳特征上与其他拟烟螺种类很不同，考虑壳高，该种的贝壳壳径很宽。交接器附器、成荚器和纳精囊管比 *C. szechenyi* 更长。但本种中同时出现交接器盲囊和成荚器盲囊、交接器略呈球形、纳精囊管长而近端盘曲和具长的纳精囊盲管，为本种的鉴别特征。

(74) 柯氏拟烟螺 *Clausiliopsis kobelti* (Möllendorff, 1901) (图版 III：27)

Buliminus (*Clausiliopsis*) *kobelti* Möllendorff, 1901: 373, pl. 17, figs. 14-15a; Kobelt, 1902: 873, pl. 124, figs. 14-15.
Ena (*Clausiliopsis*) *kobelti*: Yen, 1938: 442.
Clausiliopsis kobelti: Yen, 1942: 256.

检视标本 BMNH 99.1.13.47-48：2 枚成熟空壳；中国西部。MHM05586：贝壳较 BMNH 标本大；腭壁褶襞更短且位于更内部的位置；甘肃文县横丹，2006. IX. 29，采集人：吴岷，刘建民，郑伟，高林辉。MHM05517a：仅 1 具软体成熟个体；甘肃文县碧口，2006. IX. 28，采集人：吴岷，刘建民，郑伟，高林辉。

形态特征 贝壳：纺锭形，壳顶不尖出，右旋，壳质薄，坚固，半透明，具光泽，贝壳最膨大部位出现于体螺层和次体螺层。螺层凸出，无凹陷瘢痕，不具肩，无螺旋向细沟。胚螺层平滑，光亮。胚螺后螺层平滑。缝合线上无窄带。体螺层向壳口方向略逐渐上升，侧面边缘圆整，周缘无螺旋向的光滑凹陷或皱褶区域。壳口平截卵圆形，壳口与螺层接合处不联生，倾斜，完全贴合于体螺层，具齿，具角结节，无腭壁皱襞。腭壁缘圆整。壳口缘锋利，扩张，反折且具明显的卷边。腔壁胼胝部不明显。腔壁板齿弱但明显，在角结节后 1 mm 处。腭板齿向壳口内延伸约 $^{1}/_{4}$ 个螺层。轴唇缘几乎不反折，具 1 凸出而向内延伸的板齿。脐孔狭缝状。贝壳褐绿色或灰绿色。壳口白色或红白色。螺层上部着色如贝壳其余部分。

标本测量　Ewh：1.500 whorls，Wh：8.375 whorls，H：13.9 mm，W：5.2 mm，Ah：4.7 mm，Aw：3.7 mm，Rhw：2.66，Rhah：2.95 (MHM05586)。

地理分布　甘肃、四川。

模式标本产地　平武。

(75) 暗线拟烟螺 *Clausiliopsis phaeorhaphe* (Möllendorff, 1901) (图版 III：28)

Buliminus (*Clausiliopsis*) *phaeorhaphe* Möllendorff, 1901: 371, pl. 17, figs. 3, 5; Kobelt, 1902: 870, pl. 124, figs. 3-5.

Clausiliopsis phaeorhaphe: Yen, 1939: 89, pl. 8, fig. 34.

检视标本　MHM05720：甘肃宕昌，2006. X. 4，采集人：刘建民，郑伟。SMF42070：正模，宕昌，甘肃，Potanin 569，Slg. Mlldff。

形态特征　贝壳：卵圆塔形，壳顶不尖出，右旋，壳质薄，坚固，不透明，有强烈光泽，贝壳最膨大部位出现于次体螺层。生长线通常不十分清晰。螺层极凸出，无凹陷瘢痕，不具肩，无螺旋向细沟。胚螺层平滑，光亮。胚螺后螺层平滑。缝合线上无窄带。体螺层朝壳口方向逐渐上升，周缘几乎平直，在反壳口侧、近壳口处不明显地出现密集的或增厚的生长线样褶皱所形成的粗糙区域。壳口面略波曲，平截卵圆形，壳口与螺层接合处不联生，倾斜，完全贴合于体螺层，具齿，具角结节。腭壁板齿极钝宽，腭板齿向壳口内延伸约 3/4 个螺层。腭壁缘圆整。壳口缘增厚，略扩张，除轴唇区外不反折。腔壁胼胝部明显。矮小的腔壁板齿位于角结节后。轴唇缘反折，具 1 凸出而向内延伸的板齿。轴柱垂直。轴唇外缘垂直。脐孔狭窄。贝壳乳白色，毗邻缝合线有 1 条狭窄的栗色色带，脐孔区浅栗色。螺层上部着色如贝壳其余部分。

标本测量　Ewh：1.500 whorls，Wh：11.625 whorls，H：15.1 mm，W：4.3 mm，Ah：3.5 mm，Aw：2.7 mm，Rhw：3.54，Rhah：4.28 (SMF42070)。

地理分布　甘肃。

模式标本产地　宕昌。

(76) 肖氏拟烟螺 *Clausiliopsis schalfejewi* (Gredler, 1898) (图版 III：29)

Buliminus (*Zebrina*) *schalfejewi* Gredler, 1898a: 7, T. F. 3.

Zebrina schalfejewi: Gredler, 1898b: 105.

Buliminus (*Clausiliopsis*) *schalfejewi*: Möllendorff, 1901: 369, pl. 17, figs. 1, 2.

Buliminus (*Napaeus* ?) *schalfejewi*: Kobelt, 1902: 551, pl. 86, figs. 18-19.

Clausiliopsis schalfejewi: Yen, 1939: 89, pl. 8, fig. 33; Zilch, 1974: 210.

检视标本　MHM04355：均测量，spec.1 解剖；四川九寨沟县，2004. V. 7，采集人：吴岷。MHM04286：甘肃文县，2004. IV. 10，采集人：吴岷。MHM04278：甘肃文县，2004. IV. 19，采集人：吴岷。MHM05470，MHM05430：甘肃文县，2006. IX. 27，采集人：吴岷，刘建民，郑伟，高林辉。SMF42068：4 枚成熟空壳；南坪，甘肃，Potanin 771，

490，Slg. Mlldff。

形态特征 贝壳：卵塔形或长卵圆形，壳顶尖出，右旋，壳质薄，坚固，不透明，具光泽，贝壳最膨大部位出现于次体螺层和体螺层。螺层略凸出，无凹陷瘢痕，不具肩，无螺旋向细沟。胚螺层平滑，多少具光泽。缝合线上无窄带。体螺层向壳口方向略上抬，侧面边缘圆整，周缘无螺旋向的光滑凹陷或皱褶区域。壳口卵圆形，壳口与螺层接合处不联生，略倾斜，具齿，角结节清晰。无腭壁皱襞。腭壁缘圆整。壳口缘锋利，扩张，反折但不形成明显的卷边。腔壁胼胝部不明显。腔壁具一不明显的齿。腭壁无深凹或皱襞。轴唇缘反折，具 1 枚略扩展至次体螺层的明显板齿。轴柱呈弓形。轴唇外缘垂直。脐孔很狭窄。胚螺层浅褐色；随后的螺层灰白色，均匀地间杂有白色和褐色轴向粗细条纹，基部有时具深褐色条纹。壳口为白色或发红的白色。螺层上部着色如贝壳其余部分。贝壳螺旋向无色带。

生殖系统：输精管粗细一致。成荚器很长，圆柱形，粗细均匀，外部光滑，直。成荚器盲囊出现于近端 $^1/_4$ 处，顶端钝，接近成荚器与交接器连接处。鞭状器很短，圆锥形，近端直，顶端钝。交接器球形，其端部与成荚器相连，壁薄。交接器壁柱多于 2 条，在成荚器开口处不愈合，形成 1 个 "V" 形结构。交接器突起 1 枚，乳头状，位于成荚器和交接器相接处。交接器附器长，在交接器基部分出，有分节，A-1、A-2 和 A-3 清晰可分，A-4 和 A-5 愈合。A-1 短。A-5 直。交接器收缩肌 2 支，彼此靠近着着生于体墙壁，交接器支的另一端着生于交接器中部，而交接器附器支的另一端着生于愈合的 A-1 和 A-2 上。连接雌道和成荚器的肌质带阙如。生殖腔极短，无生殖腔收缩肌。游离输卵管长度中等，较雌道略长。雌道短，不膨大，直，未衬有疏松的海绵样组织，无色素沉着。纳精囊管长，近端盘曲。纳精囊中等大小，与纳精囊管区分明显，纳精囊具分支盲管，后者长度约为纳精囊池的 4 倍，端部不膨大。纳精囊和分支盲管可区别，其分叉处离纳精囊基部远。

标本测量 Ewh：1.750—<u>1.862</u>—2.000 whorls，Wh：8.375—<u>9.566</u>—11.000 whorls，H: 19.0—<u>20.6</u>—22.4 mm, W: 6.0—<u>6.5</u>—9.3 mm, Ah: 6.0—<u>6.5</u>—6.9 mm, Aw: 4.7—<u>4.9</u>—5.1 mm, Rhw: 2.09—<u>3.18</u>—3.60, Rhah: 2.95—<u>3.20</u>—3.43。

地理分布 甘肃、四川。

模式标本产地 南坪。

(77) 瑟珍拟烟螺 *Clausiliopsis senckenbergianus* Yen, 1939 (图版 III: 30)

Clausiliopsis senckenbergianus Yen, 1939: 89, pl. 8, fig. 37.

检视标本 SMF42093：正模；四川，Potanin 280a，Slg. Mlldff。SMF42094：副模；3 枚成熟空壳；标本信息同正模。

形态特征 贝壳：长卵圆形，壳顶不尖出，右旋，壳质薄，坚固，不透明，具光泽，贝壳最膨大部位出现于次体螺层和体螺层。生长线通常不十分清晰。螺层凸出，无凹陷瘢痕，不具肩，无螺旋向细沟。胚螺层平滑，光亮。胚螺后螺层具几乎等间距的肋，肋间距为 0.4—0.5 mm。缝合线上无窄带。体螺层向壳口方向平直或逐渐上升地延长，侧面边缘圆整，周缘无螺旋向的光滑凹陷或皱褶区域。壳口几在一平面上，平截卵圆形，壳口与螺层接合处不联生，倾斜，完全贴合于体螺层，具齿，角结节明显或不明显。无腭壁皱襞。腭壁缘圆整。壳口缘增厚，扩张，除轴唇区外不反折。腔壁胼胝部多少明显。腔壁无齿。腭壁无深凹或皱襞。轴唇缘反折，具 1 枚向内延展的明显板齿，后者通常在壳口观不可见。轴柱倾斜。轴唇外缘倾斜。脐孔狭缝状。贝壳褐色，肋和壳口白色。螺层上部着色如贝壳其余部分，螺旋向无色带。

标本测量 Ewh: 1.500—<u>1.594</u>—1.750 whorls, Wh: 7.250—<u>7.375</u>—7.500 whorls, H: 9.5—<u>9.8</u>—10.2 mm, W: 3.3—<u>3.6</u>—3.8 mm, Ah: 3.0—<u>3.1</u>—3.2 mm, Aw: 2.1—<u>2.3</u>—2.5 mm, Rhw: 2.56—<u>2.73</u>—2.90，Rhah: 3.10—<u>3.16</u>—3.27 (SMF42093，SMF42094)。

地理分布 四川。

模式标本产地 四川 (具体地点不详)。

(78) 蔡氏拟烟螺 *Clausiliopsis szechenyi* (Böttger, 1883) (图 45；图版 III: 31)

Buliminus (*Zebrina*) *szechenyii* Böttger, 1883 in Hilber, 1883: 1366-1367, pl. 5, fig. 10.
Buliminus szechenyi: Sturany, 1900: 35.
Buliminus (*Clausiliopsis*) *szechenyi*: Möllendorff, 1901: 369.
Buliminus (?) *szechenyi*: Kobelt, 1902: 548, pl. 86, figs. 11-13.
Buliminus (*Serinus*) *sobrina* Preston, 1912: 13-14, fig. in text.
Ena (*Clausiliopsis*) *szechenyi*: Yen, 1938: 442.
Clausiliopsis szechenyi: Yen, 1939: 89, pl. 8, fig. 32; Yen, 1942: 256; Wu & Wu, 2009: 92-94, figs. 1-2.
Serina sobrina Chen, Zhou, Luo & Zhang, 2003: 442.

检视标本 MHM05711，MHM05712：甘肃官亭镇，2006.X.3，采集人：刘建民，郑伟。MHM00322：甘肃文县，2004.IV.17，采集人：吴岷。MHM05478：甘肃文县白龙江边，943 m a.s.l 32°56′33.5″N 104°40′33.2″E，石灰岩和黄土，2006.IX.27，采集人：吴岷，刘建民，郑伟，高林辉。MHM00379：均测量；甘肃文县，2004.V.8，采集人：吴岷。MHM03336：甘肃武都县，2004.IV.24，采集人：吴岷。MHM05627：甘肃武都县佛崖，2006.X.1，采集人：刘建民，郑伟。MHM05607：甘肃武都县南山，2006.IX.30，采集人：刘建民，郑伟。MHM00323：甘肃康县，2004.IV.24，采集人：吴岷。MHM04610：甘肃文县，2004.IV，采集人：吴岷。MHM05711：甘肃官亭镇，2006.X.3，采集人：刘建民，郑伟。BMNH 1901.10.3.143：1 枚成熟空壳；甘肃。BMNH 1902.5.13.13-14：2 枚成熟空壳；甘肃。SMF42064：正模，广元，四川，X Hilber, Slg. O. Böttger。SMF42065：副模；1 枚成熟空壳；标本信息同正模。SMF42066：4 枚成熟空壳；舟曲，甘肃，Potanin 226a, 236, 560, 573, Slg. Mlldff。SMF42067：4 枚成熟空壳；徽县，甘肃，Potanin 618，Slg. Mlldff。BMNH 1912.3.26.9：*Buliminus* (*Serinus*) *sobrina* Preston, 1912 的群模，1 枚接近成熟的空壳，甘肃，采集人：A. H. Cooke。

形态特征 贝壳：长卵圆形，壳顶尖出，右旋，壳质薄，坚固，不透明，无光泽，贝壳最膨大部位出现于次体螺层和体螺层。生长线纤细，略清晰。螺层略凸出，无凹陷瘢痕，不具肩，无螺旋向细沟。胚螺层平滑，略有光亮。胚螺后螺层平滑。缝合线上无

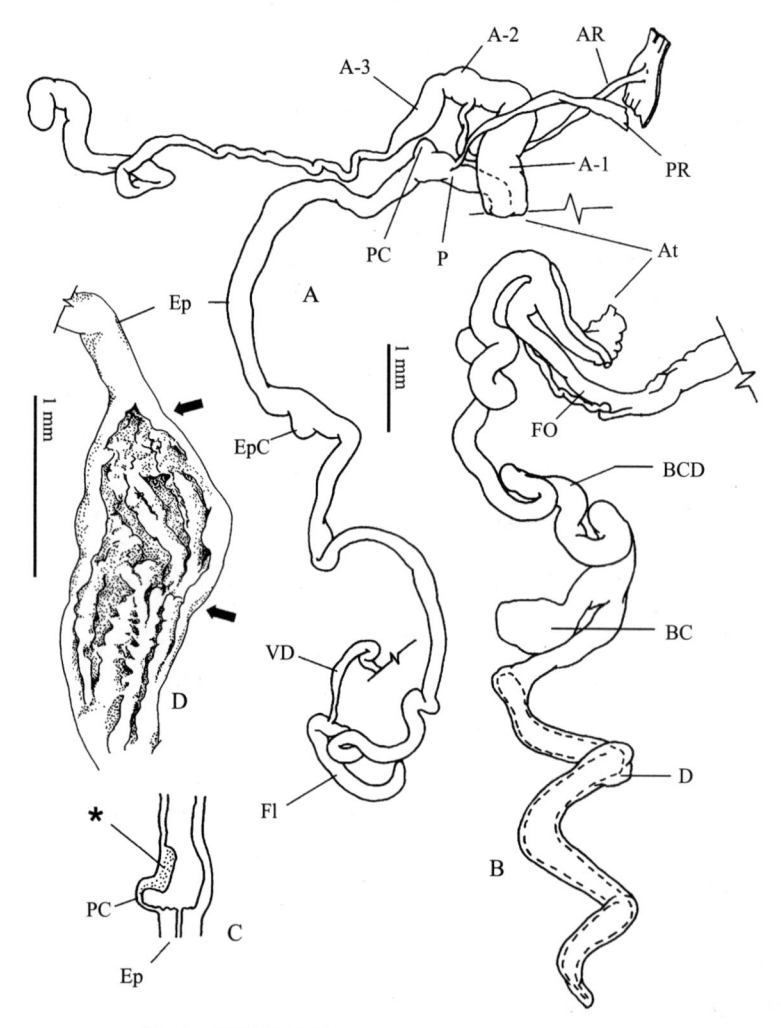

图 45 蔡氏拟烟螺 *Clausiliopsis szechenyi* (Böttger)

A. 生殖系统雄性部分，MHM00379-spec.1；B. 生殖系统雌性部分，MHM00379-spec.1；C. 交接器远端矢切面，★为"V"形壁柱；D. 交接器内面观，上面的箭头：示交接器盲囊位置；下面的箭头：示交接器收缩肌交接器支着生位置（仿 Wu and Wu, 2009）

Fig. 45 *Clausiliopsis szechenyi* (Böttger)

A. MHM00379-spec.1, male part of genitalia; B. MHM00379-spec.1, female part of genitalia; C. Diagram of sagittal-section view of distal penis, asterisk – V-shaped pilaster; D. Inner view of penis. Upper arrow – indicating the position of the opposite penial caecum, lower arrow – indicating the position of nearly opposite penial retractor insertion (After Wu and Wu, 2009)

窄带。体螺层朝壳口方向逐渐上升，周缘相当平直，周缘无螺旋向的光滑凹陷或皱褶区域。壳口面或多或少波形，平截卵圆形，壳口与螺层接合处不联生，倾斜，完全贴合于体螺层，具齿，具强的角结节。无腭壁皱襞。腭壁缘圆整。壳口缘锋利，略扩张，除轴唇区外不反折。腔壁胼胝部不明显。腔壁板齿有但不强，位于角结节后。腭壁无深凹或皱襞。轴唇缘反折，在中部具1枚明显的向内扩展的板齿。轴柱垂直。轴唇外缘垂直。脐孔狭缝状。贝壳顶部均匀的浅褐色，随后为灰褐色且有时夹杂很少的白色条纹，近壳口的螺层白色，壳口呈发红的白色。贝壳螺旋向无色带。

生殖系统：输精管粗细一致。成莢器很长，圆柱形，粗细均匀，外部光滑，靠近输精管进入处形成一些盘曲。成莢器盲囊端部钝，几乎位于成莢器中部。鞭状器略短 (在 MHM00379 中，比 MHM005478 长)，锥形至管状，近端直，顶端钝。交接器粗细一致，其端部与成莢器相连,壁薄。交接器壁柱多于 2 条,在成莢器开口处不愈合,形成 2 个 "V" 形结构 (Wu and Wu, 2009, p.94 中误写为 1 个)。"V" 形壁柱近端游离且达交接器收缩肌连接处，在远端不愈合成乳突。交接器突起 1 枚，乳头状，位于成莢器和交接器相接处。交接器附器长，在交接器基部分出，有分节，A-1 与 A-2 愈合，而 A-3、A-4 和 A-5 均可由明显的界线区分。A-1 长，无朝向交接器腔的乳突，具纵向壁柱。A-2 内腔在近 A-3 处有 1 圈乳突。A-3 向 A-2 开口处具 1 枚针样的长形乳突。A-5 长，盘曲。交接器收缩肌 2 支，分别着生于体壁上，交接器支的另一端着生于交接器中部，而交接器附器支的另一端着生于愈合的 A-1 和 A-2 上。连接雌道和成莢器的肌质带阙如。生殖腔短，无生殖腔收缩肌。游离输卵管略短，约为 2 倍雌道长。雌道略短，不膨大，直，未衬有疏松的海绵样组织，无色素沉着。纳精囊管很长，近端盘曲。纳精囊池小，与纳精囊管界线不明显。纳精囊具分支盲管，远长于纳精囊，端部不膨大。纳精囊和分支盲管可区别，其分叉处离纳精囊基部远。

生殖系统测量 P 1.3；Ep 14；Fl 0.9；Va 1.3；FO 2.2；BCD 12；BC 1.7；D 9.3。

标本测量 Ewh：1.500—<u>1.604</u>—1.750 whorls，Wh：10.375—<u>10.917</u>—11.500 whorls，H：14.4—<u>16.1</u>—17.5 mm，W：3.7—<u>4.4</u>—4.9 mm，Ah：3.8—<u>4.1</u>—4.4 mm，Aw：2.7—<u>3.1</u>—3.4 mm，Rhw：3.38—<u>3.68</u>—4.17，Rhah：3.65—<u>3.91</u>—4.21 (SMF42064，SMF42065，SMF42066)。

地理分布 甘肃、四川。

模式标本产地 广元。

分类讨论 *Buliminus* (*Serinus*) *sobrina* Preston, 1912 的正模为一个幼体空壳，壳口结构尚未发育，因此其壳口齿的结构不能观察到。然而，其他贝壳特征表明该标本与 *Clausiliopsis szechenyi* (Böttger, 1883) 完全一致。

拟烟螺属的模式种和横丹拟烟螺 *C. hengdan* 具有典型的假锥亚科特征。除拟烟螺外，该亚科包括了几乎所有的中国艾纳螺科的属，包括蛹巢螺、金丝雀螺、沟颈螺、蛹纳螺、鸟唇螺、谷纳螺、奇异螺、图灵螺和杂斑螺。拟烟螺与属 *Paramastus* Hesse, 1933 的生殖系统解剖结构很相似，而后者被 Schileyko (1998) 放在锥亚科 Buliminuinae Schileyko, 1998 内，原因是后者缺乏交接器雄突，同时出现交接器盲囊和成莢器盲囊，以及其他一些特征。与其他中国艾纳螺的属相比，拟烟螺在生殖系统结构上与蛹巢螺相似，而后者缺乏交接器盲囊。

6. 蛹纳螺属 *Pupopsis* Gredler, 1898

Pupopsis Gredler, 1898: 10.

Type species: *Buliminus pupopsis* Gredler, 1898.

特征 贝壳：长卵圆形，十分坚固，或多或少具光泽，具 5.750—9.000 中等凸出的螺层。螺层无凹陷瘢痕。体螺层向壳口方向平直或略上抬，周缘圆整。浅角褐色至白色。壳顶光滑，之后的螺层具不规则的纤细褶皱。壳口卵圆形或耳形，略倾斜，具反折的边缘，具 0—4 枚齿，角结节通常发达。通常在角结节后具 1 枚腔壁齿。轴柱不平截。若有轴唇齿，则其圆钝或隐藏于轴柱后，向或不向内延伸/扩展。腭缘具 1—2 枚齿或无。若下方的腭齿出现，可能为嵴状，并可能向内延伸，但不超过 1 个螺层。脐孔微小，圆柱形或狭缝状。壳高 5.5—15.4 mm，壳径 2.2—6.2 mm。

生殖系统：输精管进入成荚器处具明显的界线。成荚器短或长，直或形成盘曲，外部光滑，无腺壁。成荚器盲囊总出现于成荚器中部。鞭状器有或无，有则很短。交接器略呈棒状，粗细一致，内部壁柱多于 2 条，远端具 1 或 2 个 "V" 形结构或具 2 条远端相连的增厚壁柱。若具 "V" 形壁柱，其近端的游离端达交接器收缩肌着生处。通常无 "V" 形壁柱远端愈合成的乳突。交接器盲囊通常出现，若出现，囊状并位于成荚器和交接器相接处。交接器附器在距生殖腔一定长度处与交接器分叉，明显分为 A-1+A-2、A-3 和 A-4+A-5 三部分。A-1 内部无朝向交接器腔的突起。交接器收缩肌仅 2 支，分别附着于交接器中部和 A-1+A-2。2 支交接器收缩肌紧邻着附着于体腔壁。生殖腔短。通常无生殖腔收缩肌。雌道短直，不膨大，未衬有疏松的海绵样组织，无色素沉着。连接雌道和成荚器的肌质带阙如。纳精囊无顶部系带。纳精囊管长，近端盘曲或直。纳精囊盲管无 (在模式种 *P. pupopsis* 中) 或有 (在其他所有有解剖数据的种类中)；若出现，其远端膨大或不膨大。

地理分布 甘肃东南部、新疆西北部、四川北部。

种数 14 种。

分类讨论 Gredler (1898a: 45) 在描述其新种 *Buliminus pupopsis* 时有条件地引入属名："我确信这个物种将会被提升到以其自身为代表的一个属级阶元。那时它现在的种名将成为属名" (译自原文)。尽管该属是有条件地建立的，根据 ICZN Art. 15.1，属名 *Pupopsis* Gredler, 1898 是可用的。

蛹纳螺属可与其他中国分布的艾纳螺科的属在贝壳特征上互相区分，如其通常强而发达的壳口齿。但其各种在生殖系统结构上变化很大。例如，在生殖系统的雄性部分，鞭状器可能缺失、近缺失或不缺失，交接器盲囊有或无；在雌性部分，纳精囊盲囊可能有或无。

种 检 索 表

1.	轴唇外缘垂直	2
	轴唇外缘倾斜	4
	轴唇外缘弓形	8
2(1).	壳质薄，胚螺层光亮，壳具角结节，壳口缘锋利	3
	壳质厚，胚螺层不光亮，壳口无角结节，壳口缘厚	绯口蛹纳螺 *P. rhodostoma*
3(2).	无光泽，壳口缘反折形成明显的卷边，腭壁胼胝部明显，脐孔开放狭窄	英蛹纳螺 *P. yengiawat*
	具光泽，壳口缘反折，无明显卷边，腔壁胼胝部不明显，脐孔狭缝状	茂蛹纳螺 *P. maoxian*

4(1).	壳口缘完全不反折 ··· 双蛹纳螺	*P. dissociabilis*
	壳口缘除轴唇区外不反折 ·· 扭蛹纳螺	*P. torquilla*
	壳口缘反折但无明显卷边 ···	5
5(4).	胚螺层光亮，腔壁胼胝部不明显 ···	6
	胚螺层不光亮，腔壁胼胝部明显 ···	7
6(5).	壳口缘锋利，轴唇区具 1 枚钝齿状的板齿，螺层少于 8 个，螺层凸出 ······ 反齿蛹纳螺	*P. retrodens*
	壳口缘增厚，轴唇缘具 1 枚凸出而向内延伸的板齿，螺层多于 8 个，螺层扁平 ············	
	··· 蛹纳螺	*P. pupopsis*
7(5).	壳质薄，无光泽，缝合线具下邻螺层狭窄区，脐孔狭窄开放 ················ 横丹蛹纳螺	*P. hendan*
	壳质厚，具光泽，缝合线无下邻螺层狭窄区，脐孔狭缝状 ···················· 似扭蛹纳螺	*P. subtorquilla*
8(1).	轴唇区具明显的向内扩展的板齿 ···	9
	轴唇区具 1 枚瘤状的板齿 ·· 茨氏蛹纳螺	*P. zilchi*
	轴唇区具 1 枚钝齿状的板齿 ·· 拟蛹纳螺	*P. subpupopsis*
9(8).	轴柱垂直，螺层少于 8 个 ···	10
	轴柱弓形，螺层多于 8 个 ·· 多扭蛹纳螺	*P. polystrepta*
10(9).	贝壳最膨大的部分出现在次体螺层前一螺层、次体螺层和体螺层 ············ 玉虚蛹纳螺	*P. yuxu*
	贝壳最膨大的部分出现在次体螺层 ·· 边蛹纳螺	*P. paraplesius*

(79) 双蛹纳螺 *Pupopsis dissociabilis* Sturany, 1900 (图 46)

Pupopsis dissociabilis Sturany, 1900: 35, pl. 2, figs. 19-21; Wu & Gao, 2010: 3, figs. 1, 2A.
Buliminus (*Pupopsis*) *dissociabilis*: Möllendorff, 1901: 375; Kobelt, 1902: 874, pl. 108, figs. 10, 11.

检视标本 无。模式材料下落不明 (Wu and Gao, 2010)。

图 46 A. 双蛹纳螺 *Pupopsis dissociabilis* Sturany；B. 边蛹纳螺 *Pupopsis paraplesius* Sturany；C. 多扭蛹纳螺 *Pupopsis polystrepta* Sturany (仿 Sturany, 1900)
Fig. 46 A. *Pupopsis dissociabilis* Sturany; B. *Pupopsis paraplesius* Sturany; C. *Pupopsis polystrepta* Sturany (After Sturany, 1900)

形态特征 贝壳桶形，除胚螺层外具纤细生长线。壳口相对小，圆形。壳口缘扩张宽但不反折。胼胝部厚而与壳口连续。具角结节，后者与腭壁以一细沟分隔。轴唇缘扩张于脐孔上。脐孔狭窄，仅从侧面可见。腔壁齿为隆起的褶皱，向壳口内延伸。轴唇齿阙如。腭壁齿极强，向内延伸至整个体螺层，在反壳口侧可见为一平行于缝合线的白线。体螺层朝向壳口方向略上抬 (Sturany, 1900: 35)。

原始描述中的测量 Wh：9 whorls，H：9.1 mm，W：4.1 mm，Rhw：2.22。

地理分布 四川 (仅见于模式产地)。

模式标本产地 四川阔达坝。

(80) 边蛹纳螺 *Pupopsis paraplesius* Sturany, 1900 (图 46)

Pupopsis paraplesia Sturany, 1900: 36, pl. 2, figs. 22-24; Wu & Gao, 2010: 4, fig. 1B.
Buliminus (*Pupopsis*) *paraplesius*: Möllendorff, 1901: 375; Kobelt, 1902: 875, pl. 108, figs. 5, 6.

检视标本 无。模式材料下落不明。

形态特征 贝壳桶状，浅褐色，螺层略凸出，除胚螺层外具缝合线下窄带区，生长线纤细。壳口圆形或卵圆形，边缘厚而宽。腔壁的胼胝部和角结节与腭壁以 1 条细短的沟分隔。腔壁具瘤状褶皱。腭壁具位于螺层中部的延伸整个体螺层的强齿，后者可见于反壳口侧，呈浅色线样。轴唇齿 1 枚，强。脐孔狭窄，被反折的轴唇缘覆盖 (Sturany, 1900: 36)。

原始描述中的测量 Wh：8 whorls，H：10.5—10.7 mm，W：4.5—4.7 mm，Rhw：2.30。

地理分布 甘肃 (仅见于模式产地)。

模式标本产地 甘肃南部 (石鸡坝)。

(81) 多扭蛹纳螺 *Pupopsis polystrepta* Sturany, 1900 (图 46)

Pupopsis polystrepta Sturany, 1900: 36, pl. 2, figs. 7-9; Wu & Gao, 2010: 5, fig. 1C.
Buliminus (*Pupopsis*) *polystreptus*: Möllendorff, 1901: 375; Kobelt, 1902: 876, pl. 108, figs. 7, 8.

检视标本 无。模式材料下落不明。

形态特征 贝壳黄白色，桶形，除胚螺层外具纤细的生长线。壳口耳形，具宽边厚唇。胼胝部右侧具角结节，由小细沟与右部边缘分隔。角结节下，具厚重腭壁皱襞延伸至内部。具厚的水平向轴唇皱襞和腭皱襞，均可从体螺层外部观察到。脐孔狭孔状，位于扩展的轴唇缘外 1 mm 处。

原始描述中的测量 Wh：9 whorls，H：8 mm，W：3.5 mm，Rhw：2.29。

地理分布 甘肃 (仅见于模式产地)。

模式标本产地 甘肃南部 (石鸡坝)。

(82) 蛹纳螺 *Pupopsis pupopsis* (Gredler, 1898) (图 47；图版 IV：1)

Buliminus pupopsis Gredler, 1898a: 44, fig. 2; Gredler, 1898b: 104.
Buliminus gansuicus "Schalfejef in sched." : Gredler, 1898a: 44. (参见分类讨论)
Buliminus (*Pupopsis*) *gansuicus*: Möllendorff, 1901: 374, pl. 17, figs. 16-18.

Buliminus (*Pupopsis*) *pupopsis*: Kobelt, 1902: 873, pl. 124, figs. 16-18.
Pupopsis gansuicus: Yen, 1939: 90, pl. 8, fig. 40; Yen, 1942: 255.
Pupopsis pupopsis: Wu & Gao, 2010: 6, figs. 1, 3A, 4A-4E, 5A, 6.

检视标本 MHM04298：2 枚成熟空壳和 5 个成熟个体具软体部分，spec.1 解剖；甘肃舟曲县，1350 m a.s.l.，33°48′N，104°18′E，2004. IV. 28，采集人：吴岷。MHM05591：1 个成熟个体，829 m a.s.l., 32°51′44.7″N, 104°50′48.2″E，甘肃文县横丹，2006. IX. 29，采集人：吴岷，刘建民，郑伟，高林辉。BMNH 1901.10.3.81-82：2 枚成熟空壳；官亭，33°48′N，104°30′E。SMF42076：3 枚成熟空壳；官亭，甘肃南部，Potanin 184，604，Mlldff colln。SMF42081：1 枚成熟空壳；武都，Potanin 187，Mlldff colln。SMF42080：3 枚成熟空壳；Tshiu-dsei-dsy ，靠近舟曲，Potanin 205, 219, Mlldff colln。SMF42079：1 枚成熟空壳；在李家堡和舟曲之间，Potanin 736，Mlldff colln。SMF42077：4 枚成熟空壳；宕昌，Potanin 464，Mlldff colln。SMF42078：2 枚成熟空壳；在李家堡河官亭之间，Potanin 198，Mlldff colln。

模式材料 未见；推测藏于 ZI RAS (Gredler, 1898a : 41)。未在 Gredler 收藏的模式标本中发现 (Zilch, 1974: 209)。

形态特征 贝壳：柱圆锥形，壳顶略尖出，右旋，壳质薄，坚固，不透明，略具光泽。螺层具螺旋向细沟 (SMF42077、SMF42078、SMF42080 和 SMF42081 中细沟位于脐孔区；SMF42076 中细沟极不明显) 或无 (SMF42081 和 SMF42079)，扁平。胚螺层平滑，不光亮。体螺层向壳口向几乎平直延伸，周缘圆整。壳口近圆形，倾斜，不联生。壳口缘扩张，厚。腔壁胼胝部不明显。具角结节和腔壁齿。腭壁板齿 1 枚，向内延伸约 1 个螺层。腭壁缘圆整。轴唇缘反折，中部具 1 枚明显的板齿，向内延展。脐孔狭窄。贝壳黄褐色。壳口白色。

生殖系统：输精管长，粗细均匀，以一定角度与成荚器顶端相接。成荚器长度中等，向远端逐渐变细，形成数个圈环。成荚器盲囊顶端钝。鞭状器短，管状，近端不扩张，顶端钝。交接器与成荚器末端相接，粗细一致，壁薄，纵向壁柱在成荚器孔处愈合成 1 个瓣膜，具 2 个 "V" 形结构。"V" 形结构近端游离且达到交接器收缩肌着生位置。壁柱远端不形成乳突。交接器盲囊呈囊状或阙如，若有则位于成荚器和交接器相接处。交接器附器中等长度，在距生殖腔一定长度处与交接器分叉，分为数节。A-1 长，无朝向交接器腔的突起，A-1 和 A-2 愈合，内壁具纵向壁柱。A-2 近 A-3 的内壁具 1 圈小乳突。A-2 与 A-3 不愈合。A-3 向 A-2 开口处具针状长乳突。A-4 和 A-5 间的界线不明显。A-5 短，盘曲。生殖腔无生殖腔收缩肌。游离输卵管长度中等，较雌道长。纳精囊管长，盘曲。纳精囊与纳精囊管区分明显，纳精囊池大。纳精囊盲管阙如。

生殖系统测量 P: 2.9；Ep: 10.2；Fl: 0.8；VD: 12.3；Va: 1.9；FO: 2.8；BCD: 17.4；BC: 9.2；A-1+A-2: 3.3；A-3: 0.6；A-4+A-5: 14.0 (MHM04298-spec. 1)。

标本测量 Ewh: 1.625—1.792—1.875 whorls, Wh: 8.000—8.556—9.000 whorls, H: 13.0—14.0—15.4 mm, W: 5.6—5.9—6.2 mm, Ah: 4.7—5.0—5.4 mm, Aw: 3.8—4.0—4.3 mm, Rhw: 2.15—2.40—2.60, Rhah: 2.69—2.86—3.03 (SMF42076, SMF42077,

SMF42078，SMF42080，SMF42081)。

地理分布 甘肃。

模式标本产地 甘肃 (接近官亭)。

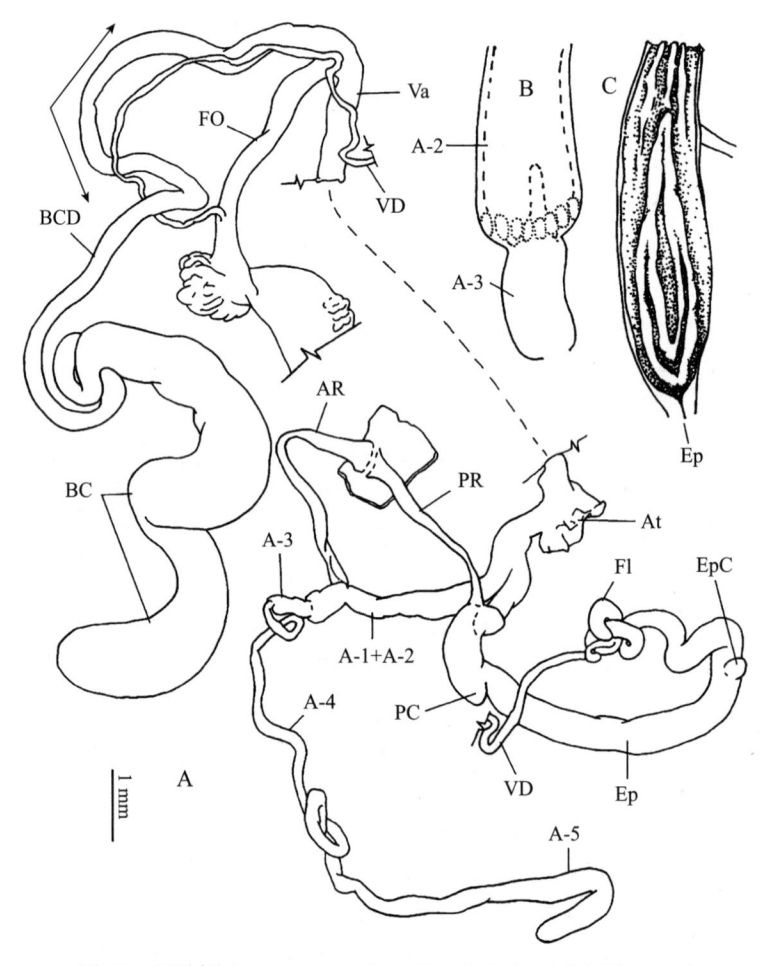

图 47 蛹纳螺 *Pupopsis pupopsis* (Gredler), MHM04298-spec.1
A. 交接器全面观；B. A-2 矢切面观；C. 交接器远端内面观。箭头表示该部位曾被抻直 (仿 Wu and Gao, 2010)
Fig. 47 *Pupopsis pupopsis* (Gredler), MHM04298-spec.1
A. Genitalia, general view; B. Sagittal view of distal A-2 of penial appendage; C. Interior view of distal penis. Arrows indicates the part that was pulled straight for preparing illustration (After Wu and Gao, 2010)

分类讨论 本种缺乏纳精囊盲管，其他特征最接近 *P. subpupopsis*。但后者略高，螺层数较多。另外，曾被列入本属的 "*Pupopsis*" *soleniscus* (Möllendorff, 1901) [*Buliminus* (*Pupopsis*) *soleniscus* Möllendorff, 1901: 376, pl. 17, figs 21, 22; Kobelt, 1902: 877, pl. 124, figs 21, 22.] 的原始描述标本产于甘肃文县，通过研究标本 MHM05536 (2 枚成熟空壳和 1 枚具软体个体，829 m a.s.l., 32°51′44.7″N, 104°50′48.2″E, 甘肃文县横丹，2006.IX.29，采集人：吴岷，刘建民，郑伟，高林辉)，发现这一物种与已知的蛹纳螺相比，体现出一

些不同的贝壳特征。此外，该种的生殖系统具有的明显的恋矢囊表明它是一个明确的巴蜗牛科 (Bradybaenidae) 物种，而非艾纳螺科物种。因此 *Pupopsis soleniscus* 须转移到巴蜗牛科中，很可能列入拟锥螺属 *Pseudobuliminus* Gredler, 1886 (Wu and Gao, 2010)。

(83) 扭蛹纳螺 *Pupopsis torquilla* (Möllendorff, 1901) (图版 IV：2)

Buliminus (Pupopsis) torquilla Möllendorff, 1901: 376, pl. 17, figs. 19, 20; Kobelt, 1902: 876, pl. 124, figs 19, 20.

Pupopsis torquilla: Yen, 1939: 90, pl. 8, fig. 41; Wu & Gao, 2010: 13, figs. 1, 3C-D, 8A-8B.

检视标本 MHM05584：2 个成熟个体，829 m a.s.l., 32°51′44.7″N, 104°50′48.2″E，甘肃文县横丹，2006. IX. 29，采集人：吴岷，刘建民，郑伟，高林辉。SMF42082：选模；Tshiu-dsei-dsy，靠近舟曲，甘肃，Potanin 206, Mlldff Colln. (测量：Ewh 1.500 whorls, Wh 8.625 whorls, H 8.1 mm, W 4.2 mm, Aph 3.0 mm, Apw 2.7 mm)。其他模式材料下落不明。

形态特征 贝壳：柱圆锥形，壳顶不尖出或明显而微弱尖出 (正模)，右旋，壳质薄，坚固，不透明，具光泽。螺层具螺旋向细沟 (在选模中均匀密布于脐孔区域) 或无，螺层凸出。胚螺层平滑，不光亮。缝合线下无狭窄区。体螺层向壳口方向平直，周缘圆整。壳口半圆形，倾斜。腭壁嵴样齿强 (选模) 或不明显 (新鲜标本)，若明显，齿延伸入体螺层约 $1/4$ 个螺层。腭壁缘圆整。壳口缘扩张，增厚。腔壁胼胝部不明显。具角结节。腔壁齿远大于角结节，向内延伸。腭壁具 1 枚明显或不明显的嵴样齿。轴唇缘反折，具 1 向内延展的钝齿。脐孔略阔大。贝壳呈均匀的角褐色。壳口白色。

标本测量 Ewh：1.375—1.500 whorls, Wh：7.500—8.000 whorls, H：7.3—7.5 mm, W：3.5—3.7 mm, Ah：2.8 mm, Aw：2.4—2.5 mm, Rhw：1.99—2.14, Rhah：2.62—2.68 (SMF42082)。

地理分布 甘肃。

模式标本产地 舟曲附近 (Tshiu-dsei-dsy)。

分类讨论 Möllendorff (1901) 在他的原始描述中未提及 *Buliminus* (*Pupopsis*) *torquilla* 的正模或其他模式标本，也没有指出模式系列的标本数量。阎敦建 (1939: 90) 将 Möllendorff 收藏标本 (SMF42082) 中唯一一个 *B. torquilla* 标本作为本种的正模。缺乏证据说明本标本能代表本种的完全标本系列，故本标本并非真实意义上的正模，而是 *B. torquilla* Möllendorff, 1901 的选模 (ICZN Art 74.6)。

本研究中新采集的标本与 *P. torquilla* 原始描述的差异在于前者缺乏壳口齿，并具有较少的螺层数。

(84) 反齿蛹纳螺 *Pupopsis retrodens* (Martens, 1879) (图 48；图版 IV：3)

Buliminus retrodens Martens, 1879: 126; Martens, 1881: 30, pl. 6, figs. 15-18; Martens, 1882: 26, pl. 3, figs. 10, 11.

Buliminus (*Chondrula*) *retrodens*: Kobelt, 1889: 44, pl. 101, fig. 587.

Buliminus (*Chondrulopsis*) *retrodens*: Kobelt, 1902: 514, pl. 82, figs. 19-20.

Pupopsis retrodens: Yen, 1939: 90, pl. 8, fig. 42; Wu & Gao, 2010: 11, figs. 1, 3B, 4F-4G, 5B, 7.
Sewertzowia (*Parachondrula*) *retrodens*: Likharev & Rammel'meier, 1952: 190, fig. 100.

模式标本 选模：ZMB Moll.-34878a；选模 ZMB Moll.-34878b，15 个个体 (Kilias, 1971: 230)。模式材料未研究。

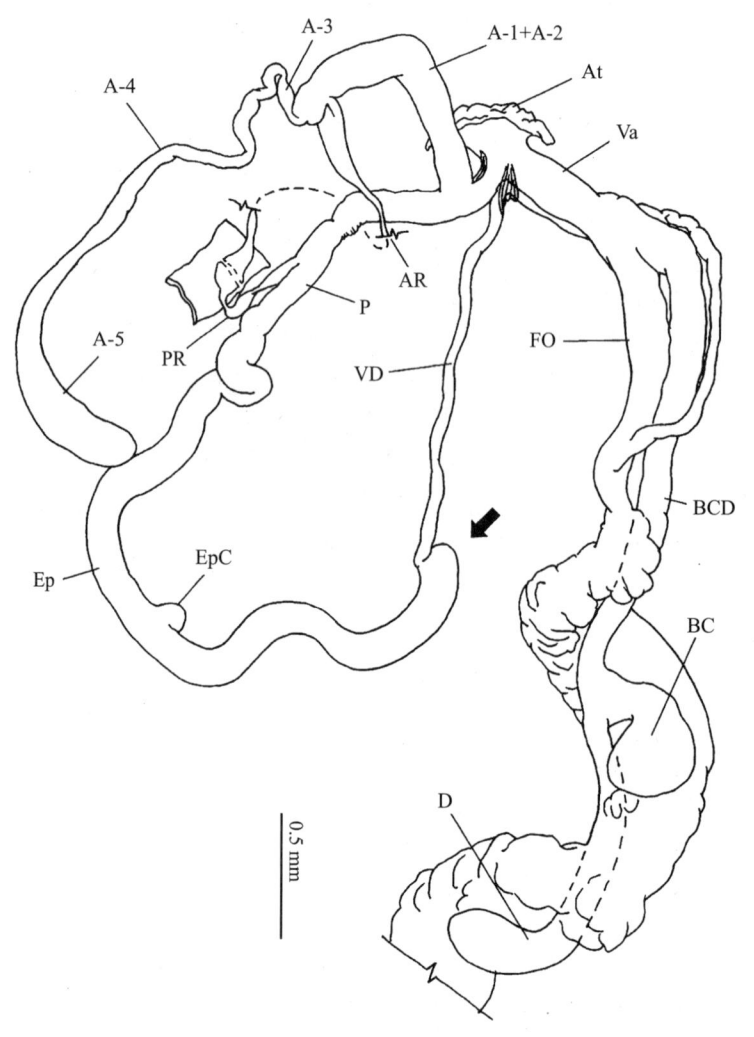

图48 反齿蛹纳螺 *Pupopsis retrodens* (Martens)，MHM04542-spec.1，生殖系统全面观，箭头示很短的鞭状器 (仿 Wu and Gao, 2010)

Fig. 48 *Pupopsis retrodens* (Martens), MHM04542-spec.1, General view of genitalia. Arrow indicates very short flagellum (After Wu and Gao, 2010)

研究材料 MHM06460：13 个成熟个体 (6 个具软体)，1 个幼体，伊犁，44°0′ N, 81°36′E，新疆，2006.VIII.14，采集人：阿依恒 (Ayken Kanatbaytegi)。MHM05208：18 个成熟个体，伊犁林业站，1736 m a.s.l.，44°09′23.1″N，81°44′18.0″E，伊犁，新疆，

2002.VI.26，采集人。阿依恒；MHM04345：5 个成体，1 个幼体，察布查尔锡伯族自治县， 43°48′N, 81°6′E，新疆，2005.IV.20，采集人：阿依恒。MHM05868：5 个成体，果子沟，伊犁，44°0′N, 81°36′E，新疆，2002.VI，采集人：阿依恒。MHM04542：2 个成熟个体，吉尔格朗村，44°00′24.5″N, 81°31′12.6″E，伊犁，新疆，2002.V.25，采集人：阿依恒。

形态特征 贝壳：长卵圆形，壳顶不尖出，右旋，壳质薄，坚固，半透明，具光泽。螺层具螺旋向细沟，凸出。胚螺层平滑，光亮。缝合线下无狭窄区。体螺层向壳口向几乎平直延伸，周缘圆整。壳口耳形，垂直，连接螺层处分离。腭壁缘圆整。壳口缘略扩张，锋利。腔壁胼胝部不明显，具角结节。具腔壁齿。腭壁具 1 枚不显著的嵴样钝齿。轴唇缘反折，具 1 枚钝齿。脐孔狭窄。贝壳均一角褐色。壳口与贝壳同色。

生殖系统：输精管长，粗细均匀，以一定角度与成荚器顶端相接。成荚器长度中等，圆柱形且粗细均匀，直。成荚器盲囊顶端钝。鞭状器不明显。交接器粗细一致，交接器盲囊阙如，与成荚器末段相连，壁薄。纵向壁柱在成荚器孔处愈合。具 1 个 "V" 形结构，其远端无乳突。"V" 形结构近端游离且达到交接器收缩肌着生位置。交接器附器短，在交接器基部分出，分为数节。A-1 长，无朝向交接器腔的突起，A-1 和 A-2 愈合，内壁具纵向壁柱。A-2 近 A-3 的内壁具 1 圈小乳突。A-2 与 A-3 不愈合。A-3 向 A-2 开口处具针状长乳突。A-4 和 A-5 间的界线不明显。A-5 短，直。游离输卵管长度中等，几与雌道等长。雌道长度中等，不膨大，直。纳精囊管长度中等，近端直。纳精囊与纳精囊管界线明显。纳精囊盲囊长度较纳精囊池长，端部不膨大。纳精囊和分支盲管可区别，后者与前者分支出现在近纳精囊池处。

生殖系统测量：P：4；Ep：9.4；VD：12.6；Va：2.1；FO：2.3；BCD：6.7；BC：1.7；D：4.7；A-1+A-2：3.6；A-3：1.0；A-4+A-5：7.6 (MHM06460-spec. 1)。

标本测量　Ewh：1.500—1.711—1.875 whorls, Wh：6.375—6.899—7.500 whorls, H：8.5—10.0—11.1 mm, W：3.7—4.4—5.0 mm, Ah：3.1—3.7—4.3 mm, Aw：2.4—2.8—3.3 mm, Rhw：2.05—2.27—2.55, Rhah：2.37—2.67—2.93。

地理分布　新疆。

模式标本产地　伊犁河附近、伊犁。

分类讨论　值得注意的是，在所有生殖系统解剖已知的分布在新疆的艾纳螺物种中，鞭状器均不明显或阙如。除反齿蛹纳螺 *P. retrodens* 外，具有这一特点的有英蛹纳螺 *Pupopsis yengiawat* (见下文) 和分布在哈萨克斯坦东南部的杂斑螺 *Subzebrinus labiellus* (Martens, 1881)。

(85) 横丹蛹纳螺 *Pupopsis hendan* Wu & Gao, 2010 (图 49；图版 IV：4)

Pupopsis hendan Wu & Gao, 2010: 14, figs. 1, 3E, 5C, 8C-8D, 9.

检视标本　MHM05592 spec 2：正模，具软体的成熟个体；789 m a.s.l., 32°51′41.6″N, 104°50′43.1″E，甘肃文县横丹，2006.IX.29，采集人：吴岷，刘建民，郑伟，高林辉。MHM05592 spec 1 (仅有软体部分，解剖)，3—22 (具软体的成熟个体)：副模；标本信

息同正模。MHM05651 spec 1 (碎壳以解剖)，2—20 (8 个具软体的成熟个体，10 枚成熟空壳和 1 个幼体)，829 m a.s.l.，32°51′44.7″N, 104°50′48.2″E，甘肃文县横丹，2006. IX. 29，采集人：吴岷，刘建民，郑伟，高林辉。MHM06106 spec 1—2 (1 个具软体的成熟个体和 1 枚成熟空壳)，829 m a.s.l.，32°51′44.7″N, 104°50′48.2″E，采集数据同正模。

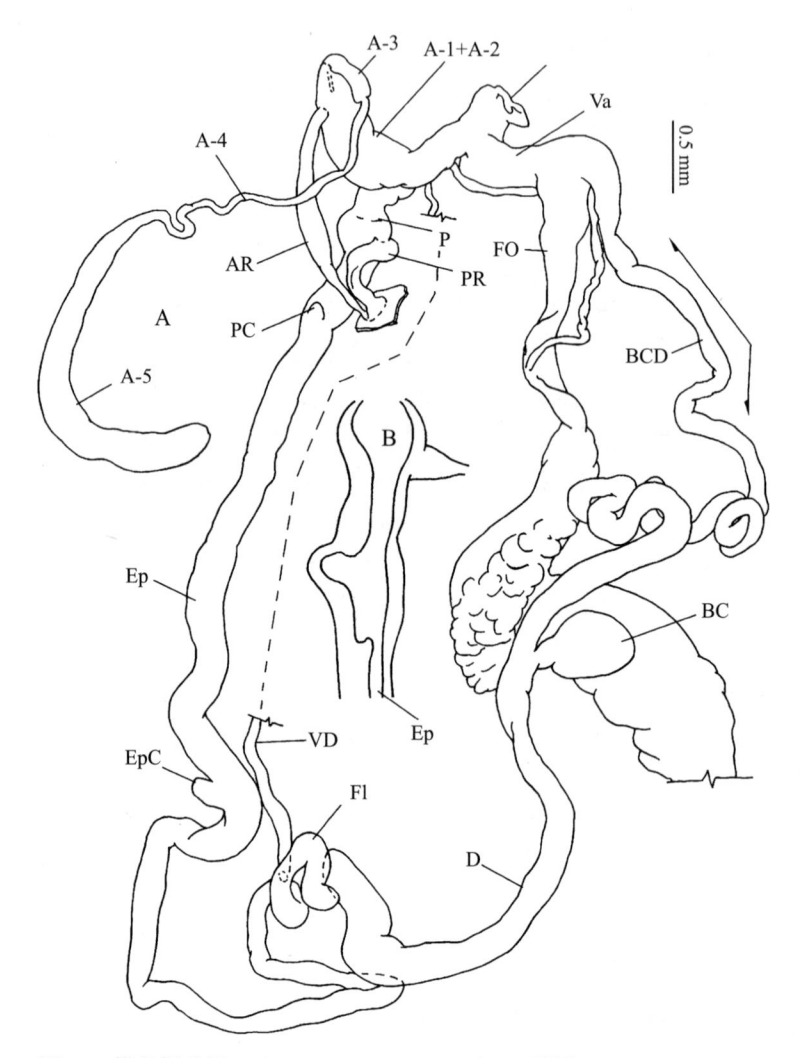

图 49　横丹蛹纳螺 *Pupopsis hendan* Wu & Gao，副模 MHM05592-spec.1
A. 生殖系统全面观；B. 交接器，矢切面。箭头示形成环圈的部分 (仿 Wu and Gao, 2010)
Fig. 49　*Pupopsis hendan* Wu & Gao, MHM05592-spec.1, paratype
A. Genitalia, general view; B. Penis, sagittal view. Arrows indicates the part that was pulled straight for preparing illustration (After Wu and Gao, 2010)

形态特征　贝壳：尖卵圆形，壳顶不尖出，右旋，壳质薄，坚固，不透明，无光泽。螺层无螺旋向细沟，螺层凸出。胚螺层平滑，不光亮。缝合线下具有狭窄的带区，尤其在前 3 层螺层以后的螺层。体螺层向壳口方向平直延伸，或逐渐上抬，周缘圆整。壳口近卵圆形，几乎垂直。腭壁缘圆整。壳口缘扩张，锋利。腭壁胼胝部明显，具角结节。具腔壁齿。腭壁具嵴样板齿，后者向内延伸 $1/4$—$1/3$ 个螺层。轴唇缘反折，明显具 1 枚向内扩展的齿。脐孔狭窄。贝壳均一绿褐色。壳口与贝壳同色。

生殖系统：输精管短，粗细均匀，与成荚器顶端相接。成荚器长，向远端逐渐变细，形成数个圈环。成荚器盲囊几位于成荚器中部，其顶部钝。鞭状器短，管状，近端不扩张，顶端钝。交接器棒状，近端略膨大，壁薄，与成荚器末段相连，内壁具纵向壁柱和 1 个 "V" 形结构。"V" 形结构近端游离端达交接器收缩肌着生处。壁柱远端不形成乳突。交接器盲囊圆锥形，位于接近成荚器处。交接器附器短，在距生殖腔一定长度处与交接器分叉，分成数节。A-1 长，无朝向交接器腔的突起，A-1 和 A-2 愈合，内壁具纵向壁柱。A-2 近 A-3 的内壁无 1 圈小乳突。A-2 与 A-3 不愈合。A-3 向 A-2 开口处具针状长乳突。A-4 和 A-5 间的界线不明显。A-5 短，直。生殖腔无收缩肌。游离输卵管长度中等，较雌道长。纳精囊管长，近端盘曲。纳精囊池小，与纳精囊管分界明显。纳精囊盲管较纳精囊池长，端部几不膨大。

生殖系统测量　P：1.5；Ep：10.2；Fl：0.9；VD：4.8；Va：0.9；FO：1.2；BCD：10.4；BC：0.5；D：3.8；A-1+A-2：1.2；A-3：0.4；A-4+A-5：5.4 (MHM05592-spec. 1, 副模)。

标本测量　Ewh：1.500—<u>1.638</u>—2.125 whorls, Wh：6.250—<u>7.441</u>—8.000 whorls, H：7.1—<u>7.8</u>—8.5 mm, W：2.8—<u>3.0</u>—3.2 mm, Ah：2.3—<u>2.6</u>—2.8 mm, Aw：2.0—<u>2.1</u>—2.4 mm, Rhw：2.29—<u>2.62</u>—2.94，Rhah：2.80—<u>3.06</u>—3.43 (MHM05592)。

地理分布　甘肃 (仅见于模式产地)。

模式标本产地　文县横丹。

分类讨论　本种在壳口齿上全面发达，具 1 枚腔壁齿，1 枚轴唇齿和 1 枚嵴状的腭壁齿。轴唇齿沿轴柱向内扩展，但在壳口几乎观察不到。本种的生殖系统与拟蛹纳螺 *P. subpupopsis* 最为接近，但在交接器远端的内部结构上不同。

(86) 茂蛹纳螺 *Pupopsis maoxian* Wu & Gao, 2010 (图版 IV：5)

Pupopsis maoxian Wu & Gao, 2010: 17, figs. 1, 3F, 8E.

检视标本　MHM01023 spec-1：正模，成熟个体；凤仪镇向汶川县的公路 5 km 处，1574 m a.s.l., 31°39′35.4″N, 103°48′48.7″E, 茂县，四川，2004. X. 11，采集人：吴岷。副模：MHM01023 spec-2，1 个成熟个体，采集数据同正模。MHM01794：1 个有破损的成熟个体；红旗山，茂县，四川，2004. IX，采集人：吴岷。

形态特征　贝壳：纺锭形，壳顶不尖出，右旋，壳质薄，坚固，半透明，具光泽。螺层无螺旋向细沟，螺层凸出。胚螺层平滑，光亮。缝合线下无狭窄区。体螺层向壳口方向逐渐上抬，周缘圆整。壳口卵圆形，略倾斜。壳口缘扩张，锋利。腭壁缘圆整。腭壁具嵴样板齿，后者向内延伸 $1\tfrac{1}{4}$ 个螺层。腔壁胼胝部不明显，具角结节。腔壁齿阙如。轴唇缘反折，明显具 1 枚向内扩展的齿。脐孔狭缝状。贝壳均匀浅棕白色。壳口白色。

标本测量　Ewh：1.500—<u>1.563</u>—1.625 whorls, Wh：8.125 whorls, H：8.8—<u>8.8</u>—

8.9 mm，W：2.2—2.8—3.4 mm，Ah：1.8—2.3—2.8 mm，Aw：2.0—2.1—2.1 mm，Rhw：2.64—3.36—4.08，Rhah：3.17—3.97—4.77 (MHM01023)。

栖息地 本种生活于季节性干、湿变化明显的环境中。与华蜗牛 (巴蜗牛科) *Cathaica* (*Pliocathaica*) *radiata* Pilsbry, 1934 生活在相同的栖境中, 环境的详细特点可见 Wu 等 (2003)。

地理分布 四川 (仅见于模式产地)。

模式标本产地 茂县。

分类讨论 本种因具有典型的壳口齿而被放入蛹纳螺属。本种壳顶尖, 体螺层窄, 无腔壁齿, 而同时出现腭壁崤状齿和轴柱齿, 这些特点将茂蛹纳螺与其他本属物种互相区别。

(87) 绯口蛹纳螺 *Pupopsis rhodostoma* Wu & Gao, 2010 (图版 IV：6)

Pupopsis rhodostoma Wu & Gao, 2010: 17, figs. 1, 3G, 8F-8G.

检视标本 MHM05872：spec.2, 正模, 成熟个体; 那拉提以南约 30 km 处山地, 2212 m a.s.l., 43°11′47.7″N, 84°20′48.8″E, 新源县, 新疆, 2002. VI. 5, 采集人: 阿伊恒。MHM05872：spec.1, 副模, 成熟个体, 采集数据同正模。

形态特征 贝壳: 卵圆形, 壳顶不尖出, 右旋, 壳质厚, 坚固, 不透明, 具光泽。螺层无螺旋向细沟, 螺层凸出。胚螺层平滑, 不光亮。缝合线下无狭窄区。体螺层向壳口方向逐渐上抬, 周缘圆整。壳口近圆形, 略倾斜。壳口缘略扩张, 略厚。腭壁缘圆整。腭壁齿阙如。腔壁胼胝部不明显, 角结节阙如。腔壁齿发育弱。轴唇缘反折, 具 1 枚不向内扩展的钝齿。脐孔狭窄。贝壳均一红褐色。壳口呈发红的白色。

标本测量 Ewh: 1.625 whorls, Wh: 5.750—5.938—6.125 whorls, H: 7.4—7.7—8.0 mm, W: 3.7—3.8—3.9 mm, Ah: 2.8—2.9—3.0 mm, Aw: 2.6—2.7—2.8 mm, Rhw: 2.02—2.04—2.05, Rhah: 2.65 (MHM05872)。

地理分布 新疆 (仅见于模式产地)。

模式标本产地 新源。

分类讨论 本种的贝壳与甘肃的似扭蛹纳螺 *Pupopsis subtorquilla* 最为接近, 但与后者不同的是, 本种腔壁齿更弱, 腭壁齿消失, 而轴柱齿简单且不向内扩展, 此外, 螺层数明显少, 贝壳较纤细。

(88) 拟蛹纳螺 *Pupopsis subpupopsis* Wu & Gao, 2010 (图 50; 图版 IV：7)

Pupopsis subpupopsis Wu & Gao, 2010: 18, figs. 1, 3H, 5D, 8H-8J, 10.

检视标本 MHM05676：spec.1, 正模, 具软体成熟个体; 石灰岩, 两河口, 1223 m a.s.l., 33°41′47.7″N, 104°29′10.3″E, 舟曲县, 甘肃, 2006. X. 2, 采集人: 刘建民, 郑伟。MHM05650：spec.1—2, 2 个成熟个体, 其中 1 个有残损, 石灰岩, 沿 1137 m a.s.l., 33°34′21.7″N, 104°39′00.3″E 至 1151 m a.s.l., 33°34′28.3″N, 104°39′10.7″E 一线, 角弓镇,

武都县，甘肃，2006.X.2，采集人，刘建民，郑伟。

形态特征 贝壳：圆柱形，具锥形顶部，壳顶不尖出，右旋，壳质薄，坚固，半透明，有光泽。螺层无螺旋向细沟，凸出。胚螺层平滑，略有光亮。缝合线下无狭窄区。体螺层向壳口方向突然上抬。壳口卵圆形，略倾斜。腭壁缘圆整。壳口缘扩张，锋利。腭壁具嵴样齿。腔壁胼胝部不明显。具角结节。具腔壁齿。轴唇缘反折，具 1 枚钝齿。脐孔狭缝状。贝壳均匀角褐色。壳口和齿白色。

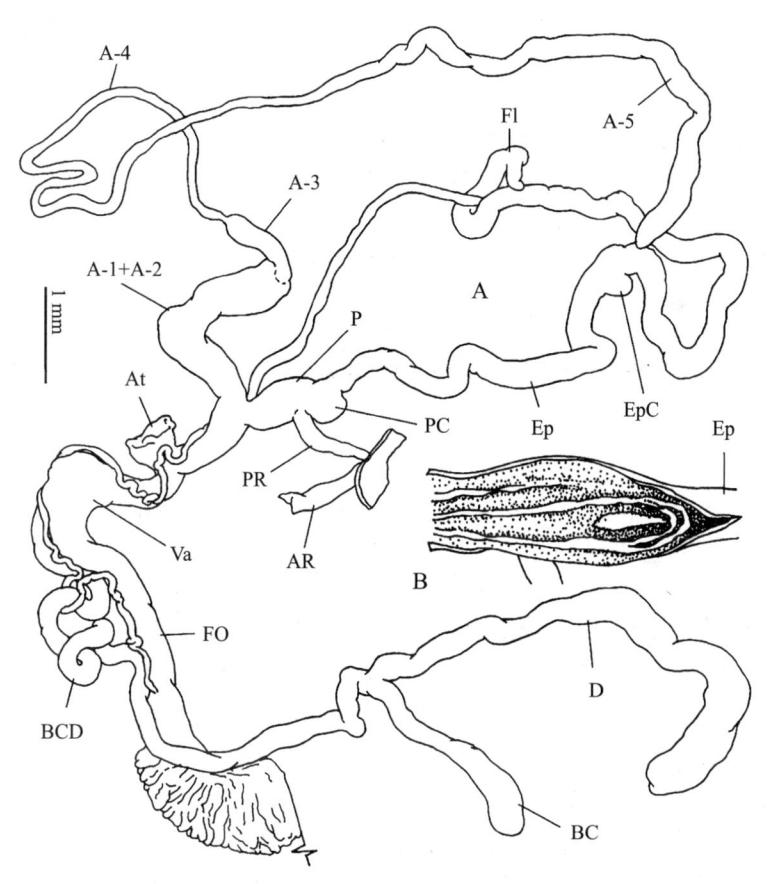

图 50 拟蛹纳螺 *Pupopsis subpupopsis* Wu & Gao，正模 MHM05676-spec.1
A. 生殖系统全面观；B. 交接器远端内面观（仿 Wu and Gao, 2010）
Fig. 50 *Pupopsis subpupopsis* Wu & Gao, MHM05676-spec.1, holotype
A. Genitalia, general view; B. Distal penis, interior view (Afftter Wu and Gao, 2010)

生殖系统：输精管长，粗细均匀，与成荚器顶端相接。成荚器长，圆柱状，形成数个圈环。成荚器盲囊顶端钝。鞭状器短，管状，近端不扩张，顶端钝。交接器与成荚器末端相接，膨大，壁薄，纵向壁柱在成荚器孔处形成瓣膜。具 2 个"V"形结构。"V"形结构近端游离且达到交接器收缩肌着生位置。壁柱远端不形成乳突。 交接器盲囊囊状，位于成荚器和交接器相接处。交接器附器长，在距生殖腔一定长度处与交接器分叉，分为数节。A-1 长，无朝向交接器腔的突起，A-1 和 A-2 内壁具均匀排列的横向皱襞。A-1

和 A-2 愈合。A-2 近 A-3 的内壁无 1 圈小乳突。A-2 与 A-3 不愈合。A-3 向 A-2 接入处无乳突。A-4 和 A-5 间的界线不明显。A-5 长, 直。生殖腔无收缩肌。游离输卵管长度中等, 较雌道长。纳精囊管近端盘曲。纳精囊池小, 与纳精囊管之间的界线不明显。纳精囊盲管较纳精囊池长, 略膨大。 纳精囊和纳精囊盲管难以区分。纳精囊盲管分支更接近纳精囊池。

生殖系统测量 P: 1.1; Ep: 11.6; Fl: 2.1; VD: 13.2; Va: 3; FO: 2.5; BCD: 9.1; BC: 1.0; D: 2.0; A-1+A-2: 2.5; A-3: 0.9; A-4+A-5: 16.0 (holotype)。

标本测量 Ewh: 1.750 whorls, Wh: 7.500—7.875 whorls, H: 11.7 mm, W: 5.1—5.2—5.2 mm, Ah: 3.9—4.2—4.4 mm, Aw: 3.5—3.6—3.7 mm, Rhw: 2.26—2.27—2.27, Rhah: 2.65—2.81—2.97 (MHM05676, MHM05690)。

地理分布 甘肃 (仅见于模式产地)。

模式标本产地 武都两河口。

分类讨论 本种在贝壳与解剖上与蛹纳螺 *P. pupopsis* 最接近, 但本种在纳精囊管上具盲管, 且具有交接器盲囊。

(89) 似扭蛹纳螺 *Pupopsis subtorquilla* Wu & Gao, 2010 (图版 IV: 8)

Pupopsis subtorquilla Wu & Gao, 2010: 20, figs. 1, 3I, 11A-11C.

检视标本 MHM05429: 正模, spec.2, 成熟个体, 玉虚山, 1070 m a.s.l., 32°57′35.5″N, 104°40′41.6″E, 文县, 甘肃, 2006. IX. 27, 采集人: 吴岷, 刘建民, 郑伟, 高林辉。MHM05429: 副模, spec.1, 3—13, 成熟个体, 标本信息同正模。MHM05545: spec.1—3, 成熟个体, 829 m a.s.l., 32°51′44.7″N, 104°50′48.2″E, 横丹, 文县, 甘肃, 2006. IX. 29, 采集人: 吴岷, 刘建民, 郑伟, 高林辉。MHM00349: 1 个成熟个体, 碧口, 720 m a.s.l., 32°48′N, 105°12′E, 文县, 甘肃, 2004. IV. 18, 采集人: 吴岷。MHM00314: spec.1—4, 4 个成熟个体, 文县, 2004. IV. 22, 采集人: 吴岷。MHM00337: spec.1—3, 3 个成熟个体, 文县, 2004. IV. 7, 采集人: 吴岷。

形态特征 贝壳: 卵圆形, 壳顶不尖出, 右旋, 壳质厚, 坚固, 不透明, 具光泽。螺层无螺旋向细沟, 多少凸出。胚螺层平滑, 不光亮。缝合线下无狭窄区。体螺层向壳口方向逐渐上抬, 周缘圆整。壳口近卵圆形, 几乎垂直。腭壁缘圆整。壳口缘扩张, 锋利。腭壁具嵴样板齿, 后者向内延伸 1 个螺层。腔壁胼胝部明显。具角结节和腔壁齿。轴唇缘反折, 具 1 枚从壳口不可见的齿, 后者沿螺轴向内延展。脐孔狭缝状。贝壳均一的浅角褐色。壳口白色。

标本测量 Ewh: 1.250—1.554—2.500 whorls, Wh: 6.500—7.025—7.500 whorls, H: 7.0—7.8—8.4 mm, W: 3.5—4.0—4.5 mm, Ah: 2.5—2.9—3.4 mm, Aw: 2.3—2.6—2.8 mm, Rhw: 1.79—1.97—2.30, Rhah: 2.27—2.71—3.16 (MHM05429, MHM05545, MHM00314, MHM00337)。

地理分布 甘肃。

模式标本产地 文县玉虚山。

分类讨论 本种在体型和壳口齿发育程度上与扭蛹纳螺 *P. torquilla* 接近。但前者的贝壳更膨大，螺层数更少，且轴柱齿在壳口观几乎不可见。

(90) 英蛹纳螺 *Pupopsis yengiawat* Wu & Gao, 2010 (图51；图版 IV: 9)

Pupopsis yengiawat Wu & Gao, 2010: 20, 1, 3J, 5E, 11D-11E, 12.

检视标本 MHM04439：正模，spec.1，具软体成熟个体；英阿瓦提，41°24′ N, 79°24′E，新疆，2005. VI. 30，采集人：阿伊恒。MHM04439：副模，spec.2—8，7 个成熟个体；标本信息同正模。

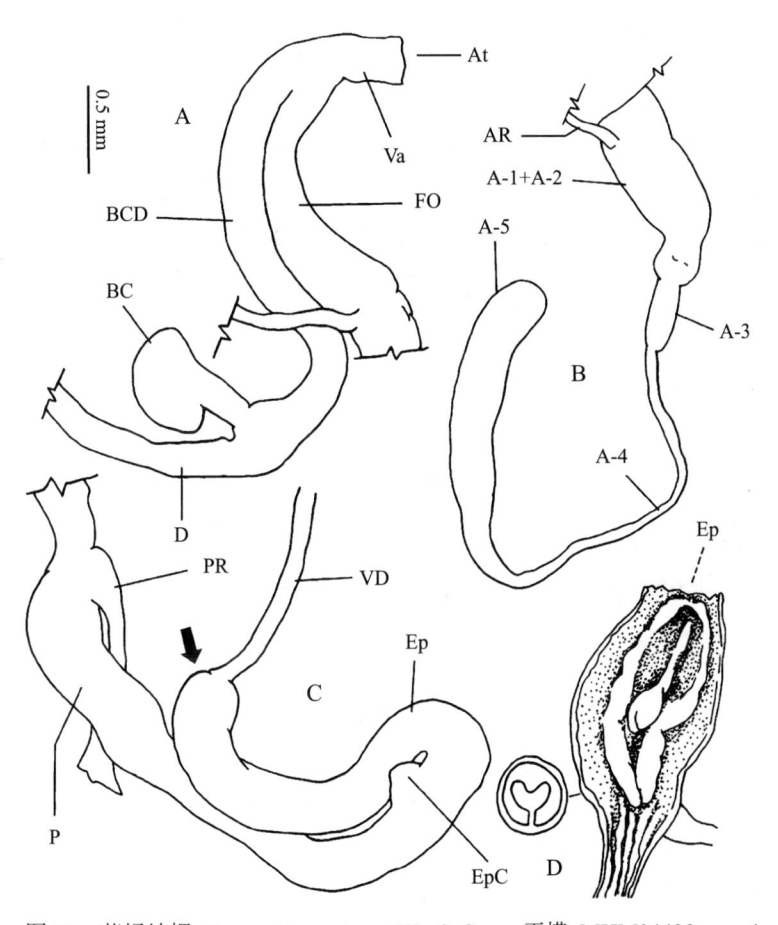

图 51 英蛹纳螺 *Pupopsis yengiawat* Wu & Gao，正模 MHM04439-spec.1
A. 雌道及其远端；B. 交接器附器；C. 从交接器至输精管部分，箭头示无鞭状器；D. 交接器远端内面观 (仿 Wu and Gao, 2010)

Fig. 51 *Pupopsis yengiawat* Wu & Gao, MHM04439-spec.1, holotype
A. Vagina and its distal part; B. Penial appendage; C. The genital section from penis to vas deferens. Arrow indicates the absence of flagellum; D. Distal part of penis, interior view (After Wu and Gao, 2010)

形态特征 贝壳：圆柱形，具锥形顶部，壳顶不尖出，右旋，壳质薄，坚固，无光泽。螺层具不明显的螺旋向细沟，略凸出。胚螺层平滑，光亮。缝合线下无狭窄区。体螺层向壳口方向逐渐上抬，周缘圆整。壳口近卵圆形，几乎垂直，与螺层相接处由明显的腔壁胼胝部相连，具或不具齿。角结节与右侧壳口与螺层接合处融合。腔壁齿清晰出现或消失。腭壁齿阙如。腭壁缘圆整。壳口缘宽阔而突然地反折，锋利，具厚的白色胼胝部。腭壁无齿。轴唇缘反折，无齿。脐孔狭窄。贝壳单一污白色。壳口白色。

生殖系统：输精管与成荚器顶端相接。成荚器长度中等，圆柱形，粗细均匀，直。成荚器盲囊顶端钝。无鞭状器。无交接器盲囊。交接器与成荚器末端相接，粗细一致，壁薄，纵向壁柱在成荚器孔处愈合成 1 个瓣膜，具 1 个"V"形结构。"V"形结构近端游离且达到交接器收缩肌着生位置。壁柱 1 条，粗壮，在其另一端愈合形成乳突。交接器附器中等长度，分为数节。A-1 短。A-1 和 A-2 在内壁具均匀排列的横向皱襞。A-1 和 A-2 愈合。A-2 近 A-3 的内壁无 1 圈小乳突。A-2 与 A-3 不愈合。A-3 向 A-2 接入处无乳突。A-4 和 A-5 间的界线不明显。A-5 短，直。游离输卵管长度中等。纳精囊管长度中等，近端直。纳精囊管短，与纳精囊界线明显。纳精囊盲管较纳精囊池长。纳精囊盲管分支更接近纳精囊池。

标本测量　Ewh: 1.500—<u>1.554</u>—1.625 whorls, Wh: 6.125—<u>6.446</u>—6.750 whorls, H: 8.0—<u>8.8</u>—9.4 mm, W: 4.1—<u>4.4</u>—4.7 mm, Ah: 3.1—<u>3.5</u>—3.9 mm, Aw: 2.6—<u>2.9</u>—3.2 mm, Rhw: 1.90—<u>2.01</u>—2.08, Rhah: 2.36—<u>2.57</u>—2.72 (MHM04439)。

地理分布　新疆。

模式标本产地　英阿瓦提。

分类讨论　在蛹纳螺属中，本种较为独特。之所以列入本属，是因为本种还具有壳口齿，尽管齿较弱。本种无轴柱齿，也没有腭壁齿，甚至弱的腔壁齿也不在所有的模式系列标本中出现。其他的贝壳特征与无壳口齿的杂斑螺属接近。

(91) 玉虚蛹纳螺 *Pupopsis yuxu* Wu & Gao, 2010 (图 52；图版 IV：10)

Pupopsis yuxu Wu & Gao, 2010: 23, figs. 1, 3K, 5F, 11F-11G, 13.

检视标本　MHM06089：正模，spec.3，具软体成熟个体；玉虚山，1070 m a.s.l., 32°57′35.5″N, 104°40′41.6″E，文县，甘肃，2006.IX. 27，采集人：吴岷，刘建民，郑伟，高林辉。MHM06089：副模，spec.1—2，具软体成熟个体，贝壳部分移除；spec.4—5，2 枚成熟空壳；标本信息同正模。

形态特征　贝壳：圆柱形，具锥形顶部，壳顶不尖出，右旋，壳质薄，坚固，透明或半透明，具光泽。螺层无螺旋向细沟，螺层凸出。胚螺层平滑，光亮。缝合线下无狭窄区。体螺层朝壳口方向逐渐上升，周缘圆整。壳口卵圆形，几乎垂直。腭壁具嵴样板齿，后者向内延伸 $1/4$—$1/3$ 个螺层。腭壁缘圆整。壳口缘扩张，锋利。腔壁胼胝部不明显。具角结节。腔壁齿出现 (正模中) 或缺失 (所有副模中)。轴唇缘反折，具 1 明显的齿向内延展，但从壳口不可见。脐孔狭缝状。贝壳单一角褐色。壳口白色。

生殖系统：输精管长，粗细均匀，与成荚器顶部以一定角度相连。成荚器长，圆柱形，粗细均匀，形成数个圈环。成荚器盲囊顶端钝。鞭状器短，管状，近端不扩张，顶部尖。交接器粗细一致。纵向壁柱在成荚器孔处愈合成 1 个瓣膜，不形成 "V" 形结构。2 条较粗壮的平行排列的纵向壁柱在远端连接。交接器盲囊囊状，位于成荚器和交接器相接处。交接器附器短，在交接器基部分出，分为数节。A-1 短，无朝向交接器腔的乳突，具纵向壁柱。A-2 内壁具纵向壁柱。A-1 和 A-2 愈合。A-2 近 A-3 的内壁具 1 圈小乳突。A-2 与 A-3 不愈合。A-3 向 A-2 接入处无乳突。A-4 和 A-5 间的界线不明显。A-5 短，直。生殖腔具短的收缩肌。游离输卵管短，几与雌道等长。纳精囊管长，近端盘曲。纳精囊与纳精囊管界线明显。纳精囊盲管较纳精囊池长，端部不膨大。纳精囊和纳精囊盲管难以区分。纳精囊盲管出现于纳精囊池颈部。

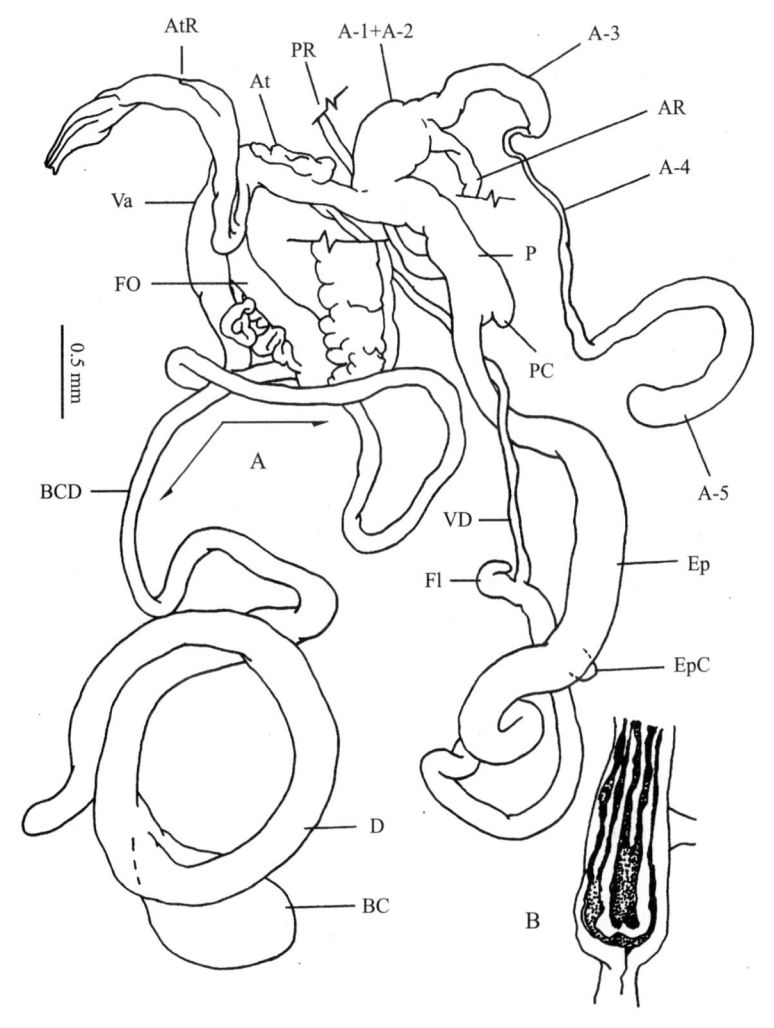

图 52　玉虚蛹纳螺 *Pupopsis yuxu* Wu & Gao，副模　MHM06089-spec. 2
A. 生殖系统全面观；B. 交接器远端内面观。箭头表示该部位曾被抻直（仿 Wu and Gao, 2010）
Fig. 52　*Pupopsis yuxu* Wu & Gao, MHM06089-spec. 2, paratype
A. Genitalia, general view; B. Distal part of penis, interior view. Arrows indicates the part that was pulled straight for preparing illustration (After Wu and Gao, 2010)

生殖系统测量 P: 1.1；Ep: 6.6；Fl: 0.4；VD: 5.7；Va: 0.9；FO: 0.7；BCD: 10.1；BC: 0.8；D: 4.1；A-1+A-2: 0.6；A-3: 0.8；A-4+A-5: 3.6 (MHM06089-spec. 2, paratype)。

标本测量 Ewh: 1.500—1.650—1.750 whorls, Wh: 6.750—7.000—7.750 whorls, H: 6.2—6.5—6.7 mm, W: 2.6—2.7—2.9 mm, Ah: 2.2—2.3—2.4 mm, Aw: 1.8—1.8—1.9 mm, Rhw: 2.33—2.38—2.50，Rhah: 2.72—2.86—3.00 (MHM06089)。

地理分布 甘肃 (仅见于模式产地)。

模式标本产地 文县。

分类讨论 本种为蛹纳螺属中体型最小的一种。本种可通过具轴柱齿、具微弱的腔壁齿或无，和具2条平行排列的交接器远端壁柱与其他蛹纳螺相区分。

(92) 茨氏蛹纳螺 *Pupopsis zilchi* Wu & Gao, 2010 (图版 IV: 11)

Pupopsis zilchi Wu & Gao, 2010: 25, figs. 3L, 11H-11I.

检视标本 SMF334777：正模，1枚成熟空壳；标签 "*Buliminus (Pupopsis) gansuicus* Gredl."；甘肃 (测量：Ewh: 1.500, Wh: 6.875, H: 12.7, W: 6.1, Aph: 5.1, Apw: 4.3)。SMF334778：副模，1个成熟个体，标本信息同正模。

形态特征 贝壳：卵圆形至长卵圆形，体螺层最膨大，壳顶不尖出，右旋，壳质薄，坚固，不透明，具或不具光泽。螺层仅在脐孔区域具螺旋向细沟，略凸出。生长线纤细，密集排列，有时断裂为成串小颗粒。胚螺层平滑，光亮。缝合线简单。体螺层多少向壳口方向逐渐上抬，周缘圆整。壳口圆角三角形，略倾斜。腭壁缘圆整或略有凹陷。腭壁缘具2枚齿，中部的齿较强，其上的齿较弱。该2齿瘤状，均不向壳内伸展。壳口缘略扩张，十分厚。腔壁胼胝部不明显。具角结节和腔壁齿，两者相连或毗邻。腭壁无齿。轴唇缘反折，轴柱垂直，具1枚瘤状齿。轴唇外缘呈弓形。脐孔很狭窄。贝壳浅黄褐色，在紧邻缝合线下方具1条狭窄的白色色带。壳口白色。

标本测量 Ewh: 1.500 whorls, Wh: 6.875—7.500 whorls, H: 12.7—13.1 mm, W: 5.6—6.1 mm, Ah: 4.5—5.1 mm, Aw: 3.7—4.3 mm, Rhw: 2.10—2.33, Rhah: 2.52—2.92 (SMF334777，SMF334778)。

地理分布 甘肃。

模式标本产地 甘肃 (具体地点不详)。

分类讨论 本种可以2枚腭壁齿与属内其他所有种区分。此外，在蛹纳螺属中，本种的角结节最发达，以至于接近或与腔壁齿相连。

7. 鸟唇螺属 *Petraeomastus* Möllendorff, 1901

Buliminus (Petraeomastus) Möllendorff, 1901: 348; Wiegmann, 1901: 261.

Type species: *Buliminus heudeanus* Ancey, 1883

特征 贝壳接近圆柱形，很坚实，螺层数 5.125—8.750，螺层扁平。体螺层直或很少下倾。白色至浅角色。壳顶光滑,有光泽;胚螺层后的螺层具不规则的清晰放射向条纹。壳口椭圆形,无齿,具有或多或少增厚的边缘。脐孔为一个狭窄的孔。壳高 11—32 mm,壳径 5—13 mm。

鞭状器很短,钝。成荚器长,具或不具盲囊。交接器相对短,接近圆柱形。交接器附器各部分发育一般。交接器收缩肌的 2 支合并于体腔肌膜;交接器支附着于交接器远端,附器支附着于 A-2 下的 A-1 段。游离输卵管和雌道都很短,其长度相近。纳精囊柄长,分支盲管很发达,纳精囊颈部短。

分布 中国西部。

种数 20 种和 6 亚种。

种 检 索 表

1.	螺层凸出 ···	2
	螺层扁平 ··	12
2(1).	贝壳单色 ···	3
	贝壳复色 ···	8
3(2).	右旋 ···	4
	左旋 ···	7
4(3).	轴唇外缘垂直 ···	5
	轴唇外缘倾斜 ··· 阔唇鸟唇螺指名亚种 *P. platychilus platychilus*
	轴唇外缘弓形 ··· 圆鸟唇螺 *P. teres*
5(4).	壳高超过 20 mm ···	6
	壳高不超过 20 mm ·· 尖锥鸟唇螺 *P. oxyconus*
6(5).	螺层少于 6 个 ·· 格氏鸟唇螺 *P. gredleri*
	螺层 6—8 个 ··· 谐鸟唇螺 *P. commensalis*
7(3).	壳顶不尖出,贝壳不透明 ··· 罗氏鸟唇螺 *P. rochebruni*
	壳顶尖出,贝壳半透明 ··· 纽氏鸟唇螺 *P. neumayri*
8(2).	壳顶着色如贝壳其余部分 ··	9
	壳顶着色异于贝壳其余部分 ··	11
9(8).	贝壳不透明,壳高与壳径的比例小于 2.40 ···	10
	贝壳半透明,壳高与壳径的比例大于 2.40 ······································ 邦达鸟唇螺 *P. pantoensis*
10(9).	壳顶不尖出,脐孔狭窄地开放,左旋,具 6—8 个螺层 ···························· 罗氏鸟唇螺 *P. rochebruni*
	壳顶尖出,脐孔狭缝状,右旋,具 8 个以上的螺层 ·· 枯藤鸟唇螺指名亚种 *P. xerampelinus xerampelinus*
11(8).	无光泽,生长线纤细而清晰,螺层具凹陷瘢痕,脐孔狭缝状 ··················· 念珠鸟唇螺 *P. diaprepes*
	具光泽,生长线通常不清晰,螺层无凹陷瘢痕,脐孔狭窄地开放 ···· 摩氏鸟唇螺 *P. moellendorffi*
12(1).	壳高大于 20 mm ···	13
	壳高小于 20 mm ···	17
13(12).	贝壳单色 ···	14

　　　　　贝壳复色 ………………………………………………………………………………… 15
14(13). 壳口缘反折，无明显的卷边 ………………………………………… 厄氏鸟唇螺 *P. heudeanus*
　　　　　壳口缘反折，具明显的卷边 ……………………………………………… 维鸟唇螺 *P. vidianus*
15(13). 螺层具凹陷瘢痕，壳口缘反折，无明显卷边，体螺层在壳口后立即上抬，体螺层周缘略具角度
　　　　　…………………………………………………………………………… 藏鸟唇螺 *P. tibetanus*
　　　　　螺层无凹陷瘢痕，壳口缘反折形成明显的卷边，体螺层朝壳口方向逐渐上升，体螺层周缘圆整
　　　　　………………………………………………………………………………………………… 16
16(15). 腭壁胼胝部明显，贝壳不透明，壳顶着色异于贝壳其他部分，左旋 ···· 德氏鸟唇螺 *P. desgodinsi*
　　　　　腔壁胼胝部不明显，贝壳半透明，壳顶着色同贝壳其他部分，右旋 ···· 丸鸟唇螺 *P. semifartus*
17(12). 腔壁胼胝部明显 …………………………………………………………………………………… 18
　　　　　腔壁胼胝部不明显 ………………………………………………………………………………… 19
18(17). 右旋，壳高与壳径的比例小于 2.40 ……………………………… 吉氏鸟唇螺 *P. giraudelianus*
　　　　　左旋，壳高与壳径的比例大于 2.40 ………………………………………… 皮氏鸟唇螺 *P. perrieri*
19(17). 壳顶不尖出，壳口缘反折形成明显的卷边且锋利，贝壳半透明 ……………………………………
　　　　　……………………………………………………… 倭丸鸟唇螺指名亚种 *P. breviculus breviculus*
　　　　　壳顶尖出，壳口缘反折但无明显卷边且厚，贝壳不透明 ……………… 锐鸟唇螺 *P. mucronatus*

(93) 倭丸鸟唇螺指名亚种 *Petraeomastus breviculus breviculus* (Möllendorff, 1901) (图 53；图版 IV：12)

Buliminus (Petraeomastus) breviculus Möllendorff, 1901: 351, pl. 15, figs. 9-11; Kobelt, 1902: 855, pl. 122, figs. 12-15.

Petraeomastus breviculus: Yen, 1939: 85, pl. 8, fig. 6.

检视标本 MHM05776，MHM05500，MHM05511，MHM05488：MHM05776 均测量，spec.1 解剖；甘肃文县碧口，2006. IX. 28，采集人：吴岷，刘建民，郑伟，高林辉。MHM00357：甘肃文县，2004. IV. 14，采集人：吴岷。SMF42010：选模；在玉垒关和文县之间，Slg. Mlldff。SMF42011：副模；2 枚成熟空壳；在玉垒关和文县之间，Slg. Mlldff。

形态特征 贝壳：子弹头状，壳顶不尖出，右旋，壳质薄，坚固，半透明，有光泽。生长线通常不十分清晰。螺层扁平，无凹陷瘢痕，不具肩，无螺旋向细沟。胚螺层平滑，光亮。胚螺后螺层平滑。缝合线上无窄带。体螺层明显地向壳口方向逐渐上抬，侧面边缘圆整，周缘无螺旋向的光滑凹陷或皱褶区域。壳口面平，圆角四边形，壳口与螺层接合处不联生，倾斜，完全贴合于体螺层，无齿样构造，角结节有但不明显。壳口缘锋利，扩张，反折且具明显的卷边。腔壁胼胝部不明显。壳口反折于轴唇缘。轴柱垂直。轴唇外缘垂直。脐孔狭窄。贝壳单一栗色。壳口白色或略深着色。

生殖系统：输精管长，粗细一致，与成荚器相连处界线明显。成荚器短，向近端逐渐变细，外部光滑，直。成荚器盲囊阙如。鞭状器很短，管状，近端直，顶端钝。交接器粗细一致，其端部与成荚器相连，壁薄。交接器突起阙如。交接器附器中等长度，在交接器基部分出，有分节，A-1 与 A-2 愈合，A-3 明显，A-4 与 A-5 愈合。A-1 内腔壁柱

纤细。A-2 内壁具纤细的纵向壁柱。A-5 短，直。交接器收缩肌 2 支，彼此靠近着着生于体墙壁，交接器收缩肌支的另一端着生于交接器近端，而交接器附器支的另一端着生于愈合的 A-1 和 A-2 上。连接雌道和成荚器的肌质带阙如。生殖腔短，具细弱的生殖腔收缩肌。游离输卵管短，远短于雌道长度。雌道长度中等，不膨大，直，未衬有疏松的海绵样组织，无色素沉着。纳精囊管长度中等，近端略盘曲。纳精囊中等大小，与纳精囊管界线不明显。具柄。无纳精囊盲管。

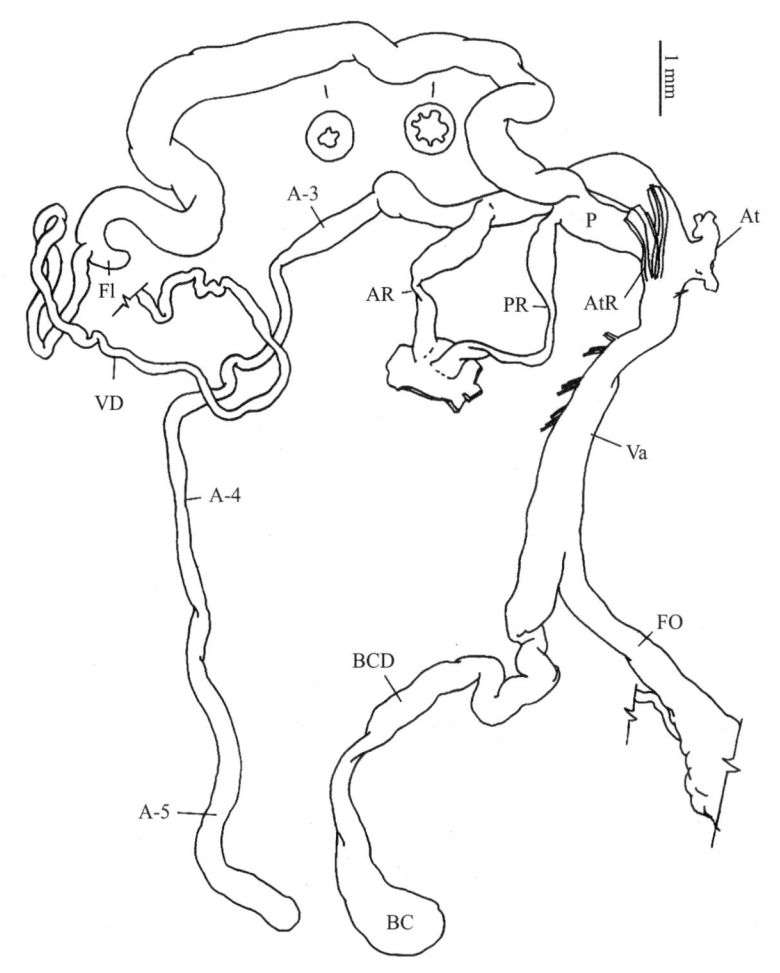

图 53　倭丸鸟唇螺指名亚种 *Petraeomastus breviculus breviculus* (Möllendorff)，MHM05776-spec.1，生殖系统全面观

Fig. 53　*Petraeomastus breviculus breviculus* (Möllendorff), MHM05776-spec.1. Genitalia, general view

标本测量　Ewh：1.375—<u>1.708</u>—1.875 whorls，Wh：5.125—<u>5.417</u>—5.875 whorls，H：14.9—<u>15.2</u>—15.5 mm，W：7.1—<u>7.6</u>—8.0 mm，Ah：7.1—<u>7.4</u>—7.9 mm，Aw：5.5—<u>5.7</u>—5.8 mm，Rhw：1.93—<u>2.01</u>—2.09，Rhah：1.96—<u>2.01</u>—2.13 (SMF42010，SMF42011)。

分类讨论　本种与鸟唇螺属其他物种相比，无纳精囊盲管。

(94) 锥旋倭丸鸟唇螺 *Petraeomastus breviculus anoconus* **(Möllendorff, 1901)**

Buliminus (*Petraeomastus*) *breviculus anoconus* Möllendorff, 1901: 352, pl. 15, figs. 14-15.

研究材料 无。
形态特征 与指名亚种相比，贝壳略宽，脐孔更深，下部数螺层几乎呈圆柱形，螺壳薄，角褐色。
地理分布 甘肃（仅见于模式产地）。
模式标本产地 舟曲（Tsu-dsei-dsy）。

(95) 谐鸟唇螺 *Petraeomastus commensalis* **(Sturany, 1900)**

Buliminus commensalis Sturany, 1900: 32, pl. 3, figs. 37-39.
Buliminus (*Petraeomastus*) *commensalis*: Möllendorff, 1901: 354; Kobelt, 1902: 857, pl. 107, figs. 27, 28.

研究材料 无。
形态特征 贝壳塔形，坚固，具光泽，具精细的斜向条纹。壳顶角泥色，光滑。脐孔狭缝状。体螺层后部平，朝壳口方向很少上抬。壳口近圆形，唇宽。壳口缘不反折。腔壁胼胝部在两侧联合处增厚。轴柱具微小的褶。
原始描述中的测量 Wh：7.25—7.5 whorls, H：26 mm, W：11 mm, Ah：8.7 mm, Aw：11.4 mm, Rhw：2.36, Rhah：2.99。
地理分布 四川（仅见于模式产地，旧属甘肃）。
模式标本产地 阔达坝。

(96) 德氏鸟唇螺 *Petraeomastus desgodinsi* **(Ancey, 1884)** （图版 IV：13）

Buliminus desgodinsi Ancey, 1884: 387-388.
Buliminus (*Petraeomastus*) *desgodinsi*: Möllendorff, 1901: 349; Kobelt, 1902: 965.
Ena (*Petraeomastus*) *desgodinsi*: Yen, 1938: 442.
Petraeomastus desgodinsi: Yen, 1942: 254.

检视标本 BMNH 1912.6.27.22—25：4 枚成熟空壳；巴塘，阎敦建鉴定。MHM00567：西藏芒康县，2003.VIII.2，采集人：石恺。
形态特征 贝壳：柱圆锥形，壳顶不尖出，左旋，壳质厚，坚固，不透明，有光泽。螺层扁平，无凹陷瘢痕，不具肩，无螺旋向细沟。胚螺层平滑，光亮。胚螺后螺层平滑。缝合线上无窄带。体螺层朝壳口方向逐渐上升，侧面边缘圆整，周缘无螺旋向的光滑凹陷或皱褶区域。壳口平截卵圆形，壳口与螺层接合处几联生，垂直，无齿样构造，角结节阙如。壳口缘锋利，扩张，反折，具明显卷边。腔壁胼胝部发达。轴唇缘反折。脐孔狭缝状。贝壳白色，具很少的褐色条纹。壳顶红褐色。壳口白色。

标本测量　Wh：7.750—8.031—8.250 whorls，H：23.0—24.4—26.6 mm，W：10.4—10.7—11.1 mm，Ah：8.4—9.3—9.9 mm，Aw：6.9—7.1—7.4 mm，Rhw：2.07—2.29—2.5，Rhah：2.53—2.64—2.76 (BMNH 1912.6.27.22—25)。

地理分布　四川、西藏。

模式标本产地　巴塘。

(97) 念珠鸟唇螺 *Petraeomastus diaprepes* (Sturany, 1900) (图版 IV：14)

Buliminus diaprepes Sturany, 1900: 30, pl. 3, fig. 36.
Buliminus (Petraeomastus) diaprepes: Möllendorff, 1901: 350, pl. 15, figs. 1-5; Kobelt, 1902: 853, pl. 108, fig. 26, pl. 122, figs. 6-8.
Petraeomastus diaprepes: Yen, 1939: 85, pl. 8, fig. 4; Yen, 1942: 254.

检视标本　BMNH 1912.6.27.64：1枚成熟空壳；澜沧江流域，长江上游，阎敦建鉴定。SMF42005：1枚成熟空壳；官亭，Sammlung Mlldff。SMF42006：1枚成熟空壳；在李家堡和舟曲之间，Slg. Mlldff。MHM05680：甘肃两河口西岸，2006. X. 2，采集人：刘建民，郑伟。

形态特征　贝壳：卵圆形，壳顶尖出，右旋，壳质薄，坚固，不透明，无光泽。生长线纤细而清晰。螺层凸出，略具凹陷瘢痕，不具肩，无螺旋向细沟。胚螺层平滑，光亮。胚螺后螺层平滑。缝合线上无窄带。体螺层朝壳口方向逐渐上升，侧面边缘圆整，周缘无螺旋向的光滑凹陷或皱褶区域。壳口平截卵圆形，壳口与螺层接合处不联生，略倾斜，无齿样构造，具角结节。壳口缘锋利，扩张，反折且具明显的卷边。腔壁胼胝部不明显。轴唇缘略反折。脐孔狭缝状。贝壳褐色，具白色粗条纹。壳口白色。壳顶色调与贝壳其余部分不同。

标本测量　Ewh：1.500—1.563—1.625 whorls，Wh：7.375 whorls，H：21.9—22.8—23.8 mm，W：10.9—11.1—11.3 mm，Ah：8.3—8.5—8.7 mm，Aw：6.8—7.0—7.2 mm，Rhw：2.00—2.05—2.10，Rhah：2.63—2.69—2.75 (SMF42005，SMF42006)。

地理分布　甘肃、澜沧江流域。

模式标本产地　官亭。

(98) 吉氏鸟唇螺 *Petraeomastus giraudelianus* (Heude, 1882) (图版 IV：15)

Buliminus giraudelianus Heude, 1882: 54, pl. 17, fig. 11.
Buliminus (Petraeomastus) giraudelianus Möllendorff, 1901: 359.
Buliminus (Napaeus) giraudelianus Hilber, 1883: 1362, pl. 5, fig. 4; Kobelt, 1902: 555, pl. 87, figs. 11, 12.
Ena (Petraeomastus) girandelianus Yen, 1938: 442.

检视标本　MHM01822：云南维西县，2002. VII. 18，采集人：A. Wiktor & M. Wu。MHM04279，MHM06097：测量和解剖：MHM06097；西藏芒康县，2002. VII. 8—9，采集人：A. Wiktor & M. Wu。BMNH 1912.6.27.59—63：5枚成熟空壳；Salwan，澜沧江流

域、西藏。

形态特征 贝壳：尖卵圆形，壳顶尖出，右旋，壳质薄，坚固，不透明，无光泽。螺层扁平，无凹陷瘢痕，不具肩，无螺旋向细沟。胚螺层平滑，无光泽。胚螺后螺层具纤细的肋。缝合线上无窄带。体螺层侧面边缘圆整，周缘无螺旋向的光滑凹陷或皱褶区域。壳口卵圆形，壳口与螺层接合处联生，倾斜，无齿样构造，角结节阙如。壳口缘增厚，扩张，反折但不形成明显的卷边。腔壁胼胝部明显。壳口反折于轴唇缘。脐孔狭窄。贝壳色泽均匀，黄褐色，壳口白色。贝壳上部着色如其余部分。

标本测量 Wh：6.875—<u>7.350</u>—7.875 whorls，H：10.7—<u>13.4</u>—15.8 mm，W：5.0—<u>6.1</u>—7.2 mm，Ah：4.1—<u>5.0</u>—6.2 mm，Aw：3.0—<u>4.0</u>—5.0 mm，Rhw：2.10—<u>2.18</u>—2.30，Rhah：2.55—<u>2.67</u>—2.79 (BMNH 1912.6.27.59—63)。

地理分布 云南、西藏、澜沧江流域。

模式标本产地 盐井。

(99) 格氏鸟唇螺 *Petraeomastus gredleri* (Hilber, 1883)

Buliminus (*Napaeus*?) *gredleri* Hilber, 1883: 1364, pl. 5, fig. 7; Kobelt, 1902: 547, pl. 86, figs. 6, 7.
Bulimus bieti Ancey, 1884: 394-395.
Buliminus (*Petraeomastus*) *gredleri*: Möllendorff, 1901: 349.
Ena (*Petraeomastus*) *gredleri*: Yen, 1938: 442.

检视标本 无。

形态特征 贝壳：右旋，具脐孔，近卵圆圆柱形，不透明，坚固，略有光泽，具斜向、模糊的条文，角白色，壳顶处角色，螺旋部短。壳顶光滑，有光亮，极钝。螺层迅速增长。缝合线凹下。近脐孔处明显鼓出。体螺层朝壳口方向上抬。壳口平直，卵圆形，略反折，轴柱弓形。轴唇无齿。壳口缘简单，锋利，略扩张，在轴唇缘明显反折。胼胝部有光亮，接近壳口与螺层相接处薄。

原始描述中的测量 Wh：6 whorls，H：21 mm，W：12 mm，Ah：10.5 mm，Rhw：1.75，Rhah：2.00。

地理分布 云南、西藏。

模式标本产地 盐井、邦达。

(100) 厄氏鸟唇螺 *Petraeomastus heudeanus* (Ancey, 1883) (图 54；图版 IV：16)

Buliminus thibetanus Heude (not Pfeiffer), 1882: 54, pl. 17, fig. 9.
Buliminus heudeanus Ancey, 1883: 17.
Buliminus (*Napaeus*) *heudeanus*: Hilber, 1883: 8, T. IV, figs. 5, 6; Kobelt, 1902: 546, pl. 86, figs. 1-3.
Buliminus (*Petraeomastus*) *heudeanus*: Möllendorff, 1901: 348.
Ena (*Petraeomastus*) *thibetanus*: Yen, 1938: 442.

研究标本 MHM01815：测量，spec.1 解剖；云南芒康县，2002. VII. 8，采集人：A. Wiktor & M. Wu。SMF203106：1 枚成熟空壳；西藏，Slg. S. H. Jaeckel。

形态特征 贝壳：柱圆锥形，壳顶略尖出，右旋，壳质薄，坚固，不透明，有光泽。螺层扁平，无凹陷瘢痕，不具肩，螺旋向细沟无或仅模糊地分布在脐孔区域。胚螺层平滑，光亮。胚螺后螺层平滑。缝合线上无窄带。体螺层侧面边缘圆整，周缘无螺旋向的光滑凹陷或皱褶区域。壳口平截卵圆形，壳口与螺层接合处不联生，倾斜，无齿样构造，角结节阙如。壳口缘增厚，略膨大。腔壁胼胝部明显，形成联系壳口缘与螺层相接处的嵴。轴唇缘略反折。轴柱垂直 (SMF203106)，或倾斜 (MHM01815)。脐孔狭窄或呈狭缝状 (SMF203106)。贝壳白色。壳口白色。壳顶色调与贝壳其余部分不同，呈红褐色。

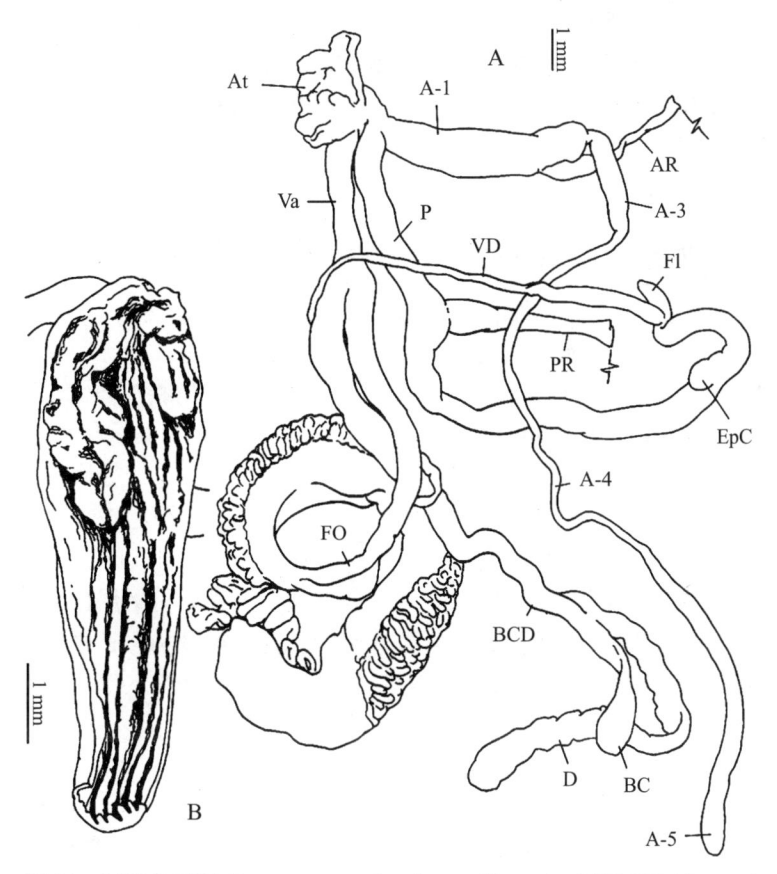

图 54　厄氏鸟唇螺 *Petraeomastus heudeanus* (Ancey)，MHM01815-spec.1
A. 生殖系统全面观；B. 交接器内面观
Fig. 54　*Petraeomastus heudeanus* (Ancey), MHM01815-spec.1
A. General view of genitalia; B. Inner view of penis

生殖系统：输精管长，近端膨大，与成荚器相连处界线明显。成荚器长度中等，圆柱形，粗细均匀，外部光滑，直。成荚器盲囊端部钝，位于接近与输精管相连处。鞭状器短，管状，近端直，顶端钝。交接器粗细一致，其端部与成荚器相连，壁薄。交接器壁柱多于 2 条，在成荚器孔处愈合成 1 个瓣膜，形成 2 个 "V" 形结构。"V" 形壁柱近端游离且达交接器收缩肌连接处，在远端不愈合成乳突。交接器突起阙如。交接器附器长，在交接器基部分出，有分节，A-1 与 A-2 愈合，A-3 明显，A-4 与 A-5 愈合。A-1 内壁具纵向壁柱。A-2 内壁具众多纵向壁柱，近 A-3 处有 1 圈乳突。A-3 向 A-2 开口处无针状乳突。A-5 短，直。交接器收缩肌 2 支，分别着生于体壁上，其交接器支的另一端着生于交接器远端，而交接器附器支的另一端着生于愈合的 A-1 和 A-2 上。连接雌道和成荚器的肌质带阙如。生殖腔短，无生殖腔收缩肌。游离输卵管短，几与雌道等长。雌道短，不膨大，直，未衬有疏松的海绵样组织，无色素沉着。纳精囊管长度中等，近端直。纳精囊池小，与纳精囊管界线不明显。具柄。纳精囊管分支盲管较纳精囊长，略膨大。纳精囊和纳精囊盲管在外形上难以区别，其分叉处离纳精囊基部远。

标本测量 Ewh：1.750—1.975—2.250 whorls, Wh：7.125—7.837—8.750 whorls, H：23.8—27.0—30.2 mm, W：8.9—10.2—11.4 mm, Ah：9.1—9.9—10.8 mm, Aw：6.3—7.1—8.0 mm, Rhw：2.38—2.64—2.83, Rhah：2.43—2.72—2.94 (MHM01815)。

地理分布 云南、西藏。

模式标本产地 盐井。

(101) 藏鸟唇螺 *Petraeomastus tibetanus* (Pfeiffer, 1856) (图版 IV：17)

Buliminus (*Zebrina*) *tibetanus* Pfeiffer, 1856: Proc. Z. Soc. Lond. 331.

检视标本 BMNH H. 3 spec. Acc. no：1829：群模，3 枚成熟空壳；"模式中最大者"——原标签，西藏，Cuming colln。

形态特征 贝壳：子弹头形或长卵圆形，壳顶不尖出，右旋，壳质厚，坚固，不透明，有光泽。螺层略扁平，具凹陷瘢痕，不具肩，不明显地具螺旋向细沟。胚螺层平滑，光亮。胚螺后螺层平滑。缝合线上无窄带。体螺层在壳口后立即上抬，周缘略呈角度，周缘无螺旋向的光滑凹陷或皱褶区域。壳口平截卵圆形，壳口与螺层接合处不联生，倾斜，完全贴合于体螺层，无齿样构造，角结节阙如。壳口缘锋利，扩张，反折但不形成明显卷边。腔壁胼胝部明显或不明显。壳口反折于轴唇缘。脐孔狭窄，或呈狭缝状。壳色污白色，螺旋向无色带。

标本测量 Ewh：1.875—1.958—2.000 whorls, Wh：7.500—8.167—8.750 whorls, H：23.2—28.1—32.2 mm, W：11.9—12.7—13.2 mm, Ah：9.3—10.1—11.0 mm, Aw：7.9—8.5—9.3 mm, Rhw：1.94—2.20—2.47, Rhah：2.49—2.77—2.94 (BMNH H. Acc. no：1829)。

地理分布 西藏。

模式标本产地 西藏 (具体地点不详)。

(102) 摩氏鸟唇螺 *Petraeomastus moellendorffi* (Hilber, 1883) (图 55；图版 IV：18)

Buliminus (*Napaeus*) *moellendorffi* Hilber, 1883: 1363-1364, pl. 5, fig. 6; Kobelt, 1902: 540, pl. 85, figs. 9, 10.

Buliminus (*Napaeus*) *moellendorffi concolor* Gredler, 1898: 4.

Buliminus (*Petraeomastus*) *moellendorffi*: Möllendorff, 1901: 352.

Buliminus (*Petraeomastus*) *xerampelinus laetus* Möllendorff, 1901: 354, pl. 15, fig. 17; Kobelt, 1902: 857.

Ena (*Petraeomastus*) *moellendorffi*: Yen, 1938: 442.
Petraeomastus moellendorffi: Yen, 1939: 85, pl. 8, figs. 9-10; Zilch, 1974: 190.
Petraeomastus xerampelinus laetus Yen, 1939: 85, pl. 8, fig. 8; Yen, 1942: 255.

检视标本 SMF42018（与 SMF42017 完全不同）：*Petraeomastus xerampelinus laetus* (Mlldff) 的副模，1 个成熟空壳；Pchin-lo，甘肃，Slg. Mlldff。SMF42017（与 SMF42025 同一种，前者为 *P. platychilus* 的副模）：*Petraeomastus xerampelinus laetus* (Mlldff) 的选模，1 枚成熟空壳；南坪（今属四川），甘肃，Slg. Mlldff。MHM04291：解剖：spec.1；甘肃文县，2004. V. 8，采集人：吴岷。MHM00348：最接近 SMF42017；四川南坪县，2004. V. 7，采集人：吴岷。MHM05641：甘肃角弓镇，2006. X. 2，采集人：刘建民，郑伟。MHM04275?：甘肃文县，2004. V. 3，采集人：吴岷。

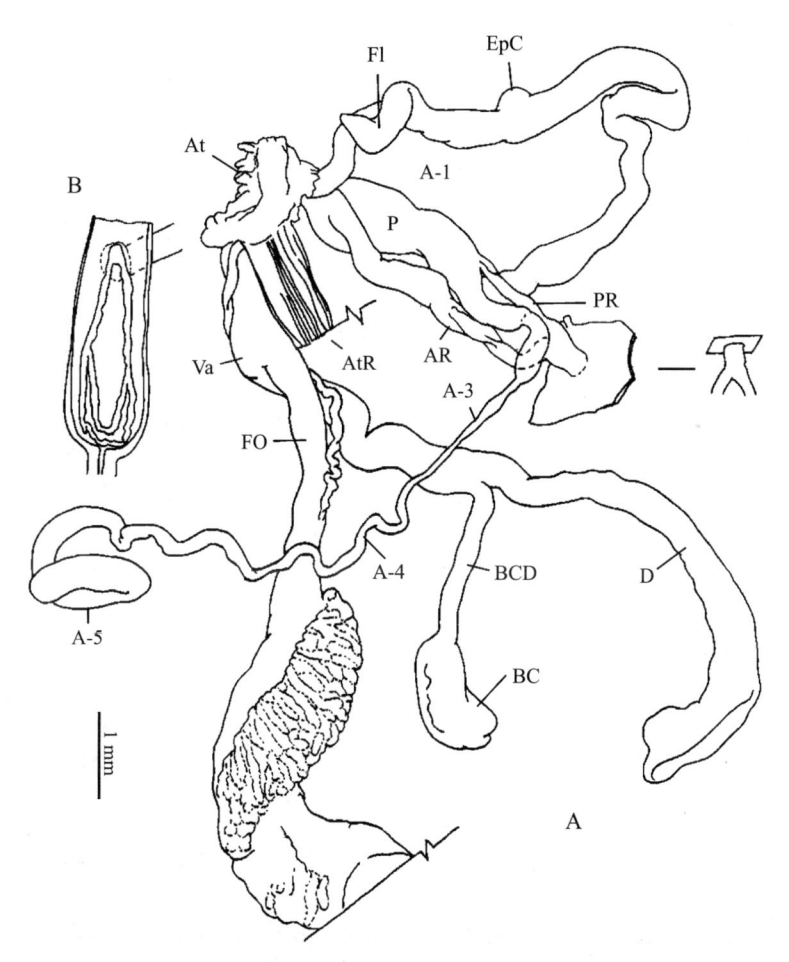

图 55 摩氏鸟唇螺 *Petraeomastus moellendorffi* (Hilber)，MHM04291-spec.1
A. 生殖系统全面观；B. 交接器远端内面观
Fig. 55 *Petraeomastus moellendorffi* (Hilber), MHM04291-spec.1
A. General view of genitalia; B. Exposed penis, showing penial pilasters

形态特征 贝壳：卵圆锥形，壳顶尖出，右旋，壳质厚，坚固，不透明，具光泽，贝壳最膨大部位出现于体螺层。生长线通常不十分清晰。螺层凸出，无凹陷瘢痕，不具肩，无螺旋向细沟。胚螺层平滑，光亮。胚螺后螺层平滑。缝合线上无窄带。体螺层朝壳口方向逐渐上升，侧面边缘圆整，周缘无螺旋向的光滑凹陷或皱褶区域。壳口面平，圆卵圆形，壳口与螺层接合处不联生，倾斜，完全贴合于体螺层，无齿样构造，具角结节。无次生壳口。壳口缘锋利，扩张，反折且具明显的卷边。卷边平直且不朝反壳口方向翻折。腔壁胼胝部不明显。壳口反折于轴唇缘。轴唇外缘垂直，或倾斜。脐孔狭窄。紧邻贝壳最后 2—4 层缝合线的下方，具 1 条棕色色带。壳顶具不同的色调。

生殖系统：输精管长，近端明显膨大，与成荚器相连处界线明显。成荚器长度中等，圆柱形，粗细均匀，外部光滑，形成数个圈环。成荚器盲囊顶部尖，位于接近与输精管相连处。鞭状器短，管状，近端直，顶端尖。交接器粗细一致，其端部与成荚器相连，壁薄。交接器壁柱多于 2 条，在成荚器孔处愈合成 1 个瓣膜，形成 2 个 "V" 形结构。"V" 形壁柱近端游离且达交接器收缩肌连接处，在远端不愈合成乳突。交接器突起阙如。交接器附器长，在交接器基部分出，有分节，A-1 与 A-2 愈合，A-3 明显，A-4 与 A-5 愈合。A-2 内部光滑，近 A-3 处内壁无 1 圈乳突。A-3 向 A-2 开口处无针状乳突。A-5 短，盘曲。交接器收缩肌 2 支，彼此愈合后着生于体墙壁，其交接器支的另一端着生于交接器远端，而交接器附器支的另一端着生于愈合的 A-1 和 A-2 上。连接雌道和成荚器的肌质带阙如。生殖腔短，具粗壮的生殖腔收缩肌。游离输卵管短，几与雌道等长。雌道短，不膨大，直，未衬有疏松的海绵样组织，无色素沉着。纳精囊管短，近端几乎直。纳精囊中等大小，与纳精囊管区分明显，具柄。纳精囊管分支盲管较纳精囊长，末端膨大。纳精囊和分支盲管可区别，其分叉处离纳精囊基部远。

标本测量 Ewh: 1.500—<u>1.675</u>—1.750 whorls, Wh: 7.625—<u>8.100</u>—8.750 whorls, H: 16.3—<u>18.5</u>—21.7 mm, W: 7.9—<u>8.2</u>—9.2 mm, Ah: 6.5—<u>7.0</u>—7.7 mm, Aw: 5.2—<u>5.7</u>—6.3 mm, Rhw: 2.05—<u>2.25</u>—2.42, Rhah: 2.49—<u>2.62</u>—2.84 (SMF42017, SMF42018)。

地理分布 甘肃、四川。

模式标本产地 广元。

(103) 锐鸟唇螺 *Petraeomastus mucronatus* (Möllendorff, 1901) (图 56；图版 IV: 19)

Buliminus (Petraeomastus) mucronatus Möllendorff, 1901: 351, pl. 15, figs. 9-11; Kobelt, 1902: 854, pl. 122, figs. 9, 10.

检视标本 MHM01820: spec.2 解剖；甘肃文县, 2004. V. 6, 采集人：吴岷。

形态特征 贝壳：尖卵圆形，壳顶尖出，右旋，壳质薄，坚固，不透明，有光泽。螺层扁平，无凹陷瘢痕，不具肩，无螺旋向细沟。胚螺层平滑，无光泽。胚螺后螺层平滑。缝合线上无窄带。体螺层朝壳口方向逐渐上升，侧面边缘圆整，周缘无螺旋向的光滑凹陷或皱褶区域。壳口卵圆形，壳口与螺层接合处不联生，无齿样构造，具角结节。壳口缘增厚，扩张，反折但不形成明显的卷边。腔壁胼胝部不明显。壳口反折于轴唇缘。脐孔狭窄。贝壳色泽为均匀的褐黄色。壳口白色。贝壳上部着色如其余部分。

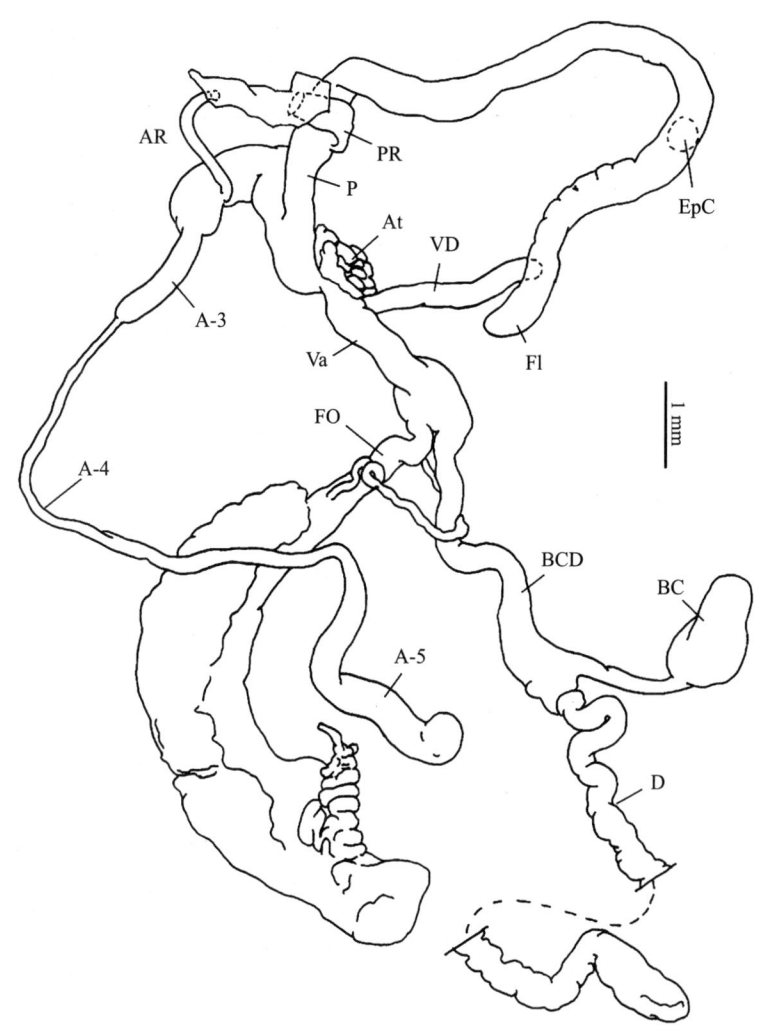

图 56　锐鸟唇螺 *Petraeomastus mucronatus* (Möllendorff)，MHM01820-spec.2，生殖系统全面观
Fig. 56　*Petraeomastus mucronatus* (Möllendorff), MHM01820-spec.2. General view of genitalia

生殖系统：输精管略长，近端膨大，与成荚器相连处界线明显。成荚器长度中等，圆柱形，粗细均匀，在成荚器盲囊和输精管进入处之间外部具半圆形的切痕，直。成荚器盲囊端部钝，位于接近与输精管相连处。鞭状器短，管状，近端直，顶端钝。交接器棒状，近端膨大，其端部与成荚器相连，壁薄。交接器壁柱多于 2 条，形成 1 个 "V" 形结构，且在成荚器孔处愈合成 1 个瓣膜。"V" 形壁柱近端游离且达交接器收缩肌连接处，在远端不愈合成乳突。交接器突起阙如。交接器附器中等长度，在距生殖腔一定长度处与交接器分叉，有分节，A-1 与 A-2 愈合，A-3 明显，A-4 与 A-5 愈合。A-1 内壁具均匀排列的横向皱襞。A-2 内壁具均匀排列的横向皱襞，近 A-3 处内壁无 1 圈乳突。A-3 开口于 A-2 处具 1 短乳突。A-5 短，直。交接器收缩肌 2 支，分别着生于体壁上，其交接器支的另一端着生于交接器远端，而交接器附器支的另一端着生于愈合的 A-1 和 A-2 上。

连接雌道和成茎器的肌质带阙如。生殖腔短，无生殖腔收缩肌。游离输卵管短，几与雌道等长。雌道短，远端膨大，直，未衬有疏松的海绵样组织，无色素沉着。纳精囊管长度中等，近端微弱盘曲。纳精囊中等大小，与纳精囊管区分明显，具柄。纳精囊管分支盲管较纳精囊长，末端膨大。纳精囊和分支盲管可区别，其分叉处离纳精囊基部远。

标本测量 Ewh：1.750—<u>1.778</u>—1.875 whorls，Wh：7.000—<u>7.500</u>—8.000 whorls，H：16.0—<u>17.7</u>—18.8 mm，W：7.5—<u>8.5</u>—9.2 mm，Ah：7.0—<u>7.8</u>—8.3 mm，Aw：5.4—<u>6.1</u>—6.5 mm，Rhw：1.99—<u>2.09</u>—2.18，Rhah：2.13—<u>2.26</u>—2.42 (MHM01820)。

地理分布 甘肃、四川。

模式标本产地 文县、南坪。

(104) 纽氏鸟唇螺 *Petraeomastus neumayri* (Hilber, 1883) (图版 IV：20)

Buliminus (Napaeus) neumayri Hilber, 1883: 1357, pl. 4, figs. 7, 8.
Buliminus (Mirus) neumayri: Möllendorff, 1901: 326.
Buliminus (Napaeus ?) neumayri: Kobelt, 1902: 546, pl. 86, figs. 4, 5.
Ena (Mirus) neumayri: Yen, 1938: 441.
Petraeomastus neumayri: Yen, 1942: 254.

检视标本 BMNH 1912.6.27.26—28：3 枚成熟空壳；巴塘，中国西部，阎敦建鉴定。

形态特征 贝壳：柱圆锥形，壳顶尖出，左旋，壳质薄，坚固，半透明，有光泽。螺层略凸出，无凹陷瘢痕，不具肩，无螺旋向细沟。胚螺层平滑，光亮。胚螺后螺层平滑。缝合线上无窄带。体螺层向壳口方向平直延伸，或在壳口后立刻上升，侧面边缘圆整，周缘无螺旋向的光滑凹陷或皱褶区域。壳口半圆形，壳口与螺层接合处联生，垂直，完全贴合于体螺层，无齿样构造，角结节阙如。壳口缘锋利，扩张，反折且具明显的卷边。腔壁胼胝部明显。壳口反折于轴唇缘。脐孔狭窄。贝壳红褐色。壳口白色。贝壳上部着色如其余部分。

标本测量 Ewh：1.500—<u>1.542</u>—1.625 whorls，Wh：6.875—<u>7.375</u>—7.750 whorls，H：19.2—<u>21.5</u>—23.5 mm，W：8.7—<u>9.3</u>—10.2 mm，Ah：7.6—<u>8.0</u>—8.7 mm，Aw：5.7—<u>6.2</u>—6.6 mm，Rhw：2.21—<u>2.30</u>—2.39，Rhah：2.54—<u>2.70</u>—2.84 (BMNH 1912.6.27.26—28)。

地理分布 四川。

模式标本产地 巴塘。

(105) 尖锥鸟唇螺 *Petraeomastus oxyconus* (Möllendorff, 1901) (图版 IV：21)

Buliminus (Petraeomastus) oxyconus Möllendorff, 1901: 355, pl. 15, figs. 21, 22; Wiegmann, 1901: 255, pl. 11, figs. 49-57; Kobelt, 1902: 859, pl. 122, figs. 21, 22.
Petraeomastus oxyconus: Yen, 1939: 85, pl. 8, fig. 11.

检视标本 SMF42019：选模；武都，甘肃，Slg. Mlldff。SMF42020：副模，2 枚成熟空壳；武都，甘肃，Slg. Mlldff。

形态特征 贝壳：高圆锥状，壳顶不尖出，右旋，壳质薄，坚固，半透明，有光泽。

生长线通常不十分清晰。螺层凸出，无凹陷瘢痕，不具肩，无螺旋向细沟。胚螺层平滑，光亮。胚螺后螺层平滑。缝合线上无窄带。体螺层朝壳口方向逐渐上升，侧面边缘圆整，周缘无螺旋向的光滑凹陷或皱褶区域。壳口几在一平面上，圆角四边形，壳口与螺层接合处不联生，略倾斜，完全贴合于体螺层，无齿样构造，具角结节。壳口缘锋利，扩张，反折狭窄但具明显的卷边。腔壁胼胝部不明显。壳口反折于轴唇缘。轴柱垂直。轴唇外缘垂直。脐孔狭窄。贝壳均匀的栗色。壳口呈发红的白色。贝壳上部着色如其余部分。

生态学 在3个模式标本贝壳上发现某些区域有十分平滑的磨损面。在选模和1个副模中，发现每个贝壳上有多于4处的这样的磨损；在1个副模中，甚至出现9处可辨识的磨损面。这么严重的贝壳磨损在中国艾纳螺以及其他陆生贝类中都很罕见。作者推测这些磨损是在进出隐蔽所的过程中与岩石或硬质沙土反复摩擦所致。

标本测量 Ewh：1.500—<u>1.583</u>—1.625 whorls，Wh：6.875—<u>7.417</u>—7.750 whorls，H：15.6—<u>15.9</u>—16.3 mm，W：7.4—<u>8.0</u>—8.6 mm，Ah：6.1—<u>6.3</u>—6.7 mm，Aw：5.0—<u>5.2</u>—5.4 mm，Rhw：1.81—<u>2.00</u>—2.15，Rhah：2.31—<u>2.52</u>—2.67（SMF42019，SMF42020）。

地理分布 甘肃（仅见于模式产地）。

模式标本产地 武都。

(106) 邦达鸟唇螺 *Petraeomastus pantoensis* (Hilber, 1883)

Buliminus (*Napaeus*) *pantoensis* Hilber, 1883. 1358-1359, pl. 4, figs. 9, 10; Kobelt, 1902: 541, pl. 85, figs. 11, 12.

Buliminus (*Petraeomastus*) *pantoensis*: Möllendorff, 1901: 353.

检视标本 MHM01816：云南德钦县，2002. VII. 5，采集人：A. Wiktor & M. W.

形态特征 贝壳卵圆锥形，坚固，略透明，条纹清晰。白色，体螺层具栗色色带。螺旋部螺层凸出，壳顶钝。螺层很快而规则地增大。体螺层向壳口方向上抬。壳口倾斜，卵圆形。壳口缘完全反折。具角结节。胼胝部连续，具向接合处的细沟。轴柱弓形。脐孔深狭缝状。

标本测量 Ewh：1.750—<u>2.044</u>—2.250 whorls，Wh：7.500—<u>7.881</u>—8.250 whorls，H：19.7—<u>22.4</u>—24.4 mm，W：7.6—<u>8.7</u>—9.6 mm，Ah：7.7—<u>8.9</u>—9.8 mm，Aw：4.8—<u>5.5</u>—6.0 mm，Rhw：2.39—<u>2.56</u>—2.82，Rhah：2.36—<u>2.53</u>—2.68（MHM01816）。

地理分布 西藏。

模式标本产地 邦达。

(107) 皮氏鸟唇螺 *Petraeomastus perrieri* (Ancey, 1884)

Bulimus perrieri Ancey, 1884: 390-391.

Buliminus (*Petraeomastus*) *perrieri*: Kobelt, 1902: 985.

检视标本 无。

形态特征 贝壳左旋，圆锥形，深色，坚固，有光泽，具斜向条纹，半透明。螺层较扁平。体螺层向壳口向逐渐上抬。壳口缘薄，反折，胼胝部边缘很厚。贝壳单一角褐色。壳口白色。

原始描述中的测量 Wh: 8 whorls, H: 18 mm, W: 6.5 mm, Ah: 6 mm, Rhw: 2.77, Rhah: 3.00。

地理分布 西藏 (仅见于模式产地)。

模式标本产地 西藏西部 (具体地点不详)。

(108) 阔唇鸟唇螺指名亚种 *Petraeomastus platychilus platychilus* (Möllendorff, 1901) (图版 IV: 20)

Buliminus (*Petraeomastus*) *platychilus* Möllendorff, 1901: 354, pl. 15, figs. 18-20; Kobelt, 1902: 858, pl. 122, figs. 18-20.

检视标本 SMF42022：副模，1 个成熟空壳；在李家堡和舟曲之间，Slg. Mlldff。SMF42021：选模；在李家堡和舟曲之间，Slg. Mlldff。SMF104055：副模，1 个成熟空壳；甘肃, Dorf Pchinlo, Ex Museum Petersburg, 1903, Slg. Jetschin (K. L. Pfr.)。SMF42025：副模；3 枚成熟空壳；甘肃和四川交界处，Slg. Mlldff。SMF42023：副模；5 枚成熟空壳；Pchin-lo, 甘肃。SMF42024：副模，1 枚成熟空壳；礼县，Slg. Mlldff。MHM05482：与 SMF104055 最相似；甘肃文县白龙江边，2006.IX.27，采集人：吴岷，刘建民，郑伟，高林辉。

形态特征 贝壳：尖卵圆形，壳顶尖出，右旋，壳质薄，坚固，半透明，有光泽。生长线通常不十分清晰。螺层凸出，无凹陷瘢痕，不具肩，无螺旋向细沟。胚螺层平滑，光亮。胚螺后螺层平滑。缝合线上无窄带。体螺层朝壳口方向逐渐上升，侧面边缘圆整，周缘无螺旋向的光滑凹陷或皱褶区域。壳口面平，平截卵圆形，壳口与螺层接合处不联生，几乎垂直，完全贴合于体螺层，无齿样构造，具角结节。壳口缘锋利，扩张，反折且具明显的卷边。腔壁胼胝部不明显。壳口反折于轴唇缘。轴柱弓形。轴唇外缘垂直。脐孔很狭窄。贝壳单一绿褐色。壳口白色。螺层上部着色如贝壳其余部分。

标本测量 Ewh: 1.500 whorls, Wh: 7.875 whorls, H: 18.8 mm, W: 9.1 mm, Ah: 7.8 mm, Aw: 6.6 mm, Rhw: 2.07, Rhah: 2.42 (SMF42021)。

地理分布 甘肃、四川。

模式标本产地 礼县。

(109) 锤阔唇鸟唇螺 *Petraeomastus platychilus malleatus* (Möllendorff, 1901) (图 57；图版 IV: 23)

Buliminus (*Petraeomastus*) *platychilus malleatus* Möllendorff, 1901: 355; Kobelt, 1902: 858.

检视标本 MHM05704：测量：8，解剖：spec.2；甘肃官亭镇，2006. X. 3，采集人：刘建民，郑伟。MHM00284：甘肃舟曲县，2004. IV. 28，采集人：吴岷。MHM00328：体型比模式标本和 MHM00284 标本小，深褐色；甘肃文县，2004. IV. 17，采集人：吴岷。

MHM04295：体型较小；甘肃武都县，2004. IV. 24，采集人：吴岷。MHM06102：甘肃文县，2004. IV—V，采集人：吴岷。BMNH 1902.5.13.18：1 枚成熟空壳；标签"*Buliminus platychilus* Mlldff"，且有阎敦建所书标签"*Petraeomastus xerampelinus laetus*"，甘肃。SMF42026：选模；官亭，Slg. Mlldff。SMF42027：副模，官亭，Slg. Mlldff。

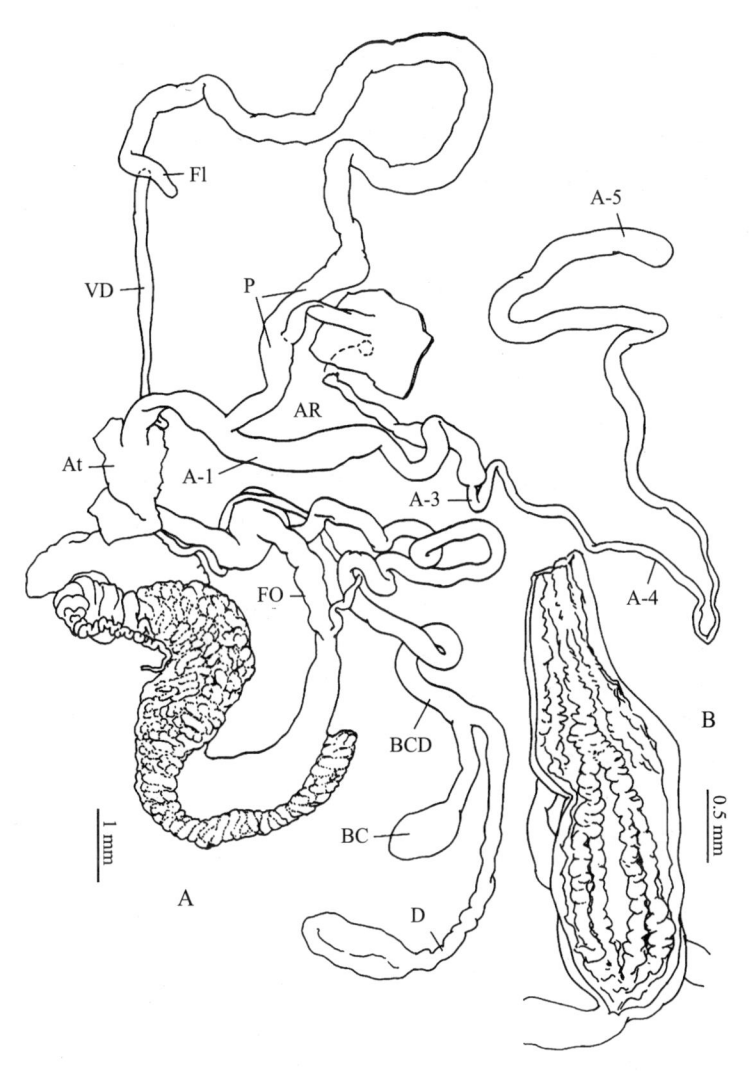

图 57 锤阔唇鸟唇螺 *Petraeomastus platychilus malleatus* (Möllendorff)，生殖系统全面观，MHM05704-spec.2
A. 生殖系统全面观；B. 交接器内面观，示交接器壁柱
Fig. 57 *Petraeomastus platychilus malleatus* (Möllendorff). General view of genitalia, MHM05704-spec.2
A. General view of genitalia; B. Exposed penis, showing penial pilasters

形态特征 贝壳：尖卵圆形，壳顶尖出，右旋，壳质薄，坚固，半透明，具光泽。螺层凸出，无凹陷瘢痕，不具肩，无螺旋向细沟。胚螺层平滑，无光泽。胚螺后螺层平滑。缝合线上无窄带。体螺层朝壳口方向逐渐上升，侧面边缘圆整，周缘无螺旋向的光

滑凹陷或皱褶区域。壳口卵圆形或平截卵圆形，倾斜，无齿样构造，具角结节。壳口缘增厚，扩张，反折但不形成明显的卷边。腔壁胼胝部不明显。壳口反折于轴唇缘。轴柱略呈弓形。轴唇外缘垂直。脐孔狭窄。贝壳呈均匀的角褐色。壳口白色。贝壳上部着色如其余部分。

生殖系统：输精管长度中等，粗细一致，与成莢器相连处界线明显。成莢器长度中等，圆柱形，粗细均匀，外部光滑，形成数个圈环。成莢器盲囊阙如。鞭状器短，管状，近端直，顶端钝。交接器棒状，远端膨大，其端部与成莢器相连，壁薄。交接器壁柱多于 2 条，在成莢器孔处愈合成 1 个瓣膜，形成 2 个 "V" 形结构。"V" 形壁柱近端游离且达交接器收缩肌连接处，在远端不愈合成乳突。交接器突起 1 枚，低囊状，位于成莢器和交接器相接处。交接器附器长，在交接器基部分出，有分节，A-1 与 A-2 愈合，A-3 明显，A-4 与 A-5 愈合。A-1 内腔壁柱纤细。A-2 内腔壁柱纤细，近 A-3 处有 1 圈乳突。A-3 向 A-2 开口处无针状乳突。A-5 略长，盘曲。交接器收缩肌 2 支，彼此靠近着着生于体墙壁，其交接器支的另一端着生于交接器远端，而交接器附器支的另一端着生于愈合的 A-1 和 A-2 上。连接雌道和成莢器的肌质带阙如。生殖腔短，无生殖腔收缩肌。游离输卵管短，几与雌道等长。雌道短，不膨大，近直，未衬有疏松的海绵样组织，无色素沉着。纳精囊管很长，近端剧烈盘曲。纳精囊中等大小，与纳精囊管区分明显，具柄。纳精囊管分支盲管较纳精囊长，末端膨大。纳精囊和纳精囊盲管在外形上难以区别，其分叉处离纳精囊基部远。

标本测量 Ewh：1.750—<u>1.813</u>—1.875 whorls, Wh：7.875 whorls, H：17.5—<u>17.7</u>—17.9 mm, W：8.1—<u>8.5</u>—9.0 mm, Ah：7.3—7.4 mm, Aw：5.8—5.9 mm, Rhw：1.99—2.17, Rhah：2.37—2.46 (SMF42026, SMF42027)。

地理分布 甘肃。

模式标本产地 官亭。

(110) 罗氏鸟唇螺 *Petraeomastus rochebruni* (Ancey, 1884) (图版 IV：24)

Bulimus rochebruni Ancey, 1884: 391-392.
Buliminus (*Petraeomastus*) *rochebruni*: Möllendorff, 1901: 349; Kobelt, 1902: 989.

检视标本 MHM06098：近成熟；云南芒康县，2002. VII. 8，采集人：A. Wiktor & M. Wu。

形态特征 贝壳：卵圆锥形，壳顶不尖出，左旋，壳质薄，坚固，半透明，具光泽。螺层略凸出，无凹陷瘢痕，不具肩。胚螺层平滑，无光泽。胚螺后螺层平滑。缝合线上无窄带。体螺层朝壳口方向逐渐上升，侧面边缘圆整。脐孔狭窄。贝壳上部着色如其余部分。

原始描述中的测量 Wh：7 whorls, H：14 mm, W：7 mm, Ah：5.5 mm, Rhw：2.00, Rhah：2.55。

地理分布 西藏 (仅见于模式产地)。

模式标本产地 西藏西部 (具体地点不详)。

(111) 丸鸟唇螺 *Petraeomastus semifartus* (Möllendorff, 1901) (图 58；图版 V：1)

Buliminus (Petraeomastus) semifartus Möllendorff, 1901: 350, pl. 15, figs. 1-5; Kobelt, 1902: 853, pl. 122, figs. 1-5.

Ena (Petraeomastus) rumichangensis Pilsbry, 1934: 23, pl. 5, figs. 3, 3a. **(syn. n.)** 新异名

Petraeomastus semifartus: Yen, 1939: 85, pl. 8, fig. 5.

检视标本　MHM04306：测量：21，解剖 spec.2；四川甘孜藏族自治州丹巴县，2003. VIII. 1，采集人：石恺。MHM04333：体型较大；四川康定县，2003. VIII. 10，采集人：石恺。SMF42007：选模；四川，Slg. Mlldff。SMF42008：副模；2 枚成熟空壳；四川西部，Slg. Mlldff。SMF42009：2 枚成熟空壳和 1 枚残损空壳，在康定和瓦斯沟之间，四川，Krejci-Graf S. 1930。

形态特征　贝壳：柱圆锥形，壳顶略尖出，右旋，壳质薄，坚固，半透明，具光泽。螺层很扁平，无凹陷瘢痕，不具肩，密布弱的螺旋向细沟。胚螺层平滑，无光泽。胚螺后螺层平滑。缝合线上无窄带。体螺层向壳口方向平直或逐渐上升地延长，侧面边缘圆整，周缘无螺旋向的光滑凹陷或皱褶区域。壳口卵圆形，无齿样构造，无角结节。壳口缘增厚，反折且具明显的卷边。腔壁胼胝部不明显。壳口反折于轴唇缘。脐孔狭窄。贝壳均一的褐黄色。壳口偏白色。

生殖系统：输精管长，粗细一致，与成荚器相连处界线明显。成荚器长度中等，圆柱形，粗细均匀，外部光滑，直。成荚器盲囊端部钝，位于成荚器中部。鞭状器短，管状，近端直，顶端钝。交接器棒状，远端膨大，其端部与成荚器相连，壁薄。交接器壁柱多于 2 条，在成荚器孔处愈合成 1 个瓣膜，形成 2 个 "V" 形结构。"V" 形壁柱近端游离且达交接器收缩肌连接处，远端愈合为 1 个乳突。交接器突起阙如。交接器附器长，在距生殖腔一定长度处与交接器分叉，有分节，A-1 与 A-2 愈合，A-3 明显，A-4 与 A-5 愈合。A-1、A-2 内部无结构分化。A-5 直。交接器收缩肌 2 支，分别着生于体壁上，其交接器支的另一端着生于交接器远端，而交接器附器支的另一端着生于愈合的 A-1 和 A-2 上。连接雌道和成荚器的肌质带阙如。生殖腔具细弱的生殖腔收缩肌。游离输卵管短，远短于雌道长度。雌道短，近端膨大，直，未衬有疏松的海绵样组织，无色素沉着。纳精囊管长，近端盘曲。纳精囊池小，与纳精囊管区分明显，具柄。纳精囊管分支盲管较纳精囊长，末端膨大。纳精囊和分支盲管可区别，其分叉处离纳精囊基部远。

标本测量　Ewh：1.250—<u>1.600</u>—1.750 whorls，Wh：7.125—<u>7.425</u>—7.875 whorls，H：21.3—<u>22.4</u>—23.2 mm，W：10.7—<u>11.3</u>—11.8 mm，Ah：9.3—<u>10.0</u>—11.1 mm，Aw：7.8—<u>8.4</u>—8.8 mm，Rhw：1.89—<u>1.99</u>—2.09，Rah：2.02—<u>2.25</u>—2.34 (SMF42007，SMF42008，SMF42009)。

地理分布　四川。

模式标本产地　瓦斯沟。

分类讨论　本种与 *Ena (Petraeomastus) rumichangensis* Pilsbry, 1934 的贝壳特征完全吻合，因此认为后者为本种的异名。

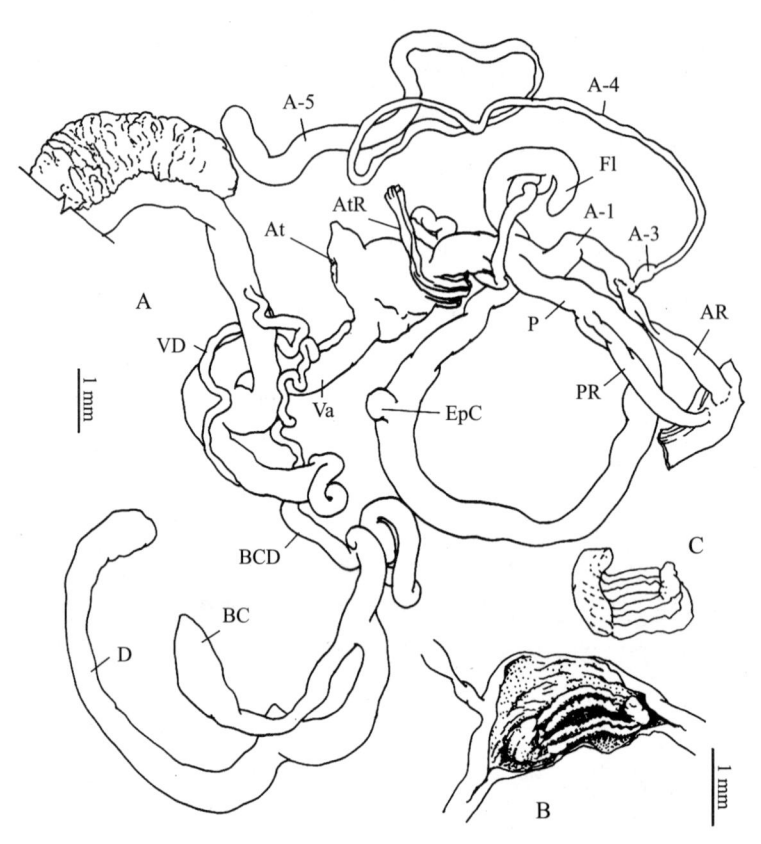

图 58　丸鸟唇螺 *Petraeomastus semifartus* (Möllendorff), MHM04306-spec.2
A. 生殖系统全面观；B. 交接器内面观，示交接器壁柱和乳突；C. 交接器壁柱和乳突示意图
Fig. 58　*Petraeomastus semifartus* (Möllendorff), MHM04306-spec.2
A. General view of genitalia; B. Exposed penis, showing penial pilasters and papilla; C. Diagrammatic sketch of penial pilasters and papilla

(112) 圆鸟唇螺 *Petraeomastus teres* (Sturany, 1900)

Buliminus teres Sturany, 1900: 30, pl. 3, figs. 29-31.
Buliminus (*Petraeomastus*) *teres* Möllendorff, 1901: 352; Kobelt, 1902: 855, pl. 108, figs. 3, 4.

检视标本　无。

形态特征　贝壳：右旋，最膨大的部分为体螺层。螺层凸出。壳口扩张，反折，具明显卷边。卷边平直不向背壳口面翻折。腔壁胼胝部明显。轴唇缘反折。轴唇缘外缘呈弓形。贝壳单色。

原始描述中的测量　Ewh: 2.500 whorls, Wh: 7.000 whorls, H: 16.0 mm, W: 9.4 mm, Ah: 7.6 mm, Aw: 6.5 mm, Rhw: 1.70, Rhah: 2.11。

地理分布　甘肃 (仅见于模式产地)。

模式标本产地　阔达坝。

(113) 维鸟唇螺 *Petraeomastus vidianus* (Heude, 1890)

Buliminus vidianus Heude, 1890: 150, pl. 38, fig. 19.
Buliminus (*Petraeomastus*) *vidianus*: Möllendorff, 1901: 349; Kobelt, 1902: 852, pl. 122, figs. 3, 4.

检视标本 无。
形态特征 贝壳：圆柱锥形，右旋，螺旋部短，最膨大部分出现在次体螺层和体螺层，有光泽。螺层扁平。壳口长方形，倾斜。壳口缘扩张，反折形成卷边。卷边平直，不向背壳口面翻折。胼胝部明显。轴唇外缘垂直。贝壳单色。
原始描述中的测量 Wh：8 whorls, H：20 mm, W：8 mm, Rhw：2.5。
地理分布 陕西 (仅见于模式产地)。
模式标本产地 陕西 (具体地点不详)。

(114) 枯藤鸟唇螺指名亚种 *Petraeomastus xerampelinus xerampelinus* (Sturany, 1900) (图版 V：2)

Buliminus xerampelinus Sturany, 1900: 31, pl. 3, figs. 32-34.
Buliminus (*Petraeomastus*) *xerampelinus*: Möllendorff, 1901: 353, pl. 15, fig. 16; Wiegmann, 1901: 259, pl. 11, figs. 58-60; Kobelt, 1902: 856, pl. 108, figs. 23-25, pl. 122, 16, 17.
Ena (*Petraeomastus*) *xerampelina*: Yen, 1938: 442.
Petraeomastus xerampelinus xerampelinus: Yen, 1939: 85, pl. 8, fig. 7.

检视标本 BMNH 1912.3.26.3：1 枚成熟空壳；石灰岩区域，3000 ft，甘肃东南。SMF42013：1 枚成熟空壳；甘肃东南，Slg. Mlldff。SMF42016：1 枚成熟空壳；在董家湾和王家坝之间，Slg. Mlldff。SMF42015：2 枚成熟空壳；甘肃，Slg. Mlldff。SMF42014：3 枚成熟空壳；火溪沟和木瓜溪之间，中国，Slg. Mlldff。SMF40012：3 枚成熟空壳；武都，Slg. Mlldff。
形态特征 贝壳：尖卵圆形，壳顶尖出，右旋，壳质厚，坚固，不透明，具光泽。生长线通常不十分清晰。螺层凸出，无凹陷瘢痕，不具肩，无螺旋向细沟。胚螺层平滑，光亮。胚螺后螺层平滑。缝合线上无窄带。体螺层朝壳口方向逐渐上升，侧面边缘圆整，周缘无螺旋向的光滑凹陷或皱褶区域。壳口几在一平面上，近圆形或四边形，壳口与螺层接合处不联生，略倾斜，完全贴合于体螺层，无齿样构造，角结节有但不明显。壳口缘锋利，扩张，反折且具明显的卷边。腔壁胼胝部不明显。壳口反折于轴唇缘。轴柱垂直。轴唇外缘几乎垂直。脐孔狭缝状。贝壳壳顶褐色，从第 4 螺层至壳口明显或不明显地具 1 条狭窄的栗色色带。脐孔区域栗色。壳口白色。螺层上部着色如贝壳其余部分。
标本测量 Ewh：1.500 whorls, Wh：8.000—8.281—8.375 whorls, H：21.1—22.6—24.1 mm, W：10.3—10.9—11.4 mm, Ah：8.5—9.0—9.4 mm, Aw：7.3—7.7—7.9 mm, Rhw：1.99—2.08—2.27, Rhah：2.47—2.51—2.58 (SMF42013, SMF42015, SMF42016)。
地理分布 甘肃、四川。

模式标本产地　平武阔达坝。

(115) 碎枯藤鸟唇螺 *Petraeomastus xerampelinus thryptica* (Sturany, 1900)

Buliminus xerampelinus thryptica Sturany, 1900: 31, pl. 3, fig. 35.

检视标本　无。
形态特征　与指名亚种相比，贝壳较膨大。轴柱略有差别。着色较深。
原始描述中的测量　H: 21.2 mm, W: 11 mm。
地理分布　甘肃。
模式标本产地　平武阔达坝。

8. 谷纳螺属 *Coccoderma* Möllendorff, 1901

Buliminus (*Coccoderma*) Möllendorff, 1901: 378.
Type species: *Buliminus granulatus* Möllendorff, 1901; OD

特征　贝壳短圆锥形，很脆弱，略有光泽。螺层数 5.500—9.250，螺层一定程度地突起。体螺层在壳口后即略上升。均匀的深角色。胚螺层光滑。其余螺层具不规则的放射向皱褶，某些位置的皱褶断裂为一串串的小瘤；有时具有螺旋向沟及其他壳饰。壳口接入处不接近。壳口边缘色白，薄，无唇，宽阔地反折并扩大。脐孔为一小孔。壳高 8.2—17.0 mm，壳径 4.7—7.5 mm。
分布　中国；亚洲东南部，爪哇。
种数　中国 6 种。

种 检 索 表

1.	贝壳多于 6.875 个螺层	2
	贝壳少于 6.875 个螺层	4
2(1).	贝壳多色，不透明，胚螺后螺层具颗粒，壳口具角结节	粒谷纳螺 *C. granifer*
	贝壳单色，半透明，胚螺后螺层无颗粒，壳口无角结节	3
3(2).	生长线通常不清晰，螺层扁平，壳口面平，轴唇外缘倾斜	白谷纳螺 *C. albescens*
	生长线纤细而清晰，螺层凸出，壳口面波状，轴唇外缘垂直	细粒谷纳螺 *C. leptostraca*
4(1).	生长线纤细而清晰	5
	生长线拥挤而增厚	谷纳螺 *C. granulata*
5(4).	体螺层向壳口方向平直	浅纹谷纳螺 *C. trivialis*
	体螺层向壳口方向逐渐上抬	沃氏谷纳螺 *C. warburgi*

(116) 白谷纳螺 *Coccoderma albescens* (Möllendorff, 1884) (图版 V: 3)

Buliminus (*Napaeus*) *albescens* Möllendorff, 1884: 170, figs in text; Kobelt, 1902: 492, pl. 80, figs. 11, 12.

Mirus albescens: Yen, 1939: 79, pl. 7, fig. 13.

检视标本 SMF42089：选模；香港，Slg. Mlldff。SMF42090：副模；香港，中国，Slg. Mlldff。SMF42091：1枚成熟空壳；马鞍山，广东，Slg. Mlldff。

形态特征 贝壳：尖卵圆形，壳顶不尖出，右旋，壳质薄，坚固，半透明，有光泽。生长线通常不十分清晰。螺层扁平，无凹陷瘢痕，不具肩，密布螺旋向细沟。胚螺层平滑，无光泽。胚螺后螺层平滑。缝合线上无窄带。体螺层在壳口后立即上抬，侧面边缘圆整，周缘无螺旋向的光滑凹陷或皱褶区域。壳口面平，平截卵圆形，壳口与螺层接合处不联生，倾斜，完全贴合于体螺层，无齿样构造，角结节阙如。壳口缘增厚，扩张，反折且具明显的卷边。腔壁胼胝部不明显。壳口反折于轴唇缘。轴柱垂直。脐孔狭窄。贝壳单一的绿黄色。壳口呈发蓝的污白色。贝壳上部着色如其余部分。

标本测量 Ewh: 1.750—<u>1.906</u>—2.000 whorls, Wh: 6.875—<u>7.313</u>—7.500 whorls, H: 12.8—<u>14.5</u>—15.4 mm, W: 6.5—<u>6.6</u>—6.8 mm, Ah: 4.8—<u>5.3</u>—5.7 mm, Aw: 3.8—<u>4.3</u>—4.9 mm, Rhw: 2.23—<u>2.27</u>—2.31, Rhah: 2.68—<u>2.74</u>—2.88 (SMF42089, SMF42090, SMF42091)。

地理分布 广东、香港。

模式标本产地 香港。

(117) 粒谷纳螺 *Coccoderma granifer* (Möllendorff, 1901) (图59；图版V：4)

Buliminus (*Coccoderma*) *granifer* Möllendorff, 1901: 379; Kobelt, 1902: 971.
Ena (*Coccoderma*) *granifer*: Yen, 1938: 442; Yen, 1942: 253.

检视标本 MHM04277：测量，spec.1 解剖；四川康定县，2003. IX. 7，采集人：石恺。

形态特征 贝壳：长卵圆形，壳顶不尖出，右旋，壳质薄，坚固，不透明，有光泽。螺层凸出，无凹陷瘢痕，不具肩，具螺旋向细沟。胚螺层平滑，光亮。胚螺后螺层不均匀地具颗粒。缝合线上无窄带。体螺层向壳口逐渐上升，或在壳口后立刻上升，侧面边缘圆整，周缘无螺旋向的光滑凹陷或皱褶区域。壳口平截卵圆形，壳口与螺层接合处不联生，很倾斜，无齿样构造，角结节有但不明显。壳口缘增厚，扩张，反折但不形成明显的卷边。腔壁胼胝部不明显。壳口反折于轴唇缘。脐孔狭窄。壳色绿褐色，在壳顶下具白色条纹。壳口白色。贝壳螺旋向无色带。

生殖系统：输精管长，近端膨大，与成荚器相连处界线明显。成荚器长度中等，圆柱形，粗细均匀，外部光滑，直。成荚器盲囊阙如。鞭状器短，圆锥形，近端直，顶端钝。交接器粗细一致，其端部与成荚器相连，壁薄。交接器壁柱多于2条，形成1个"V"形结构，且在成荚器孔处愈合成1个瓣膜。"V"形壁柱近端游离且达交接器收缩肌连接处，在远端不愈合成乳突。交接器突起阙如。交接器附器长；在距生殖腔一定长度处与交接器分叉，有分节，A-1与A-2愈合，A-3明显，A-4与A-5愈合。A-1短，纵向壁柱不明显。A-2 内壁具均匀排列的横向皱襞,近 A-3 处内壁无 1 圈乳突。A-5 短,直。交接器收缩肌 2 支,分别着生于体壁上,其交接器支的另一端着生于交接器远端,而交接器附器支的另一端着生于愈合的 A-1 和 A-2 上。连接雌道和成荚器的肌质带阙如。生殖腔短,无生殖腔收缩肌。游离输卵管短,几与雌道等长。雌道短,不膨大,直,未衬有疏松的海绵样组织,无色素沉着。纳精囊管短,近端直。纳精囊中等大小,与纳精囊管区分明显,具柄。纳精囊管分支盲管较纳精囊长,末端膨大。纳精囊和纳精囊盲管在外形上难以区别,其分叉处位于纳精囊管基部。

标本测量 Ewh:2.000—2.062—2.250 whorls, Wh:8.500—8.688—9.250 whorls, H:13.7—14.9—17.0 mm, W:5.2—5.6—5.9 mm, Ah:5.0—5.3—5.6 mm, Aw:3.6—3.7—3.9 mm, Rhw:2.47—2.66—2.87, Rhah:2.71—2.82—3.06 (MHM04277)。

地理分布 四川。

模式标本产地 火溪沟。

分类讨论 观察标本较模式标本体型略大。

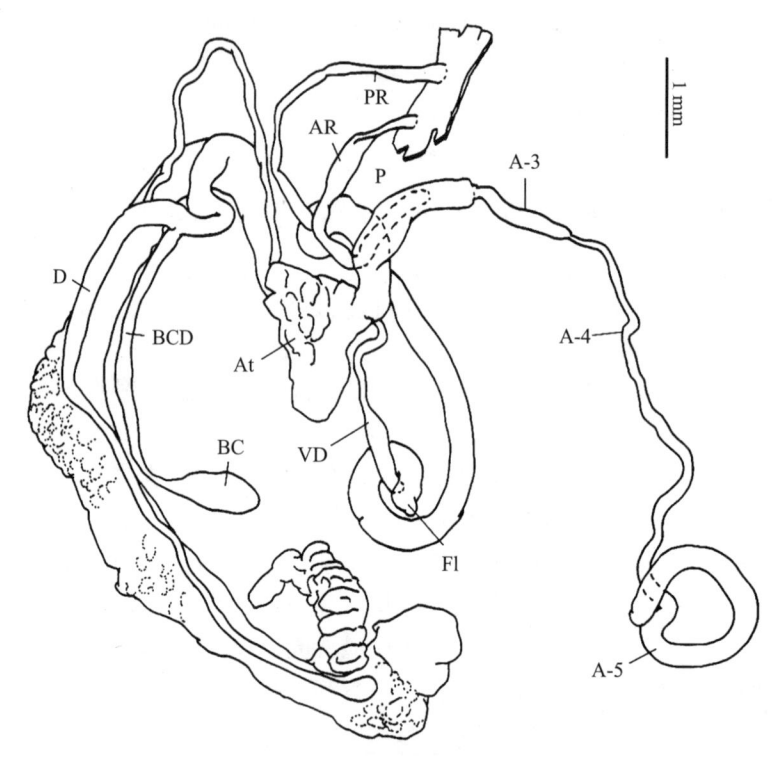

图 59 粒谷纳螺 *Coccoderma granifer* (Möllendorff), MHM04277-spec.1, 生殖系统全面观
Fig. 59 *Coccoderma granifer* (Möllendorff), MHM04277-spec.1, General view of genitalia

(118) 谷纳螺 *Coccoderma granulata* **(Möllendorff, 1884)** (图版 V:5)

Buliminus granulatus Möllendorff, 1884: 173; Möllendorff, 1885: 395, t. 11, fig. 22.
Buliminus (*Coccoderma*) *granulatus*: Möllendorff, 1901: 378.

Buliminus (*Napaeus*) *granulatus*: Kobelt, 1902: 488, pl. 80, fig. 3.
Mirus granulatus: Yen, 1939: 79, pl. 7, fig. 14.

检视标本　BMNH 91.3.17.79—80：1 枚完全成熟和 1 枚接近 成熟的空壳，海南。SMF42086：选模；海南，Mlldff。SMF42087：副模；4 枚成熟空壳；海南，Slg. Mlldff。SMF42088：2 枚成熟空壳；海口，海南，Slg. O. Böttger。

形态特征　贝壳：卵圆锥形，壳顶不尖出，右旋，壳质薄，坚固，不透明或半透明，有光泽。在最初的 3.5 个螺层中生长线纤细而清晰，随后的生长线与粗糙的增厚混杂。螺层凸出，无凹陷瘢痕，不具肩，具疏松分布的螺旋向细沟。胚螺层平滑，无光泽。胚螺后螺层平滑。缝合线上无窄带。体螺层朝壳口方向逐渐上升，侧面边缘圆整，周缘无螺旋向的光滑凹陷或皱褶区域。壳口略呈波形，平截卵圆形，壳口与螺层接合处不联生，略倾斜，完全贴合于体螺层，无齿样构造，角结节阙如或出现。壳口缘锋利，扩张，反折但不形成明显的卷边。腔壁胼胝部不明显。轴唇不反折。轴柱垂直。脐孔狭窄，多少呈狭缝状。贝壳单一褐绿色。壳口白色。贝壳上部着色如其余部分。

标本测量　Ewh：1.500—1.804—2.000 whorls，Wh：6.250—6.642—6.750 whorls，H：12.0—13.0—13.9 mm，W：5.6—6.0—6.5 mm，Ah：5.0—5.3—5.6 mm，Aw：3.8—4.1—4.5 mm，Rhw：1.84—2.16—2.33，Rhah：2.28—2.46—2.56 (SMF42086，SMF42087，SMF42088)。

地理分布　湖南、海南。

模式标本产地　湖南 (具体地点不详)。

(119) 细粒谷纳螺 *Coccoderma leptostraca* (Schmacker & Böttger, 1891) (图版 V：6)

Buliminus (*Coccoderma*) *leptostracus* Möllendorff, 1901: 380.
Buliminus (*Napaeus*) *leptostracus*: Schamcker & Böttger, 1891: 166, t. 1, fig. 7; Kobelt, 1902: 491, pl. 80, fig. 8.

检视标本　SMF186050：选模；Suedkap，台湾，B. Schmacker 1891，Slg. O. Böttger。SMF186051：副模；Suedkap，台湾，B. Schmacker 1891，Slg. O. Böttger。

形态特征　贝壳：高圆锥状，壳顶不尖出，右旋，壳质薄，坚固，半透明，有光泽。生长线纤细而清晰。螺层凸出，无凹陷瘢痕，不具肩，密布不甚清晰的螺旋向细沟。胚螺层平滑，无光泽。胚螺后螺层平滑。缝合线上无窄带。体螺层在壳口后略上抬。侧面边缘圆整，周缘无螺旋向的光滑凹陷或皱褶区域。壳口面略呈波浪状，圆角四边形，壳口与螺层接合处不联生，倾斜，完全贴合于体螺层，无齿样构造，角结节阙如。壳口缘锋利，扩张，反折但不形成明显的卷边。腔壁胼胝部不明显。壳口反折于轴唇缘。轴柱垂直。脐孔狭窄。贝壳单一绿黄色。壳口污白色。螺层上部着色如贝壳其余部分。

标本测量　Ewh：1.750 whorls，Wh：6.875—7.250 whorls，H：14.8—16.0 mm，W：7.1—7.5 mm，Ah：5.7—6.3 mm，Aw：4.7—4.9 mm，Rhw：2.09—2.12，Rhah：2.53—2.59 (SMF186050，SMF186051)。

地理分布　台湾 (仅见于模式产地)。

模式标本产地　台湾 (Suedkap)。

(120) 浅纹谷纳螺 *Coccoderma trivialis* (Ancey, 1888) (图版 V: 7)

Buliminus trivialis Ancey, 1888: 346.

Buliminus (Coccoderma) trivialis: Möllendorff, 1901: 379, pl. 17, figs. 26, 27; Kobelt, 1902: 879, pl. 124, figs. 26, 27.

Mirus trivialis: Yen, 1939: 79, pl. 7, fig. 12.

检视标本　SMF42085：正模；桂阳，湖南；Slg. Mlldff。

形态特征　贝壳：圆锥形，壳顶不尖出，右旋，壳质薄，贝壳脆弱，不透明，有或无光泽。生长线纤细而清晰。螺层凸出，无凹陷瘢痕，不具肩，具弱而明显的螺旋向细沟。胚螺层平滑，无光泽。胚螺后螺层平滑。缝合线上无窄带。体螺层向壳口方向平直，侧面边缘圆整，周缘无螺旋向的光滑凹陷或皱褶区域。壳口面波状，圆角三角形，壳口与螺层接合处不联生，倾斜，完全贴合于体螺层，无齿样构造，角结节阙如。壳口缘增厚，扩张，反折但不形成明显的卷边。腔壁胼胝部不明显。壳口反折于轴唇缘。轴柱垂直。脐孔狭窄。贝壳单一绿黄色。壳口污白色。

标本测量　Ewh：1.750 whorls，Wh：5.750 whorls，H：8.2 mm，W：4.7 mm，Ah：3.4 mm，Aw：2.8 mm，Rhw：1.75，Rhah：2.43 (SMF42085)。

地理分布　湖南 (仅见于模式产地)。

模式标本产地　桂阳。

(121) 沃氏谷纳螺 *Coccoderma warburgi* (Schmacker & Böttger, 1891) (图版 V: 8)

Buliminus (Napaeus) warburgi Schmacker & Böttger, 1891: 167, t. 2, fig. 1; Kobelt, 1902: 490, pl. 80, figs. 6, 7.

Buliminus (Coccoderma) warburgi: Möllendorff, 1901: 380.

检视标本　SMF150676：正模，成熟空壳；台湾南部，采集人：Warburg, Mlldff, 1890, Slg. O. Böttger。SMF150677：原始描述系列，采集人：Warburg l. Slg. Mlldff。

形态特征　贝壳：圆锥形，壳顶不尖出，右旋，壳质薄，坚固，不透明或半透明，有光泽。生长线纤细而清晰。螺层凸出，无凹陷瘢痕，不具肩。螺层具密集、规则而清晰排列的螺旋向细沟，细沟与生长线相交而有波纹感。胚螺层平滑，无光泽。胚螺后螺层平滑。缝合线上无窄带。体螺层朝壳口方向逐渐上升，侧面边缘圆整，周缘无螺旋向的光滑凹陷或皱褶区域。壳口面波状，圆角四边形，壳口与螺层接合处不联生，倾斜，完全贴合于体螺层，无齿样构造，角结节阙如。壳口缘锋利，相当扩张，反折但不形成明显的卷边。腔壁胼胝部不明显。壳口反折于轴唇缘。轴柱明显倾斜。脐孔很狭窄。贝壳单一绿黄色。壳口浅蓝灰色。

标本测量　Ewh：1.500—<u>1.667</u>—1.750 whorls，Wh：5.500—<u>5.625</u>—5.750 whorls，H：

10.9—<u>11.3</u>—11.8 mm, W: 6.8—<u>7.0</u>—7.2 mm, Ah: 5.2—<u>5.5</u>—5.7 mm, Aw: 4.8—<u>4.8</u>—4.9 mm, Rhw: 1.51—<u>1.62</u>—1.68, Rhah: 1.99—<u>2.07</u>—2.11 (SMF150676, SMF150677)。

地理分布　台湾。

模式标本产地　台湾南部。

9. 奇异螺属 *Mirus* Albers, 1850

Buliminus (*Mirus*) Albers, 1850: 184; *Mirus* Yen, 1939: 77.
Type species: *Bulimus cantori* Philippi, 1844.

特征　贝壳长卵圆形，有光泽，略透明，略坚实。螺层数 6.375—10.000；螺层略微至一定程度地凸出。体螺层在前方略微上升。角色。胚螺层光滑；其余的螺层具光滑的不规则分布的放射向褶皱，褶皱与螺旋向的条纹交叉。壳口椭圆形，扩大，具白色的宽阔反折，无唇。脐孔为短小的狭缝，半遮掩。壳高 8—24.7 mm，壳径 3.3—10.2 mm。

鞭状器很短或几乎阙如。成荚器很长，盲囊不同程度地发育。交接器短。除 A-3 外，交接器附器各部分发达程度一般。交接器收缩肌呈分离 2 束，分别附着于体腔肌膜。交接器支附着于交接器与成荚器的交界处，附器支附着于 A-1 的远端，有时在成荚器远端附着有第三支。游离输卵管和雌道中等程度长，长度接近。纳精囊柄很长，分支盲管发育程度一般。

分布　亚洲东部，日本，中国。

种数　中国 31 种和 20 亚种。

种 检 索 表

1.	轴柱垂直 ···	2
	轴柱离轴倾斜 ···	18
	轴柱弓形 ···	23
	轴柱向轴倾斜 ···	32
2(1).	壳高高于 16 mm ···	3
	壳高低于 16 mm ··	11
3(2).	螺层凸出 ···	4
	螺层扁平 ···	8
4(3).	体螺层向壳口方向平直 ··	5
	体螺层向壳口方向逐渐上抬 ································· **胡萝卜奇异螺 *M. daucopsis***	
5(4).	壳顶不尖出 ···	6
	壳顶尖出 ·· **反柱奇异螺 *M. frinianus***	
6(5).	螺层无凹陷瘢痕，贝壳多色 ····································· **穆坪奇异螺 *M. mupingianus***	
	螺层无凹陷瘢痕，贝壳单色 ··	7
7(6).	螺层无螺旋向细沟，壳口具角结节，不透明，多于 9 个螺层 ···	

………………………………………………………前颅奇异螺指名亚种 *M. praelongus praelongus*
螺层具螺旋向细沟，壳口无角结节，半透明，具 7.5—9 个螺层………………………………………
………………………………………………………………………………玉髓奇异螺 *M. chalcedonicus*

8(3). 体螺层周缘圆整 ……………………………………………………………………………………… 9
体螺层周缘平直 ……………………………………………………………………………………… 10

9(8). 壳高与壳口高的比例小于 2.90 ………………………………康氏奇异螺指名亚种 *M. cantori cantori*
壳高与壳口高的比例大于 2.90 ……………………………………………………戴氏奇异螺 *M. davidi*

10(8). 低于 7.5 个螺层，左旋，壳高与壳径的比例小于 3.00，轴唇外缘垂直 ………………………………
……………………………………………………………………………佛尔奇异螺 *M. fargesianus*
多于 9 个螺层，右旋，壳高与壳径的比例大于 3.00，轴唇外缘倾斜 ……梅奇异螺 *M. meronianus*

11(2). 生长线通常不清晰 …………………………………………………………………………………… 12
生长线纤细清晰 ……………………………………………………………………………………… 15
生长线拥挤增厚 ……………………………………………………………燕麦奇异螺 *M. avenaceus*

12(11). 体螺层向壳口方向平直 ……………………………………………………………………………… 13
体螺层向壳口方向逐渐上抬 ………………………………………………………………………… 14

13(12). 轴唇外缘垂直 …………………………………………………………………锐奇异螺 *M. acuminatus*
轴唇外缘倾斜 …………………………………………………………………哈氏奇异螺 *M. hartmanni*
轴唇外缘弓形 …………………………………………………………………奥奇异螺 *M. aubryanus*

14(12). 螺层无螺旋向细沟，壳口缘锋利，壳口缘反折形成明显的卷边，壳顶不尖出 ………………………
…………………………………………………………………………………克氏奇异螺 *M. krejcii*
螺层具螺旋向细沟，壳口缘增厚，壳口缘反折，无明显卷边，壳顶尖出 ……………………………
………………………………………………………………微奇异螺指名亚种 *M. minutus minutus*

15(11). 贝壳不透明 …………………………………………………………………………………………… 16
贝壳半透明 …………………………………………………………………………………………… 17

16(15). 螺层具凹陷瘢痕，体螺层向壳口方向平直；壳口缘锋利，反折而具明显卷边 ………………………
…………………………………………………………………………………穆坪奇异螺 *M. mupingianus*
螺层无凹陷瘢痕，体螺层朝壳口方向逐渐上升；壳口缘增厚，反折，无明显卷边 …………………
…………………………………………………………………………………梨形奇异螺 *M. pyrinus*

17(15). 壳口缘反折，无明显卷边，轴唇外缘倾斜，螺层 7.5—9 个，右旋………稚奇异螺 *M. brizoides*
壳口缘反折形成明显的卷边，轴唇外缘垂直，螺层少于 7.5 个，左旋 ………………………………
………………………………………………………………白缘奇异螺指名亚种 *M. alboreflexus alboreflexus*

18(1). 右旋 …………………………………………………………………………………………………… 19
左旋 …………………………………………………………………………………………………… 21

19(18). 螺层凸出，螺层 7.5—9 个；壳高与壳径比例小于 3.00，与壳口高比例小于 2.90……………… 20
螺层扁平，螺层多于 9 个；壳高与壳径比例大于 3.00，与壳口高比例大于 2.90 …………………
…………………………………………………………………………………细锥奇异螺 *M. gracilispirus*

20(19). 腔壁胼胝部明显 ……………………………………………………………间盖奇异螺 *M. interstratus*
腔壁胼胝部不明显 …………………………………………………………玉髓奇异螺 *M. chalcedonicus*

21(18).	螺层凸出，壳口缘厚 ··	22
	螺层扁平，壳口缘锋利 ··· 桂奇异螺 *M. antiscalinus*	
22(21).	贝壳透明，壳口具角结节，轴唇外缘垂直，壳高低于 16 mm ········· 索形奇异螺 *M. funiculus*	
	贝壳半透明，壳口无角结节，轴唇外缘倾斜，壳高高于 16 mm ······ 谢河奇异螺 *M. siehoensis*	
23(1).	螺层少于 7.5 个 ··	24
	螺层 7.5—9 个 ···	26
24(23).	贝壳不透明 ··	25
	贝壳半透明 ··· 透奇异螺 *M. transiens*	
25(24).	螺层具凹陷瘢痕，无螺旋向细沟；壳口无角结节；壳口缘反折，无明显卷边 ······················· ··· 伪奇异螺 *M. nothus*	
	螺层无凹陷瘢痕，具螺旋向细沟；壳口具角结节，壳口缘反折，具明显卷边 ······················· ·· 革囊奇异螺 *M. utriculus*	
26(23).	壳高大于 16 mm ··	27
	壳高小于 16 mm ···	29
27(26).	右旋 ··	28
	左旋 ·· 美名奇异螺 *M. euonymus*	
28(27).	螺层凸出，壳口无角结节，壳口缘锋利，脐孔狭缝状 ············ 玉髓奇异螺 *M. chalcedonicus*	
	螺层扁平，壳口具角结节，壳口缘增厚，脐孔狭窄开放 ·· ·· 康氏奇异螺指名亚种 *M. cantori cantori*	
29(26).	螺层凸出 ···	30
	螺层扁平 ··· 短口奇异螺 *M. brachystoma*	
30(29).	壳顶不尖出 ··· 衍奇异螺 *M. derivatus*	
	壳顶尖出 ···	31
31(30).	贝壳透明，极光亮 ·· 阿氏奇异螺指名亚种 *M. armandi armandi*	
	贝壳不透明，有光泽 ·· 囊形奇异螺 *M. saccatus*	
32(1).	螺层少于 7.5 个 ·· 白缘奇异螺指名亚种 *M. alboreflexus alboreflexus*	
	螺层 7.5—9 个 ·· 玉髓奇异螺 *M. chalcedonicus*	
	螺层多于 9 个 ·· 前顾奇异螺指名亚种 *M. praelongus praelongus*	

(122) 锐奇异螺 *Mirus acuminatus* (Möllendorff, 1901) (图版 Ⅴ：9)

Buliminus (*Mirus*) *acuminatus* Möllendorff, 1901: 323, pl. 12, figs. 9, 10.
Buliminus (*Ena*) *acuminatus*: Kobelt, 1902: 826, pl. 119, figs. 9, 10.

检视标本 MHM05383：测量、解剖；甘肃礼县，2006. Ⅸ. 25，采集人：吴岷，刘建民，郑伟，高林辉。MHM04290：四川奉节县，2003. Ⅹ. 22，采集人：石恺。ZI RAS 模式标本，标本信息不详。

形态特征 贝壳：长卵圆形，壳顶不尖出，右旋，壳质薄，坚固，半透明，有光泽。螺层凸出，无凹陷瘢痕，不具肩，无螺旋向细沟。胚螺层平滑，无光泽。胚螺后螺层平滑。缝合线上无窄带。体螺层向壳口方向平直，侧面边缘圆整，周缘无螺旋向的光滑凹陷或皱褶区域。壳口近圆形，壳口与螺层接合处不联生，倾斜，无齿样构造，具角结节。壳口缘增厚，扩张，反折但不形成明显的卷边。腔壁胼胝部不明显。壳口反折于轴唇缘。脐孔狭窄。贝壳褐绿色。贝壳上部着色如其余部分。

标本测量 Ewh: 1.750—1.883—2.000 whorls, Wh: 7.125—7.539—8.125 whorls, H: 9.1—9.8—10.7 mm, W: 3.6—4.0—4.4 mm, Ah: 3.1—3.3—3.6 mm, Aw: 2.3—2.7—3.0 mm, Rhw: 2.29—2.46—2.78, Rhah: 2.73—2.96—3.23 (MHM05383)。

地理分布 甘肃、四川。

模式标本产地 文县 (Nai-ti-ha)。

(123) 白缘奇异螺指名亚种 *Mirus alboreflexus alboreflexus* (Ancey, 1882) (图60；图版 V: 10)

Buliminus alboreflexus Ancey, 1882: 12.
Buliminus (*Mirus*) *alboreflexus*: Möllendorff, 1901: 324.
Buliminus (*Ena*) *alboreflexus*: Kobelt, 1902: 827, pl. 119, figs. 11-14.
Buliminus (*Napaeus*) *cookeri*: Preston, 1912: 14, fig. in text. **(syn. n.)** 新异名
Ena alboreflexus: Yen, 1935: 54-55, pl. 3, figs. 17, 17a.
Mirus alboreflexus alboreflexus: Yen, 1939: 79, pl. 7, figs. 16-17.

检视标本 MHM04326：陕西凤县，2004. VI. 22，采集人：钟秀云。MHM04304：北京房山，2001. VII. 1，采集人：郭建英。MHM04343：测量，解剖：spec.1；甘肃康县，2004. IV. 24，采集人：吴岷。MHM04288：陕西凤县，2004. VI. 21，采集人：钟秀云。SMF40403：副模，2枚成熟空壳；陕西殷家坝，Davis, S.，Slg. O. Böttger。SMF40404：3枚成熟空壳；陕西宝成，Slg. Mlldff。BMNH: 1912.3.26.12：1枚成熟空壳；标签 "*Buliminus* (*Napaeus*) *cookei* Preston, 1912"，甘肃，中国西北，采集人：A. H. Cooke。

形态特征 贝壳：卵圆形或长卵圆形，壳顶不尖出，左旋，壳质薄，坚固，半透明，有光泽。螺层凸出，无凹陷瘢痕，不具肩。微弱而不均匀地具螺旋向细沟，细沟在脐孔附近更不清晰。胚螺层平滑，光亮。胚螺后螺层平滑。缝合线上无窄带。体螺层向壳口方向立刻上抬 (SMF40403) 或逐渐上抬 (SMF40404)，侧面边缘圆整，周缘无螺旋向的光滑凹陷或皱褶区域。壳口平截卵圆形，壳口与螺层接合处不联生，倾斜，无齿样构造，具角结节。壳口缘增厚，扩张，反折且具明显的卷边。腔壁胼胝部不明显。壳口反折于轴唇缘。脐孔狭缝状。贝壳角色。壳口白色。贝壳上部着色如其余部分。

生殖系统：输精管长，近端明显膨大，与成荚器相连处界线明显。成荚器长度中等，圆柱形，粗细均匀，外部光滑，直。成荚器盲囊阙如。鞭状器短，管状，顶端钝。交接器棒状，远端膨大，其端部与成荚器相连，壁薄。交接器壁柱多于2条，在成荚器孔处愈合成1个瓣膜，形成2个 "V" 形结构。"V" 形壁柱近端游离且达交接器收缩肌连接处，在远端不愈合成乳突。交接器突起1枚，低囊状，位于成荚器和交接器相接处。交接器附器短，在距生殖腔一定长度处与交接器分叉，有分节，A-1 与 A-2 愈合，A-3 明

显，A-4 与 A-5 愈合。A-1 短。A-2 内壁具纵向壁柱，后者排列成一系列的"V"形结构。A-3 开口于 A-2 处具 1 短乳突。A-5 短，直。交接器收缩肌 2 支，彼此靠近着着生于体墙壁，其交接器支的另一端着生于交接器远端，而交接器附器支的另一端着生于愈合的 A-1 和 A-2 上。连接雌道和成荚器的肌质带阙如。生殖腔短，无生殖腔收缩肌。游离输卵管短，几与雌道等长。雌道短，不膨大，直，未衬有疏松的海绵样组织，无色素沉着。纳精囊管长度中等，近端直。纳精囊中等大小，与纳精囊管区分明显，具柄。纳精囊具分支盲管，后者长度约 3 倍于纳精囊池。纳精囊和分支盲管可区别，其分叉处离纳精囊基部远。

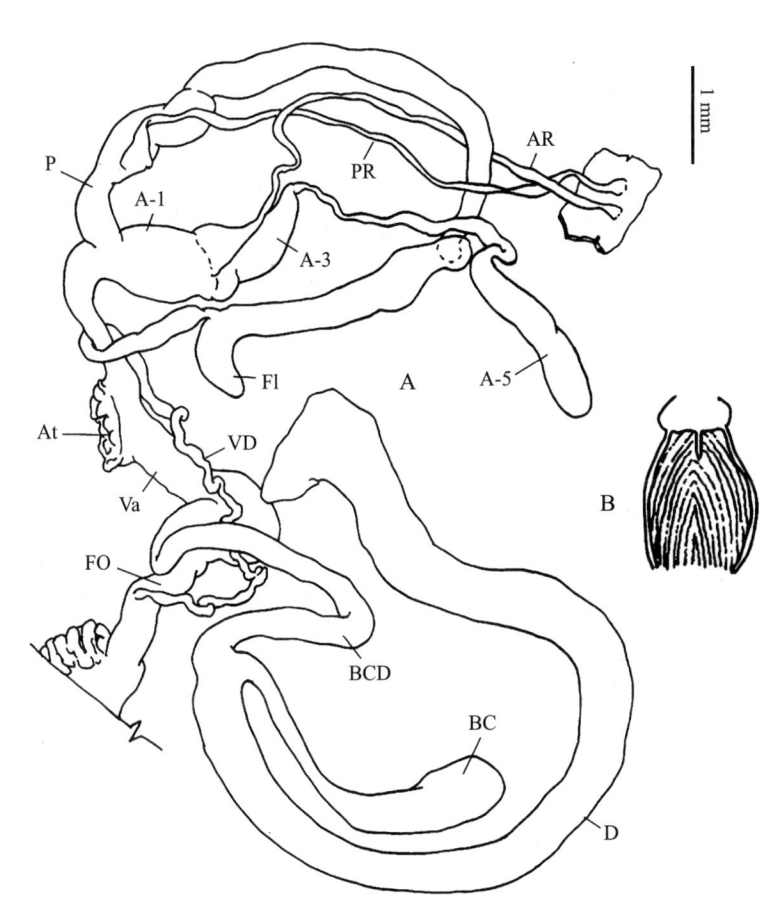

图 60 白缘奇异螺指名亚种 *Mirus alboreflexus alboreflexus* (Ancey)，MHM04343-spec.1
A. 生殖系统全面观；B. A-3 内部示意图
Fig. 60 *Mirus alboreflexus alboreflexus* (Ancey), MHM04343-spec.1
A. General view of genitalia; B. Diagrammatic sketch of exposed penial appendix section A-3

标本测量 Ewh：1.750—<u>1.800</u>—1.875 whorls，Wh：6.750—<u>7.200</u>—7.500 whorls，H：12.3—<u>13.0</u>—13.9 mm，W：5.8—<u>6.1</u>—6.4 mm，Ah：4.5—<u>4.9</u>—5.5 mm，Aw：3.9—<u>4.2</u>—4.6 mm，Rhw：2.10—<u>2.13</u>—2.20，Rhah：2.45—<u>2.65</u>—2.75 (SMF40403，SMF40404)。

地理分布 北京、陕西、甘肃。

模式标本产地 殷家坝。

分类讨论 *Buliminus* (*Napaeus*) *cookei* Preston, 1912 的模式系列标本的贝壳特征与本种完全一致，前者为本种的新异名。

(124) 纹白缘奇异螺 *Mirus alboreflexus striolatus* (Möllendorff, 1901) (图版 V：11)

Buliminus (*Mirus*) *alboreflexus striolatus* Möllendorff, 1901: 325.
Buliminus (*Ena*) *alboreflexus striolatus*: Kobelt, 1902: 827.
Mirus alboreflexus striolatus: Yen, 1939: 80, pl. 7, fig. 19.

检视标本 N222：ZI RAS 模式标本；1889，Choi-sjan，甘肃南部，Mlldff 鉴定。SMF40407：副模，2 枚成熟空壳；徽县，甘肃，Slg. Mlldff。

形态特征 贝壳：卵圆形或长卵圆形，壳顶不尖出，左旋，壳质薄，坚固，不透明，具光泽。螺层凸出，无凹陷瘢痕，不具肩，具螺旋向细沟。胚螺层平滑，光亮。胚螺后螺层平滑。缝合线上无窄带。体螺层向壳口逐渐上升，或在壳口后立刻上升，侧面边缘圆整，周缘无螺旋向的光滑凹陷或皱褶区域。壳口平截卵圆形，壳口与螺层接合处不联生，倾斜，完全贴合于体螺层，无齿样构造，具角结节。壳口缘增厚，扩张，反折且具明显的卷边。腔壁胼胝部略清晰。壳口反折于轴唇缘。脐孔狭窄，或呈狭缝状。贝壳单一的麦秆黄色。壳口白色。

标本测量 Ewh：1.750 whorls，Wh：7.375—8.375 whorls，H：15.9—19.3 mm，W：6.6—7.5 mm，Ah：5.8—6.3 mm，Aw：4.9—5.3 mm，Rhw：2.40—2.59，Rhah：2.73—3.07 (SMF40407)。

地理分布 甘肃 (仅见于模式产地)。

模式标本产地 徽县。

(125) 小白缘奇异螺 *Mirus alboreflexus minor* (Ancey, 1882)

Buliminus alboreflexus minor Ancey, 1882: 12.

检视标本 无。
形态特征 与指名亚种相比较小。轴柱具微弱皱襞。
原始描述中的测量 H：10.5 mm。
地理分布 陕西。
模式标本产地 殷家坝。

(126) 小节白缘奇异螺 *Mirus alboreflexus nodulatus* (Möllendorff, 1901) (图 V：12)

Buliminus (*Mirus*) *alboreflexus nodulatus* Möllendorff, 1901: 325, pl. 12, figs. 11, 12.
Mirus alboreflexus nodulatus: Yen, 1939: 80 (not "Möllendorff, 1902")，pl. 7, fig. 18.

检视标本 SMF40405：正模；勉县，Slg. Mlldff。

形态特征 贝壳：卵圆形，壳顶不尖出，左旋，壳质薄，坚固，半透明，具光泽。螺层凸出，无凹陷瘢痕，不具肩，具螺旋向细沟。胚螺层平滑，光亮。胚螺后螺层平滑。缝合线上无窄带。体螺层向壳口方向平直，侧面边缘圆整，周缘无螺旋向的光滑凹陷或皱褶区域。壳口平截卵圆形，壳口与螺层接合处不联生，倾斜，完全贴合于体螺层，无齿样构造，具角结节。壳口缘增厚，扩张，反折且具明显的卷边。腔壁胼胝部不明显。壳口反折于轴唇缘。脐孔狭窄。贝壳呈褐黄色。贝壳上部着色如其余部分。

标本测量 Ewh：1.500 whorls，Wh：7.125 whorls，H：15.0 mm，W：6.7 mm，Ah：5.6 mm，Aw：5.0 mm，Rhw：2.25，Rhah：2.69 (SMF40405)。

地理分布 陕西。

模式标本产地 勉县。

(127) 钻白缘奇异螺 *Mirus alboreflexus perforatus* (Möllendorff, 1901) (图版 V：13)

Buliminus (*Mirus*) *alboreflexus perforatus* Möllendorff, 1901: 325, pl. 12, figs. 13, 14.
Buliminus (*Ena*) *alboreflexus perforatus*: Kobelt, 1902: 828, pl. 119, figs. 13, 14.
Ena (*Mirus*) *alboreflexus perforatus*: Yen, 1938: 442 ("Kwang-Huan" 系 "Kwang-Yuan" 的打印错误)。
Mirus alboreflexus perforatus: Yen, 1939: 80, pl. 7, fig. 20; Yen, 1942: 119, 253.

检视标本 MHM04314?：四川康定县，2003. VIII. 2，采集人：石恺。MHM05624：测量、解剖；甘肃武都县佛崖，2006. X. 1，采集人：刘建民，郑伟。BMNH 99.1.13-2：1 枚成熟空壳；中国西部，阎敦建鉴定。SMF41911：副模，2 枚成熟空壳；Dshang-ling-dshang，中国，Slg. Mlldff。SMF41910：选模，1 枚成熟空壳；Dshang-ling-dshang，中国，Slg. Mlldff。

形态特征 贝壳：卵圆形或长卵圆形，壳顶不尖出，右旋，壳质薄，坚固，半透明，有光泽。螺层凸出，无凹陷瘢痕，不具肩。具很微弱的螺旋向细沟，有时仅在脐孔区域附近可见。胚螺层平滑，光亮。胚螺后螺层平滑。缝合线上无窄带。体螺层向壳口方向平直延伸，或在壳口后立刻上升，侧面边缘圆整，周缘无螺旋向的光滑凹陷或皱褶区域。壳口平截卵圆形，壳口与螺层接合处不联生，倾斜，完全贴合于体螺层，无齿样构造，具角结节。壳口缘增厚，扩张，反折且具明显的卷边。腔壁胼胝部不明显。壳口反折于轴唇缘。脐孔狭缝状。贝壳角褐色。壳口白色。贝壳上部着色如其余部分。

标本测量 Ewh：1.750—<u>1.792</u>—1.875 whorls，Wh：7.250—<u>7.625</u>—8.000 whorls，H：13.8—<u>16.5</u>—19.3 mm，W：6.4—<u>7.0</u>—7.5 mm，Ah：5.2—<u>6.0</u>—6.8 mm，Aw：4.8—<u>5.1</u>—5.8 mm，Rhw：2.16—<u>2.34</u>—2.57，Rhah：2.65—<u>2.72</u>—2.85 (SMF41910，SMF41911)。

地理分布 甘肃、四川。

模式标本产地 广元和昭化之间 (Dshang-ling-dshang)。

(128) 桂奇异螺 *Mirus antisecalinus* (Heude, 1890)

Buliminus antisecalinus Heude, 1890: 150, pl. 38, fig. 21.

Buliminus (*Ena*) *antisecalinus*: Kobelt, 1902: 830, pl. 125, figs. 34, 35.
Ena (*Mirus*) *antisecalinus*: Yen, 1938: 441.

检视标本 无。
形态特征 贝壳顶部不尖出，左旋，最膨大部分出现在体螺层。螺层扁平，无肩。缝合线简单，无线下狭窄区域。壳口无齿。壳口缘锋利，略扩大，除轴唇缘外不反折。轴柱倾斜。轴唇外缘倾斜。贝壳单色。
原始描述中的测量 Wh: 8 whorls, H: 14 mm, W: 5 mm, Rhw: 2.8。
地理分布 广西。
模式标本产地 广西。

(129) 阿氏奇异螺指名亚种 *Mirus armandi armandi* (Ancey, 1882)

Buliminus armandi Ancey, 1882: 10.
Buliminus (*Mirus*) *armandi*: Möllendorff, 1901: 320.

检视标本 无。
形态特征 贝壳有光泽，透明，长形。螺旋部尖出，壳顶钝。螺层周缘圆整。缝合线凹下。壳口十分倾斜。轴柱略呈弓形。腔壁胼胝部边缘弱，联生。壳口缘反折，锋利，朝轴唇缘扩展。贝壳角色。壳口白色。
原始描述中的测量 Wh: 8 whorls, H: 11.5 mm, W: 4.25 mm, Ah: 4 mm, Rhw: 2.71, Rhah: 2.88。
地理分布 陕西 (仅见于模式产地)。
模式标本产地 殷家坝。

(130) 大阿氏奇异螺 *Mirus armandi major* (Ancey, 1882)

Buliminus armandi major Ancey, 1882: 10.

检视标本 无。
形态特征 贝壳体型较指名亚种更大。
原始描述中的测量 H: 15.5 mm。
地理分布 陕西 (仅见于模式产地)。
模式标本产地 殷家坝。
分类讨论 本亚种随 *Mirus armandi* 转入 *Mirus* 属。

(131) 奥奇异螺 *Mirus aubryanus* (Heude, 1885) (图版 V: 14)

Buliminus aubryanus Heude, 1885: 115, pl. 30, fig. 7.
Buliminus (*Mirus*) *aubryanus*: Möllendorff, 1901: 319.
Buliminus (*Napaeus*) *aubryanus*: Kobelt, 1902: 558, pl. 87, figs. 21, 22.
Mirus aubryanus: Yen, 1942: 253.

检视标本 BMNH 1912.3.26.10：1 枚成熟空壳；甘肃东南部山地，2—5000 ft, 1912. 3.26。

形态特征 贝壳：长卵圆形，壳顶不尖出，右旋，壳质薄，坚固，半透明，有光泽。螺层凸出，无凹陷瘢痕，不具肩，无螺旋向细沟。胚螺层平滑，光亮。胚螺后螺层平滑。缝合线上无窄带。体螺层向壳口方向平直，侧面边缘圆整，周缘无螺旋向的光滑凹陷或皱褶区域。壳口平截卵圆形，壳口与螺层接合处不联生，倾斜，无齿样构造，具角结节。壳口缘锋利，扩张，反折但不形成明显的卷边。腔壁胼胝部不明显。壳口反折于轴唇缘。脐孔狭缝状。贝壳褐绿色。壳口白色。贝壳上部着色如其余部分。

标本测量 Wh: 7.500 whorls，H: 14.7 mm，W: 6.3 mm，Ah: 5.4 mm，Aw: 4.5 mm，Rhw: 2.33，Rhah: 2.73。

地理分布 甘肃、重庆、贵州。

模式标本产地 城口。

(132) 燕麦奇异螺 *Mirus avenaceus* (Heude, 1885) (图版 V：15)

Buliminus avenaceus Heude, 1885: 115, pl. 30, fig. 11.
Buliminus (*Mirus*) *avenaceus*: Möllendorff, 1901: 320.
Buliminus (*Ena*) *avenaceus*: Kobelt, 1902: 822, pl. 126, figs. 7, 8.
Ena (*Mirus*) *avenaceus*: Yen, 1938: 442.

检视标本 MHM01332：测量、解剖；重庆城口县，2003. VIII. 16，采集人：吴岷。MHM01354：重庆城口县，2003. VIII. 16，采集人：吴岷。

形态特征 贝壳：长卵圆形，壳顶不尖出，右旋，壳质薄，贝壳较脆弱，不透明，无光泽。螺层凸出，无凹陷瘢痕，不具肩，均匀密布螺旋向细沟。胚螺层平滑，无光泽。胚螺后螺层平滑。缝合线上无窄带。体螺层向壳口方向平直，侧面边缘圆整，周缘无螺旋向的光滑凹陷或皱褶区域。壳口平截卵圆形，壳口与螺层接合处不联生，倾斜，无齿样构造，角结节阙如。壳口缘增厚，几乎不扩张，反折但不形成明显的卷边。腔壁胼胝部不明显。壳口反折于轴唇缘。脐孔狭窄。贝壳麦秆色，具白色和褐色的条纹。壳口白色。

标本测量 Ewh: 1.875—2.000 whorls，Wh: 7.750—8.125 whorls，H: 13.0—15.4 mm，W: 4.7—5.7 mm，Ah: 4.3—5.4 mm，Aw: 3.2—3.7 mm，Rhw: 2.61—3.00，Rhah: 3.04—3.10 (MHM01332，MHM01354)。

地理分布 重庆 (仅见于模式产地)。

模式标本产地 城口。

(133) 短口奇异螺 *Mirus brachystoma* (Heude, 1882) (图 61；图版 V：16)

Buliminus brachystoma Heude, 1882: 50, pl. 17, fig. 10.
Buliminus (*Mirus*) *brachystoma*: Möllendorff, 1901: 321.
Buliminus (*Ena*) *brachystoma*: Kobelt, 1902: 824, pl. 125, figs. 1, 2.
Ena (*Mirus*) *brachystoma*: Yen, 1938: 442.

检视标本 MHM04311：测量，解剖：spec.1；云南芒康县，2002. VII. 7，采集人：A. Wiktor & M. Wu。MHM01814：云南芒康县，2002. VII. 8，采集人：A. Wiktor & M. Wu。

形态特征 贝壳：卵圆塔形，壳顶不尖出，右旋，壳质薄，坚固，半透明，有光泽。螺层凸出，无凹陷瘢痕，不具肩，螺旋向细沟微弱而分布不均匀。胚螺层平滑，无光泽。胚螺后螺层平滑。缝合线上无窄带。体螺层向壳口方向平直或逐渐上升地延长，侧面边缘圆整，周缘无螺旋向的光滑凹陷或皱褶区域。壳口圆角菱形，壳口与螺层接合处不联生，倾斜，无齿样构造，具角结节。壳口缘增厚，扩张，略反折且具明显的卷边。腔壁胼胝部明显且形成联系壳口缘与螺层接合点间的1个白色的嵴。壳口反折于轴唇缘。脐孔狭窄。贝壳浅褐色。壳口白色。贝壳上部着色如其余部分。

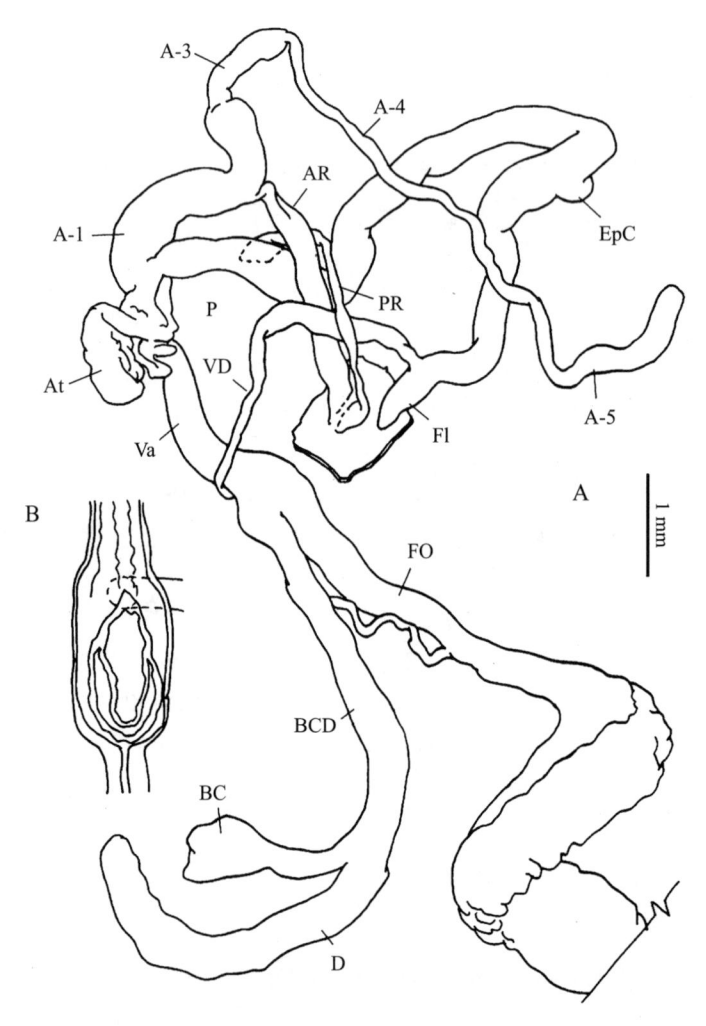

图 61 短口奇异螺 *Mirus brachystoma* (Heude)，MHM04311-spec.1
A. 生殖系统全面观；B. 交接器内部示意图

Fig. 61 *Mirus brachystoma* (Heude). MHM04311-spec.1
A. General view of genitalia; B. Diagrammatic sketch of exposed penis

生殖系统：输精管较短，近端膨大，与成荚器相连处界线明显。成荚器长度中等，圆柱形，粗细均匀，外部光滑，直。成荚器盲囊约位于成荚器中部，其端部钝。鞭状器短，圆锥形，近端直，顶端略尖。交接器棒状，远端略膨大，其端部与成荚器相连，壁薄。交接器壁柱多于 2 条，在成荚器孔处愈合成 1 个瓣膜，形成 2 个 "V" 形结构。"V" 形壁柱近端游离且达交接器收缩肌连接处，在远端不愈合成乳突。交接器突起阙如。交接器附器中等长度，在交接器基部分出，有分节，A-1 与 A-2 愈合，A-3 明显，A-4 与 A-5 愈合。A-1 内壁具纵向壁柱。A-2 内壁具众多纵向壁柱，近 A-3 处内壁无 1 圈乳突。A-3 向 A-2 开口处无针状乳突。A-5 相当短，直。交接器收缩肌 2 支，彼此靠近着着生于体墙壁，交接器支的另一端着生于交接器中部，而交接器附器支的另一端着生于愈合的 A-1 和 A-2 上。连接雌道和成荚器的肌质带阙如。生殖腔短，无生殖腔收缩肌。游离输卵管短，几与雌道等长。雌道短，不膨大，直，未衬有疏松的海绵样组织，无色素沉着。纳精囊管长度中等，近端直。纳精囊中等大小，与纳精囊管区分明显，具柄。纳精囊管分支盲管较纳精囊长，端部不膨大。纳精囊和分支盲管可区别，其分叉处离纳精囊基部远。

标本测量 Ewh：1.750—<u>1.982</u>—2.250 whorls，Wh：8.000—<u>8.250</u>—8.625 whorls，H：13.2—<u>14.4</u>—15.8 mm，W：5.1—<u>5.5</u>—5.8 mm，Ah：4.1—<u>4.5</u>—4.8 mm，Aw：3.5—<u>3.8</u>—4.0 mm，Rhw：2.41—<u>2.61</u>—2.80，Rah：2.95—<u>3.21</u>—3.37（MHM04311，MHM01814）。

地理分布 四川、云南。

模式标本产地 澜沧江与金沙江之间（盐井，半化石）。

分类讨论 用于研究的标本与模式标本描述略显不典型，但差异很细微：MHM04311 在壳口上略有不同，而 MHM01814 除壳口略有不同外贝壳略膨大。

(134) 稚奇异螺 *Mirus brizoides* (Möllendorff, 1901)（图版 V：17）

Buliminus (*Mirus*) *brizoides* Möllendorff, 1901: 323, pl. 12, figs. 7, 8.
Buliminus (*Ena*) *brizoides*: Kobelt, 1902: 825, pl. 119, figs. 7, 8.
Ena (*Mirus*) *brizoides*: Yen, 1938: 442.

检视标本 N295：ZI RAS 模式标本；1893-?-15，Mlldff 鉴定。

形态特征 贝壳：长卵圆形，壳顶不尖出，右旋，壳质薄，贝壳脆弱，半透明，有光泽。螺层凸出，无凹陷瘢痕，不具肩，螺旋向细沟很微弱。胚螺层平滑，无光泽。胚螺后螺层平滑。缝合线上无窄带。体螺层朝壳口方向逐渐上升，侧面边缘圆整，周缘无螺旋向的光滑凹陷或皱褶区域。壳口近圆形，壳口与螺层接合处不联生，倾斜，无齿样构造，具角结节。壳口缘增厚，略扩张，反折但不形成明显的卷边。腔壁胼胝部不明显。壳口反折于轴唇缘。脐孔狭窄。贝壳角色。贝壳上部着色如其余部分。

原始描述中的测量 Wh：8 whorls，H：8 mm，W：3.33 mm，Ah：2.4 mm。

地理分布 四川（仅见于模式产地）。

模式标本产地 大渡河。

(135) 康氏奇异螺指名亚种 *Mirus cantori cantori* (Philippi, 1844) (图版 V: 18)

Buliminus cantori Heude, 1882: 51, pl. 17, fig. 8.
Buliminus (Napaeus) cantori: Möllendorff, 1884: 163; Kobelt, 1902: 489, pl. 80, figs. 4, 5.
Buliminus (Mirus) cantori: Möllendorff, 1901: 314; Kobelt, 1902: 725, pl. 107, figs. 1-6.
Ena (Mirus) cantori: Haas, 1933: 319; Yen, 1938: 441.
Ena cantori: Yen, 1935: 56, pl. 3, figs. 19, 19a.
Mirus cantori cantori: Yen, 1939: 78, pl. 7, fig. 1; Yen, 1942: 252.

检视标本 MHM00369：甘肃舟曲县，2004. V. 1，采集人：吴岷。MHM00371：甘肃文县，2004. IV. 14，采集人：吴岷。MHM01286：四川宝兴县，2003. VII. 22，采集人：吴岷。MHM03342：四川合川县，2003. V. 22，采集人：石恺。MHM04189：湖北巴东县，2004. VIII. 1，采集人：吴岷，吴琴，齐钢。MHM04283：江苏扬州，2005. III. 28，采集人：吴磊。MHM04284：云南德钦县，2003. VIII. 6，采集人：石恺。MHM04294：测量；湖北长阳县，2005. IV. 22，采集人：朱彤。MHM01118：幼体；江西湖口县，2004. III. 29，采集人：胡茂良。MHM04183：湖北神农架，2004. VII. 28，采集人：吴岷，吴琴，齐钢。MHM04344：湖南岳阳，2003. IV. 17，采集人：胡茂良。MHM04325：重庆武隆县，2004. V. 20，采集人：吴磊。MHM04359：湖北咸丰县，2005. V. 2，采集人：朱彤。MHM04327：四川，2003. IV. 28，采集人：孟宪光。MHM04336：安徽齐云山，2004. V. 2，采集人：钟秀云。MHM04358：安徽东至县，2004. V. 20，采集人：钟秀云。MHM06122：江西婺源赋春镇，2007. V. 27，采集人：郑伟，刘锦毅。ZI RAS 标本：湖北，Mlldff 鉴定。BMNH：3 枚成熟空壳；南京郊区。BMNH：4 枚成熟空壳；南京附近，无等级号。BMNH 91.4.24.36：1 枚成熟空壳；长阳 (Changya 系抄写错误)，Carl Bock Esq。BMNH 99.1.13.25—30：6 枚成熟空壳；中国西部，J. W. Styan Esq。BMNH 52.4.2.16—17：1 枚成熟空壳；上海 (？)，中国。BMNH 52.4.2.13—15：很小的贝壳。BMNH：无登记号；4 枚成熟空壳；湖南。BMNH：无登记号；2 枚成熟空壳；武昌，湖北，Bttg。BMNH：无登记号；2 枚成熟空壳；Trechmann, Acc. No. 2176。BMNH 70.7.16.1：2 枚成熟空壳；宜昌，R. Swinhoe Esq。SMF40365：6 枚成熟空壳；焦山 (模式产地)，Slg. O. Böttger。SMF40374：1 枚成熟空壳；九江，Slg. Kobelt。BMNH 40382：4 枚成熟空壳；湖南，Slg. Mlldff。SMF40377：4 枚成熟空壳；武昌，湖北，Slg. O. Böttger。SMF104047：2 枚成熟空壳；巴东，湖北，Ex Mlldff, 1907, Slg. Jetschin (K. L. Pfr.)。SMF104048：7 枚成熟空壳；上海，采集人：C. R. Böttger, 1906。SMF104046：1 枚成熟空壳；上海，Ex Schmacker, Slg. Jetschin (K. L. Pfr.)。SMF299943：3 枚成熟空壳；华北。SMF42822：无数枚成熟空壳；巴东，Mlldff。SMF40381：6 枚成熟空壳；湖南；Slg. Mlldff。SMF40379：7 枚成熟空壳；五台，湖北，Slg. Mlldff。SMF40368：5 枚成熟空壳；芜湖，Slg. O. Böttger。SMF40372：6 枚成熟空壳；九江，Mlldff G., Slg. Reinhhardt。SMF50027：4 枚成熟空壳；芜湖，O. Böttger G., Slg. Naegele。SMF40383：1 枚成熟空壳；湖北，Slg. Ehrmann。SMF40378：2 枚成熟空壳；武昌，湖北，Slg. P. Ehrmann。SMF275671：3 枚

成熟空壳；九江，Slg. Schllckum (6898)，采集人：W. Klemm。SMF40369：2 枚成熟空壳；九江，Slg. Mlldff。SMF40373：6 枚成熟空壳；九江，Slg. Mlldff。SMF203105：2 枚成熟空壳；九江，Slg. S. H. Jaeckel。SMF40366：3 枚成熟空壳；上海，Slg. Mlldff。SMF40370：7 枚成熟空壳；九江，E. V. Martens 鉴定，Slg. Mlldff。SMF42823：上海，Slg. Mlldff。SMF40371：7 枚成熟空壳；九江，Schmacker S.，Slg. O. Böttger。SMF40380：8 枚成熟空壳；湖北，Slg. Mlldff。SMF40375：5 枚成熟空壳；武昌，Slg. Mlldff。SMF40367：太仓，Slg. Mlldff。SMF42822：无数枚成熟空壳；巴东，湖北，Slg. Mlldff。

形态特征 贝壳：尖卵圆形，壳顶不尖出，右旋，壳质薄，坚固，不透明或半透明，有光泽。螺层扁平，无凹陷瘢痕，不具肩，密布不均匀的螺旋向细沟。胚螺层平滑，光亮。胚螺后螺层光滑，在生长线间不均匀地分布有微小的结节。缝合线上无窄带区域。体螺层朝壳口方向逐渐上升，侧面边缘圆整，周缘无螺旋向的光滑凹陷或皱褶区域。壳口平截卵圆形，壳口与螺层接合处不联生，倾斜，完全贴合于体螺层，无齿样构造，角结节明显或不明显。壳口缘增厚，扩张，反折且具明显的卷边。腔壁胼胝部不明显。壳口反折于轴唇缘。轴柱垂直。脐孔狭窄。贝壳浅褐黄色。壳口白色。贝壳上部着色如其余部分。

标本测量 Ewh：1.750—1.917—2.125 whorls，Wh：7.875—8.250—9.000 whorls，H：19.1—21.1—23.8 mm，W：8.1—9.0—10.2 mm，Ah：7.3—7.7—8.9 mm，Aw：5.5—6.0—7.0 mm，Rhw：2.18—2.34—2.47，Rhah：2.62—2.73—2.81 (SMF40365)。

地理分布 甘肃、江苏、上海、安徽、湖北、江西、湖南、四川。

模式标本产地 南京、镇江。

(136) 角康氏奇异螺 *Mirus cantori corneus* (Möllendorff, 1901) (图版 V：19)

Buliminus (*Mirus*) *cantori corneus* Möllendorff, 1901: 316.
Mirus cantori corneus: Yen, 1939: 78, pl. 7, fig. 3.

检视标本 N396：ZI RAS 模式标本，标本信息不详。SMF40386：副模；3 枚成熟空壳；Lu-feng-kou，靠近广元，Slg. Mlldff。SMF40385：选模，1 枚成熟空壳；标本信息同副模。

形态特征 贝壳：尖卵圆形，壳顶不尖出，右旋，壳质薄，坚固，半透明，具光泽。螺层凸出，无凹陷瘢痕，不具肩，仅脐孔区域具螺旋向细沟。胚螺层平滑，无光泽。胚螺后螺层平滑。缝合线上无窄带区域。体螺层朝壳口方向逐渐上升，侧面边缘圆整，周缘无螺旋向的光滑凹陷或皱褶区域。壳口平截卵圆形或四边形，不联生，倾斜，完全贴合于体螺层，无齿样构造，具角结节。壳口缘增厚，扩张，反折且具明显的卷边。腔壁胼胝部不明显。壳口反折于轴唇缘。轴柱垂直。脐孔狭窄。贝壳黄褐色。壳口白色。贝壳上部着色如其余部分。

标本测量 Ewh：1.750—1.917—2.125 whorls，Wh：7.875—8.250—9.000 whorls，H：19.1—21.1—23.8 mm，W：8.1—9.0—10.2 mm，Ah：7.3—7.7—8.9 mm，Aw：5.5—6.0—7.0 mm，Rhw：2.18—2.34—2.47，Rhah：2.62—2.73—2.81 (SMF40385，SMF40386)。

地理分布 四川 (仅见于模式产地)。

模式标本产地 广元 (Lu-feng-kou)。

(137) 肥康氏奇异螺 *Mirus cantori corpulenta* (Gredler, 1884) (图版 V: 20)

Buliminus (*Mirus*) *cantori corpulentus* Möllendorff, 1901: 315; Kobelt, 1902: 725, pl. 107, figs. 4, 5.
Mirus cantori corpulenta: Yen, 1939: 78, pl. 7, fig. 4; Yen, 1942: 252 (spelled as *corpulentus*); Zilch, 1974: 190.

检视标本 MHM04354：陕西石泉, 2004. VI. 13, 采集人：钟秀云。MHM04315：测量：9；湖北宜昌, 2004. IV. 8, 采集人：吴岷, 吴琴。ZI RAS 标本：标本信息不详。BMNH 99.1.13.33—34：2 枚成熟空壳；中国西部, 阎敦建鉴定。SMF47913：2 枚成熟空壳；湖北, Mlldff 鉴定, Slg. W. Kobelt。SMF40387a：1 枚成熟空壳；湖北巴东。SMF42092：2 枚成熟空壳；湖北巴东, Mlldff 鉴定, Slg. W. Kobelt。SMF104058：2 枚成熟空壳；湖北巴东, Moellend./J. 1907, Slg. Jetschin (K. L. Pfr.)。SMF40387：8 枚成熟空壳；湖北巴东, Slg. Mlldff。SMF104059：8 枚成熟空壳；湖北巴东, Slg. C. R. Böttger, 1904。SMF40388：4 枚成熟空壳；其中 1 枚胚螺层破损, Lung-chia-shan, 湖北大冶, Krejci-Graf S., 1933。

形态特征 贝壳：长卵圆形, 壳顶不尖出, 右旋, 壳质薄, 坚固, 不透明, 具光泽。螺层略扁平, 无凹陷瘢痕, 不具肩, 密布螺旋向细沟。胚螺层平滑, 无光泽。胚螺后螺层平滑。缝合线上无窄带。体螺层朝壳口方向逐渐上升, 侧面边缘圆整, 周缘无螺旋向的光滑凹陷或皱褶区域。壳口圆角四边形, 壳口与螺层接合处不联生, 倾斜, 无齿样构造, 角结节不甚明显。壳口缘增厚, 扩张, 反折且具明显的卷边。腔壁胼胝部不明显。壳口反折于轴唇缘。轴柱垂直。脐孔狭窄, 或呈狭缝状。贝壳绿褐色。壳口白色或略深。贝壳上部着色如其余部分。

标本测量 Ewh：1.875 whorls, Wh：8.250—8.625 whorls, H：22.9—25.1 mm, W：9.4—9.6 mm, Ah：8.3—9.1 mm, Aw：6.9—7.5 mm, Rhw：2.44—2.60, Rhah：2.75—2.76 (SMF42092)。

地理分布 陕西、湖北。

模式标本产地 宜昌 (Tong-san in Sei-zo)。

(138) 弗康氏奇异螺 *Mirus cantori fragilis* (Möllendorff, 1884) (图版 V: 21)

Buliminus (*Napaeus*) *cantori fragilis* Möllendorff, 1884: 165.
Buliminus cantori fragilis: Gredler, 1894：420.
Mirus cantori fragilis: Yen, 1939: 78, pl. 7, fig. 5.

检视标本 ZI RAS 标本：湖南, Mlldff 鉴定。SMF41940：副模, 1 枚成熟空壳；福州, Slg. Mlldff。SMF41939：选模, 1 枚成熟空壳；福州, Slg. Mlldff。SMF50028：1 枚成熟空壳；湖南, Gredler G., Slg. Naegele。

形态特征 贝壳：尖卵圆形, 壳顶不尖出, 右旋, 壳质薄, 坚固, 不透明, 有光泽。

螺层凸出，无凹陷瘢痕，不具肩，具微弱螺旋向细沟。胚螺层平滑，光亮。胚螺后螺层平滑。缝合线上无窄带。体螺层朝壳口方向逐渐上升，侧面边缘圆整，周缘无螺旋向的光滑凹陷或皱褶区域。壳口圆角三角形，壳口与螺层接合处不联生，倾斜，无齿样构造，角结节有但不明显。壳口缘锋利，扩张，反折但不形成明显的卷边。腔壁胼胝部不明显。壳口反折于轴唇缘。轴柱垂直或倾斜 (SMF50028)。脐孔狭窄。贝壳褐黄色。

标本测量 Ewh：1.875—<u>1.958</u>—2.000 whorls，Wh：7.875—<u>8.167</u>—8.625 whorls，H：17.8—<u>18.9</u>—20.8 mm，W：7.5—<u>7.9</u>—8.3 mm，Ah：6.6—<u>6.7</u>—6.8 mm，Aw：5.0—<u>5.2</u>—5.3 mm，Rhw：2.20—<u>2.37</u>—2.52，Rhah：2.68—<u>2.81</u>—3.06 (SMF41939，SMF41940，SMF50028)。

地理分布 湖南、福建。

模式标本产地 福州。

(139) 洛康氏奇异螺 *Mirus cantori loczyi* (Hilber, 1883)

Buliminus (*Napaeus*) *loczyi* Hilber, 1883: 1359, pl. 4, figs. 11, 12; Kobelt, 1902: 543, pl. 85, figs. 14, 15.
Buliminus (*Mirus*) *cantori loczyi*: Möllendorff, 1901: 315.
Subzebrinus davidi loczyi: Yen, 1942: 251.

检视标本 无。

形态特征 贝壳：卵圆圆柱形，坚固，有光泽，略具粗条纹，黄角褐色。螺旋部凸出圆锥状，壳顶圆钝。螺层凸出。壳口卵圆形，倾斜，壳口扩大，内部增厚，壳口缘胼胝部很少将壳口着生处相连。脐孔深。

原始描述中的测量 Wh：8 whorls，H：22 mm，W：7 mm，Ah：8 mm，Rhw：3.14，Rhah：2.75。

地理分布 江苏 (仅见于模式产地)。

模式标本产地 镇江。

(140) 滑康氏奇异螺 *Mirus cantori obesus* (Heude, 1882) (图版 V：22)

Buliminus obsesus Heude, 1882: 51, pl. 17, fig. 7.
Buliminus (*Napaeus*) *cantori obesa*: Möllendorff, 1884: 164.
Buliminus (*Mirus*) *cantori obesus*: Möllendorff, 1901: 315; Kobelt, 1902: 725, pl. 107, figs. 1-3.
Buliminus (*Napaeus*) *obesus*: Hilber, 1883: 1360, pl. 5, fig. 1; Kobelt, 1902: 544, pl. 85, figs. 20, 21.
Mirus cantori obesus: Yen, 1939: 78, pl. 7, fig. 2.

检视标本 MHM04280，MHM04618：江苏南京，2005. IV. 29，采集人：吴磊。MHM04058：陕西镇坪，2004. VII. 24，采集人：吴岷，吴琴，齐钢。SMF40384：副模，3 枚成熟空壳；长江流域，Heude G.，Slg. Mlldff。

形态特征 贝壳：纺锭形或长卵圆形，壳顶不尖出，右旋，壳质薄，坚固，不透明或半透明，有光泽。螺层略凸出，无凹陷瘢痕，不具肩，螺旋向细沟密布或仅见于脐孔区域 (SMF40384)。胚螺层平滑，无光泽。胚螺后螺层平滑。缝合线上无窄带。体螺层向壳口方向平直或逐渐上升地延长，侧面边缘圆整，周缘无螺旋向的光滑凹陷或皱褶区域。壳口平截卵圆形或呈具圆角的三角形或四边形状，壳口与螺层接合处不联生，倾斜至极倾斜，无齿样构造，角结节有但不明显。壳口缘增厚，扩张，反折且具明显的卷边。腔壁胼胝部明显或不明显。壳口反折于轴唇缘。轴柱垂直 (模式标本) 或倾斜。脐孔狭窄或狭缝状 (SMF40384)。贝壳角褐色。壳口白色。贝壳上部着色如其余部分。

标本测量　Ewh：1.875—2.125—2.500 whorls，Wh：7.250 whorls，H：14.0—15.1—15.8 mm，W：6.8—7.0—7.1 mm，Ah：5.3—5.9—6.4 mm，Aw：4.4—4.8—5.0 mm，Rhw：2.06—2.16—2.23，Rhah：2.42—2.59—2.69 (SMF40384)。

地理分布　陕西、江苏、长江流域。

模式标本产地　南京、镇江。

(141) 灰康氏奇异螺 *Mirus cantori pallens* (Heude, 1882)

Buliminus pallens Heude, 1882: 52, pl. 17, fig. 16.
Buliminus (*Napaeus*) *cantori pallens*: Möllendorff, 1884: 164.
Buliminus (*Mirus*) *cantori pallens*: Möllendorff, 1901: 314.

检视标本　无。

形态特征　贝壳：圆柱—纺锭形，白角色，具条纹。螺旋部长，顶端尖。螺层凸出，基部略呈角度。壳口卵圆形。壳口缘薄，几乎连续。轴唇缘基部反折，略掩盖脐孔。脐孔狭窄。壳口白色。

原始描述中的测量　Wh：9 whorls，H：22 mm，W：6 mm，Rhw：3.67。

地理分布　太湖。

模式标本产地　太湖 (接近上海)。

(142) 绿岛康氏奇异螺 *Mirus cantori taivanica* (Möllendorff, 1884) (图版 V：23)

Buliminus (*Napaeus*) *cantori taivanica* Möllendorff, 1884: 105; Kobelt, 1902: 489.
Buliminus (*Mirus*) *cantori taivanica*: Möllendorff, 1901: 316.
Buliminus (*Mirus*) *taivanicus*: Kobelt, 1902: 726, pl. 107, figs. 7, 8.

检视标本　BMNH 91.8.7.5—8：4 枚成熟空壳；高雄，台湾，B. Schmacker colln。BMNH Acc. No. 2258：无登记号，1 枚成熟空壳；台湾，Swinhoe，H. E. J. Biggs colln。

形态特征　贝壳：长卵圆形，壳顶不尖出，右旋，壳较厚；坚固；不透明；具有光泽。螺层凸出，无凹陷瘢痕，不具肩，无螺旋向细沟。胚螺层平滑，光亮。胚螺后螺层平滑。缝合线上无窄带。体螺层向壳口向几乎平直延伸，侧面边缘圆整，周缘无螺旋向的光滑凹陷或皱褶区域。壳口耳状，壳口与螺层接合处不联生，倾斜，无齿样构造，角结节阙如。壳口缘增厚，扩张，反折且具明显的卷边。腔壁胼胝部不明显。壳口反折于轴唇缘。脐孔狭缝状。贝壳通体绿褐色，有时具密集的白色条纹，后者可形成白色增厚区。壳口白色。螺层上部着色如贝壳其余部分。

标本测量 Wh：7.875—8.250—8.500 whorls，H：15.8—16.8—17.5 mm，W：6.9—7.1—7.3 mm, Ah: 5.9—6.1—6.1 mm，Aw: 4.8—4.9—5.0 mm, Rhw: 2.30—2.37—2.5，Rhah：2.68—2.78—2.86 (BMNH 91.8.7.5—8)。

地理分布 中国台湾。

模式标本产地 高雄、Baksa、Bankimtsong。

(143) 玉髓奇异螺 *Mirus chalcedonicus* (Gredler, 1887) (图版 VI：1)

Buliminus (*Rachis*) *chalcedonicus* Gredler, 1887: 354.
Buliminus (*Mirus*) *chalcedonicus*: Möllendorff, 1901: 318.
Buliminus (*Napaeus*) *chalcedonicus*: Kobelt, 1902: 491, pl. 80, figs. 9, 10.
Mirus chalcedonicus: Zilch, 1974: 188.

检视标本 MHM01235：重庆城口县，2003. VIII. 17，采集人：吴岷。SMF192174：副模，1个近成体，壳口有破损，湖北西南部。

形态特征 贝壳：长卵圆形，壳顶不尖出，右旋，壳质薄，坚固，半透明，有光泽。螺层凸出，不具肩，具弱而规则的螺旋向细沟。胚螺层平滑，光亮。胚螺后螺层平滑。缝合线上无窄带。体螺层向壳口方向平直，侧面边缘圆整，周缘无螺旋向的光滑凹陷或皱褶区域。壳口呈圆角的菱形，壳口与螺层接合处不联生，略倾斜，完全贴合于体螺层，无齿样构造，角结节阙如。壳口缘锋利。腔壁胼胝部不明显。壳口反折于轴唇缘。脐孔狭缝状。贝壳乳白色。贝壳上部着色如其余部分。

标本测量 Ewh：1.875 whorls，Wh：7.750 whorls，H：18.8 mm，W：7.4 mm，Ah：5.8 mm，Aw：4.4 mm，Rhw：2.52，Rhah：2.78 (SMF192174)。

地理分布 湖北、重庆。

模式标本产地 湖北西南部。

(144) 胡萝卜奇异螺 *Mirus daucopsis* (Heude, 1888)

Buliminus daucopsis Heude, 1888: 149, pl. 35, fig. 18.
Buliminus (*Mirus*) *daucopsis*: Möllendorff, 1901: 323.
Buliminus (*Ena*) *hartmanni* Kobelt, 1902: 825, pl. 125, figs. 22, 23.

检视标本 无。

形态特征 贝壳：中等大小，坚固，光亮，螺旋部尖纺锤形。螺层略凸出。壳口几乎不倾斜，椭圆形，胼胝部薄且连接。脐孔深狭缝状。贝壳黄色。壳口白色。

原始描述中的测量 Wh：7 whorls，H：19 mm，W：6 mm，Rhw：3.17。

地理分布 云南 (仅见于模式产地)。

模式标本产地 大理。

(145) 戴氏奇异螺 *Mirus davidi* (Deshayes, 1870) (图62；图版 VI：2)

Bulimus davidi Deshayes, 1870: 23, pl. 1, figs. 22, 23; Heude, 1882: 52, pl. 17, fig. 12; Ancey, 1883: 9;

Ancey, 1884: 387.

Buliminus (*Napaeus*) *cantori elongata* Möllendorff, 1884: 164. **(syn. n.)** 新异名

Buliminus (*Napaeus*) *davidi*: Möllendorff, 1884: 173.

Buliminus (*Subzebrinus*) *davidi*: Möllendorff, 1901: 333; Kobelt, 1902: 837, pl. 125, 17-19.

Zebrina (*Subzebrinus*) *davidi*: Yen, 1938: 441.

Subzebrinus davidi: Yen, 1939: 81, pl. 7, figs. 32-33; Yen, 1942: 251.

检视标本 MHM04349：解剖：spec.1；湖北宜昌，2004. IV. 8，采集人：吴岷。SMF41950：*B. cantori elongata* Mlldff, 1884 的模式标本，九江，Mlldff。SMF41951：*B. cantori elongata* Mlldff 的副模，2 枚成熟空壳；九江，Slg. Mlldff。SMF41949：4 枚成熟空壳和 1 个幼体，Lung-chia-shan，大冶，湖北，Krejci-Graf S, 1933。

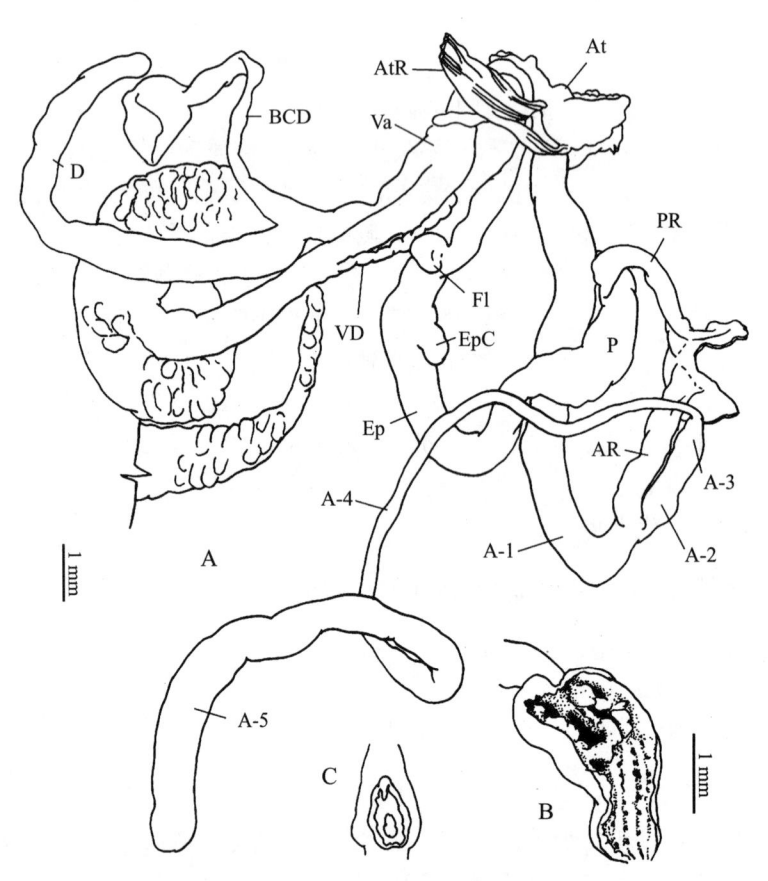

图 62 戴氏奇异螺 *Mirus davidi* (Deshayes)，MHM04349-spec.1
A. 生殖系统全面观；B. 交接器内部观；C. 交接器内部示意：壁柱
Fig. 62 *Mirus davidi* (Deshayes). MHM04349-spec.1
A. General view of genitalia; B. Exposed penis; C. Diagrammatic sketch of exposed penis, showing penial pilasters

形态特征 贝壳：长卵圆形，壳顶不尖出，右旋，壳质薄，坚固，不透明，略有光泽。螺层扁平，无凹陷瘢痕，不具肩，具螺旋向细沟。胚螺层平滑，无光泽。胚螺后螺

层平滑。缝合线上无窄带。体螺层朝壳口方向逐渐上升，侧面边缘圆整，周缘无螺旋向的光滑凹陷或皱褶区域。壳口圆角菱形，壳口与螺层接合处不联生，倾斜，完全贴合于体螺层，无齿样构造，角结节有但不明显。壳口缘增厚，扩张，反折且具明显的卷边。腔壁胼胝部不明显。壳口反折于轴唇缘。轴柱垂直。轴唇外缘倾斜。脐孔狭窄。贝壳角褐色。壳口白色。贝壳上部着色如其余部分。

生殖系统：输精管短，近端膨大，与成荚器相连处界线明显。成荚器短，圆柱形，粗细均匀，外部光滑，直。成荚器盲囊端部钝，位于接近与输精管相连处。鞭状器短，近球状，近端直，顶端钝。交接器棒状，远端膨大，其端部与成荚器相连，壁薄。交接器壁柱多于2条，形成1个"V"形结构，且在成荚器孔处愈合成1个瓣膜。"V"形壁柱近端游离且达交接器收缩肌连接处，其远端愈合成矮小的乳突。交接器突起阙如。交接器附器长，在距生殖腔一定长度处与交接器分叉，有分节，A-1 与 A-2 愈合，A-3 明显，A-4 与 A-5 愈合。A-1 长，具纵向壁柱。 A-2 内壁具纵向壁柱。A-3 开口于 A-2 处具 1 短乳突。A-5 略长，直。交接器收缩肌 2 支，彼此靠近着着生于体墙壁，交接器支的另一端着生于交接器中部，交接器附器支着生于 A-1+A-2 远端。连接雌道和成荚器的肌质带阙如。生殖腔短，具生殖腔收缩肌。游离输卵管短，几与雌道等长。雌道短，不膨大，直，未衬有疏松的海绵样组织，无色素沉着。纳精囊管长度中等，近端直。纳精囊中等大小，与纳精囊管区分明显，具柄。纳精囊管分支盲管较纳精囊长，略膨大。 纳精囊和分支盲管可区别，其分叉处离纳精囊基部远。

标本测量　　Ewh：1.750—1.875—2.000 whorls，Wh：8.375—8.719—9.250 whorls，H：20.6—22.4—24.7 mm，W：7.0—7.5—8.2 mm，Ah：5.9—6.6—7.1 mm，Aw：4.7—5.2—5.6 mm，Rhw：2.95—3.00—3.07，Rah：3.02—3.38—3.73 (SMF41949)。

地理分布　　湖北、江西、四川。

模式标本产地　　宝兴。

分类讨论　　*Buliminus* (*Napaeus*) *cantori elongata* Möllendorff, 1884 与本种在贝壳特征上吻合，前者为本种的新异名。

(146) 衍奇异螺 *Mirus derivatus* (Deshayes, 1874)

Buliminus derivatus Deshayes, 1874: 95, pl. 1, figs. 25-26; Ancey, 1882: 12.
Buliminus (*Napaeus*) *derivatus*: Möllendorff, 1884: 168.
Buliminus (*Mirus*) *derivatus*: Möllendorff, 1901: 320.
Buliminus (*Ena*) *derivatus*: Kobelt, 1902: 822, pl. 125, figs. 20, 21.

检视标本　　无。

形态特征　　贝壳长塔形，纤细。螺层凸出，具不等距排列的纤细的斜条纹，规则缓慢增长。壳顶钝。缝合线简单，在螺层相连处略下凹。脐孔下窄而呈孔状。壳口卵圆形，几乎不倾斜，壳口缘宽阔地扩张，内部薄，朝轴柱处增厚及宽阔，掩盖脐孔。贝壳呈鲜艳的栗色，壳口白角色。

原始描述中的测量　　Wh：8 whorls，H：11 mm，W：4 mm，Rhw：2.75。

地理分布 北京。

模式标本产地 北京。

(147) 美名奇异螺 *Mirus euonymus* (Sturany, 1900)

Buliminus euonymus Sturany, 1900: 34, pl. 3, figs. 17-19.
Buliminus (*Mirus*) *euonymus*: Möllendorff, 1901: 326.
Buliminus (*Ena*) *euonymus*: Kobelt, 1902: 828, pl. 108, figs. 18, 19.

检视标本 无。

形态特征 贝壳左旋，纺锤-圆锥形，几乎不具细条纹，具光泽，呈鲜明的红角色。螺旋部长圆锥形，壳顶钝。缝合线白丝线样。螺层凸出，规则地上抬。壳口近圆形或耳形，垂直，内部色深。壳口缘白色，宽阔地扩张，边缘相连，在接近连接处的胼胝部上具角结节。壳口缘在轴唇处反折。脐孔狭孔状。

原始描述中的测量 Wh：8.5 whorls，H：16.8—20 mm，W：6.5—7.5 mm。

地理分布 甘肃 (仅见于模式产地)。

模式标本产地 在洮河和永宁河之间 (石鸡坝附近)。

(148) 佛尔奇异螺 *Mirus fargesianus* (Heude, 1885)

Buliminus fargesianus Heude, 1885: 114, pl. 30, fig. 6.
Buliminus (*Mirus*) *fargesianus*: Möllendorff, 1901: 324.
Buliminus (*Napaeus*) *fargesianus*: Kobelt, 1902: 554, pl. 87, figs. 4, 5.
Ena (*Mirus*) *fargesianus*: Yen, 1938: 442.

检视标本 无。

形态特征 贝壳纺锤形，左旋，螺旋部顶尖。壳口直，斜梨形。轴唇缘直。壳口缘白色。胼胝部薄，相连。脐孔开放。

原始描述中的测量 Wh：7 whorls，H：21 mm，W：8 mm，Rhw：2.63。

地理分布 重庆。

模式标本产地 城口。

(149) 反柱奇异螺 *Mirus frinianus* (Heude, 1885) (图版 VI：3)

Buliminus frinianus Heude, 1885: 115, pl. 30, fig. 8.
Buliminus (*Mirus*) *frinianus*: Möllendorff, 1901: 319.
Buliminus (*Napaeus*) *frinianus*: Kobelt, 1902: 556, pl. 87, figs. 13-15.
Mirus frinianus: Yen, 1942: 253.

检视标本 BMNH 1923.5.24.54.70：5 枚残损空壳或幼体，12 枚成熟空壳；山谷峭壁，澜沧江流域，6100 ft，J. H. Gregory。BMNH 1920.8.10.39—40：1 破损和 1 枚成熟空壳；Aalwen，西藏，阎敦建鉴定。MHM04329，MHM04331：云南德钦县，2002. VII.

14—15，采集人：A. Wiktor & M. Wu。

形态特征 贝壳：长卵圆形，壳顶不尖出，右旋，壳质薄，坚固，半透明，有光泽。螺层凸出，无凹陷瘢痕，不具肩，无螺旋向细沟。胚螺层平滑，光亮。胚螺后螺层平滑。缝合线上无窄带。体螺层向壳口方向平直，侧面边缘圆整，周缘无螺旋向的光滑凹陷或皱褶区域。壳口卵圆形，壳口与螺层接合处不联生，倾斜，无齿样构造，通常无角结节。壳口缘锋利，扩张，反折但不形成明显的卷边。腔壁胼胝部不明显。壳口反折于轴唇缘。脐孔狭缝状。贝壳褐色。贝壳上部着色如其余部分。

原始描述中的测量 Wh：8 whorls，H：18 mm，W：7 mm，Rhw：2.57。

地理分布 安徽、江西、长江上游、澜沧江流域。

模式标本产地 婺源。

(150) 索形奇异螺 *Mirus funiculus* (Heude, 1882) (图版 VI：4)

Buliminus funiculus Heude, 1882: 51, pl. 17, fig. 18.
Buliminus (Napaeus) funiculus: Möllendorff, 1884: 176; Kobelt, 1902: 827, pl. 125, figs. 11, 12.
Buliminus (Mirus) funiculus: Möllendorff, 1901: 324.
Mirus funiculus: Yen, 1939: 79, pl. 7, fig. 15.

检视标本 SMF40402：副模，2 枚成熟空壳；长江流域，Heude, G., Slg. Mlldff。

形态特征 贝壳：柱圆锥形，壳顶不尖出，左旋，壳质薄，坚固，透明，有光泽。螺层凸出，无凹陷瘢痕，不具肩，无螺旋向细沟。胚螺层平滑，光亮。胚螺后螺层平滑。缝合线上无窄带。体螺层向壳口逐渐上升，或在壳口后立刻上升，侧面边缘圆整，周缘无螺旋向的光滑凹陷或皱褶区域。壳口平截卵圆形，壳口与螺层接合处不联生，倾斜，完全贴合于体螺层，无齿样构造，具角结节。壳口缘增厚，扩张，反折且具明显的卷边。腔壁胼胝部不明显。壳口反折于轴唇缘。脐孔狭窄。贝壳绿褐色。贝壳上部着色如其余部分。

标本测量 Ewh：1.750 whorls，Wh：8.500 whorls，H：14.3—14.7 mm，W：4.8 mm，Ah：4.2—4.5 mm，Aw：3.3—3.9 mm，Rhw：2.99—3.08，Rhah：3.18—3.47 (SMF40402)。

地理分布 江苏。

模式标本产地 南京。

(151) 细锥奇异螺 *Mirus gracilispirus* (Möllendorff, 1901)

Buliminus (Mirus) gracilispirus Möllendorff, 1901: 317, pl. 12, figs. 1, 2.
Buliminus (Ena) gracilispirus: Kobelt, 1902: 818, pl. 119, figs. 1, 2.
Ena (Mirus) gracilispinus: Yen, 1938: 442 (with the second "n" wrongly printed).

检视标本 无。

形态特征 贝壳近圆柱-纺锤形，具明显条纹，具螺旋向细沟，角褐色。螺旋部近圆柱形，向上纤细，壳顶钝。螺层扁平。缝合线深凹。体螺层基部细，略向壳口上抬。壳口几乎不倾斜，长卵圆形。壳口缘反折。胼胝部薄，相连。角结节微小但清晰。脐孔开放而深。

原始描述中的测量 Wh: 9.5 whorls, H: 20.75 mm, W: 6 mm, Ah: 6.5 mm, Aw: 4.25 mm, Rhw: 3.46, Rhah: 3.19。

地理分布 四川 (仅见于模式产地)。

模式标本产地 荥经、汉源。

(152) 哈氏奇异螺 *Mirus hartmanni* (Ancey, 1888) (图 63; 图版 VI: 5)

Buliminus secalinus Heude, 1885: 115, pl. 30, fig. 10.
Buliminus hartmani Ancey, 1888: 348.
Buliminus (*Mirus*) *hartmani*: Möllendorff, 1901: 326, pl. 12, figs. 15, 16.
Buliminus (*Napaeus*) *secalinus* Kobelt, 1902: 555, pl. 87, figs. 8-10.
Buliminus (*Ena*) *hartmanni*: Kobelt, 1902: 829, pl. 119, figs. 15, 16.
Mirus hartmanni: Yen, 1939: 80, pl. 7, fig. 21.

检视标本 MHM04309: 测量: 6, 解剖: spec.1; 云南昆明, 2002. VIII. 2, 采集人: A. Wiktor & M. Wu。MHM01819: 贵州荔波, 2001. IV. 1, 采集人: 韦毅强。MHM01823: 广西隆林德峨, 2004. X. 11, 采集人: 韦毅强。MHM00597: 甘肃武都县北山, 2006. IX. 30, 采集人: 刘建民, 郑伟。SMF41912: 副模, 1 枚成熟空壳; 桂阳州, 湖南; Fuchs S., Slg. Mlldff。

形态特征 贝壳: 纺锭形, 壳顶不尖出, 左旋, 壳质薄, 贝壳脆弱, 半透明, 具光泽。螺层凸出, 无凹陷瘢痕, 不具肩, 螺旋向细沟密集而均匀分布。胚螺层平滑, 光亮。胚螺后螺层平滑。缝合线上无窄带。体螺层向壳口方向平直, 侧面边缘圆整, 周缘无螺旋向的光滑凹陷或皱褶区域。壳口平截卵圆形, 壳口与螺层接合处不联生, 倾斜, 完全贴合于体螺层, 无齿样构造, 无角结节。壳口缘锋利, 略扩张, 反折但不形成明显的卷边。腔壁胼胝部不明显。壳口反折于轴唇缘。脐孔狭窄。贝壳褐黄色。贝壳上部着色如其余部分。

生殖系统: 输精管长, 粗细一致, 与成荚器相连处界线明显。成荚器长, 圆柱形, 粗细均匀, 外部光滑, 形成数个圈环。成荚器盲囊端部钝, 位于成荚器中部。鞭状器管状, 近端直, 顶端钝。交接器棒状, 其近端膨大, 其端部与成荚器相连, 壁薄。纵向壁柱 2 条, 分布于交接器腔远端, 壁柱在成荚器开口处不愈合, 不形成"V"形结构。交接器突起阙如。交接器附器在距生殖腔一定长度处与交接器分叉, A-1 与 A-2 愈合, A-3 明显, 而其远端未知。A-1 短, 其内壁具纵向壁柱。A-2 内壁具纵向壁柱。交接器收缩肌 2 支, 分别着生于体壁上, 其交接器支的另一端着生于交接器远端, 而交接器附器支的另一端着生于愈合 A-1 和 A-2 上。连接雌道和成荚器的肌质带阙如。生殖腔短, 无生殖腔收缩肌。游离输卵管极长, 约 4 倍于雌道长。雌道短, 不膨大, 直, 未衬有疏松的海绵样组织, 无色素沉着。纳精囊管长, 其近端直。

标本测量 Ewh: 1.875—1.979—2.000 whorls, Wh: 7.000—8.229—9.000 whorls, H:

10.0—11.8—13.1 mm, W: 3.7—4.2—4.7 mm, Ah: 3.5—3.8—4.1 mm, Aw: 2.4—2.7—2.9 mm, Rhw: 2.34—2.80—3.06, Rhah: 2.79—3.14—3.37 (MHM04309)。

地理分布 甘肃、湖南、贵州。

模式标本产地 桂阳。

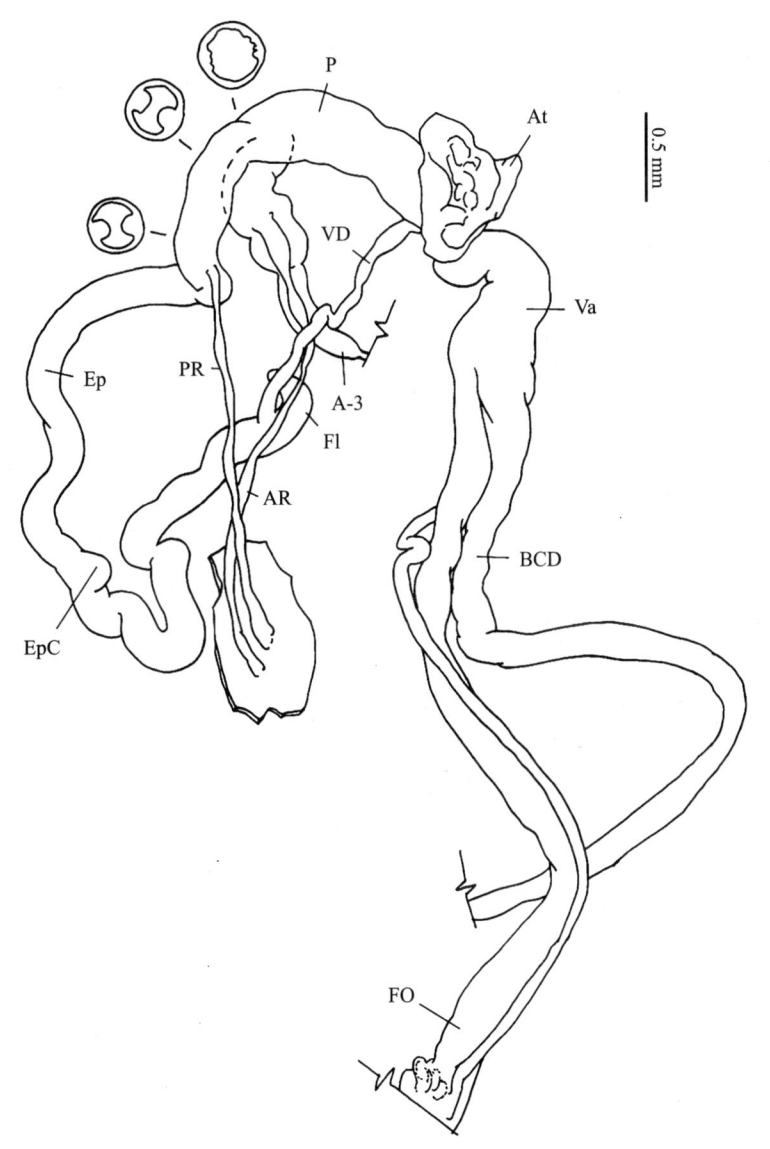

图 63 哈氏奇异螺 *Mirus hartmanni* (Ancey)，MHM04309-spec.1，生殖系统全面观
Fig. 63 *Mirus hartmanni* (Ancey), MHM04309-spec.1, General view of genitalia

(153) 间盖奇异螺 *Mirus interstratus* (Sturany, 1900)

Buliminus interstratus Sturany, 1900: 34, pl. 3, fig. 20.

Buliminus (*Mirus*) *interstratus*: Möllendorff, 1901: 316.
Buliminus (*Ena*) *interstratus*: Kobelt, 1902: 817, pl. 108, fig. 9.

检视标本 无。

形态特征 贝壳：顶部不尖出，右旋，最膨大部分出现在体螺层。螺层凸出。缝合线下无窄带区。体螺层周缘圆整。壳口无齿。壳口缘扩大，反折且形成明显的卷边，在轴唇缘亦反折。卷边平直不向背壳口方翻折。腔壁胼胝部明显。轴柱倾斜。轴唇缘倾斜。贝壳单色。

原始描述中的测量 Wh：7.5 whorls，H：19.1 mm，W：6.8 mm，Ah：7 mm，Aw：4.8 mm，Rhw：2.81，Rhah：2.73。

地理分布 甘肃 (仅见于模式产地)。

模式标本产地 白水江石鸡坝。

(154) 克氏奇异螺 *Mirus krejcii* (Haas, 1933) (图版 VI：6)

Ena (*Mirus*) *krejcii* Haas, 1933: 319, Abb. 7, 7a, 5 Stueck.
Mirus krejcii: Yen, 1939: 79, taf. 7, fig. 9.

检视标本 SMF6465：正模，成熟空壳；在康定和瓦斯沟之间，四川，Krejci-Graf S., 1932。SMF6466：副模，2 枚成熟空壳和 1 个幼螺；标本信息同正模。

形态特征 贝壳：卵圆形，壳顶不尖出，右旋，壳质薄，坚固，半透明，有光泽。螺层凸出，无凹陷瘢痕，不具肩，无螺旋向细沟。胚螺层平滑，光亮。胚螺后螺层平滑。缝合线上无窄带。体螺层朝壳口方向逐渐上升，侧面边缘圆整，周缘无螺旋向的光滑凹陷或皱褶区域。壳口圆角四边形，壳口与螺层接合处不联生，倾斜，完全贴合于体螺层，无齿样构造，具角结节。壳口缘锋利，扩张，狭窄地反折但具明显的卷边。腔壁胼胝部厚。壳口反折于轴唇缘。脐孔很狭窄。贝壳绿角色。贝壳上部着色如其余部分。

标本测量 Ewh：1.375—<u>1.458</u>—1.500 whorls，Wh：7.375—<u>7.542</u>—7.878 whorls，H：6.9—<u>7.6</u>—8.3 mm，W：3.1—<u>3.3</u>—3.5 mm，Ah：2.1—<u>2.3</u>—2.5 mm，Aw：1.9—<u>2.0</u>—2.1 mm，Rhw：2.24—<u>2.30</u>—2.37，Rhah：3.21—<u>3.28</u>—3.36 (SMF6465，SMF6466)。

地理分布 四川 (仅见于模式产地)。

模式标本产地 康定与瓦斯沟之间。

(155) 梅奇异螺 *Mirus meronianus* (Heude, 1890)

Buliminus meronianus Heude, 1890: 149, pl. 38, fig. 24.
Buliminus (*Mirus*) *meronianus*: Möllendorff, 1901: 317.
Buliminus (*Ena*) *meronianus*: Kobelt, 1902: 819, pl. 126, figs. 1, 2.

检视标本 无。

形态特征 贝壳：右旋，壳顶不尖出，最膨大处出现在次体螺层前的螺层。螺层扁平，无肩。缝合线无下临狭窄区域。体螺层向壳口方向平直。壳口无齿。壳口缘扩大。轴唇缘反折。轴柱垂直。轴唇外缘倾斜。贝壳单色。

原始描述中的测量 Wh：10 whorls，H：25 mm，W：5 mm，Rhw：5.00。

地理分布 陕西。

模式标本产地 陕西（具体地点不详）。

分类讨论 本种曾被 Gredler (1891, p77) 作为 *Buliminus laurentianus* Gredler 的同名（后者本志中为 *Funiculus* Heude 的一种），但后者具有明显的倾斜轴柱，更细长的贝壳，故本种与 *Buliminus laurentianus* Gredler 为两个完全不同的物种。实际上，*Mirus praelongus* (Ancey, 1882) 具有与本种相近的贝壳特征，但因前者明显高而纤细、轴柱垂直等而与本种差异明显。

(156) 湘微奇异螺 *Mirus minutus hunanensis* (Möllendorff, 1884) (图版 VI：7)

Buliminus hunanensis Heude, 1885: 115, pl. 30, fig. 9.
Buliminus (Mirus) minutus hunanensis: Möllendorff, 1901: 319, pl. 12, figs. 3, 4.
Buliminus (Ena) hunanensis: Kobelt, 1902: 821, pl. 119, figs. 3, 4.
Mirus minutus hunanensis: Yen, 1939: 79, pl. 7, fig. 9; Yen, 1942: 253.

检视标本 BMNH 90.12.27.31—32：1 枚成熟空壳；湖南；SMF40398：副模，2 枚成熟空壳；湖南；Ex. Mlldff, Slg. Kobelt。SMF40396：副模，5 枚成熟空壳；湖南，Slg. Mlldff。SMF40397：副模，3 枚成熟空壳；湖南，Slg. Mlldff。SMF40395：选模，1 枚成熟空壳；Orig. expl. 1890, Slg. O. Böttger, Mlldff 鉴定。MHM01546：重庆武隆县，2003. VIII. 11，采集人：吴岷。MHM01243：重庆城口县，2003. VIII. 17，采集人：吴岷。

形态特征 贝壳：纺锭形或长卵圆形，壳顶不尖出，右旋，壳质薄，贝壳脆弱，不透明或半透明，有光泽。螺层凸出，无凹陷瘢痕，不具肩，较明显地密布螺旋向细沟。胚螺层平滑，光亮。胚螺后螺层平滑。缝合线上无窄带。体螺层向壳口方向平直，侧面边缘圆整，周缘无螺旋向的光滑凹陷或皱褶区域。壳口圆角三角形，壳口与螺层接合处不联生，倾斜，完全贴合于体螺层，无齿样构造，具角结节。壳口缘增厚，扩张，反折但不形成明显的卷边。腔壁胼胝部不明显。壳口反折于轴唇缘。轴柱垂直。脐孔狭窄。贝壳单一的黄褐色。

标本测量 Ewh：1.375—<u>1.818</u>—2.000 whorls，Wh：7.250—<u>7.580</u>—7.875 whorls，H：10.7—<u>11.6</u>—12.2 mm，W：4.2—<u>4.6</u>—5.0 mm，Ah：3.3—<u>3.7</u>—4.0 mm，Aw：2.5—<u>3.0</u>—3.2 mm，Rhw：2.36—<u>2.53</u>—2.71，Rhah：2.89—<u>3.16</u>—3.54 (SMF40395，SMF40396，SMF40397，SMF40398)。

地理分布 湖南、重庆。

模式标本产地 永州。

(157) 微奇异螺指名亚种 *Mirus minutus minutus* (Heude, 1882) (图版 VI：8)

Buliminus minutus Heude, 1882: 49, pl. 17, fig. 15.

Buliminus pumilio Ancey, 1882: 17.
Buliminus (*Napaeus*) *minutus*: Möllendorff, 1884: 167.
Buliminus (*Mirus*) *minutus*: Möllendorff, 1901: 318.
Buliminus (*Ena*) *minutus*: Kobelt, 1902: 820, pl. 125, figs. 7, 8.
Mirus minutus minutus: Yen, 1939: 78, pl. 7, fig. 8; Yen, 1942: 253.

检视标本 MHM01725：标本信息不详；中国。MHM04177：陕西镇坪县城关镇，2004. 7. 24，采集人：吴岷，吴琴，齐钢。MHM04292：广西桂林，2005. X. 30，采集人：韦毅强。MHM04297：湖北五峰，2003. IV. 29，采集人：朱彤。SMF40393：副模，1枚成熟空壳；长江流域，Heude G.，Slg. Mlldff。SMF203107：3枚成熟空壳；长阳，Slg. S. H. Jaeckel。SMF40399：2枚成熟空壳；长阳，湖北，Slg. P. Ehrmann。

形态特征 贝壳：卵圆形，壳顶尖出，右旋，壳质薄，坚固，半透明，有光泽。螺层凸出，无凹陷瘢痕，不具肩，螺旋向细沟微弱。胚螺层平滑，光亮。胚螺后螺层平滑。缝合线上无窄带。体螺层向壳口方向逐渐上抬，侧面边缘圆整，周缘无螺旋向的光滑凹陷或皱褶区域。壳口卵圆形，壳口与螺层接合处不联生，倾斜，完全贴合于体螺层，无齿样构造，角结节有但不明显。壳口缘增厚，扩张，反折但不形成明显的卷边。腔壁胼胝部不明显。壳口反折于轴唇缘。轴柱垂直。脐孔狭窄。贝壳前黄褐色。贝壳上部着色如其余部分。

标本测量 Ewh：1.875 whorls，Wh：6.625 whorls，H：10.2 mm，W：4.7 mm，Ah：3.9 mm，Aw：3.2 mm，Rhw：2.19，Rhah：2.63 (SMF40393)。

地理分布 陕西、江苏、上海、湖北、广西，长江流域。

模式标本产地 上海，太湖。

(158) 近微奇异螺 *Mirus minutus subminutus* (Heude, 1882) (图版 VI：8)

Buliminus subminutus Heude, 1882: 49, pl. 17, fig. 17.
Buliminus (*Napaeus*) *subminutus*: Möllendorff, 1884: 166.
Buliminus (*Mirus*) *minutus subminutus*: Möllendorff, 1901: 319.
Buliminus (*Ena*) *subminutus*: Kobelt, 1902: 821, pl. 125, figs. 9, 10.

检视标本 BMNH 91.4.24.61—66：6枚成熟空壳；长阳 (Changya 系抄写错误)，湖北。SMF50029：2枚成熟空壳；湖南，Fuchs S.，Gredler G.，Slg. Naegele。

形态特征 贝壳：卵圆锥形，壳顶不尖出，右旋，壳质薄，坚固，半透明，有光泽。螺层凸出，无凹陷瘢痕，不具肩，通体或在脐孔区域具螺旋向细沟 (两种情况均见于 SMF50029)，或不具细沟 (BMNH 标本)。胚螺层平滑，光亮。胚螺后螺层平滑。缝合线上无窄带。体螺层向壳口方向平直，侧面边缘圆整，周缘无螺旋向的光滑凹陷或皱褶区域。壳口平截卵圆形，壳口与螺层接合处不联生，倾斜，无齿样构造，具不明显的角结节 (SMF50029)，或无角结节 (BMNH 标本)。壳口缘锋利，扩张，反折且具明显的卷边，卷边窄。腔壁胼胝部明显。壳口反折于轴唇缘。脐孔狭缝状。贝壳角褐色。贝壳上部着色如其余部分。

标本测量 Wh：6.375—<u>6.542</u>—6.625 whorls，H：9.9—<u>10.0</u>—10.0 mm，W：4.1—<u>4.3</u>—4.5 mm，Ah：3.6—<u>3.8</u>—3.9 mm，Aw：2.9—<u>3.0</u>—3.2 mm，Rhw：2.20—<u>2.31</u>—2.43 mm，Rhah：2.57—<u>2.66</u>—2.79 (BMNH 91.4.24.61—66)。

地理分布 安徽、湖北、湖南。

模式标本产地 宁国附近。

(159) 穆坪奇异螺 *Mirus mupingianus* (Deshayes, 1870) (图版 VI：10)

Buliminus moupinianus Deshayes, 1870; Ancey, 1882: 9.

Buliminus (*Mirus*) *setschuenensis*: Möllendorff, 1901: 322.

Buliminus (*Mirus*) *mupingianus*: Möllendorff, 1901: 322.

Buliminus (*Napaeus*) *setschuenensis*: Hilber, 1883: 1361-1362, pl. 5, figs. 3a-3c; Kobelt, 1902: 559, pl. 87, figs. 23, 24.

Buliminus setchuanensis: Heude, 1885: 116, pl. 30, fig. 12.

Buliminus (*Mirus*) *schuensis*: Möllendorff, 1901: 321.

Buliminus (*Ena*) *schuensis*: Kobelt, 1902: 824, pl. 126, figs. 5, 6.

Ena (*Subzebrinus*) *baudoni*: Pilsbry, 1934: 21, pl. 5, figs, 2, 2a.

Ena (*Mirus*) *setchuanensis*: Yen, 1938: 441.

Ena (*Mirus*) *setchuensis*: Yen, 1938: 442.

Ena (*Mirus*) *moupiniensis*: Yen, 1938: 442.

检视标本 BMNH 1903.11.28.6—7：2 枚成熟空壳；标签 "*Buliminus baudoni* Desh."，湖北 (Hupe)。SMF41935：1 枚成熟空壳；巴东，湖北，Mlldff G.，Slg. Kobelt。SMF41936：2 枚成熟空壳；巴东，湖北，Mlldff G.，Slg. Kobelt。SMF50032：2 枚成熟空壳；小孤山 (Secusan)，湖北 (现属安徽)，Ex. Gredler，Slg. G. Naegele。SMF41933：6 枚成熟空壳；巴东，湖北，Slg. Mlldff。SMF41932：2 枚成熟空壳；湖北，Ex. Mlldff，Slg. Hashagen？SMF104587：4 枚成熟空壳；巴东，湖北，采集人：R. Böttger, 1904。SMF104588：6 枚成熟空壳；巴东，湖北，采集人：C. R. Böttger, 1904。SMF41937：5 枚成熟空壳；巴东，湖北，Slg. Mlldff。SMF41938：5 枚成熟空壳；湖北，Gredler G.，Slg. Mlldff。SMF41934：1 枚成熟空壳；巴东，湖北，Slg. Kobelt。MHM01186：较模式标本小约 $1/3$；四川青川县，2003. VII. 13，采集人：吴岷。MHM01373：四川汶川县，2003. VII. 20，采集人：吴岷。MHM01374：四川青川县，2003. VII. 12，采集人：吴岷。MHM01593：1 个幼体；四川峨眉，2003. VII. 24，采集人：吴岷。

形态特征 贝壳：长圆锥形，壳顶不尖出，右旋，壳质薄，坚固，不透明，具光泽。螺层凸出，在体螺层具凹陷瘢痕，不具肩，无螺旋向细沟。胚螺层平滑，光亮。胚螺后螺层平滑。缝合线上无窄带。体螺层向壳口方向平直，侧面边缘圆整，周缘无螺旋向的光滑凹陷或皱褶区域。壳口平截卵圆形，壳口与螺层接合处不联生，完全贴合于体螺层，无齿样构造，具角结节。壳口缘锋利，扩张，反折而具狭窄卷边。腔壁胼胝部不明显。壳口反折于轴唇缘。脐孔狭窄。贝壳浅褐色。在第 4 螺层以后具许多白色条纹。壳口白色。壳顶具不同的色调。贝壳螺旋向无色带。

标本测量 Ewh：1.500—<u>1.918</u>—2.250 whorls，Wh：7.375—<u>8.073</u>—8.875 whorls，H：11.3—<u>14.3</u>—17.9 mm，W：4.6—<u>5.3</u>—6.4 mm，Ah：3.7—<u>4.7</u>—5.6 mm，Aw：2.7—<u>3.4</u>—3.9 mm，Rhw：2.29—<u>2.71</u>—3.06，Rah：2.77—<u>3.08</u>—3.41 (SMF41932，SMF41933，SMF41934，SMF41937，SMF41938，SMF104587，SMF104588)。

地理分布　湖北、重庆、四川。

模式标本产地　宝兴、盐井。

(160) 伪奇异螺 *Mirus nothus* (Pilsbry, 1934) (图版 VI：11)

Ena (*Mirus*) *notha* Pilsbry, 1934: 22, pl. 5, figs. 4, 4a; Yen, 1938: 442.
Mirus nothus: Yen, 1942: 253.

检视标本　BMNH 99.1.13.36：1 枚成熟空壳；中国西部，阎敦建鉴定。

形态特征　贝壳：卵圆形，壳顶不尖出，右旋，壳质薄，坚固，不透明，有光泽。螺层凸出，略具凹陷瘢痕，不具肩，无螺旋向细沟。胚螺层平滑，光亮。胚螺后螺层平滑。缝合线上无窄带。体螺层向壳口方向平直，侧面边缘圆整，周缘无螺旋向的光滑凹陷或皱褶区域。壳口平截卵圆形，壳口与螺层接合处不联生，倾斜，无齿样构造，角结节阙如。壳口缘锋利，扩张，反折但不形成明显的卷边。腔壁胼胝部不明显。壳口反折于轴唇缘。脐孔狭缝状。贝壳浅褐色。在第 3 或第 4 螺层以后具白色条纹。螺层上部着色如贝壳其余部分。贝壳螺旋向无色带。

原始描述中的测量　Wh：7 whorls，H：9.7 mm，W：3.9 mm，Ah：3.5 mm，Rhw：2.49，Rah：2.77。

地理分布　四川 (仅见于模式产地)。

模式标本产地　抚边？(Sinkaitze)。

(161) 前顾奇异螺指名亚种 *Mirus praelongus praelongus* (Ancey, 1882) (图版 VI：12)

Buliminus praelongus Ancey, 1883: 9.
Buliminus laurentianus Gredler, 1884: 269, T. 19, F. 1. [Wrong synonym. See *Funiculus laurentianus* (Gredler, 1884)]
Buliminus (*Mirus*) *praelongus*: Möllendorff, 1901: 316.
Mirus praelongus: Yen, 1939: 78, pl. 7, fig. 6; Yen, 1942: 252.

检视标本　BMNH 91.3.17.83：1 枚成熟空壳；湖南 (Yen, 1942 中的 Hupei 系抄写错误)。SMF40391：4 枚成熟空壳；巴东，湖北，Slg. Mlldff。SMF40389：殷家坝，陕西，David S.，Slg. O. Böttger。

形态特征　贝壳：长卵圆形，壳顶不尖出，右旋，壳质厚，坚固，不透明，具光泽。螺层凸出，无凹陷瘢痕，不具肩，无螺旋向细沟。胚螺层平滑，光亮。胚螺后螺层平滑。缝合线上无窄带。体螺层向壳口方向平直，侧面边缘圆整，周缘无螺旋向的光滑凹陷或皱褶区域。壳口平截卵圆形，壳口与螺层接合处不联生，倾斜，完全贴合于体螺层，无齿样构造，具角结节。壳口缘锋利，扩张，反折少但具明显的卷边。腔壁胼胝部不明显。壳口反折于轴唇缘。轴柱垂直，或倾斜。脐孔狭窄，或呈狭缝状。贝壳灰绿色。螺层上部着色如贝壳其余部分。

标本测量 Ewh：1.875 whorls，Wh：9.250 whorls，H：17.1 mm，W：5.4 mm，Ah：5.1 mm，Aw：3.9 mm，Rhw：3.17，Rhah：3.38 (SMF40389)。

地理分布 陕西、湖北、湖南。

模式标本产地 殷家坝。

(162) 引前颀奇异螺 *Mirus praelongus productior* (Ancey, 1882)

Buliminus praelongus productior Ancey, 1883: 9.

检视标本 无。

形态特征 贝壳较大，呈圆柱形而长，螺旋部小而尖。脐孔狭窄。壳口前方向基部略呈方形。

原始描述中的测量 H：24.25 mm，W：5.5 mm，Rhw：4.41。

地理分布 陕西。

模式标本产地 殷家坝。

(163) 梨形奇异螺 *Mirus pyrinus* (Möllendorff, 1901) (图版 VI：13)

Buliminus (*Mirus*) *pyrinus* Möllendorff, 1901: 327, pl. 12, figs. 17, 18.
Buliminus (*Ena*) *pyrinus*: Kobelt, 1902: 830, pl. 119, figs. 17, 18.

检视标本 ZI RAS：模式标本？标签 "*Buliminmus pyrinus* Möllendorff, 1901"。

形态特征 贝壳：长卵圆形，壳顶不尖出，左旋，壳质薄，坚固，不透明，具光泽。螺层凸出，无凹陷瘢痕，不具肩。胚螺层平滑，无光泽。胚螺后螺层平滑。缝合线上无窄带。体螺层侧面边缘圆整，周缘无螺旋向的光滑凹陷或皱褶区域。壳口圆角菱形，壳口与螺层接合处不联生，无齿样构造，具角结节。壳口缘增厚，扩张，反折但不形成明显的卷边。腔壁胼胝部不明显。壳口反折于轴唇缘。贝壳黄褐色。贝壳上部着色如其余部分。

原始描述中的测量 Wh：7 whorls，H：9.5 mm，W：3.8 mm，Rhw：2.50。

地理分布 甘肃 (仅见于模式产地)。

模式标本产地 礼县。

(164) 囊形奇异螺 *Mirus saccatus* (Möllendorff, 1902) (图版 VI：14)

Buliminus sacatus, Mlldff, 1902: Ann. Mus. Zool. Petersb., 6, S. 330, T. 12 F. 19-20
Zebrina (*Subzebrinus*) *saccata*: Haas, 1933: 318, 320, 321.
Subzebrinus baudoni saccatus: Yen, 1939: 81, T 7, F. 27.

检视标本 SMF41941：选模；在 Fu-dshuang 和 San-dshou-ping 之间，中国，Ex.

Potanin 338, Slg. Mlldff。SMF41942：副模，2 枚成熟空壳；标本信息同选模。

形态特征 贝壳：高锥形或尖卵圆形，壳顶略尖出或不尖出，右旋，壳质薄，坚固，不透明，有光泽。生长线纤细而清晰。螺层凸出，具凹陷瘢痕，不具肩，具螺旋向细沟。胚螺层平滑，光亮。从约第 4 层至体螺层具似由生长线断裂而成的或短或长的小瘤。缝合线上无窄带。体螺层向壳口方向平直延伸或逐渐上抬 (仅见于选模)。侧面边缘圆整，周缘无螺旋向的光滑凹陷或皱褶区域。壳口面平，平截卵圆形，壳口与螺层接合处不联生，倾斜，完全贴合于体螺层，无齿样构造，具角结节。壳口缘锋利，扩张，反折但不形成明显的卷边。腔壁胼胝部不明显。壳口反折于轴唇缘。轴柱弓形。轴唇外缘倾斜。脐孔宽阔。贝壳黄褐色，从第 4 层至壳口具许多密集分布、伴随生长线的白色增厚质。壳口白色。贝壳螺旋向无色带。

标本测量 Ewh：1.875—$\underline{1.958}$—2.000 whorls, Wh：7.750—$\underline{7.958}$—8.125 whorls，H：13.3—$\underline{14.2}$—15.2 mm，W：5.2—$\underline{5.5}$—5.8 mm，Ah：4.7—$\underline{5.1}$—5.4 mm，Aw：3.6—$\underline{3.6}$—3.8 mm，Rhw：2.44—$\underline{2.58}$—2.74，Rhah：2.76—$\underline{2.81}$—2.84 (SMF41941，SMF41942)。

分类讨论 本种在贝壳特征上与 *Subzebrinus macroceramiformis* (Deshayes) 十分接近，尤其贝壳表面的雕饰情况极似。

地理分布 四川 (仅见于模式产地)。

模式标本产地 在 Fu-dshuang 和 San-dshou-ping 之间。

(165) 谢河奇异螺 *Mirus siehoensis* (Hilber, 1883) (图版 VI：15)

Buliminus (*Chondrula*) *siehoensis* Hilber, 1883: 1370-1371, pl. 6, fig. 1.

检视标本 BMNH Acc. No. 2176：1 枚成熟空壳；标签 "*Ena siehoensis* Hilber"，Sie-Ho (谢河？)，湖北，Trechmann。

形态特征 贝壳：长卵圆形，壳顶不尖出，左旋，壳质薄，坚固，半透明，具光泽。螺层凸出，无凹陷瘢痕，不具肩，无螺旋向细沟。胚螺层平滑，光亮。胚螺后螺层平滑。缝合线上无窄带。体螺层向壳口方向平直，侧面边缘圆整，周缘无螺旋向的光滑凹陷或皱褶区域。壳口卵圆形，壳口与螺层接合处不联生，略倾斜，无齿样构造，无角结节。壳口缘增厚，扩张，反折且具明显的卷边。腔壁胼胝部明显。壳口反折于轴唇缘。脐孔狭缝状。贝壳色泽均匀，壳口白色。贝壳上部着色如其余部分。

标本测量 Ewh：2.000 whorls, Wh：8.000 whorls, H：16.9 mm, W：6.7 mm, Ah：5.9 mm, Aw：4.5 mm, Rhw：2.52, Rhah：2.87 (BMNH Acc. No. 2176)。

地理分布 湖北 (仅见于模式产地)。

模式标本产地 湖北 (Sie-Ho-Thal)。

(166) 透奇异螺 *Mirus transiens* (Ancey, 1888) (图版 VI：16)

Buliminus transiens Ancey, 1888: 347.
Buliminus (*Mirus*) *transiens*: Möllendorff, 1901: 321, pl. 12, figs. 5, 6.
Mirus transiens: Yen, 1939: 79, pl. 7, fig. 11.

检视标本 SMF40401：副模，7 枚成熟空壳；巴东，湖北，Slg. Mlldff。SMF104025：4 枚成熟空壳；巴东，湖北，采集人：C. K. Böttger, 1904。SMF40400：选模，1 枚成熟空壳；巴东，湖北，Slg. Mlldff。

形态特征 贝壳：纺锤形或长卵圆形，壳顶不尖出，右旋，壳质薄，贝壳脆弱，半透明，有光泽。螺层凸出，无凹陷瘢痕，不具肩，密布明显的螺旋向细沟。胚螺层平滑，光亮。胚螺后螺层平滑。缝合线上无窄带。体螺层向壳口方向平直，侧面边缘圆整，周缘无螺旋向的光滑凹陷或皱褶区域。壳口平截卵圆形，壳口与螺层接合处不联生，倾斜，完全贴合于体螺层，无齿样构造，角结节阙如。壳口缘锋利，扩张，略反折但不形成明显的卷边。腔壁胼胝部明显或不明显。壳口反折于轴唇缘。脐孔狭窄。贝壳绿角色。螺层上部着色如贝壳其余部分。

标本测量 Ewh：1.750—<u>1.922</u>—2.125 whorls，Wh：6.375—<u>7.078</u>—7.375 whorls，H：10.2—<u>11.0</u>—11.9 mm，W：4.0—<u>4.4</u>—4.5 mm，Ah：3.3—<u>3.6</u>—3.9 mm，Aw：2.4—<u>2.8</u>—2.9 mm，Rhw：2.30—<u>2.52</u>—2.65，Rhah：2.70—<u>3.06</u>—3.44 (SMF40400，SMF40401)。

地理分布 湖北 (仅见于模式产地)。

模式标本产地 巴东。

(167) 革囊奇异螺 *Mirus utriculus* (Heude, 1882) (图版 VI：17)

Buliminus utriculus Heude, 1882: 51, pl. 17, fig. 13.
Buliminus (*Napaeus*) *utriculus*: Möllendorff, 1884: 165.
Buliminus (*Mirus*) *utriculus*: Möllendorff, 1901: 317.
Buliminus (*Ena*) *utriculus*: Kobelt, 1902: 819, pl. 125, figs. 3, 4.
Mirus ultriculus: Yen, 1939: 78, pl. 7, fig. 7 (*ultriculus* 系 *utriculus* 之误)。

检视标本 SMF40392：副模，2 枚成熟空壳；长江流域，Heude G.，Slg. Mlldff。

形态特征 贝壳：卵圆形，壳顶不尖出，右旋，壳质薄，坚固，不透明，有光泽。螺层凸出，无凹陷瘢痕，不具肩，螺旋向细沟微弱，但在脐孔区域明显。胚螺层平滑，光亮。胚螺后螺层平滑。缝合线上无窄带。体螺层向壳口方向平直延伸或略逐渐上抬，侧面边缘圆整，周缘无螺旋向的光滑凹陷或皱褶区域。壳口半圆形或圆角菱形，壳口与螺层接合处不联生，倾斜，完全贴合于体螺层，无齿样构造，具角结节。壳口缘锋利，扩张，反折且具明显的卷边。腔壁胼胝部不明显。壳口反折于轴唇缘。轴柱垂直。脐孔狭窄。贝壳浅角色。壳口白色。

标本测量 Ewh：1.750 whorls，Wh：7.000—7.250 whorls，H：13.0—13.8 mm，W：6.2—6.6 mm，Ah：5.0—5.1 mm，Aw：4.0—4.5 mm，Rhw：2.1，Rhah：2.54—2.74 (SMF40392)。

地理分布 安徽 (仅见于模式产地)。

模式标本产地 大屯。

10. 图灵螺属 *Turanena* Lindholm, 1922

Ena (*Turanena*) Lindholm, 1922: 275.
Pseudonapaeus Kobelt et Möllendorff in Kobelt, 1902: 1021.
Turanena Schileyko, 1984: 274; Yen, 1942: 255 ("*Turanema*" is a mis-spelling).
Type species: *Buliminus herzi* O. Böttger, 1889; OD.

特征 贝壳纺锤形至高圆锥形，螺层凸出至很凸出。螺层数 4.625—6.500。胚螺层光滑；其余螺层具弱的不规则分布的放射向褶皱。壳口椭圆形，无齿，具反折的边缘；壳口插入点或多或少靠近。壳高 6.0—9.5 mm，壳径 3.2—6.4 mm。

鞭状器很发达，锥形或抹刀状。成荚器具盲囊。交接器内具 1—2 个壁柱样突起，有时特化。交接器雄突阙如。纳精囊柄的分支盲管发育程度一般。

分布 中国；小亚细亚，外高加索，中亚。

种数 中国 4 种，国外 15 种。

种 检 索 表

1. 轴柱垂直 ··· 2
   轴柱倾斜 ··· 克氏图灵螺 *T. kreitneri*
   轴柱弓形 ··· 倍唇图灵螺 *T. diplochila*
2(1). 生长线通常不清晰，体螺层朝壳口方向逐渐上升，壳口面平，壳口具角结节 ·· 稚锥图灵螺 *T. microconus*
   生长线纤细而清晰，体螺层向壳口方向平直，壳口面波状，壳口无角结节 ··· 伊犁图灵螺 *T. kuldshana*

(168) 倍唇图灵螺 *Turanena diplochila* (Möllendorff, 1901)

Buliminus (*Serina*) *diplochilus* Möllendorff, 1901: 357, pl. 16, figs. 3, 4; Kobelt, 1902: 860, pl. 123, figs. 3, 4.
Serina diplochia: Chen, Zhou, Luo & Zhang, 2003: 442 (mis-spelling of *diplochila*).

检视标本 无。

形态特征 贝壳圆锥塔形，坚固，具纤细条纹，略有光泽，黄角色。螺旋部锥形，壳顶钝。螺层一般凸出。体螺层向壳口略上抬。壳口平截卵圆形，几不倾斜，壳口缘双层，其外层宽阔地扩张，反折而具平直的卷边。其内层略延长，连续，具隙缝。脐孔小而明显。

原始描述中的测量 Wh: 6.5 whorls, H: 6 mm, W: 3.2 mm, Rhw: 1.88。

地理分布 甘肃 (仅见于模式产地)。

模式标本产地 武都。

(169) 克氏图灵螺 *Turanena kreitneri* (Hilber, 1883) (图版 Ⅵ: 18)

Buliminus kreitneri Hilber, 1883: 1371-1372, pl. 6, fig. 3.
Buliminus (*Severtzowia*) *kreitneri*: Sturany, 1900: 35; Kobelt, 1902: 557, pl. 87, figs. 18-20.
Buliminus (*Serina*) *kreitneri*: Möllendorff, 1901: 357.
Ena (*Serina*) *kreitneri*: Yen, 1938: 442.
Turanena kreitneri: Yen, 1939: 86, pl. 8, fig. 14.

检视标本 BMNH 99.1.13.49—54: 6 枚成熟空壳; 标签 "*Buliminus kreitneri* Hilber", 四川。BMNH Acc. No: 2258: 2 枚幼螺空壳和 1 枚成熟空壳, 四川广元, H. E. J. Biggs colln。SMF42034: 副模, 1 枚成熟空壳; 四川, 广元, Slg. Mlldff, Brancik ex Hilber。SMF203181: 1 枚成熟空壳; Wechuan, Slg. S. H. Jaeckel。

形态特征 贝壳: 圆锥形, 壳顶不尖出, 右旋, 壳质薄, 坚固, 不透明, 有光泽。生长线纤细而清晰。螺层凸出, 无凹陷瘢痕, 不具肩, 无螺旋向细沟。胚螺层平滑, 光亮。胚螺后螺层具弱的肋。缝合线上无窄带。体螺层朝壳口方向逐渐上升, 侧面边缘圆整, 周缘无螺旋向的光滑凹陷或皱褶区域。壳口面平, 近圆形, 壳口与螺层接合处不联生, 垂直, 完全贴合于体螺层, 无齿样构造, 具角结节。壳口缘增厚, 扩张, 反折但不形成明显的卷边。腔壁胼胝部不明显。轴唇缘略反折。轴柱斜。轴唇外缘倾斜。脐孔宽阔。贝壳褐色, 具众多白色条纹。壳口白色。壳顶具不同的色调。贝壳螺旋向无色带。

标本测量 Ewh: 1.500—1.732—2.250 whorls, Wh: 4.625—5.000—5.625 whorls, H: 6.4—6.8—7.3 mm, W: 5.0—5.6—6.3 mm, Ah: 3.2—3.5—4.0 mm, Aw: 3.2—3.6—4.0 mm, Rhw: 1.02—1.22—1.38, Rhah: 1.63—1.93—2.15 (BMNH 99.1.13.49-54, SMF42034)。

地理分布 四川。

模式标本产地 广元。

(170) 伊犁图灵螺 *Turanena kuldshana* (Martens, 1882) (图版 Ⅵ: 19)

Buliminus sogdianus kuldshanus Martens, 1882: 22, t. 3, fig. 5.
Buliminus (*Pseudonapaeus*) *kuldshanus*: Kobelt, 1902: 513, pl. 82, fig. 17, 18.
Turanena kuldshana: Yen, 1939: 86, pl. 8, fig. 15.

检视标本 SMF42828: 1 枚成熟空壳; 8800 英尺, Forab, Turkestan, Ex. O. v. Rosen G. 1898, Slg. O. Böttger。SMF50034: 1 枚成熟和 1 个幼体空壳, Turkestan, Chonal Sultan Turkestan, Ex O. v. Rosen, Slg. G. Naegele。

形态特征 贝壳: 卵圆锥形, 壳顶不尖出, 右旋, 壳质薄, 坚固, 不透明或半透明, 有光泽。生长线纤细而清晰。螺层凸出, 无凹陷瘢痕, 不具肩, 无 (SMF 标本) 或具微弱的螺旋向细沟。胚螺层平滑, 光亮。胚螺后螺层平滑。缝合线上无窄带。大多数情况体螺层朝壳口方向平直, 少数逐渐上抬, 侧面边缘圆整, 周缘无螺旋向的光滑凹陷或皱褶区域。壳口面波状, 近圆形, 壳口与螺层接合处不联生, 倾斜, 完全贴合于体螺层,无齿样构造，角结节阙如。壳口缘增厚，扩张极弱，反折但不形成明显的卷边。腔壁胼胝部不明显。壳口反折于轴唇缘。轴柱垂直。轴唇外缘倾斜。脐孔狭窄。贝壳褐黄色，近壳口处白色。壳口白色。贝壳上部着色如其余部分。

标本测量 Ewh：1.375—1.500 whorls，Wh：5.250—5.500 whorls，H：8.9—9.5 mm，W：6.0 mm，Ah：4.3 mm，Aw：3.6—3.7 mm，Rhw：1.48—1.59，Rah：2.05—2.22 (SMF42828，SMF50034)。

地理分布 新疆。

模式标本产地 伊犁。

(171) 稚锥图灵螺 *Turanena microconus* (Möllendorff, 1901) (图版 VI：20)

Buliminus (*Serina*) *microconus* Möllendorff, 1901: 357, pl. 16, figs. 1, 2; Kobelt, 1902: 860, pl. 123, figs. 1, 2.
Turanena macroconus: Yen, 1939: 86, pl. 8, fig. 13.
Serina microconus: Chen, Zhou, Luo & Zhang, 2003: 442.

检视标本 SMF42033：选模； 李家堡和舟曲之间，Potanin 762, 780，Slg. Mlldff。

形态特征 贝壳：圆锥形，壳顶不尖出，右旋，壳质薄，坚固，不透明，有光泽。生长线通常不十分清晰。螺层凸出，无凹陷瘢痕，不具肩，无螺旋向细沟。胚螺层平滑，光亮。胚螺后螺层平滑。缝合线上无窄带。体螺层朝壳口方向逐渐上升，侧面边缘圆整，周缘无螺旋向的光滑凹陷或皱褶区域。壳口面平，近圆形，壳口与螺层接合处不联生，倾斜，完全贴合于体螺层，无齿样构造，具角结节。壳口缘锋利，扩张，反折，有 (仅见于选模) 或无明显的卷边，卷边若有则平直 (选模)。腔壁胼胝部明显。壳口反折于轴唇缘。轴柱垂直。轴唇外缘向轴倾斜。脐孔宽阔。贝壳栗色，壳顶以后具很纤细的白色体条纹 (MHM 标本) 或具轴向白色增厚质 (选模)。壳口与贝壳同色 (MHM 标本) 或带褐色的白色 (选模)。螺层上部着色如贝壳其余部分。贝壳螺旋向无色带。

标本测量 Ewh：1.375 whorls，Wh：5.875 whorls，H：6.1 mm，W：3.2 mm，Ah：2.7 mm，Aw：2.2 mm，Rhw：1.94，Rah：2.28 (SMF42033)。

地理分布 甘肃 (仅见于模式产地)。

模式标本产地 李家堡和舟曲之间。

11. 狭纳螺属 *Dolichena* Pilsbry, 1934

Ena (*Dolichena*) Pilsbry, 1934: 24.
Type species: *Ena miranda* Pilsbry, 1934. OD.

特征 贝壳很纤细，烟管螺形，螺层数多，具长的腭褶，但无轴板；角突发达。螺层数 16-17，壳高 22.4 mm，壳径 3.5 mm。

分布 中国。

种数 1种。

(172) 优狭纳螺 *Dolichena miranda* Pilsbry, 1934

Ena (*Dolichena*) *miranda* Pilsbry, 1934: 24, pl. 5, figs. 7, 7a, 7b, 8.

研究材料 无。
形态特征 贝壳很细长，下半部圆柱形，上半部逐渐变细，壳顶钝。贝壳有光泽，褐色。壳顶浅黄色。螺层一般凸出。体螺层中部凹陷，在脐孔附近膨大。前2个螺层光滑，之后的螺层具有细生长纹，到体螺层生长纹变得很粗糙，在中部凹陷处及其上具不规则间隔的小肋。壳口十分倾斜，不规则的椭圆形。壳口缘灰褐色，薄，不扩大，略反折而厚唇。腔壁胼胝部厚，具发育良好的角结节。腭壁中部具1齿向体螺层内延伸至发壳口面，其末端在壳口观中可见。脐孔狭窄。
原始描述中的测量 Wh: 16—17 whorls, H: 22.4 mm, W: 3.5 mm, Rhw: 6.22—6.40。
地理分布 四川 (仅见于模式产地)。
模式标本产地 在汶川和茂县之间。

12. 厄纳螺属 *Heudiella* Annandale, 1924

Heudiella Annandale, 1924: 37; Yen, 1939: 90.
Type species: *Heudiella oliveriana* Annandale, 1924; OD.

特征 贝壳左旋，细长，塔形，薄，具11—13个螺层，圆柱形或逐渐变细，顶端钝，在下部螺层具强的放射向条纹。胚螺层光滑。壳口小，无齿，垂直，边缘薄，不反折。腔壁胼胝部不发达，简单。脐孔封闭或狭缝状，半遮掩。
分布 中国，越南。
种数 2种。

种 检 索 表

塔形，最膨大的部分出现于体螺层 ··· 奥氏厄纳螺 *H. olivieri*
长卵圆形，最膨大的部分出现在最后2—3层 ·································· 克氏厄纳螺 *H. krejcii*

(173) 克氏厄纳螺 *Heudiella krejcii* (Haas, 1933) (图版 VI: 21)

Ena (*Heudiella*?) *phaedusoides krejcii* Haas, 1933: 320, Abb. 11, 4 Stueck.
Ena (*Heudiella*) *phaedusoides krejcii*: Yen, 1938: 442.k.

检视标本 无。用于比较的标本 *Heudiella phaedusoides phaedusoides*：SMF186097, SMF6461 (Tonkin: Mong-bo)。
形态特征 贝壳：长卵圆形，壳顶不尖出，左旋，壳质厚，坚固，不透明，略黯淡。

螺层凸出，略具凹陷瘢痕，不具肩，无螺旋向细沟。胚螺层平滑，光亮。胚螺后螺层平滑。缝合线上无窄带。体螺层在壳口后立即上抬，侧面边缘圆整，周缘无螺旋向的光滑凹陷或皱褶区域。壳口平截卵圆形，壳口与螺层接合处不联生，极倾斜，完全贴合于体螺层，无齿样构造，具角结节。壳口缘锋利，扩张，反折且具明显的卷边。腔壁胼胝部不明显。壳口反折于轴唇缘。脐孔狭窄。贝壳麦秆黄色。前 6 个螺层同色，从第 7 螺层起着色变深且一些生长线伴有白色增厚壳质。壳口白色。贝壳螺旋向无色带。

原始描述中的测量　Wh：11—12 whorls。

地理分布　四川 (仅见于模式产地)。

模式标本产地　四川（大渡河北岸）。

分类讨论　本类群与分布在越南北部的 *Heudiella phaedusoides* (Thiele) (SMF 186097/2, Tonkin：Mong-bo；具 9 个螺层) 相比具有更多的螺层。并且，后者第 3 个螺层以后，螺层上具有特征性的密集而规则的螺旋向细沟。因此将本类群考虑为独立于 *Heudiella phaedusoides* 的一个种。

(174) 奥氏厄纳螺 *Heudiella olivieri* Annandale, 1924

Heudiella olivieri Annandale, 1924: 38, text-fig. 6.
Ena (*Heudiella*) *olivieri*: Haas, 1933: 318.
Ena (*Heudiella*) *olvieriana* Yen, 1938: 442.

检视标本　无。

形态特征　贝壳：左旋，纤细，塔形，壳质薄。胚螺层光滑，随后在较下的螺层具粗壮的放射向条纹。壳口小，无齿，垂直，壳口缘锋利，不反折。脐孔封闭或狭缝状。上部螺层较下部螺层凸出。体螺层不向壳口方向向下倾斜，周缘圆整或略呈角度。

原始描述中的测量　Wh：12—13 whorls，壳高：30 mm，壳径 8 mm (Schileyko, 1998)。

地理分布　浙江、四川 (涪陵)。

模式标本产地　浙江。

13. 小索螺属 *Funiculus* Heude, 1888

Funiculus Heude, 1888; 1890: 147.
Type species: *Buliminus delavayanus* Heude, 1885.

特征　贝壳近圆柱形，壳顶不尖出，左旋或右旋。螺层数众多。胚螺层平滑，光亮。胚螺后螺层平滑。壳口无齿样构造，几乎不倾斜。螺层数 11—15，壳高 15—30 mm，壳径 3—6 mm。

分布　中国。

种数　6 种。

分类讨论　*Funiculus rudens* Heude, 1890 (Heude, 1890: 148, pl. 35, fig. 16.) 为巴蜗

牛 *Pseudobuliminus doliolum* (Gredler) 的异名 (Gredler, 1890b, p. 77)。

种 检 索 表

1.	右旋	2
	左旋	4
2(1).	壳顶不尖出	5
	壳顶尖出，轴柱垂直，轴唇外缘倾斜	3
3(2).	贝壳高度大于 25 mm	德氏小索螺 *F. delavayanus*
	贝壳高度小于 25 mm	羸小索螺 *F. debilis*
4(1).	轴唇外缘倾斜，壳高大于 25 mm	优小索螺 *F. probatus*
	轴唇外缘弓形，壳高小于 25 mm	左弓小索螺 *F. asbestinus*
5(1).	轴柱弓形，轴唇外缘弓形	皮小索螺 *F. coriaceus*
	轴柱直或倾斜，轴唇外缘倾斜	劳氏小索螺 *F. laurentianus*

(175) 左弓小索螺 *Funiculus asbestinus* Heude, 1890

Funiculus asbestinus Heude, 1890: 147, pl. 35, fig. 14.

检视标本 无。

形态特征 贝壳左旋，螺层扁平；螺旋部顶端迅速变尖，圆柱形；螺层数 12。轴柱垂直，轴唇外缘弓形。腔壁胼胝部薄。脐孔狭窄。

原始描述中的测量 Wh：12，H：23 mm，W：5 mm，Rhw：4.60。

地理分布 云南 (仅见于模式产地)。

模式标本产地 大理。

(176) 皮小索螺 *Funiculus coriaceus* Heude, 1890 (图版 Ⅵ：22)

Funiculus coriaceus Heude, 1890: 148, pl. 35, fig. 19.
Clausiliopsis coriaceus Yen, 1942: 256.

检视标本 BMNH 1912.6.27.34—35：1 枚成熟空壳和 1 枚幼螺空壳，巴塘，中国西部，阎敦建鉴定。

形态特征 贝壳：近圆柱形，壳顶不尖出，右旋，壳质薄，坚固，半透明，具光泽。螺层凸出，无凹陷瘢痕，不具肩，无螺旋向细沟。胚螺层平滑，光亮。胚螺后螺层平滑。缝合线上无窄带。体螺层朝壳口方向逐渐上升，侧面边缘圆整，周缘无螺旋向的光滑凹陷或皱褶区域。壳口耳形，壳口与螺层接合处不联生，相当垂直，完全贴合于体螺层，无齿样构造，角结节不甚明显。壳口缘锋利，扩张，反折且具明显的卷边。腔壁胼胝部明显。壳口反折于轴唇缘。脐孔狭窄。贝壳褐绿色。壳口白色。贝壳上部着色如其余部分。

标本测量 Ewh：1.500 whorls, Wh：11.125 whorls, H：19.0 mm, W：5.9 mm, Ah：5.2 mm, Aw：4.0 mm, Rhw：3.22, Rah：3.63 (BMNH 1912.6.27.34—35)。

地理分布 四川、云南。

模式标本产地 大理、巴塘。

分类讨论 Yen (1942) 认为本种与羸小索螺 *Funiculus debilis* 很接近。

(177) 羸小索螺 *Funiculus debilis* Heude, 1890

Funiculus debilis Heude, 1890: 148, pl. 35, fig. 15.

检视标本 无。

形态特征 贝壳右旋，圆柱形，壳顶尖出，具 11 个螺层。壳口略反折。壳口缘锋利。轴柱垂直。轴唇外缘倾斜。脐孔狭窄。

原始描述中的测量 Wh：11，H：15 mm，W：3 mm，Rhw：5.00。

地理分布 云南 (仅见于模式产地)。

模式标本产地 大理。

(178) 德氏小索螺 *Funiculus delavayanus* (Heude, 1885)

Buliminus delavayanus Heude, 1885: 116, pl. 30, fig. 14.
Buliminus (*Napaeus*) *delavayanus*: Kobelt, 1902: 553, pl. 87, figs. 1-3.

检视标本 无。

形态特征 贝壳圆柱形，右旋，壳顶尖出。轴柱几乎垂直。轴唇外缘倾斜。壳口缘白色，锋利。壳口扩大，不反折。

原始描述中的测量 Wh：15，H：28 mm，W：6 mm，Rhw：4.67。

地理分布 重庆 (仅见于模式产地)。

模式标本产地 城口。

(179) 优小索螺 *Funiculus probatus* Heude, 1890

Funiculus probatus Heude, 1890: 147, pl. 35, fig. 20.

检视标本 无。

形态特征 贝壳圆柱形，左旋。壳口反折。壳口缘锋利。轴柱垂直。轴唇外缘倾斜。贝壳灰黄色。

原始描述中的测量 Wh：14，H：30 mm，W：6 mm，Rhw：5.00。

地理分布 云南 (仅见于模式产地)。

模式标本产地 大理。

(180) 劳氏小索螺 *Funiculus laurentianus* (Gredler, 1884)

Buliminus laurentianus Gredler, 1884: 269-270, T. 19, F. 1.

检视标本 无。

形态特征 贝壳圆柱形，右旋。螺旋部顶端变细。条纹，具光泽，绿角色，透明。螺旋增长缓慢。次体螺层末端略细。壳口卵圆形，很少倾斜。壳口缘白色，增厚，略反折。胼胝部中等发达。轴柱倾斜。轴唇外缘倾斜。

原始描述中的测量 Wh：10.5，H：25 mm，W (次体螺层)：5 mm。

地理分布 湖北 (仅见于模式产地)。

模式标本产地 巴东。

二、霜纳螺科 Pachnodidae Steenberg, 1925

Cerastinae Wenz, 1923: 1072.
Pachnodinae Steenberg, 1925: 202.
Cerastuidae Wenz, 1930: 3034; Nordsieck, 1986: 97.
Cerastidae Mordan, 1992.

特征 贝壳多数卵圆形至圆锥形，白色至栗色，有时具至多 5 条亮色条带或 "Z" 形的色斑。壳口大多不具齿，仅 1 属 (*Passamaella*) 具轴齿和腭缘的齿状凹陷。

精囊不与两性管分离。鞭状器阙如。成茎器无盲囊，因而精荚亦缺乏距状棘。交接器通常具有短圆锥状或长的蚓状突起，这两种结构兼具者极少。在交接器附器上方具有环绕交接器的鞘。雌道或多或少地膨大，多数衬有疏松的、海绵样组织，有色素沉着。纳精囊短，通常无柄；若具柄，柄不具分支盲管。精荚具有许多形状复杂的突起。

分布 撒哈拉以南的热带、亚热带非洲，阿拉伯南部，Sokotra Island, Seychelles, 印度西部，斯里兰卡，中国，澳大利亚北部，新几内亚东南部等地。

14. 脊纳螺属 *Rachis* Albers, 1850

Rachis Martens in Albers, 1850: 182 (subgenus of *Bulimus*).
Rhachis Martens in Albers, 1860: 230.
Rachisellus Bourguignat, 1889: 68.
Type species: *Bulimus punctatus* Anton, 1839.

特征 贝壳高圆锥形，细长，薄，具 6—7 层扁平的螺层。体螺层不下倾，周缘呈均匀的圆形。白色或微带黄色，通常具褐色或微带黑色的色带和深色小点。胚螺层和后胚层没有特殊的雕饰。壳口卵圆形，具有薄和简单的边缘。脐孔很窄，半遮蔽。壳高 10—25 mm，壳径 6—13 mm。

输精管极短。成茎器和交接器很短。交接器突起呈锥状，内部具皱褶。交接器内部无横向的斑块。交接器鞘发育良好，附着于其下缘。交接器附器各部分发育良好；A-3 经短乳突开口于 A-2。交接器收缩肌呈单束附着于体腔肌膜，其附器支附着于紧接着 A-2 的 A-1 上，交接器支附着于成茎器中部。游离输卵管和雌道很短。纳精囊柄壁薄，短。

纳精囊池小，长形。

分布 中国；非洲，印度。

种数 中国 2 种，国外约 15 种。

种 检 索 表

螺层凸出，壳高与壳径的比例大于 1.50 ·· 爪脊纳螺 *R. onychinus*
螺层扁平，壳高与壳径的比例小于 1.50 ·· 金脊纳螺 *R. aurea*

(181) 金脊纳螺 *Rachis aurea* (Heude, 1890)

Buliminus aureus Heude, 1890: 148, pl. 35, fig. 21.
Rhachis aurea: Möllendorff, 1901: 381.
Buliminus (*Rachis*) *aurea*: Kobelt, 1902: 802, pl. 117, figs. 18, 19.

检视标本 无。

形态特征 贝壳光亮，具模糊的条纹。螺旋部锥形。具 5 个螺层，螺层略扁平。体螺层膨大，周缘圆整。壳口简单，扩大，不反折。腔壁胼胝部白色。轴柱垂直。轴唇外缘倾斜。

原始描述中的测量 Wh：5 whorls，H：17 mm，W：12 mm，Rhw：1.42。

地理分布 云南 (仅见于模式产地)。

模式标本产地 大理。

(182) 爪脊纳螺 *Rachis onychinus* (Heude, 1885) (图版 VI：23)

Buliminus onychinus Heude, 1885: 114, pl. 30, fig. 5.
Buliminus (*Rachis*) *chalcedonicus* Gredler, 1887d: 354-355 (no figure).
Buliminus (*Mirus*) *chalcedonicus* Möllendorff, 1901: 318.
Rhachis onychina: Möllendorff, 1901: 380; *onychinus* in Yen, 1938: 442; 1939: 91, pl. 8, fig. 46.
Buliminus (*Napaeus*) *chalcedonicus* Kobelt, 1902: 491, pl. 80, figs. 9, 10.
Buliminus (?) *chalcedonicus* Kobelt, 1902: 557, pl. 87, figs. 16, 17.
Rhachis chalcedonicus Yen, 1939: 91, pl. 8, fig. 47.
Mirus chalcedonicus Zilch, 1974: 188.

检视标本 SMF42825，SMF42826：巴东，湖北，Mlldff. G.，Slg. Kobelt u. Bttgr。SMF42827：*Rhachis chalcedonicus* (Gredler, 1887) 的副模，湖北，Gredler G., Slg. Mlldff。SMF104593。

形态特征 贝壳：圆锥形，壳顶不尖出，右旋，壳质厚，坚固，不透明，光亮或极具光泽，贝壳最膨大部位出现于体螺层。螺层凸出，无凹陷瘢痕，不具肩，螺旋向细沟极微弱。胚螺层最初光滑，0.5—1.25 层具轴向分布皱痕，随后的胚螺层具均匀分布的小凹坑，当接近或进入胚螺后螺层后，小凹坑变弱和消失 (在 SMF42825 中，胚螺层几近光滑)，光亮。胚螺后螺层平滑。缝合线上无窄带。体螺层向壳口方向平直，周缘略具角

度 (在体螺层的前 $^1/_2$ 部分尤明显)，周缘无螺旋向的光滑凹陷或皱褶区域。壳口平截卵圆形，壳口与螺层接合处不联生，极倾斜，完全贴合于体螺层，无齿样构造，角结节阙如。壳口缘锋利，几乎不扩张，除轴唇区外不反折。腔壁胼胝部不明显。轴柱垂直。轴唇缘倾斜。脐孔狭缝状。贝壳白色，胚螺层褐紫色。壳口白色。贝壳螺旋向无色带。

标本测量 Ewh：1.500 whorls, Wh：4.750—5.063—5.250 whorls，H：14.0—15.1—16.7 mm, W：8.9—9.7—10.1 mm, Ah：5.6—6.1—6.7 mm, Aw：5.1—5.5—6.0 mm, Rhw：1.50—1.57—1.66, Rhah：2.10—2.49—2.74 (SMF42825, SMF42827)。

地理分布 湖北、重庆。

模式标本产地 巴东、城口。

分类地位不明确的中国艾纳螺物种

15. "粒锥螺属" "*Buliminus*" Beck, 1837

Bulimina Enrenberg, 1831: 16.
Petraeus Albers, 1850: 183; Heller, 1975.
Type species: *Buliminus labrosus* Olivier, 1804.

特征 贝壳长卵圆形，较坚固，上部宽圆。螺层数 6—6.5，略凸出，体螺层几乎直。壳顶圆形。白色，角色或浅栗色，有时带有粉红色。胚螺层具精细的颗粒，其余的螺层也具颗粒，具浅的不规则放射纹。壳口开阔，卵圆形，边缘薄，宽阔地反折并扩大。轴缘具不紧密的螺旋形增厚。脐孔很窄。壳高 12—40 mm，壳径 4.8—18.0 mm。

输精管以一定角度进入成荚器。交接器近端具短的囊状突起，其内表面具有 2 条纵向的宽褶。除 A-3 外，交接器附器各段发育良好。交接器收缩肌的交接器支附着于交接器较远端，附器支附着于紧接于 A-2 的 A-1 段。游离输卵管较雌道长许多。生殖腔收缩肌粗壮。纳精囊柄的基部不同程度地发生旋绕，分支盲管长于纳精囊。

分布 小亚细亚，伊朗北部，外高加索南部，中国？。

种数 国外 12—15 种，中国 7 种 (?)。

分类意见 胚螺层上具有精细颗粒为本属种类的可靠特征之一。在研究过的中国所有种属中，胚螺层均光滑、无结构性特征。而本研究所涉及的各博物馆馆藏材料未包括既往文献中列入 *Buliminus* 属的以下物种的标本。在本志中，以下物种暂列入 *Buliminus* 属，但属名加引号以示与正常归属的区别。这些种的正确归属有待未来了解模式标本后再撰文指出。

(183) 阿 "粒锥螺" "*Buliminus*" *amedeanus* Heude, 1890

Buliminus amedeanus Heude, 1890: 150, pl. 38, fig. 22.
Buliminus (Ena) amedeanus: Kobelt, 1902: 828, pl. 124, figs. 31, 32.

检视标本 无。

形态特征 贝壳左旋，色深，有光亮，条纹丝状。螺旋部纺锤形，贝壳中部近圆柱形。壳口几不倾斜。壳口缘不反折。

原始描述中的测量 Wh：8 whorls，H：18 mm，W：5 mm，Rhw：3.60。

地理分布 陕西 (仅见于模式产地)。

模式标本产地 陕西 (具体地点不详)。

(184) 栗带"粒锥螺" *"Buliminus" castaneobalteatus* Preston, 1912 (图版 VI：24)

Buliminus castaneo-balteatus Preston, 1912: 12, fig. in text.

检视标本 BMNH 1912.3.26.4：群模，1 枚成熟空壳；甘肃东南部石灰岩地区，3000 ft，采集人：A. H. Cooke。

形态特征 贝壳：长卵圆形，壳顶略尖出，右旋，壳质厚，坚固，不透明，具光泽，螺层相当扁平，无凹陷瘢痕，不具肩，无螺旋向细沟。胚螺层平滑，光亮。胚螺后螺层平滑。缝合线上无窄带。体螺层朝壳口方向逐渐上升，侧面边缘圆整，周缘无螺旋向的光滑凹陷或皱褶区域。壳口平截卵圆形，略倾斜，完全贴合于体螺层，无齿样构造，具明显的角结节。壳口缘锋利，扩张，反折且具明显的卷边。腔壁胼胝部不明显。壳口反折于轴唇缘。脐孔狭窄。贝壳栗色。在前 4 个螺层后，具或宽或窄的白色条纹。壳口白色。贝壳螺旋向无色带。

标本测量 Ewh：1.500 whorls，Wh：7.875 whorls，H：26.3 mm，W：12.4 mm，Ah：10.7 mm，Aw：8.5 mm，Rhw：2.12，Rhah：2.47 (BMNH 1912.3.26.4)。

地理分布 甘肃 (仅见于模式产地)。

模式标本产地 甘肃东南部。

(185) 节饰"粒锥螺" *"Buliminus" comminutus* Heude, 1890

Buliminus comminutus Heude, 1890: 150, pl. 35, fig. 12.

研究材料 无。

形态特征 本种原始描述因贝壳破碎而缺乏，原始描述具图。

地理分布 贵州。

模式标本产地 贵州。

(186) 白旋"粒锥螺" *"Buliminus" loliaceus* Heude, 1890

Buliminus loliaceus Heude, 1890: 150.
"Buliminus" loliaceus Yen, 1938: 442.

检视标本 无。

形态特征 贝壳：很小，褐色，具白色螺旋向色带。螺旋部塔圆锥形，壳顶尖。壳口长方形。壳口缘白色，略反折。脐孔圆而狭窄，上方有嵴。

原始描述中的测量　Wh: 7 whorls，H：7 mm，W：3 mm，Rhw：3.33。

地理分布　重庆 (仅见于模式产地)。

模式标本产地　城口。

(187) 常 "粒锥螺" *"Buliminus" ordinarius* Preston, 1912 (图版 VI：25)

Buliminus ordinarius Preston, 1912: 12, fig. in text.

检视标本　BMNH：1912.3.26.8：群模，1 枚成熟空壳；甘肃东南部山地，2—5000 ft。

形态特征　贝壳：尖卵圆形，壳顶略尖出，壳质薄，坚固，半透明，有光泽。螺层凸出，无凹陷瘢痕，不具肩，无螺旋向细沟。胚螺层平滑，光亮。胚螺后螺层平滑。缝合线上无窄带。体螺层朝壳口方向逐渐上升，侧面边缘圆整，周缘无螺旋向的光滑凹陷或皱褶区域。壳口卵圆形，壳口与螺层接合处不联生，倾斜，完全贴合于体螺层，无齿样构造，具角结节。壳口缘锋利，扩张，反折且具明显的卷边。腔壁胼胝部不明显。壳口反折于轴唇缘。脐孔狭窄。贝壳绿褐色。壳口白色。贝壳上部着色如其余部分。

标本测量　Ewh：1.500 whorls，Wh：7.375 whorls，H：17.5 mm，W：8.2 mm，Ah：7.3 mm，Aw：5.9 mm，Rhw：2.13，Rah：2.41 (BMNH：1912.3.26.8)。

地理分布　甘肃 (仅见于模式产地)。

模式标本产地　甘肃东南部。

(188) 裂 "粒锥螺" *"Buliminus" oscitans* Preston, 1912 (图版 VI：26)

Buliminus oscitans Preston, 1912: 12-13, fig. in text.

检视标本　BMNH：1912.3.26.6：群模，1 枚成熟空壳；甘肃东南，3000 ft，采集人：A. H. Cooke。

形态特征　贝壳：长卵圆形，壳顶不尖出，右旋，壳质薄，坚固，半透明，具光泽。螺层略突起，无凹陷瘢痕，不具肩，无螺旋向细沟。胚螺层平滑，光亮。胚螺后螺层平滑。缝合线上无窄带。体螺层在壳口后立即上抬，侧面边缘圆整，周缘无螺旋向的光滑凹陷或皱褶区域。壳口卵圆形，壳口与螺层接合处不联生，完全贴合于体螺层，无齿样构造，具角结节。壳口缘锋利，扩张，反折且具明显的卷边。腔壁胼胝部不明显。壳口反折于轴唇缘。脐孔狭缝状。贝壳绿角色。壳顶后的螺层具白色或角色的条纹。壳口白色。贝壳螺旋向无色带。

标本测量　Ewh：1.750 whorls，Wh：6.750 whorls，H：22.6 mm，W：10.7 mm，Ah：11.3 mm，Aw：8.3 mm，Rhw：2.08，Rah：1.99 (BMNH：1912.3.26.6)。

地理分布　甘肃 (仅见于模式产地)。

模式标本产地　甘肃东南部。

(189) 沃氏"粒锥螺" *"Buliminus" wardi* Preston, 1912 (图版 VI: 27)

Buliminus wardi Preston, 1912: 13, fig. in text.

研究材料 BMNH Reg. No: 1912.3.26.7: 群模.1 枚成熟贝壳,甘肃山地,2—5000 ft。

形态特征 贝壳:圆锥形,壳顶不尖出,右旋,壳质薄,坚固,不透明,具光泽。螺层凸出,无凹陷瘢痕,不具肩,无螺旋向细沟。胚螺层平滑,光亮。胚螺后螺层平滑。缝合线上无窄带。体螺层在壳口后立即上抬,侧面边缘圆整,周缘无螺旋向的光滑凹陷或皱褶区域。壳口平截卵圆形,壳口与螺层接合处不联生,极倾斜,完全贴合于体螺层,无齿样构造,具角结节。壳口缘锋利,扩张,反折且具明显的卷边。腔壁胼胝部不明显。壳口反折于轴唇缘。脐孔狭缝状。贝壳褐色,在最先 3 个螺层后具清晰、等距排列的白色条纹。壳口白色。贝壳螺旋向无色带。

标本测量 Wh: 7.000 whorls, H: 15.5 mm, W: 5.5—6.8 mm, Ah: 4.0 mm, Aw: 3.0 mm, Rhw: 2.30—2.82, Rhah: 3.88 (BMNH Reg. No: 1912.3.26.7)。

地理分布 甘肃 (仅见于模式产地)。

模式标本产地 甘肃东南部。

曾被列入艾纳螺总科,但不属于此总科的属种

以下物种在本研究前被列入艾纳螺总科,但根据形态均应归入巴蜗牛科的 *Pseudobuliminus* 属。其物种是否有效除见已发表的讨论外,将另文讨论。

(1) *Lophauchen* Moelldendorff, 1901

Buliminus (*Lophauchen*) Möllendorff, 1901: 377.

Type species: *Buliminus cristatellus* Möllendorff, 1901; OD. 巴蜗牛科 *Pseudobuliminus* 属的异名。

特征 贝壳近圆柱形,细长,很坚实,略透明。螺层数 9—10.5,螺层一定程度地突起。体螺层直或向壳口方向逐渐地略微下降。均匀的浅角色。胚螺层光滑;其后的螺层具强圆肋,肋间具有不规则的放射向小褶皱。壳口略斜,小,圆,因胼胝部发达而边缘连续。壳口缘微弱地反折,厚,色白。壳口颈部具白色。脐孔为短窄的狭缝。壳高 9.0—11.5 mm,壳径 3.5—3.7 mm。

Lophauchen cristatellus (Möllendorff, 1901)

Buliminus (*Lophauchen*) *cristatellus* Möllendorff, 1901: 377, pl. 17, figs. 23-25; Kobelt, 1902: 878, pl. 124, figs. 23-25.

Lophauchen cristatellus: Yen, 1939: 90, pl. 8, fig. 45.

检视标本 MHM00489：体型较小；甘肃宕昌县，2004. IV. 27，采集人：吴岷。MHM00502：测量、解剖；四川南坪县，2004. V. 7，采集人：吴岷。MHM04459：甘肃文县，2004. V，采集人：吴岷。SMF42084：正模，胚螺层残损，南坪，Potanin 540, 717, Slg. Mlldff。

形态特征 贝壳：柱圆锥形，壳顶不尖出，右旋，壳质薄，坚固，不透明，有光泽。螺层凸出，无凹陷瘢痕，不具肩，螺旋向细沟仅见于体螺层且少而不清晰，无光泽。胚螺后螺层具规则、等间距的肋。缝合线上无窄带。体螺层朝壳口方向几乎平直，侧面边缘圆整，周缘无螺旋向的光滑凹陷或皱褶区域。壳口近圆形，壳口与螺层接合处不联生，非常倾斜，无齿样构造，角结节阙如。壳口缘增厚，几乎不扩张，略反折但不形成明显的卷边。腔壁胼胝部明显。轴唇缘几乎不反折。脐孔狭缝状。贝壳角色。贝壳上部着色如其余部分。

地理分布 甘肃、四川。

模式标本产地 南坪。

分类讨论 本种明显属于巴蜗牛科的 *Pseudobuliminus*。其重要特征为具典型两分支黏液腺的恋矢囊，胚螺层具颗粒以及长卵圆形的贝壳 (Wu, 2004; Guo *et al*., 2011)。本属名为 *Pseudobuliminus* 属的异名 (Guo *et al*., 2011)。

(2) *Buliminus quangjuoenensis* (Hilber, 1883)

Buliminus (Chondrula) quangjuoenensis Hilber, 1883: 1370-1371, pl. 6, fig. 2.
Buliminus (?) quangjuoenensis Möllendorff, 1901: 378.

研究材料 无。

地理分布 四川 (仅见于模式产地)。

模式标本产地 广元。

分类讨论 根据原始描述和描述图，确认本种是巴蜗牛科的 *Pseudobuliminus strigatus* (Möllendorff, 1899) (模式产地也在广元)。根据作者在广元的实地调查，*P. strigatus* 在当地是分布很广、种群数量极大的陆生贝类物种。

(3) *Buliminus pinguis* Ancey, 1882

Buliminus pinguis Ancey, 1882: 10-11.

研究材料 无。

形态特征 贝壳尖卵圆形，很薄，灰角色，略光亮。螺旋部近锥形，壳顶钝。螺层不迅速增长。体螺层近壳口略具角度，然后周缘近圆整。缝合线下凹。 壳口倾斜。壳口缘锋利，逐渐反折，向轴唇缘几乎不反折。轴柱近弓形。脐孔几乎不被半覆盖。

原始描述中的测量 Wh: 8 whorls, H: 12.25 mm, W: 7.25 mm, Ah: 3.7 mm。

地理分布 陕西 (仅见于模式产地)。

模式标本产地 殷家坝。

分类讨论 *Buliminus pinguis dilatatus* Ancey, 1882 (贝壳宽，规则的圆锥形，体螺层周缘略具角度，龙骨线在壳口处消失，壳口极倾斜。Wh：7 whorls，H：8.25 mm，W：6.5 mm)，*Buliminus pinguis magis* Ancey, 1882 (贝壳更粗矮，圆锥形。H：10 mm，W：6.5 mm)，*Buliminus pinguis microconus* Ancey, 1882 (贝壳较小，朝周缘较少地呈角度，螺旋部大多更少地呈圆锥形。H：8—9 mm，W：4.75 mm) 和 *Buliminus pinguis transiens* Ancey, 1882，为本种在殷家坝分布的几个亚种。尽管没有研究本种的模式材料，但其贝壳特点表明该种应属巴蜗牛科的 *Pseudobuliminus*。

参 考 文 献

Ancey M C F. 1882. Les Mollusques des parties centerales de l'Asie (Chine et Thibet) récoltés par Mr. l'abbé A. David. Natural. Sicil. (=Naturalista Siciliano ?), 2(6): 1-17

Ancey M C F. 1884. Contribution a la faune malacologique Indo-Thibétaine. Ann. de Mal., 1: 381-397

Ancey M C F. 1888. Nouvelles contributions malacologiques. Bull. Soc. Mal. France, 5: 341-376

Annandale T N. 1923. Zoological results of the Percy Sladen Trust expedition to Yunnan under the leadership professor J. W. Gregory, F. R. S. (1922). Land molluscs. Journal of the Asiatic Society of Bengal, 19: 385-422

Azuma M. 1982. Colored illustrations of the land snails of Japan. 333 pp. Hoikusha Publishing

Bank R A, Neubert E. 1998. Notes on Buliminidae, 5: on the systematic position of Arabian Buliminidae (Gastropoda Pulmonata), with the description of a new genus. Basteria, 61. 73-84

Burch J B, Pearce T A. 1990. Terrestrial gastropoda. *In*: Dindal D L. Soil biology guide. John Wiley & Sons, Inc.

Chen D-N, Gao J-X. 1987. Economic fauna sinica of China: terrrestrial mollusca. Beijing: Science Press: 49-56 [陈德牛, 高家祥. 1987. 中国经济动物志, 陆生软体动物. 北京: 科学出版社: 49-56]

Chen D-N, Zhang G-Q. 2000. A new species of the genus *Holcauchen* from China (Gastropoda: Stylommatophora: Enidae). Acta Zootaxonomica Sinica, 25(4): 369-372 [陈德牛, 张国庆. 2000. 中国沟颈螺属一新种记述 (腹足纲:柄眼目:艾纳螺科). 动物分类学报, 25(4): 369-372]

Chen D-N, Zhou W, Luo T-C, Zhang W-H. 2003. On the genus *Serina* Gredler from China with descriptions of a new species (Gastropoda, Pulmonata, Stylommatophora, Enidae). Acta Zootaxonomica Sinica, 28(3): 442-445

Cowie R H. 1985. Ecogenetics of *Theba pisana* (Pulmonata: Helicidae) at the northern edge of its range. Malacologia, 25(2): 361-380

Cowie R H. 2001. Can snails ever be effective and safe biocontrol agents? International Journal of Pest Management, 47(1): 23-40

Dayrat B, Tillier A, Lecointre G, Tillier S. 2001. New clades of euthyneuran gastropods (Mollusca) from 28S rRNA sequences. Molecular Phylogenetics and Evolution, 19(2): 225-235

Dayrat B, Tillier S. 2003 Goals and limits of phylogenetics: the euthyneuran gastropods. *In*: Lydeard C, Lindberg D R. Molecular systematics and phylogeography of mollusks. Smithsonian Books: 161-181

Gao L, Xu Q, Wu M. 2011. Predation on the threatened enid species *Subzebrinus erraticus* (Pilsbry, 1934) by a sarcophagid fly. Tentacle, 19: 30-31

Grande C, Templado J, Cervera J L, Zardoya R. 2004. Molecular phylogeny of Euthyneura (Mollusca: Gastropoda). Mol. Biol. Evol., 21(2):303-313

Gredler V. 1881. Zur Conchylien-Fauna von China. II. Stück. Jahrb. D.M.G., 8: 10-33

Gredler V. 1886. Zur Conchylien-Fauna von China. IX. Stück. Mal. Bl. N. F., 9: 1-20

Gredler V. 1898a. Zur Conchylien-Fauna von China. XIX. Stück. Neue Buliminiden aus Kansu. Programm des öffentlichen Privat-Obergymnasiums der Franciscaner zu Bozen 1897-98: 39-51

Gredler V. 1898b. Neue Buliminiden aus Gansu. Nachrichtsblatt der Deutschen Malakozoologischen Gesellschaft, 30: 104-107

Gregory J W, Gregory C J. 1923. Zoological results of the percy sladen trust expedition to Yunnan under the leadership of professor J. W. Gregory. F. R. S.. J. As. Soc. Bengal: 385-422

Guo J, Xu Q, Wu M. 2011. *Lophauchen cristatellus*, a threatened bradybaenid placed in the Family Enidae. Tentacle, 19: 29-30

Heude P-M. 1882. Notes sur les mollusques terrestres de la vallée du Fleuve Bleu. Mémoires Concernant L'Histoire Naturelle de L'Empire Chinois, (1): 1-84

Heude P-M. 1885. Notes sur les mollusques terrestres de la vallée du Fleuve Bleu. Mémoires Concernant L'Histoire Naturelle de L'Empire Chinois, (2): 89-132

Heude P-M. 1890. Notes sur les mollusques terrestres de la vallée du Fleuve Bleu. Mémoires Concernant L'Histoire Naturelle de L'Empire Chinois, (3): 133-178

Hilber V. 1883. Recente und im Löss gefundene Landschnecken aus China. II. SB. Akademie der Wissenschaften in Wien, 88: 1349-1392, 3 pls

Hillis D M, Moritz C.1990. Molecular systematics. Sinauer，Sunderland，MA. 1990

Kenneth C. 2001. Exploratory phylogenetic and biogeographic analyses within three land-snail families in southeastern-most Madagascar. Biological Journal of the Linnean Society, 72: 567-584

Kerney M P, Cameron R A D. 1979. A Field Guide to the Land Snails of Britain and North-West Europe. London: Collins: 288 pp, 24 pls

Kilias R. 1971. Die Typen und Typoide der Mollusken-Sammlung des Zoologischen Museums Berlin (6). II. Euthyneura, Stylommatophora, Orthurethra, Pupillacea (Enidae). Mitteilungen aus dem Zoologischen Museum in Berlin, 47: 215-238

Kobelt W. 1888-1890. Iconographie der Land- & Süsswasser-Mollusken, Neue Folge 4, 1-102, pls. 91-120. C. W. Kreidel, Wiesbaden. [Lieferung 3 and 4, pp. 41-80, pls. 101-110 (1889). After R. A. Bank (1989) Mitteilungen der Deutschen Malakozoologischen Gesellschaft, 44/45, 49-53]

Kobelt W. 1899-1902. Die Familie Buliminidae. Systematisches Conchylien-Cabinet von Martini und Chemnitz, ed. 2. Band 1, Abtheilung 13, Theil 2, 397-1051, pls. 71-133. Bauer & Raspe, Nürnberg. [Lieferung 443, pp. 453-508, pls. 77-82 (1899); L. 444, pp. 509-556, pls. 83-88 (1899); L. 463, pp. 725-772, pls. 108-112 (1901); L. 470, pp. 837-884, pls. 124-128 (1902). After F. W. Welter Schultes (1999), Archives of Natural History, 26, 157-203]

Kuznetsov A G, Schileyko A A. 1997. New data on Enidae (Gastropoda, Pulmonata) of Nepal. Ruthenica, 7: 133-140

Kuznetsov A G, Schileyko A A. 1999. Two new species of the genus *Pupinidius* Moellendorff, 1901 (Enidae, Pulmonata), and the distribution of the genus in Nepal. Ruthenica, 9: 117-121

Likharev I M, Rammel'meier E S. 1952. Nazemnye mollyuski fauny SSSR. Moskva, 1952. Israel Program for Scientific translations, Jerusalem 1962. Translated by Lengy Y, Krauthamer Z, Jerusalem S. Monson. Second Impression, 1965: 186-232

Martens E von. 1879. Mittelasiatische Land- und Süsswasserschnecken. Sitzungs-Berichte der Gesellschaft Naturforschender Freunde zu Berlin, 1879: 122-126

Martens E von. 1881. Conchologische Mittheilungen als Fortsetzung der Novitates conchologicae, 1: 1-101, pls. 1-18

Martens E von. 1882. Über Centralasiatische Mollusken. Mémoires de l'Académie Impériale des Sciences de St.- Pétersbourg, 30: 1-65, pls. 1-5

Möllendorff O F von. 1901. Binnen-Mollusken aus Westchina und Centralasien. II. Annuaire du Musée Zoologique de l'Académie Impériale des St.-Petersburg, 6: 299-404, Taf. XII-XVII

Mordan P, Wade C. 2008. Heterobranchia II: the Pulmonata. *In*: Ponder W F, Lindberg D R. Phylogeny and evolution of the Mollusca. Eds. London: University of California Press, Ltd.: 409-426

Nei M. 1996. Phylogenetic analysis in molecular evolutionary genetics. Annu. Rev. Genet., 30: 371-403

Nordsieck H. 1986. The system of the Stylommatophora (Gastropoda), with special regard to the systematic position of the Clausiliidae, II. Importance of the shell and distribution. Archiv für Molluskenkunde, 117(1/3): 93-116

Nordsieck H. 1992. Phylogeny and system of the Pulmonata (Gastropoda). Archiv für Molluskenkunde, 121(1/6): 31-52

Olson D M, Dinerstein E. 1998. The Global 200: a representation approach to conserving the earth's most biologically valuable ecoregions. Conservation Biology, 12(3): 502-515

Olson D M, Dinerstein E, Wikramanayake E D, Burgess N D, Powell G V N, Underwood E C, FD'Amico J A, Itoua I, Strand H E, Morrison J C, Loucks C J, Allnutt T F, Ricketts T H, Kura Y, Lamoreux J F, Wettengel W W, Hedao P, Kassem K R. 2001. Terrestrial ecoregions of the world: a new map of life on earth. BioScience, 51(11): 933-938

Pilsbry H A. 1934. Zoological results of the Dolan West China expedition of 1931, Part II, Mollusks. Proceeding of the Academy of Natural Sciences of Philadelphia, 86: 5-28, 6 pls

Ponder W F. 1997. Towards a phylogeny of gastropod molluscs: an analysis using morphological characters. Zoological Journal of the Linnean Society, 19: 83-265

Schander C, Sundberg P. 2001. Useful characters in gastropod phylogeny: soft information or hard facts? Systematic Biology, 50(1): 136-141

Schileyko A A. 1998. Treatise on recent terrestrial pulmonate molluscs. Part. 2. Gastrocoptidae, Hypselostomatidae, Vertiginidae, Truncatellinidae, Pachnodidae, Enidae, Sagdidae. Ruthenica (supplement 2): 129-261

Schilthuizen M, Gittenberger E, Gultyaev A P. 1995. Phylogenetic relationships inferred from the sequence and secondary structure of ITS-1 rRNA in *Albinaria* and putative *Isabellaria* species (Gastropoda, Pulmonata, Clausiliidae). Molecular Phylogenetics and Evolution, 4(4): 457-462

Steinke D, Albrecht C, Pfenninger M. 2004. Molecular phylogeny and character evolution in the Western

Palaearctic Helicidae s.l. (Gastropoda: Stylommatophora). Molecular Phylogenetics and Evolution, 32 (3):724-734

Sturany R. 1900. Obrutschew's Mollusken-Ausbbeute aus Hochasien. Denkschriften der Kaiserlichen Akademie der Wissenschaften in Wien, Mathematisch-Naturwissenschaftliche Classe, 70: 17-48, 4 pls

Thiele J. 1931. Handbuch der systematischen Weichtierkunde. Vol. 1 Part 2. G. Fischer, Jena: 377-778. (English translation: Bieler R and Mikkelsen P M. Handbook of systematic malacology. Part 2. [1992] Smithsonian Institution and The National Science Foundation, Washington, D. C.: pp. xiv, 627-1189)

van Moorsel C H M, Dijkstra E G M, Gittenberger E. 2000. Molecular evidence for repetitive parallel evolution of shell structure in Clausiliidae (Gastropoda, Pulmonata). Molecular Phylogenetics and Evolution, 17(2): 200-208

Vaught K C. 1989. A classification of the living Mollusca. *In*: Abbott R T, Boss K J. American Malacologists, Inc. Melbourne, Florida 32902, U.S.A.

Wade C, Mordan P B, Clarke B. 2001. A phylogeny of the land snails (Gastropoda: Pulmonata). Proc. R. Soc. Lond., B, Biol. Sci., 268 (1465): 413-422

Wade C, Mordan P, *et al*. 2006. Evolutionary relationships among the Pulmonate land snails and slugs (Pulmonata, Stylommatophora). Biological Journal of the Linnean Society, 87(4): 593-610

Wang S, Xie Y. 2005. China species red list. Higher Beijing: Education Press: 316-423 [汪松, 解焱. 2005. 中国物种红色名录. 第一版. 北京: 高等教育出版社: 316-423]

Wiegmann F. 1900. Binnen-Mollusken aus Westchina und Centralasien. Annuaire du Musee Zoologique de l'Academie Imperiale des St.-Petersburg 5: 1-131

Wiegmann F. 1901. Binnen-Mollusken aus Westchina und Centralasien. Zootomische Untersuchungen. II. Die Buliminiden. Annuaire du Musee Zoologique de l'Academie Imperiale des St.-Petersburg, 2: 220-297

Wu M. 2002. Study on the bradybaenid landsnails in NW Sichuan (Gastropoda: Pulmonata: Stylommatophora). Zoological Research, 23 (6): 504-513

Wu M. 2004. Preliminary phylogenetic study of Bradybaenidae (Gastropoda: Stylommatophora: Helicoidea). Malacologia, 46(1): 79-125

Wu M, Gao L-H. 2010. A review of the genus *Pupopsis* Gredler, 1898 (Gastropoda: Stylommatophora: Enidae), with the descriptions of eight new species from China. Zootaxa, 2725: 1-27

Wu M, Guo J-Y. 2006. Revision of the Chinese species of *Ponsadenia* (Gastropoda: Helicoidea, Bradybaenidae). Zootaxa, 1316: 57-68

Wu M, Pang J-B. 2010. Limestone loss leading to disaster for land molluscs of Hainan Island. *Tentacle*, 18: 7-8

Wu M, Wu Q. 2009. A study of the type species of *Clausiliopsis* Möllendorff (Gastropoda, Stylomatophora: Enidae), with the description of a new species. Journal of Conchology, 40(1): 91-98

Wu M, Wu Q. 2010. Terrestrial malacodiversity of limestone outcrops of Hainan Island. *Tentacle*, 18: 6

Wu M, Wu Q, Wang Y, Xue D. 2003. A land snails species, *Cathaica* (*Pliocathaica*) *radiata*, Facing extinction in China. Tentacle, 11: 1-18

Wu M, Zheng W. 2009. A review of Chinese *Pupinidius* Moellendorff (Gastropoda, Stylommatophora: Enidae), with the description of a new species. Zootaxa. 2053: 1-31

Xia X. 2000. Data analysis in molecular biology and evolution. Boston: Kluwer Academic publishers: 276

Xia X, Xie Z. 2001. DAMBE: Data analysis in molecular biology and evolution. Journal of Heredity, 92: 371-373

Yen T-C. 1935. The non-marine gastropods of North China. Part I. Pub. Mus. Hoangho Paiho de Tien Tsin. 34: 1-57, 5 pls

Yen T-C. 1938. Notes on the gastropod fauna of Szechwan Province. Sonderabdruck aus: Mitteilungen aus dem Zoolog. Museum in Berlin, 23: 438-457, 1 Taf

Yen T-C. 1939. Die chinesischen Land-und Süßwasser-Gastropoden des Natur-Museums Senckenberg. Abhandlungen der Senckenbergischen Naturforschenden Gesellschaft, 444: 1-234, pls. 1-16

Yen T-C. 1942. A review of Chinese gastropods in the British Museum. Proceedings of the Malacological Society of London, 24: 170-288, pl. 11-28

Zhang W, Chen D-N, Zhang G-Q. 2003. On the genus *Holcauchen* Moellendorff and a new species from China (Pulmonata, Stylommatophora, Enidae). Acta Zootaxonomica Sinica, 28(2): 228-231

Zilch A. 1959-1960. Gastropoda, Teil 2, Euthyneura. Handbuch der Palaozoologie, 6(2): 1-400 (1959), 401-834(1960)

Zilch A. 1974. Vinzenz Gredler und die Erforschung der Weichtiere Chinas durch Franziskaner aus Tirol. Archiv fuer Molluskenkunde. 104(4/6): 171-228, pls. 7-9

英 文 摘 要

Abstract

This volume of "*Fauna Sinica*" dealing with the Enoidea (Mollusca: Stylommatophora) is composed of two parts. The first part, as the general introduction to this group, gives a skeletony review of the study history of world-wide and China's enoids, the comparative morphology where the conchological and anatomical characters are introduced, compared and discussed, the phylogenetic attribute of the group, the distribution of the group, bionomics, and study methods as well. The second part is on systematic account of China's Enoidea, giving keys to families/genera/species, particular information of type material and studied specimens, (re)description of shell and/or genital system, arrangement of taxa, and if necessary and available the taxonomic comments and/or ecological remarks.

The phylogenetic study in the first part is performed based on a mixed dataset composed of *ITS-2*, partial 5.8S and partial 28S rDNA sequences, contributed by 104 species from 60 families in which 46 are stylommophoran families. Both maximum likelihood method and Bayesian inference (GTR+I+Γ evolutionary model) with *Acanthodoris pilosa* as outgroup are employed for the analysis. With non-stylommatophoran gastropod family Onchidoridae as the root, in BI and ML cladograms, non-stylommatophoran groups are deposited basally in the trees. Prosobranchia is a monophyly. Euthyneura (sensu Zilch 1959–1960) and three orders, namely Basommatophora, Stylommatophora and Soleolifera which compose Pulmonata are respectively polyphyletic. In Stylommatophora, Orthurethra is monophyletic with phylogenetic relationship among families as (((Partulidae, (Pupillidae, (Orculidae, Pyramidulidae)), (Enidae, Valloniidae)), (Vertiginidae, Cochlicopidae)), Chondrinidae). In all the studied superfamilies (Achatinacea, Streptaxacea, Helicacea, Oleacinacea, Achatinellacea, Pupillacea, Clausiliacea, Endodontacea, Polygyracea, Acavacea, Zonitacea, Ariophantacea), only Clausiliacea is monophyly. Nine out of all 46 studied stylommatophoran families, Streptaxidae, Helicidae, Hygromiidae, Pupillidae, Valoniidae, Cochlicopidae Clausiliidae, Arionidae and Ariophantidae are monophyletic based on studied species. Enidae and Valloniidae are sister groups, under the hierarchy of Pupillacea, Orthurethra, Stylommatophora, Euthyneura, Gastropoda.

I use "Terrestrial Ecoregions of the World" (defined by WWF) as the basic frame where the diversity and geographic analyses are performed. This frame classifies the global terrestrial ecosystem into eight realms and fourteen biomes. China's enoids are distributed in two realms, eight biomes and 19 terrestrial ecoregions. China's enoids are mostly montane species. Two regions with highest enoid- diversity are, 1) Western end of Qinling Mountains deciduous forests and its borders respectively with Daba Mountains evergreen forests and Qionglai- Minshan conifer forests; 2) Central part of Qionglai- Minshan conifer forests. The rank of species diversity is, Qinling Mountains deciduous forests (48 spp), Qionglai- Minshan conifer forests (38 spp), Daba Mountains evergreen forests (35 spp), Southeast Tibet shrublands and meadows (19 spp), Hengduan Mountains subalpine conifer forests (12 spp), Yunnan Plateau subtropical evergreen forests (8 spp), Changjiang Plain evergreen forests (8 spp), Eastern Himalayan broadleaf and conifer forests (8 spp), Guizhou Plateau broadleaf and mixed forests (6 spp), Southeast China- Hainan moist forests (5 spp), Central China loess plateau mixed forests (5 spp), Huang He Plain mixed forests (3 spp), Sichuan Basin evergreen broadleaf forests (3 spp), Taiwan subtropical evergreen forests (2 spp), South China- Vietnam subtropical evergreen forests (2 spp), Tian Shan montane conifer forests (2 spp), Tian Shan montane steppe and meadows (2 spp), Taklimakan desert (2 spp), South Taiwan monsoon rain forests (1 sp) and, as listed below. The consensus tree summarized from the phylogeographical analysis (Heuristics: Multiple TBR+TBR; Winclada. Tree L 204，Ci=78, Ri=45) suggests that only three subfaunal relationships can be recognized based on present distribution data are of clarity, as 1, (Daba Mountains evergreen forests, (Qinling Mountains deciduous forests, Qionglai- Minshan conifer forests)); 2, (Hengduan Mountains subalpine conifer forests, Southeast Tibet shrublands and meadows); and 3, (Taiwan subtropical evergreen forests, South Taiwan monsoon rain forests). The relationship between Central China loess plateau mixed forests and Huang He Plain mixed forests is weakly supported.

Till now two families, 15 genera and 189 species and subspecies are recognized from the China's enoid fauna, which can be grouped into the following 19 distribution patterns according to the direct locality-mapping.

Distribution patterns and diversity of China's enoid snails:

I Southeast China-Hainan moist forests

Subzebrinus fuchsianus
Coccoderma trivialis
Mirus cantori fragilis
Mirus hartmanni
Mirus minutus hunanensis
Mirus minutus minutus

II South China-Vietnam subtropical evergreen forests

Coccoderma albescens
Coccoderma granulata

III Taiwan subtropical evergreen forests

Coccoderma leptostraca
Mirus cantori taivanica

IV Taiwan montane forests

Coccoderma leptostraca

V Eastern Himalayan broadleaf and conifer forests

Subzebrinus dolichostoma
Serina belae
Serina prostoma
Petraeomastus giraudelianus
Petraeomastus gredleri
Petraeomastus heudeanus
Mirus brachystoma
Mirus mupingianus

VI Guizhou Plateau broadleaf and mixed forests

Subzebrinus baudoni
Subzebrinus hyemalis
Mirus cantori cantori
Mirus cantori corpulenta
Mirus hartmanni
Mirus minutus hunanensis
Mirus minutus minutus
Mirus minutus subminutus

VII Yunnan Plateau subtropical evergreen forests

Subzebrinus dolichostoma
Mirus daucopsis
Mirus hartmanni
Funiculus asbestinus
Funiculus coriaceus
Funiculus debilis
Funiculus probates
Rachis aurea

VIII Central China loess plateau mixed forests

Subzebrinus ottonis ottonis
Serina subser
Petraeomastus platychilus platychilus
Mirus acuminatus
Mirus pyrinus

IX Changjiang Plain evergreen forests

Subzebrinus fuchsianus
Subzebrinus hyemalis
Mirus cantori cantori
Mirus cantori corpulenta
Mirus cantori loczyi
Mirus cantori obesus
Mirus cantori pallens
Mirus davidi
Mirus frinianus
Mirus funiculus
Mirus minutus minutus
Mirus minutus subminutus
Mirus mupingianus

X   Daba Mountains evergreen forests

Subzebrinus baudoni
Subzebrinus gossipinus
Subzebrinus substrigatus
Pupinidius gregorii
Serina egressa
Serina ser
Holcauchen clausiliaeformis
Holcauchen compressicollis
Holcauchen hyacinthi
Holcauchen rhusius
Clausiliopsis kobelti
Clausiliopsis szechenyi
Pupopsis dissociabilis
Petraeomastus commensalis
Petraeomastus moellendorffi
Petraeomastus teres
Petraeomastus xerampelinus xerampelinus
Petraeomastus xerampelinus thryptica
Coccoderma granifer
Mirus acuminatus
Mirus alboreflexus alboreflexus
Mirus alboreflexus minor
Mirus alboreflexus nodulatus
Mirus alboreflexus perforatus
Mirus armandi armandi
Mirus armandi major
Mirus aubryanus
Mirus avenaceus
Mirus cantori cantori
Mirus cantori corneus
Mirus cantori corpulenta
Mirus cantori obesus
Mirus chalcedonicus
Mirus davidi
Mirus fargesianus

Mirus minutus hunanensis
Mirus minutus minutus
Mirus mupingianus
Mirus praelongus praelongus
Mirus praelongus productior
Mirus transiens
Turanena kreitneri
Heudiella olivieri
Funiculus delavayanus
Rachis onychinus

XI   Huang He Plain mixed forests

Mirus alboreflexus alboreflexus
Mirus derivatus
Mirus utriculus

XII   Qinling Mountains deciduous forests

Subzebrinus asaphes asaphes
Subzebrinus beresowskii
Subzebrinus dolichostoma
Subzebrinus macrostoma
Subzebrinus ottonis ottonis
Subzebrinus ottonis convexospirus
Subzebrinus schypaensis
Subzebrinus substrigatus
Pupinidius melinostoma melinostoma
Pupinidius melinostoma subcylindricus
Pupinidius nanpingensis nanpingensis
Pupinidius obrutschewi obrutschewi
Pupinidius wenxian
Pupinidius pupinella altispirus
Pupinidius pupinidius
Pupinidius streptaxis
Serina cathaica
Serina egressa
Serina subser

Serina vincentii
Holcauchen hyacinthi
Holcauchen rhabdites rhabdites
Holcauchen rhabdites aculus
Clausiliopsis elamellatus
Clausiliopsis hengdan
Clausiliopsis kobelti
Clausiliopsis phaeorhaphe
Clausiliopsis schalfejewi
Clausiliopsis szechenyi
Pupopsis paraplesius
Pupopsis polystrepta
Pupopsis pupopsis
Pupopsis torquilla
Pupopsis hendan
Pupopsis subpupopsis.
Pupopsis subtorquilla
Pupopsis yuxu
Petraeomastus breviculus breviculus
Petraeomastus mucronatus
Petraeomastus oxyconus
Petraeomastus platychilus platychilus
Petraeomastus platychilus malleatus
Petraeomastus xerampelinus xerampelinus
Mirus acuminatus
Mirus alboreflexus alboreflexus
Mirus alboreflexus
Mirus alboreflexus perforatus
Mirus cantori cantori
Mirus cantori corpulenta
Mirus euonymus
Mirus hartmanni
Mirus interstratus
Mirus mupingianus
Turanena diplochila
Turanena kreitneri

XIII Sichuan Basin evergreen broadleaf forests

Subzebrinus fultoni
Mirus cantori cantori
Mirus mupingianus

XIV Hengduan Mountains subalpine conifer forests

Subzebrinus batangensis
Subzebrinus bretschneideri
Pupinidius latilabrum
Serina prostoma
Petraeomastus desgodinsi
Petraeomastus giraudelianus
Petraeomastus neumayri
Petraeomastus pantoensis
Mirus brachystoma
Mirus cantori cantori
Mirus frinianus
Funiculus coriaceus

XV Qionglai-Minshan conifer forests

Subzebrinus asaphes asaphes
Subzebrinus asaphes brevior
Subzebrinus beresowskii
Subzebrinus baudoni
Subzebrinus erraticus
Subzebrinus fultoni
Subzebrinus macroceramiformis
Subzebrinus ottonis ottonis
Pupinidius obrutschewi obrutschewi
Pupinidius obrutschewi contractus
Pupinidius porrectus porrectus
Pupinidius porrectus pygmaea
Serina egressa
Serina subser

Serina soluta soluta
Serina soluta inflata
Holcauchen brookedolani
Holcauchen entocraspedius
Holcauchen kangdingensis
Holcauchen markamensis
Holcauchen micropeas
Holcauchen rhaphis
Holcauchen sulcatus
Clausiliopsis szechenyi
Pupopsis pupopsis
Pupopsis torquilla
Pupopsis maoxian
Pupopsis subpupopsis
Petraeomastus breviculus anoconus
Petraeomastus diaprepes
Petraeomastus moellendorffi
Petraeomastus platychilus platychilus
Petraeomastus platychilus malleatus
Petraeomastus semifartus
Coccoderma granifer
Mirus alboreflexus perforatus
Mirus cantori cantori
Mirus davidi
Mirus gracilispirus
Mirus krejcii
Mirus mupingianus
Turanena microconus
Dolichena miranda.

XVI Tian Shan montane conifer forests

Subzebrinus kokandensis
Pupopsis rhodostoma

XVII Tian Shan montane steppe and meadows

Pupopsis retrodens

Turanena kuldshana

XVIII Southeast Tibet shrublands and meadows

Subzebrinus beresowskii
Subzebrinus dalailamae
Pupinidius anocamptus
Pupinidius latilabrum
Pupinidius nanpingensis nanpingensis
Pupinidius nanpingensis ambigua
Pupinidius pupinella pupinella
Serina egressa
Holcauchen anceyi
Holcauchen gregoriana
Clausiliopsis buechneri
Clausiliopsis clathratus
Clausiliopsis schalfejewi
Petraeomastus desgodinsi
Petraeomastus gredleri
Petraeomastus heudeanus
Petraeomastus moellendorffi
Petraeomastus mucronatus
Petraeomastus pantoensis
Petraeomastus rochebruni

XIX Taklimakan desert

Subzebrinus kuschakewitzi
Pupopsis yengiawat

Enoidea Woodward, 1903

Key to the families

Shell ovate to cylindrical. Aperture simple or toothed. Epiphallus with caecum. Spermatophore with 1—2 spurs. Penial appendage without sheath ·· **Enidae**

Shell ovate to conical. Aperture toothless. Epiphallus without caecum. Spermatophore without spur. Penial appendage with sheath ·· **Pachnodidae**

Enidae Woodward, 1903

Key to the subfamilies

Shell with diverse shape and different sculptured. Epiphallus with or without flagellum, with developed caecum. Penial appendage present ·········· **Pseudonapaeinae**
Shell bullet-shaped, smooth or with fine tubercles. Epiphallus with long flagellum, without caecum. Penial appendage present or not ·········· **Buliminuinae**

Pseudonapaeinae Schileyko, 1978

Key to the genera

1.	Shell turreted ··········	2
	Shell cylindrical ··········	6
	Shell ovate ··········	7
	Shell subcylindrical ··········	*Petraeomastus*
	Shell conical ··········	*Turanena*
2(1).	Aperture toothed ··········	3
	Aperture toothless ··········	*Heudiella*
3(2).	Parietal tooth present ··········	*Clausiliopsis*
	Parietal tooth absent ··········	4
4(3).	Palatal tooth present ··········	5
	Palatal tooth absent ··········	*Serina*
5(4).	Columellar tooth absent ··········	*Dolichena*
	Columella with 2 teeth ··········	*Holcauchen*
6(1).	Shell with up to 11 whorls ··········	*Pupinidius*
	Shell with more than 11 whorls ··········	*Funiculus*
7(1).	Aperture toothed ··········	*Pupopsis*
	Aperture toothless ··········	8
8(7).	Shell growthline not broken into tubercles ··········	9
	Shell growthline broken into tubercles ··········	*Coccoderma*
9(8).	Body whorl ascending in front ··········	*Mirus*
	Body whorl not ascending in front ··········	*Subzebrinus*

Subzebrinus Westerlund, 1887

Key to the species

1. Whorls convex ·········· 2

	Whorls flattened ··· 14
2(1).	Parietal callus distinct ··· 3
	Parietal callus indistinct ··· 5
3(2).	Peristome not reflexed at all; with 8 or more whorls ·················· *S. dalailamae*
	Peristome reflexed; with less than 8 whorls ································ 4
4(3).	Whorls never spirally grooved; aperture adnate; whorls speckled ·············· *S. kuschakewitzi*
	Whorls with spiral grooves; aperture not adnate; whorls not speckled ········ *S. ventricosulus*
5(2).	Apical whorls normally colored ··· 6
	Apical whorls differently tinted ·· 12
6(5).	Aperture with cuff ·· 7
	Aperture without cuff ··· 8
7(6).	Columella vertical ··· *S. ottonis convexospirus*
	Columella arched ··· *S. macrostoma*
8(6).	Aperture in a plane and straight ··· 9
	Aperture sinuate ·· *S. hyemalis*
9(8).	Whorls speckled; shell multicolored ·· 10
	Whorls not speckled; shell uniformly colored ··························· *S. gossipinus*
10(9).	Columella arched; outer edge of columellar lip oblique ················ *S. macroceramiformis*
	Columella oblique axially; outer edge of columellar lip vertical ············ 11
11(10).	Growthlines usually not very clear; with most swollen part occurred at penultimate whorl ············· *S. postumus*
	Growthlines fine and clear; with most swollen part occurred at body whorl ············· *S. fuchsianus*
12(5).	Whorls never spirally grooved; with less than 8 whorls; aperture in a plane and straight ············· 13
	Whorls with spiral grooves; with 8 or more whorls; aperture sinuate ············· *S. asaphes brevior*
13(12).	Peristome not reflexed except columellar region; whorls not speckled; aperture without angular tubercle; peristome not expanded ··························· *S. kokandensis*
	Peristome reflexed; whorls speckled; aperture with angular tubercle; peristome expanded ··························· *S. tigricolor*
14(1).	Peristome not reflexed at all ··· 15
	Peristome not reflexed except columellar region ····················· *S. fultoni*
	Peristome reflexed ·· 16
15(14).	With less than 8 whorls; aperture adnate ································ *S. bretschneideri*
	With 8 or more whorls; aperture not adnate ····························· *S. batangensis*
16(14).	Whorls never spirally grooved ··· 17
	Whorls with spiral grooves ·· 20
17(16).	Apical whorls normally colored ·· 18
	Apical whorls differently tinted ··· 19
18(17).	Epiphallus narrowed towards distal end; penial appendix with A-1 fused with A-2, A-3 distinct, and

	A-4 fused with A-5; free oviduct much shorter than vagina ················**S. dolichostoma**
	Epiphallus narrowed towards proximal end; penial appendix with A-1 fused with A-2, and with distinct A-3, A-4 and A-5; free oviduct subequal to vagina in length ···············**S. beresowskii**
	Epiphallus cylindrical and of uniform thickness; penial appendix with distinct A-1, A-2 and A-3, with A-4 and A-5 fused; free oviduct longer than vagina ··················**S. ottonis ottonis**
19(17).	Aperture in a plane and straight; columella arched; growthlines usually not very clear; last whorl straight in front································**S. schypaensis**
	Aperture sinuate; columella vertical; growthlines fine and clear; last whorl gradually ascending towards aperture ······························**S. baudoni**
20(16).	Shell dextral ·· 21
	Shell sinistral ··· 22
21(20).	Columella vertical; apical whorls differently tinted; with 8 or more whorls; shell multicolored···**S. asaphes asaphes**
	Columella arched; apical whorls normally colored; with less than 8 whorls; shell uniformly colored···································**S. substrigatus**
22(20).	Whorls speckled; aperture sinuate ························**S. umbilicaris**
	Whorls not speckled; aperture in a plane and straight ···············**S. erraticus**

Pupinidius Möllendorff, 1901

Key to the species

1.	Aperture oval·· 2
	Aperture semicircular ·· 6
	Aperture truncately oval ·· 7
2(1).	Umbilicus narrowly open··· 3
	Umbilicus cylindrical and somewhat broad ···············**P. porrectus** (14)
	Umbilicus rimate ··**P. wenxian**
3(2).	Apex not protruded. Aperture vertical ································ 4
	Apex protruded. Aperture oblique ··································· 5
4(3).	Peristome reflexed but without distinct cuff. Growthline fine and clear. Angular tubercle absent·······································**P. chrysalis**
	Peristome reflexed and distinctly cuffed. Growthline usually indistinct. Angular tubercle present······································**P. latilabrum**
5(3).	Whorls convex. Shell unicolored, semitransparent. Peristome thickened ···············**P. anocamptus**
	Whorls flattened. Shell not unicolored, opaque. Peristome sharp ···············**P. gregorii**
6(1).	Spiral groove absent on whorls. Shell spirally banded ···············**P. pupinella pupinella**
	Spiral grooves present on whorls. Shell spirally bandless ···············**P. pupinella altispirus**
7(1).	Peristome reflexed but indistinctly cuffed ··························· 8

	Peristome reflexed and distinctly cuffed ··· 9
8(7).	Vas deferens evenly thickened. Epiphallus with numerous loops. Penial appendix long. Free oviduct short ·· *P. pupinella altispirus*
	Vas deferens proximally swollen. Epiphallus straight. Penial appendix short. Free oviduct unseen ··· *P. obrutschewi contractus*
	Vas deferens swollen in middle portion. Epiphallus looped. Penial appendix and free oviduct of median length ··· *P. melinostoma* (13)
9(7).	Umbilicus narrowly open. Whorls flattened ·· 10
	Umbilicus rimate. Whorls convex ·· *P. pupinidius*
10(9).	Shell opaque ·· 11
	Shell semitransparent ··· *P. nanpingensis nanpingensis*
11(10).	Shell unicolored ·· *P. nanpingensis ambigua*
	Shell not unicolored ··· 12
12(11).	Body whorl with periphery rounded. Shell up to 6 whorls. Ratio of shell height to shell diameter less than 1.5 ··· *P. streptaxis*
	Body whorl with angular periphery. Shell with 6—7 whorls. Ratio of shell height to shell diameter more than 1.5 ··· *P. obrutschewi obrutschewi*
13.	Lower part of shell near cylindrical. Aperture smaller ·············· *P. melinostoma subcylindricus*
	Lower part of shell conical. Aperture larger ··················· *P. melinostoma melinostoma*
14.	Shell thick. Aperture attached at body whorl ·· *P. porrectus porrectus*
	Shell slender. Aperture separated from body whorl ····························· *P. porrectus pygmaea*

Serina Gredler, 1898

Key to the species

1.	Columella vertical ··· 2
	Columella arched ··· 3
	Columella oblique axially ··· 5
2(1).	Growthlines usually not very clear; suture normal, without narrow defined zone on beneath whorl; last whorl rounded at periphery; aperture sinuate ····································· *S. subser*
	Growthlines fine and clear; suture with a narrow defined zone on beneath whorl; last whorl concaved at periphery; aperture in a plane and straight ··· *S. ser*
3(1).	Last whorl with smoothed spiral peripheral depression ··· *S. egressa*
	Last whorl with a rugate region with crowded and/or thickened growthline-like folds at abapertural side near aperture ··· 4
	Last whorl without smoothed spiral peripheral depression nor rugate region ················ *S. vincentii*
4(3).	Last whorl rounded at periphery; aperture separated from body whorl; outer edge of columellar lip arched ··· *S. soluta*

	Last whorl straight at periphery; aperture completely attached to body whorl; outer edge of columellar lip oblique ··· *S. cathaica*
5(1).	Growthlines usually not very clear; suture normal, without narrow defined zone on beneath whorl; aperture sinuate; last whorl ascending immediately behind aperture ······························· *S. belae*
	Growthlines fine and clear; suture with a narrow defined zone on beneath whorl; aperture in a plane and straight; last whorl descending in front ·· *S. prostoma*

Holcauchen Möllendorff, 1901

Key to the species

1.	Shell breadth more than 3 mm ·· 2
	Shell breath less than 3 mm ·· 6
2(1).	Shell with less than 12 whorls ·· 3
	Shell with 15—20 whorls ··· *H. clausiliaeformis*
	Shell with more than 20 whorls ·· *H. markamensis*
3(2).	Shell uniformly colored ··· *H. entocraspedius*
	Shell multicolored ·· 4
4(3).	Shell spirally with colour band(s) ·· 5
	Shell spirally without colour band ··· *H. brookedolani*
5(4).	Ratio of shell height to breadth less than 3.10; with most swollen part occurred at penultimate whorl ··· *H. gregoriana*
	Ratio of shell height to breadth larger than 3.10; with most swollen part occurred at body whorl ··· *H. anceyi*
6(1).	Ratio of shell height to breadth less than 3.10 ··· 7
	Ratio of shell height to breadth larger than 3.10 ·· 8
7(6).	Peristome not reflexed except columellar region; umbilicus a narrow slit ··············· *H. strangnlatus*
	Peristome reflexed, without distinct cuff; umbilicus widely open ······························· *H. rhusius*
	Peristome reflexed with distinct cuff; umbilicus narrowly open ································ *H. micropea*
8(6).	Shell dextral ··· 9
	Shell sinistral ·· *H. compressicollis*
9(8).	Whorls convex ·· 10
	Whorls flattened ·· 12
10(9).	With most swollen part occurred at whorl before penultimate whorl ························ *H. rhaphis*
	With most swollen part occurred at penultimate whorl ·· 11
	With most swollen part occurred at body whorl ·································· *H. kangdingensis*
11(10).	Peristome not reflexed except columellar region; aperture not adnate; aperture oblique; peristome thickened ··· *H. sulcatus*
	Peristome reflexed with distinct cuff; aperture adnate; aperture vertical; peristome sharp ······ *H. rhaphis*

12(9). Peristome reflexed, without distinct cuff; growthlines fine and clear; dull; suture with a narrow defined zone on beneath whorl ·········· *H. rhabdites* (13)

Peristome reflexed with distinct cuff; growthlines usually not very clear; glossy; suture normal, without narrow defined zone on beneath whorl ·········· *H. hyacinthi*

13. Shell somewhat thick. Parietal callus distinct ·········· *H. rhabdites rhabdites*

Shell somewhat slender. Parietal callus indistinct ·········· *H. rhabdites aculus*

Clausiliopsis Möllendorff, 1901

Key to the species

1. Postnuclear whorls smooth ·········· 2

    Postnuclear whorls wrinkled ·········· *C. schalfejewi*

    Postnuclear whorls represented by regular oblique radial ribs, broken up into rows of distinct rounded tubercles ·········· *C. amphischnus*

    Postnuclear whorls ribbed ·········· 6

2(1). Shell shining ·········· *C. phaeorhaphe*

    Shell dull ·········· 3

    Shell glossy ·········· 4

3(2). Embryonic shell polished; last whorl straight at periphery; aperture truncate-ovate; peristome sharp ·········· *C. szechenyi*

    Embryonic shell not polished; last whorl rounded at periphery; aperture ovate; peristome thickened ·········· *C. hengdan*

4(2). Last whorl rounded at periphery; parietal lamella present; aperture oblique; ratio of shell height to breadth less than 3.20 ·········· 5

    Last whorl straight at periphery; parietal lamella absent; aperture vertical; ratio of shell height to breadth larger than 3.20 ·········· *C. elamellatus*

5(4). Aperture truncate-ovate; palatal plica absent; peristome sharp; whorls never spirally grooved ·········· *C. kobelti*

    Aperture roundedly rhombic; palatal plica present; peristome thickened; whorls with spiral grooves ·········· *C. buechneri*

6(1). Shell shining; aperture sinuate; palatal plica present; parietal lamella present ·········· *C. clathratus*

    Shell glossy; aperture in a plane and straight; palatal plica absent; parietal lamella absent ·········· *C. senckenbergianus*

Pupopsis Gredler, 1898

Key to the species

1.	Outer edge of columellar lip vertical	2
	Outer edge of columellar lip oblique	4
	Outer edge of columellar lip arched	8
2(1).	Thin-shelled; embryonic shell polished; aperture with angular tubercle; peristome sharp	3
	Thick-shelled; embryonic shell not polished; aperture without angular tubercle; peristome thickened	*P. rhodostoma*
3(2).	Shell dull; peristome reflexed with distinct cuff; parietal callus distinct; umbilicus narrowly open	*P. yengiawat*
	Shell glossy; peristome reflexed, without distinct cuff; parietal callus indistinct; umbilicus a narrow slit	*P. maoxian*
4(1).	Peristome not reflexed at all	*P. dissociabilis*
	Peristome not reflexed except columellar region	*P. torquilla*
	Peristome reflexed, without distinct cuff	5
5(4).	Embryonic shell polished; parietal callus indistinct	6
	Embryonic shell not polished; parietal callus distinct	7
6(5).	Peristome sharp; columellar margin with one blunt tooth-shaped lamella; with no more than 8 whorls; whorls convex	*P. retrodens*
	Peristome thickened; columellar margin with one prominent lamella which is expanded inward; with more than 8 whorls; whorls flattened	*P. pupopsis*
7(5).	Shell thin-shelled; dull; suture with a narrow defined zone on beneath whorl; umbilicus narrowly open	*P. hendan*
	Shell thick-shelled; glossy; suture normal, without narrow defined zone on beneath whorl; umbilicus a narrow slit	*P. subtorquilla*
8(1).	Columellar margin with one prominent lamella which is expanded inward	9
	Columellar margin with one tubercle-shaped lamella	*P. zilchi*
	Columellar margin with one blunt tooth-shaped lamella	*P. subpupopsis*
9(8).	Columella vertical; with no more than 8 whorls	10
	Columella arched; with more than 8 whorls	*P. polystreptus*
10(9).	With most swollen part occurred at whorl before penultimate whorl, penultimate whorl and body whorl	*P. yuxu*
	With most swollen part occurred at penultimate whorl	*P. paraplesius*

Petraeomastus Möllendorff, 1901

Key to the species

1.	Whorls convex	2
	Whorls flattened	12
2(1).	Shell uniformly colored	3
	Shell multicolored	8
3(2).	Shell dextral	4
	Shell sinistral	7
4(3).	Outer edge of columellar lip vertical	5
	Outer edge of columellar lip oblique	*P. platychilus*
	Outer edge of columellar lip arched	*P. teres*
5(4).	Shell height more than 20 mm	6
	Shell height less than 20 mm	*P. oxyconus*
6(5).	Shell with no more than 6 whorls	*P. gredleri*
	Shell with 6—8 whorls	*P. commensalis*
7(3).	With apex not acute; opaque	*P. rochebruni*
	With apex acute; semitranslucent	*P. neumayri*
8(2).	Apical whorls normally colored	9
	Apical whorls differently tinted	11
9(8).	Shell opaque; ratio of shell height to breadth less than 2.40	10
	Shell semitranslucent; ratio of shell height to breadth more than 2.40	*P. pantoensis*
10(9).	Shell with apex not acute; umbilicus narrowly open; sinistral; with 6—8 whorls	*P. rochebruni*
	Shell with apex acute; umbilicus a narrow slit; dextral; with more than 8 whorls	*P. xerampelinus*
11(8).	Shell dull; growthlines fine and clear; whorls speckled; umbilicus a narrow slit	*P. diaprepes*
	Shell glossy; growthlines usually not very clear; whorls not speckled; umbilicus narrowly open	*P. moellendorffi*
12(1).	Shell height more than 20 mm	13
	Shell height less than 20 mm	17
13(12).	Shell uniformly colored	14
	Shell multicolored	15
14(13).	Peristome reflexed, without distinct cuff	*P. heudeanus*
	Peristome reflexed with distinct cuff	*P. vidianus*
15(13).	Whorls speckled; peristome reflexed, without distinct cuff; last whorl ascending immediately behind aperture; last whorl slightly angular at periphery	*P. tibetanus*
	Whorls not speckled; peristome reflexed with distinct cuff; last whorl gradually ascending towards aperture; last whorl rounded at periphery	16
16(15).	Parietal callus distinct; opaque; apical whorls differently tinted; sinistral	*P. desgodinsi*

	Parietal callus indistinct; semitranslucent; apical whorls normally colored; dextral ⋯⋯ *P. semifartus*
17(12).	Parietal callus distinct ⋯⋯ 18
	Parietal callus indistinct ⋯⋯ 19
18(17).	Shell dextral; ratio of shell height to breadth less than 2.40 ⋯⋯ *P. giraudelianus*
	Shell sinistral; ratio of shell height to breadth more than 2.40 ⋯⋯ *P. perrieri*
19(17).	With apex not acute; peristome reflexed with distinct cuff; semitranslucent; peristome sharp ⋯⋯ *P. breviculus*
	With apex acute; peristome reflexed, without distinct cuff; opaque; peristome thickened ⋯⋯ *P. mucronatus*

Coccoderma Möllendorff, 1901

Key to the species

1.	Shell with more than 6.876 whorls ⋯⋯ 2
	Shell with less than 6.875 whorls ⋯⋯ 4
2(1).	Shell opaque; postnuclear whorls granulate; aperture with angular tubercle; shell multicolored ⋯⋯ *C. granifer*
	Shell semitranslucent; postnuclear whorls smooth; aperture without angular tubercle; shell uniformly colored ⋯⋯ 3
3(2).	Growthlines usually not very clear; whorls flattened; aperture in a plane and straight; outer edge of columellar lip oblique ⋯⋯ *C. albescens*
	Growthlines fine and clear; whorls convex; aperture sinuate; outer edge of columellar lip vertical ⋯⋯ *C. leptostraca*
4(1).	Growthlines fine and clear ⋯⋯ 5
	Growthlines sometimes combined with rugged thickenings ⋯⋯ *C. granulata*
5(4).	Last whorl straight in front ⋯⋯ *C. trivialis*
	Last whorl gradually ascending towards aperture ⋯⋯ *C. warburgi*

Mirus Albers, 1850

Key to the species

1.	Columella vertical ⋯⋯ 2
	Columella oblique abaxially ⋯⋯ 18
	Columella arched ⋯⋯ 23
	Columella oblique axially ⋯⋯ 32
2(1).	Shell higher than 16 mm ⋯⋯ 3
	Shell lower than 16 mm ⋯⋯ 11
3(2).	Whorls convex ⋯⋯ 4

	Whorls flattened ··· 8
4(3).	Last whorl straight in front ··· 5
	Last whorl gradually ascending towards aperture ·· ***M. daucopsis***
5(4).	Shell with apex not acute ··· 6
	Shell with apex acute ··· ***M. frinianus***
6(5).	Whorls speckled; shell multicolored ·· ***M. mupingianus***
	Whorls not speckled; shell uniformly colored ·· 7
7(6).	Whorls never spirally grooved; aperture with angular tubercle; opaque; with more than 9 whorls ······ ··· ***M. praelongus***
	Whorls with spiral grooves; aperture without angular tubercle; semitranslucent; with 7.5—9 whorls·· ··· ***M. chalcedonicus***
8(3).	Last whorl rounded at periphery ··· 9
	Last whorl straight at periphery ··· 10
9(8).	Ratio of shell height to aperture height less than 2.90 ·· ***M. cantori***
	Ratio of shell height to aperture height more than 2.90 ·· ***M. davidi***
10(8).	Shell with less than 7.5 whorls; sinistral; ratio of height to breadth less than 3.00; outer edge of columellar lip vertical ·· ***M. fargesianus***
	Shell with more than 9 whorls; dextral; ratio of height to breadth larger than 3.00; outer edge of columellar lip oblique ·· ***M. meronianus***
11(2).	Growthlines usually not very clear ·· 12
	Growthlines fine and clear ·· 15
	Growthlines sometimes combined with rugged thickenings ································ ***M. avenaceus***
12(11).	Last whorl straight in front ·· 13
	Last whorl gradually ascending towards aperture ································ 14
13(12).	Outer edge of columellar lip vertical ·· ***M. acuminatus***
	Outer edge of columellar lip oblique ·· ***M. hartmanni***
	Outer edge of columellar lip arched ·· ***M. aubryanus***
14(12).	Whorls never spirally grooved; peristome sharp; peristome reflexed with distinct cuff; with apex not acute ·· ***M. krejcii***
	Whorls with spiral grooves; peristome thickened; peristome reflexed, without distinct cuff; with apex acute ·· ***M. minutus***
15(11).	Shell opaque ·· 16
	Shell semitranslucent ·· 17
16(15).	Whorls speckled; last whorl straight in front; peristome sharp; peristome reflexed with distinct cuff ·· ·· ***M. mupingianus***
	Whorls not speckled; last whorl gradually ascending towards aperture; peristome thickened; peristome reflexed, without distinct cuff ·· ***M. pyrinus***
17(15).	Peristome reflexed, without distinct cuff; outer edge of columellar lip oblique; with 7.5—9 whorls;

	dextral ··········	***M. brizoides***
	Peristome reflexed with distinct cuff; outer edge of columellar lip vertical; with less than 7.5 whorls; sinistral ··········	***M. alboreflexus***
18(1).	Shell dextral ··········	19
	Shell sinistral ··········	21
19(18).	Whorls convex; with 7.5—9 whorls; ratio of height to breadth less than 3.00; ratio of shell height to aperture height less than 2.90 ··········	20
	Whorls flattened; with more than 9 whorls; ratio of height to breadth larger than 3.00; ratio of shell height to aperture height more than 2.90 ··········	***M. gracilispirus***
20(19).	Parietal callus distinct ··········	***M. interstratus***
	Parietal callus indistinct ··········	***M. chalcedonicus***
21(18).	Whorls convex; peristome thickened ··········	22
	Whorls flattened; peristome sharp ··········	***M. antisecalinus***
22(21).	Shell translucent; aperture with angular tubercle; outer edge of columellar lip vertical; lower than 16 mm ··········	***M. funiculus***
	Shell semitranslucent; aperture without angular tubercle; outer edge of columellar lip oblique; higher than 16 mm ··········	***M. siehoensis***
23(1).	Shell with less than 7.5 whorls ··········	24
	Shell with 7.5—9 whorls ··········	26
24(23).	Shell opaque ··········	25
	Shell semitranslucent ··········	***M. transiens***
25(24).	Whorls speckled; whorls never spirally grooved; aperture without angular tubercle; peristome reflexed, without distinct cuff ··········	***M. nothus***
	Whorls not speckled; whorls with spiral grooves; aperture with angular tubercle; peristome reflexed with distinct cuff ··········	***M. utriculus***
26(23).	Shell higher than 16 mm ··········	27
	Shell lower than 16 mm ··········	29
27(26).	Shell dextral ··········	28
	Shell sinistral ··········	***M. euonymus***
28(27).	Whorls convex; aperture without angular tubercle; peristome sharp; umbilicus a narrow slit ··········	***M. chalcedonicus***
	Whorls flattened; aperture with angular tubercle; peristome thickened; umbilicus narrowly open ··········	***M. cantori***
29(26).	Whorls convex ··········	30
	Whorls flattened ··········	***M. brachystoma***
30(29).	Shell with apex not acute ··········	***M. derivatus***
	Shell with apex acute ··········	31
31(30).	Shell translucent; shining ··········	***M. armandi***

	Shell opaque; glossy ·· *M. saccatus*
32(1).	Shell with up to 7.5 whorls ··· *M. alboreflexus*
	Shell with 7.5—9 whorls ·· *M. chalcedonicus*
	Shell with more than 9 whorls ·· *M. praelongus*

Turanena Lindholm, 1922

Key to the species

1.	Columella vertical ·· 2
	Columella oblique abaxially ·· *T. kreitneri*
	Columella arched ·· *T. diplochila*
2(1).	Growthlines usually not very clear; last whorl gradually ascending towards aperture; aperture in a plane and straight; aperture with angular tubercle ································· *T. microconus*
	Growthlines fine and clear; last whorl straight in front; aperture sinuate; aperture without angular tubercle ··· *T. kuldshana*

Dolichena Pilsbry, 1934

Dolichena miranda Pilsbry, 1934

Heudiella Annandale, 1924

Key to the species

Shell turrited; with most swollen part occurred at the last whorl ································ *H. olivieri*

Shell elongate-ovate; with most swollen part occurred at the last 2 or 3 whorls ·························
·· *H. phaedusoides krejcii*

Funiculus Heude, 1888

Key to the species

1.	Shell dextral ··· 2
	Shell sinistral ··· 4
2(1).	Shell with apex not acute ··· 5
	Shell with apex acute; columella vertical; outer edge of columellar lip oblique ············ 3
3(2).	Shell height more than 25 mm ··· *F. delavayanus*
	Shell height less than 25 mm ··· *F. debilis*
4(1).	Outer edge of columellar lip oblique; shell height more than 25 mm ······················ *F. probatus*
	Outer edge of columellar lip arched; shell height less than 25 mm ························· *F. asbestinus*

5(1). Columella arched; outer edge of columellar lip arched ·· *F. coriaceus*

Columella oblique; outer edge of columellar lip oblique ································· *F. laurentianus*

Rachis Albers, 1850

Key to the species

Whorls convex; ratio of shell height to shell breadth more than 1.50 ························ *R. onychinus*

Whorls flattened; ratio of shell height to shell breadth less than 1.50 ···························· *R. aurea*

中 名 索 引

（按汉语拼音排序）

A

阿"粒锥螺" 231
阿氏奇异螺指名亚种 193, 198
阿勇蛞蝓科 31
艾纳螺科 1, 2, 7, 8, 10, 20, 23, 54, 55, 62, 63, 67, 149, 150, 155
艾纳螺总科 1, 2, 3, 4, 33, 54, 56, 67, 234
暖杂斑螺指名亚种 70, 71
安氏沟颈螺 130
暗线拟烟螺 139, 145
奥奇异螺 192, 198
奥氏厄纳螺 225, 226
奥托杂斑螺指名亚种 70, 88, 89
奥蛹巢螺指名亚种 98, 107, 108

B

巴塘杂斑螺 70, 74
巴蜗牛科 4, 7, 31, 54, 55, 155, 160, 234, 235, 236
白谷纳螺 186
白旋"粒锥螺" 232
白缘奇异螺指名亚种 192, 193, 194, 195
邦达鸟唇螺 167, 179
倍唇图灵螺 222
边蛹纳螺 151, 152
扁雕蜗牛科 31
别氏杂斑螺 70, 72, 73
柄眼目 1, 5, 21, 22, 23, 30, 31, 33, 55
波氏杂斑螺 70, 75

波图杂斑螺 70, 91
布鲁氏沟颈螺 130, 131
布氏拟烟螺 140
布氏杂斑螺 70, 74

C

蔡氏拟烟螺 139, 147, 148
常"粒锥螺" 233
潮蜗牛科 31
锤阔唇鸟唇螺 180, 181
茨氏蛹纳螺 151, 166
长口杂斑螺 70, 76, 77

D

达僧杂斑螺 69, 75
大阿氏奇异螺 198
大蜗牛科 31
戴氏奇异螺 192, 207, 208
德氏鸟唇螺 168, 170
德氏小索螺 227, 228
冬杂斑螺 70, 84, 85
豆蛹巢螺指名亚种 97, 113
短暖杂斑螺 70, 71
短口奇异螺 193, 199, 200
多扭蛹纳螺 151, 152

E

厄纳螺属 68, 225
厄氏鸟唇螺 168, 172, 173

F

反齿蛹纳螺 151, 155, 156, 157
反柱奇异螺 191, 210
绯口蛹纳螺 150, 160
肥康氏奇异螺 204
肺螺类 20, 22, 31
佛尔奇异螺 192, 210
弗康氏奇异螺 204
福氏杂斑螺 70, 81, 95
腹足纲 20, 21, 22, 33, 57

G

杆沟颈螺指名亚种 130, 136
高山蛞蝓科 55
高旋豆蛹巢螺 97, 114, 115
革囊奇异螺 193, 221
格拟烟螺 140, 141
格氏沟颈螺 130, 133
格氏鸟唇螺 167, 172
格氏蛹巢螺 97, 100
沟颈螺 13, 17, 121, 130, 138, 149
沟颈螺属 10, 55, 68, 129, 131
谷纳螺 149, 186, 188
谷纳螺属 8, 69, 186
桂奇异螺 193, 197

H

哈氏奇异螺 192, 212, 213
海氏沟颈螺 130, 133
浩罕杂斑螺 70, 86
褐云玛瑙螺 55
横丹拟烟螺 14, 140, 142, 143, 144, 149
横丹蛹纳螺 151, 157, 158
宏口杂斑螺 70, 88
后鳃类 20
胡萝卜奇异螺 191, 207
槲果螺科 31

槲果螺总科 1
虎杂斑螺 70, 94
琥珀螺科 31
滑康氏奇异螺 205
环绕杂斑螺 55, 70, 78, 79
灰尖巴蜗牛 54
灰康氏奇异螺 206
灰口蛹巢螺指名亚种 98, 103, 104
惑南坪蛹巢螺 98, 107

J

基眼目 22, 31
吉氏鸟唇螺 168, 171
脊纳螺属 229
假锥亚科 8, 68, 96, 149
尖杆沟颈螺 130, 137
尖锥鸟唇螺 167, 178
坚螺科 31
间盖奇异螺 192, 213
角康氏奇异螺 203
节饰"粒锥螺" 232
戒金丝雀螺 117, 121, 122
金脊纳螺 230
金丝雀螺属 8, 55, 68, 117
金蛹巢螺 97, 100
近暮金丝雀螺 117, 125, 126
近微奇异螺 216
近柱灰口蛹巢螺 98, 104
具腹杂斑螺 69, 95

K

康定沟颈螺 130, 134
康氏奇异螺指名亚种 192, 193, 202
柯氏拟烟螺 140, 144
克氏厄纳螺 225
克氏奇异螺 192, 214
克氏图灵螺 222, 223
库氏杂斑螺 69, 86

阔唇鸟唇螺指名亚种　167, 180
阔唇蛹巢螺　97, 101, 102

L

榄剑螺总科　31
劳氏小索螺　227, 228
蠃小索螺　227, 228
梨形奇异螺　192, 219
栗带"粒锥螺"　232
粒谷纳螺　186, 187, 188
粒锥螺属　1, 231
亮盘螺属　7
裂"粒锥螺"　233
瘤拟烟螺　139, 140
罗氏鸟唇螺　167, 182
洛康氏奇异螺　205
绿岛康氏奇异螺　206

M

马尔康沟颈螺　130, 134
玛瑙螺科　31
毛巴蜗牛　54
矛金丝雀螺　117, 118
茂蛹纳螺　150, 159, 160
梅奇异螺　192, 214
美名奇异螺　193, 210
棉杂斑螺　70, 82, 83
摩氏鸟唇螺　167, 174, 175
暮金丝雀螺　117, 123
穆坪奇异螺　191, 192, 217

N

南坪蛹巢螺指名亚种　97, 105, 106
囊形奇异螺　193, 219
内齿螺总科　31
内坎沟颈螺　130, 132
拟阿勇蛞蝓科　31
拟阿勇蛞蝓总科　31

拟烟螺属　13, 68, 139, 149
拟蛹纳螺　151, 159, 160, 161
念珠鸟唇螺　167, 171
鸟唇螺　149
鸟唇螺属　6, 68, 166, 169
扭蛹纳螺　151, 155, 163
扭轴螺科　31
扭轴螺总科　31
扭轴蛹巢螺　98, 116
纽氏鸟唇螺　167, 178

P

帕图螺科　22, 31, 57
帕图螺属　22
膨舒金丝雀螺　128
皮氏鸟唇螺　168, 179
皮小索螺　227
平拟烟螺　140, 142

Q

漆沟颈螺　16, 130, 137
奇异螺属　55, 69, 191
脐杂斑螺　70, 95
前口金丝雀螺　118, 119, 120
前顾奇异螺指名亚种　192, 193, 218
前鳃亚纲　31
浅纹谷纳螺　186, 190
曲尿道目　31

R

锐鸟唇螺　168, 176, 177
锐奇异螺　192, 193

S

瑟珍拟烟螺　140, 146
上曲蛹巢螺　97, 98, 99
蛇蜗牛　55
伸蛹巢螺指名亚种　98, 111

石鸡杂斑螺 70, 92
似扭蛹纳螺 151, 160, 162
似烟沟颈螺 130, 131
瘦瓶杂斑螺 70, 87
舒金丝雀螺指名亚种 117, 127
束沟颈螺 130, 138
双蛹纳螺 151
霜纳螺科 67, 229
碎枯藤鸟唇螺 186
缩奥蛹巢螺 97, 109, 110
索形奇异螺 193, 211

T

条金丝雀螺 8, 117, 118
透奇异螺 193, 220
凸奥托杂斑螺 70, 90
图灵螺属 68, 222

W

瓦娄蜗牛科 31, 33
丸鸟唇螺 168, 183, 184
微放沟颈螺 130, 135
微奇异螺指名亚种 192, 215
维鸟唇螺 168, 185
伪奇异螺 193, 218
文氏金丝雀螺 117, 129
文蛹巢螺 97, 112, 113
纹白缘奇异螺 196
纹杂斑螺 70, 92, 93
倭丸鸟唇螺指名亚种 168, 169
沃氏"粒锥螺" 234
沃氏谷纳螺 186, 190

X

细粒谷纳螺 186, 189
细锥奇异螺 192, 211
狭唇舒金丝雀螺 127
狭纳螺属 68, 224

湘微奇异螺 215
肖氏拟烟螺 139, 145
小白缘奇异螺 196
小节白缘奇异螺 196
小玛瑙螺总科 1, 31
小索螺属 69, 226
谐鸟唇螺 167, 170
鞋形目 22, 31
谢河奇异螺 193, 220

Y

烟管螺科 31
烟管螺总科 1
衍奇异螺 193, 209
燕麦奇异螺 192, 199
伊犁图灵螺 222, 223
异尿道目 31
引前顾奇异螺 219
英蛹纳螺 150, 157, 163
蛹巢螺 149
蛹巢螺属 19, 55, 69, 96
蛹螺科 31
蛹螺总科 1, 31, 33
蛹纳螺 12, 154
蛹纳螺属 69, 149, 150, 160, 164, 166
优狭纳螺 225
优小索螺 227, 228
玉髓奇异螺 192, 193, 207
玉虚蛹纳螺 151, 164, 165
圆鸟唇螺 167, 184

Z

杂斑螺属 69, 164
藏鸟唇螺 168, 174
爪脊纳螺 230
针沟颈螺 130, 135
直尿道亚目 1, 31, 33
直神经类 20, 21, 22, 31

稚奇异螺　192, 201
稚锥图灵螺　222, 224
侏伸蛹巢螺　98, 111
锥旋倭丸鸟唇螺　170
锥亚科　67, 68, 149

紫红杂斑螺　70, 79, 81
钻白缘奇异螺　197
钻头螺科　31, 55
左弓小索螺　227
左沟颈螺　130, 132

学 名 索 引

A

Acavidae 23, 25
Achatinellacea 31
Achatinelloidea 1
Achatinidae 23, 25, 31
aculus, Buliminus (Holcauchen) rhabdites 137
aculus, Holcauchen rhabdites 137
acuminatus, Buliminus (Ena) 193
acuminatus, Buliminus (Mirus) 193
acuminatus, Mirus 8, 193
adamsi, Corilla 24
Agriolimacidae 55
albescens, Buliminus (Napaeus) 186
albescens, Coccoderma 186
albescens, Mirus 187
alboreflexus, Buliminus 194, 196
alboreflexus, Ena 194
alboreflexus, Mirus alboreflexus 194, 195
alexandri, Dorcasia 24
alliarius, Oxychilus 25
alte, Laevicaulis 24
Altenaia 13
altispirus, Pupinidius pupinella 114, 115
amaliae, Euhadra 24
Amastridae 1, 25
ambagiosus, Placostylus 25
ambigua, Pupinidius nanpingensis 107
amedeanus, Buliminus 231
amedeanus, Buliminus (Ena) 231
Amimopina 18
amphischnus, Clausiliopsis 140
amphischnus, Zebrina (Styloptychus) 140

Amphiscopus 16, 18
Ampullaridae 25
Anadenidae 55
anceyi, Buliminus (?) 130
anceyi, Buliminus (Clausiliopsis) 130
anceyi, Buliminus (Ena) 91
anceyi, Buliminus (Zebrina ?) 130
anceyi, Holcauchen 130
Andronakiinae 2
anocamptus, Buliminus (Pupinidius) 98
anocamptus, Pupinidius 19, 98, 99
anoconus, Buliminus (Petraeomastus) breviculus 170
anoconus, Petraeomastus breviculus 170
antipodarum, Potamopyrgus 26
antisecalinus, Buliminus 197
antisecalinus, Buliminus (Ena) 198
antisecalinus, Ena (Mirus) 198
antisecalinus, Mirus 197
antivergo, Vertigo 26
apertus, Cantareus 23
Aplysiidae 23
arbustorum, Arianta 23
argentea, Harmogenanina 24
Arionidae 23, 31
Ariophantidae 23, 24, 25
armandi, Buliminus 198
armandi, Buliminus (Mirus) 198
armandi, Mirus armandi 198
asaphes, Buliminus 71
asaphes, Buliminus (Subzebrinus) 71
asaphes, Subzebrinus asaphes 71
asbestinus, Funiculus 227

学 名 索 引

aspersa, Cantareus   23
ater, Arion   23
Athoracophoridae   23
aubryanus, Buliminus   198
aubryanus, Buliminus (Mirus)   198
aubryanus, Buliminus (Napaeus)   198
aubryanus, Mirus   198
aurea, Buliminus (Rhachis)   230
aurea, Rachis   230
australis, Atopos   23
austriaca, Orcula   25
avenacea, Chondrina   24
avenaceus, Buliminus   199
avenaceus, Buliminus (Ena)   199
avenaceus, Buliminus (Mirus)   199
avenaceus, Ena (Mirus)   199
avenaceus, Mirus   199

B

barclayi, Louisia   25
batangensis, Buliminus (Napaeus)   74
batangensis, Buliminus (Subzebrinus)   74
batangensis, Buliminus (Zebrina)   74
batangensis, Subzebrinus   74
batangensis, Zebrinus (Subzebrinus)   74
baudoni, Buliminus   75, 217
baudoni, Buliminus (Napaeus)   75
baudoni, Buliminus (Subzebrinus)   75
baudoni, Ena (Subzebrinus)   217
baudoni, Subzebrinus   17, 75, 91, 219
baudoni, Zebrinus (Subzebrinus)   75
belae, Buliminus (?)   118
belae, Buliminus (Clausiliopsis)   118
belae, Buliminus (Zebrina?)   118
belae, Serina   118
beresowskii, Buliminus (Subzebrinus)   72
beresowskii, Subzebrinus   72, 73
beresowskii, Zebrinus (Subzebrinus)   72

bidentata, Clausilia   24
bieti, Bulimus   172
bistrialis, Cryptozona   24
bitentaculatus, Athoracophorus   23
Bocageia   23
brachystoma, Buliminus   199
brachystoma, Buliminus (Ena)   199
brachystoma, Buliminus (Mirus)   199
brachystoma, Ena (Mirus)   199
brachystoma, Mirus   199, 200
Bradybaenidae   23, 24, 55, 155
brazieri, Fastosarion   24
bretschneideri, Buliminus (Subzebrinus)   74
bretschneideri, Subzebrinus   74
bretschneideri, Zebrinus (Subzebrinus)   74
breviculus, Buliminus (Petraeomastus)   168, 170
breviculus, Petraeomastus   168, 169, 170
breviculus, Petraeomastus breviculus   168, 169
brevior, Buliminus (Subzebrinus) asaphes   71
brevior, Buliminus asaphes   71
brevior, Subzebrinus asaphes   71
brizoides, Buliminus (Ena)   201
brizoides, Buliminus (Mirus)   201
brizoides, Ena (Mirus)   201
brizoides, Mirus   201
brookedolani, Ena (Holcauchen)   131
brookedolani, Holcauchen   131
budapestensis, Milax   25
buechneri, Buliminus (Clausiliopsis)   140
buechneri, Clausiliopsis   140
Bulimina   231
Bulimininae   1
Buliminoidea   1
Buliminuinae   2, 67, 68, 149
Buliminus   1, 4
Buliminus (Clausiliopsis)   139
Buliminus (Coccoderma)   186
Buliminus (Holcauchen)   129

Buliminus (*Lophauchen*) 234
Buliminus (*Petraeomastus*) 166
Buliminus (*Pupinidius*) 96
burnupi, Chlamydephorus 24

C

caelatura, Plegma 25
Camaenidae 21, 24, 25, 26, 31, 55
cantori, Buliminus 202, 204
cantori, Buliminus (*Mirus*) 202, 203, 204, 205, 206
cantori, Buliminus (*Napaeus*) 202, 204, 205, 206, 208, 209
cantori, Ena 202
cantori, Ena (*Mirus*) 202
cantori, Mirus cantori 202
carduchus, Modania (*Iranopsis*) 13
Carychiidae 23
Caryodidae 23
castaneo-balteatus, Buliminus 232
cathaica, Serina 8, 118
cathaicus, Buliminus (*Serina*) 118
cellarius, Oxychilus 25
Cerastidae 229
Cerastinae 229
Cerastuidae 1, 2, 229
Cerastuinae 1
Cerionidae 24
ceylanica, Glessula 24
chalcedonicus, Buliminus (?) 230
chalcedonicus, Buliminus (*Mirus*) 207, 230
chalcedonicus, Buliminus (*Napaeus*) 207, 230
chalcedonicus, Buliminus (*Rachis*) 207, 230
chalcedonicus, Mirus 207, 230
chalcedonicus, Rhachis 230
Charopidae 26
Chlamydephoridae 24, 31
Chondrinidae 1, 20, 24, 26, 31, 33

Chondrula 16
Chondrulinae 1
Chondrulopsininae 2
Chondrus 1
chrysalis, Buliminus (*Pupinidius*) 100
chrysalis, Pupinidius 100
clathratus, Buliminus (*Clausiliopsis*) 141
clathratus, Clausiliopsis 141
clausiliaeformis, Buliminus (*Holcuchen*) 131
clausiliaeformis, Ena (*Holcauchen*) 131
clausiliaeformis, Holcauchen 131
Clausiliidae 1, 23, 24, 25, 26, 31, 55
Clausilioidea 1
Clausiliopsis 4, 8, 13, 68, 139, 145
clienta, Chondrina 24
Coccoderma 4, 8, 69
Cochlicopidae 1, 24, 31, 33
Cochlicopoidea 1
Coeliaxidae 26, 31
columbiana, Vespericola 26
commensalis, Buliminus 170
commensalis, Buliminus (*Petraeomastus*) 170
commensalis, Petraeomastus 170
comminutus, Buliminus 232
compressicollis, Holcauchen 132
concolor, Buliminus (*Napaeus*) *moellendorffi* 174
conica, Samoana 26
contractus, Buliminus (*Pupinidius*) *obrutschewi* 109
contractus, Pupinidius obrutschewi 96, 109, 110
convexospirus, Buliminus (*Subzebrinus*) *ottonis* 90
convexospirus, Subzebrinus ottonis 90
coriaceus, Clausiliopsis 227
coriaceus, Funiculus 227
Corillidae 24
corneus, Mirus cantori 203
corpulenta, Mirus cantori 204

costata, Vallonia 26
cristatellus, Buliminus 234
cristatellus, Buliminus (Lophauchen) 234
cristatellus, Lophauchen 234
crystallina, Virrea 26
Cyclophoridae 24
cylindracea, Lauria 25

D

dalailamae, Buliminus (Napaeus) 76
dalailamae, Buliminus (Subzebrinus) 76
dalailamae, Buliminus (Zebrina) 75
dalailamae, Subzebrinus 75
daucopsis, Buliminus 207
daucopsis, Buliminus (Mirus) 207
daucopsis, Mirus 207
davidi, Buliminus (Napaeus) 208
davidi, Buliminus (Subzebrinus) 208
davidi, Bulimus 207
davidi, Mirus 207, 208
davidi, Subzebrinus 205, 208
davidi, Zebrina (Subzebrinus) 208
debilis, Funiculus 228
decapitata, Mundiphaedusa 25
decollata, Rumina 26
delavayanus, Buliminus 226, 228
delavayanus, Buliminus (Napaeus) 228
delavayanus, Funiculus 228
deqenensis, Serina 119, 121
derivatus, Buliminus 209
derivatus, Buliminus (Ena) 209
derivatus, Buliminus (Mirus) 209
derivatus, Buliminus (Napaeus) 209
derivatus, Mirus 209
desgodinsi, Buliminus (Petraeomastus) 170
desgodinsi, Ena (Petraeomastus) 170
desgodinsi, Petraeomastus 170
diaprepes, Buliminus 171

diaprepes, Buliminus (Petraeomastus) 171
diaprepes, Petraeomastus 171
dilatatus, Buliminus pinguis 236
dimidiata, Otoconcha 25
diplochila, Turanena 222
diplochilus, Buliminus (Serina) 222
Discidae 24
dissociabilis, Buliminus (Pupopsis) 151
dissociabilis, Pupopsis 151
Dolichena 4, 68, 224
dolichostoma, Buliminus (Subzebrinus) 76
dolichostoma, Subzebrinus 76, 77
Dorcasiidae 24, 26
dufresnii, Caryodes 23

E

eccentrica, Vallonia 26
Edouardia 13, 15
egressa, Buliminus cathaica 121
egressa, Serina 121, 122
egressa, Serina ser 121
egressus, Buliminus (Serina) ser 121
elamellatus, Buliminus (Clausiliopsis) 142
elamellatus, Clausiliopsis 142
elegans, Pomatias 26
Ellobiidae 24, 25
elongata, Buliminus (Napaeus) cantori 208, 209
Ena (Dolichena) 224, 225
Ena (Turanena) 222
Endodontacea 31
Eninae 1, 2
Enoidea 2, 8, 10, 67
entocraspedius, Buliminus (Holcauchen) 132
entocraspedius, Ena (Holcauchen) 132
entocraspedius, Holcauchen 132
erraticus, Subzebrinus 16, 17, 55, 78, 79
Euchondrinae 2
Euchondrus 11

Euconulidae 24

euonymus, Buliminus 210

euonymus, Buliminus (*Ena*) 210

euonymus, Buliminus (*Mirus*) 210

euonymus, Mirus 210

eurystoma, Buliminus (*Pupinidius*) *obrutschewi* 107

Euthyneura 20, 22, 33

F

fargesianus, Buliminus 210

fargesianus, Buliminus (*Mirus*) 210

fargesianus, Buliminus (*Napaeus*) 210

fargesianus, Ena (*Mirus*) 210

fargesianus, Mirus 210

fasciolata, Lauria 25

fidelis, Monadenia 25

filippina, Laeocathaica 24

fragilis, Mirus cantori 204

frinianus, Buliminus 210

frinianus, Buliminus (*Mirus*) 210

frinianus, Buliminus (*Napaeus*) 210

frinianus, Mirus 210

fuchsianus, Buliminus 79

fuchsianus, Buliminus (*Napaeus*) 79

fuchsianus, Buliminus (*Subzebrinus*) 80

fuchsianus, Subzebrinus 15, 79, 80, 81

fulica, Achatina 23, 55

fultoni, Buliminus (*Subzebrinus*) 81

fultoni, Subzebrinus 81

fultoni, Zebrina (*Subzebrinus*) 81

fulvus, Euconulus 24

Funiculus 4, 69, 215, 226

funiculus, Buliminus 211

funiculus, Buliminus (*Mirus*) 211

funiculus, Buliminus (*Napaeus*) 211

funiculus, Mirus 211

G

gansuicus, Buliminus 152

gansuicus, Buliminus (*Pupopsis*) 152, 166

gansuicus, Pupopsis 153

Gastropoda 21, 33

giraudelianus, Buliminus 171

giraudelianus, Buliminus (*Napaeus*) 171

giraudelianus, Buliminus (*Petraeomastus*) 171

giraudelianus, Petraeomastus 171

globulus, Trigonephrus 26

Goniodoridae 24

Gonospira 24

gossipinus, Buliminus 82

gossipinus, Buliminus (*Subzebrinus*) 82

gossipinus, Subzebrinus 82, 83

gossipinus, Zebrinus (*Subzebrinus*) 82

gracilispirus, Buliminus (*Ena*) 211

gracilispirus, Buliminus (*Mirus*) 211

gracilispirus, Mirus 211

granifer, Buliminus (*Coccoderma*) 187

granifer, Coccoderma 187, 188

granifer, Ena (*Coccoderma*) 187

granulata, Coccoderma 188

gredleri, Buliminus (*Napaeus*?) 172

gredleri, Buliminus (*Petraeomastus*) 172

gredleri, Ena (*Petraeomastus*) 172

gredleri, Petraeomastus 172

gregoriana, Buliminus (*Holcauchen*) 133

gregoriana, Holcauchen 133

gregorii, Buliminus (*Pupinidius*) 100

gregorii, Pupinidius 8, 16, 17, 100, 101, 102

H

Haplotrematidae 21, 24, 31

hartmanni, Buliminus (*Ena*) 207, 212

hartmanni, Mirus 16, 212, 213

Helicarionidae 24, 25, 26, 31

Helicidae   23, 24, 25, 26, 31
Helminthoglyptidae   21, 24, 25, 31
helveticus, Oxychilus   25
hengdan, Clausiliopsis   14, 142, 143
hepatzion, Rhysotina   26
herklotsi, Cyclophorus   24
herzi, Buliminus   222
heudeanus, Buliminus   166, 172
heudeanus, Buliminus (Napaeus)   172
heudeanus, Buliminus (Petraeomastus)   172
heudeanus, Petraeomastus   16, 172, 173
Heudiella   4, 68, 225
Hiona   24
hispida, Trichia   26
Holcauchen   4, 8, 55, 68, 129
hortensis, Arion   23
hortensis, Cepaea   23
hunancola, Buliminus   79, 80
hunanensis, Buliminus   215
hunanensis, Buliminus (Ena)   215
hunanensis, Buliminus (Mirus) minutus   215
hunanensis, Mirus minutus   215
hyacinthi, Buliminus   133
hyacinthi, Buliminus (Hoclauchen)   133
hyacinthi, Holcauchen   133, 134
hyacinthi, Pupopsis (Holcauchen)   134
Hydrobiidae   21, 26
hyemalis, Buliminus   84
hyemalis, Buliminus (Subzebrinus)   84
hyemalis, Subzebrinus   84, 85
Hygromiidae   26, 31

I

ide, Suteria   26
incanum, Cerion   24
inflata, Serina soluta   128
inquinata, Asperitas   23
insularis, Zootecus   26

interstratus, Buliminus   213
interstratus, Buliminus (Ena)   214
interstratus, Buliminus (Mirus)   214
interstratus, Mirus   213

J

Jaminiinae   1, 2
japonica, Satsuma   26
japonica, Stereophaedusa   26

K

kangdingensis, Holcauchen   134
kobelti, Buliminus (Clausiliopsis)   144
kobelti, Clausiliopsis   144
kobelti, Ena (Clausiliopsis)   144
kokandensis, Buliminus (Subzebrinus)   86
kokandensis, Buliminus labiellus   86
kokandensis, Subzebrinus   86
kreitneri, Buliminus   223
kreitneri, Buliminus (Serina)   223
kreitneri, Buliminus (Severtzowia)   223
kreitneri, Ena (Serina)   223
kreitneri, Turanena   223
krejcii, Ena (Heudiella) phaedusoides   225
krejcii, Ena (Heudiella?) phaedusoides   225
krejcii, Ena (Mirus)   214
krejcii, Heudiella   225
krejcii, Mirus   214
kuldshana, Turanena   223
kuldshanus, Buliminus (Pseudonapaeus)   223
kuldshanus, Buliminus sogdianus   223
kuschakewitzi, Buliminus   86
kuschakewitzi, Buliminus (Subzebrinus)   86
kuschakewitzi, Subzebrinus   86

L

labiellus, Buliminus   69, 86
labrosus, Buliminus   23, 231

Laemodonta 24
laetus, Buliminus (*Petraeomastus*) *xerampelinus* 174
laetus, Petraeomastus xerampelinus 175, 181
laminata, Cochlodina 24
Laoma 24
lapicida, Helicigona 24
latilabrum, Buliminus (*Petraeomastus*) 101
latilabrum, Pupinidius 101, 102
laurentianus, Buliminus 215, 218, 228
laurentianus, Funiculus 218, 228
laxata, Plutonia 25
lepida, Leptachatina 25
leptostraca, Coccoderma 189
leucochila, Bulimus prostomus 119, 121
Limacidae 24, 25, 55
Limicolaria 25
loczyi, Buliminus (*Napaeus*) 205
loczyi, Mirus cantori 205
loczyi, Subzebrinus davidi 205
loliaceus, Buliminus 232
Lophauchen 4, 234
lubrica, Cochliopa 24
lubricella, Cochliopa 24
luteus, Melampus 25

M

macroceramiformis, Buliminus 87
macroceramiformis, Buliminus (*Napaeus*) 87
macroceramiformis, Buliminus (*Subzebrinus*) 87
macroceramiformis, Subzebrinus 87, 220
macroceramiformis, Zebrinus (*Subzebrinus*) 87
Macrochlamys 25
macrostoma, Buliminus (*Subzebrinus*) 88
macrostoma, Subzebrinus 88
maculosus, Geomalacus 24
magis, Buliminus pinguis 236
major, Buliminus armandi 198

major, Mirus armandi 198
malleatus, Buliminus (*Petraeomastus*) *platychilus* 180
malleatus, Petraeomastus platychilus 180, 181
mandarinus, Tortaxis 26
maoxian, Pupopsis 12, 159
marginata, Archachatina 23
markamensis, Holcauchen 134
Megalobulimidae 25
meleagrinus, Buliminus 91
meleagrinus, Subzebrinus 91
meleagrinus, Zebrinus (*Subzebrinus*) 91
melinostoma, Buliminus (*Subzebrinus*) 103, 104
melinostoma, Pupinidius melinostoma 103, 104
melinostoma, Subzebrinus 103
Merdigerinae 2
meronianus, Buliminus 214
meronianus, Buliminus (*Ena*) 214
meronianus, Buliminus (*Mirus*) 214
meronianus, Mirus 214
microconus, Buliminus (*Serina*) 224
microconus, Buliminus pinguis 236
microconus, Serina 224
microconus, Turanena 224
micropeas, Buliminus (*Holcauchen*) 135
micropeas, Ena (*Holcauchen*) 135
micropeas, Holcauchen 135
Milacidae 25
minor, Buliminus alboreflexus 196
minor, Mirus alboreflexus 196
minutus, Buliminus 215
minutus, Buliminus (*Ena*) 216
minutus, Buliminus (*Mirus*) 215, 216
minutus, Buliminus (*Napaeus*) 216
minutus, Mirus minutus 215, 216
miranda, Dolichena 225
miranda, Ena (*Dolichena*) 225
Mirus 4, 69, 191

moellendorffi, Buliminus (*Napaeus*) 174
moellendorffi, Buliminus (*Petraeomastus*) 174
moellendorffi, Ena (*Petraeomastus*) 175
moellendorffi, Petraeomastus 174, 175
moupinianus, Buliminus 217
moupiniensis, Ena (*Mirus*) 217
mucronatus, Buliminus (*Petraeomastus*) 176
mucronatus, Petraeomastus 176, 177
mupinensis, Buliminus 75
mupingianus, Buliminus (*Mirus*) 217
mupingianus, Mirus 217

N

nanpingensis, Buliminus (*Pupinidus*) 105
nanpingensis, Pupinidius nanpingensis 105, 106
Napaeinae 1
nemoralis, Cepaea 23
Nesobia 8
neumayri, Buliminus (*Mirus*) 178
neumayri, Buliminus (*Napaeus* ?) 178
neumayri, Buliminus (*Napaeus*) 178
neumayri, Ena (*Mirus*) 178
neumayri, Petraeomastus 178
nodosa, Goniodoris 24
nodulatus, Buliminus (*Mirus*) *alboreflexus* 196
nodulatus, Mirus alboreflexus 196
nothus, Mirus 218

O

obesus, Buliminus (*Napaeus*) 205
obesus, Mirus cantori 205
oblongus, Megalobulimus 25
obrutschewi, Buliminus 107
obrutschewi, Buliminus (*Pupinidius*) 107, 109
obrutschewi, Pupinidius obrutschewi 107, 108
Oleacinacea 31
olivieri, Ena (*Heudiella*) 226
olivieri, Heudiella 226

olvieriana, Ena (*Heudiella*) 226
Onchidoridae 23, 30
onychina, Rhachis 230
onychinus, Buliminus 230
onychinus, Rachis 84, 230
Opisthobranchia 20
Orculidae 1, 25, 31
ordinarius, Buliminus 233
Orthurethra 31, 33
oscitans, Buliminus 233
Otoconchidae 25
ottonis, Buliminus 88
ottonis, Buliminus (*Subzebrinus*) 88, 90
ottonis, Subzebrinus ottonis 16, 17, 88, 89
Ottorosenia 68
oxyconus, Buliminus (*Petraeomastus*) 178
oxyconus, Petraeomastus 178

P

Pachnodinae 229
Pachnodus 14, 31
pallens, Buliminus 206
pallens, Buliminus (*Napaeus*) *cantori* 206
pallens, Mirus cantori 206
pallens, Trochomorpha 26
pantoensis, Buliminus (*Napaeus*) 179
pantoensis, Buliminus (*Petraeomastus*) 179
pantoensis, Petraeomastus 179
papillaris, Papillifera 25
paraplesius, Buliminus (*Pupopsis*) 152
paraplesius, Pupopsis 151, 152
Partula 22
Partulidae 22, 24, 25, 26, 31, 57
pectinata, Siphonaria 26
pellucida, Vitrina 26
Pene 13
perforatus, Buliminus (*Ena*) *alboreflexus* 197
perforatus, Buliminus (*Mirus*) *alboreflexus* 197

perforatus, Ena (Mirus) alboreflexus　197
perforatus, Mirus alboreflexus　197
perrieri, Buliminus (Petraeomastus)　179
perrieri, Bulimus　179
perrieri, Petraeomastus　179
Petraeomastus　4, 6, 68, 101, 166
Petraeus　231
phaedusoides, Heudiella　225, 226
phaeorhaphe, Buliminus (Clausiliopsis)　145
phaeorhaphe, Clausiliopsis　145
Philomycidae　55
phoenix, Acavus　23
pilosa, Acanthodoris　23, 28, 30, 32
pinguis, Buliminus　235, 236
pisana, Theba　26
platychilus, Buliminus (Petraeomastus)　180
platychilus, Petraeomastus platychilus　180
Pleurodiscidae　1
Polygyridae　20, 26, 31
polystrepta, Pupopsis　151, 152
Pomacea　25
Pomatiasidae　26
porrectus, Buliminus (Pupinidius)　111
porrectus, Pupinidius　111
porrectus, Pupinidius porrectus　111
postumus, Buliminus　91
postumus, Buliminus (Subzebrinus)　91
postumus, Subzebrinus　91
praelongus, Buliminus　218, 219
praelongus, Buliminus (Mirus)　218
praelongus, Mirus praelongus　218
pricei, Craterodiscus　24
probatus, Funiculus　228
proctori, Leucotaenius　25
productior, Buliminus praelongus　219
productior, Mirus praelongus　219
prostoma, Buliminus (Serina)　119
prostoma, Serina　119, 120, 121

Pseudiberus　55
Pseudobuliminus　4, 155, 234, 235, 236
Pseudonapaeinae　2, 8, 68
Pseudonapaeus　222
Pulmonata　20
pumilio, Buliminus　216
punctata, Aplysia　23
punctatus, Bulimus　229
Punctidae　24
Pupillacea　1, 31, 33
Pupillidae　1, 25, 31
Pupilloidea　1
pupinella, Buliminus (Pupinidius)　113, 114
pupinella, Pupinidius pupinella　113
Pupinidius　4, 69, 96,
pupinidius, Buliminus　96
pupinidius, Buliminus (Pupinidius)　115
pupinidius, Pupinidius　115
Pupopsis　4, 12, 69, 149, 150, 151, 153, 154, 159, 160, 161, 162
pupopsis, Buliminus　149, 150, 152
pupopsis, Pupopsis　12, 152, 153, 154
putris, Succinea　26, 31
pygmaea, Ena porrecta　111
pygmaea, Pupinidius porrectus　111
Pyramidulidae　1, 26, 31
pyrinus, Buliminus (Ena)　219
pyrinus, Buliminus (Mirus)　219
pyrinus, Mirus　219

Q

quadrilateralis, Gonaxis　24
quangjuoenensis, Buliminus　235
quangjuoenensis, Buliminus (?)　235
quangjuoenensis, Buliminus (Chondrula)　235

R

Rachis　4, 229

Rachisellus 229
Rachispeculum 8
Rathouisiidae 23
ravida, Acusta 54
reticulatum, Deroceras 24
Retowskiinae 2
retrodens, Buliminus 155
retrodens, Buliminus (Chondrula) 155
retrodens, Buliminus (Chondrulopsis) 155
retrodens, Pupopsis 155, 156
retrodens, Sewertzowia (Parachondrula) 156
rhabdites, Buliminus 136
rhabdites, Buliminus (Holcauchen) 136, 137
rhabdites, Holcauchen rhabdites 136
Rhachis 229
Rhachistia 1
rhaphis, Buliminus (Holcauchen) 135
rhaphis, Holcauchen 135, 136
rhodostoma, Pupopsis 160
rhusius, Buliminus (Holcauchen) 137
rhusius, Holcauchen 16, 17, 137
Rhytididae 26, 31
rochebruni, Buliminus (Petraeomastus) 182
rochebruni, Bulimus 182
rochebruni, Petraeomastus 182
rolphii, Macrogastra 25
rosea, Euglandina 24
rotundatus, Discus 24
rumichangensis, Ena (Petraeomastus) 183
rupestris, Pyramidula 26

S

saccatus, Mirus 219
saccatus, Subzebrinus baudoni 219
Satsuma 26, 30
scabriuscula, Marmorana 25
schalfejewi, Buliminus (Clausiliopsis) 145
schalfejewi, Buliminus (Napaeus ?) 145

schalfejewi, Buliminus (Zebrina) 145
schalfejewi, Clausiliopsis 145
schalfejewi, Zebrina 145
Schizoglossa 26
schuensis, Buliminus (Ena) 217
schuensis, Buliminus (Mirus) 217
schypaensis, Buliminus 92
schypaensis, Buliminus (Subzebrinus) 92
schypaensis, Subzebrinus 92
scutulum, Testacella 26
secalinus, Buliminus 212
secalinus, Buliminus (Napaeus) 212
semifartus, Buliminus (Petraeomastus) 183
semifartus, Petraeomastus 183, 184
senckenbergianus, Clausiliopsis 146
Seplaeoconchinae 1
ser, Buliminus 117
ser, Buliminus (Serina) 121, 123
ser, Ena (Serina) 124
ser, Serina 121, 122, 123, 124, 127
Serina 4, 8, 55, 68, 117
setchuanensis, Buliminus 217
setchuanensis, Ena (Mirus) 217
setchuensis, Ena (Mirus) 217
setschuenensis, Buliminus (Mirus) 217
setschuenensis, Buliminus (Napaeus) 217
sidonensis, Pene 25
siehoensis, Buliminus (Chondrula) 220
siehoensis, Mirus 220
Sigmurethra 31
silhouettanus, Pachnodus 25
similaris, Bradybaena 23, 54, 55
similes, Solatopupa 26
Siphonariidae 26
sobrina, Buliminus (Serinus) 147, 149
sobrina, Serina 147
soluta, Ena (Serina) 127
soluta, Serina soluta 127

Spelaeoconchinae 1, 2, 67
Spiraxidae 24, 31
stenochila, *Serina soluta* 127
stephenensis, *Rhytida* 26
Stilpnodiscus 7
strangnlatus, *Buliminus* (*Holcuchen*) 138
strangnlatus, *Holcauchen* 138
Streptaxidae 24, 31
streptaxis, *Buliminus* (*Pupinidius*) 116
streptaxis, *Pupinidius* 116
striatella, *Subulina* 26
strigatus, *Pseudobuliminus* 235
striolata, *Trichia* 26
striolatus, *Buliminus* (*Ena*) *alboreflexus* 196
striolatus, *Buliminus* (*Mirus*) *alboreflexus* 196
striolatus, *Mirus alboreflexus* 196
Stylommatophora 33
subcylindricus, *Buliminus* (*Subzebrinus*) *melinostoma* 104
subcylindricus, *Pupinidius melinostoma* 104
subminutus, *Buliminus* 216
subminutus, *Buliminus* (*Ena*) 216
subminutus, *Buliminus* (*Mirus*) *minutus* 216
subminutus, *Buliminus* (*Napaeus*) 216
subminutus, *Mirus minutus* 216
subpupopsis, *Pupopsis* 160, 161
subser, *Buliminus* (*Serina*) 125
subser, *Serina* 125, 126
subsimilis, *Laeocathaica* 24
substrigatus, *Buliminus* 92
substrigatus, *Subzebrinus* 92, 93
substrigatus, *Zebrinus* (*Subzebrinus*) 92
subtorquilla, *Pupopsis* 160, 162
Subulinidae 23, 24, 26, 31, 55
Subzebrinus 4, 69
Succineidae 26
sulcatus, *Buliminus* (*Holcauchen*) 138
sulcatus, *Holcauchen* 138

suturalis, *Partula* 25
szechenyi, *Buliminus* 147
szechenyi, *Buliminus* (?) 147
szechenyi, *Buliminus* (*Clausiliopsis*) 147
szechenyi, *Buliminus* (*Zebrina*) 139, 147
szechenyi, *Clausiliopsis* 147, 148, 149
szechenyi, *Ena* (*Clausiliopsis*) 147

T

taivanica, *Buliminus* (*Mirus*) *cantori* 206
taivanica, *Mirus cantori* 206
teres, *Buliminus* 184
teres, *Buliminus* (*Petraeomastus*) 184
teres, *Petraeomastus* 184
Testacellidae 26
Thiaridae 25
thibetanus, *Buliminus* 172
thryptica, *Buliminus xerampelinus* 186
thryptica, *Petraeomastus xerampelinus* 186
tibetanus, *Buliminus* (*Zebrina*) 174
tibetanus, *Petraeomastus* 174
tigricolor, *Buliminus* (*Mirus*) 94
tigricolor, *Buliminus* (*Subzebrinus*) 94
tigricolor, *Subzebrinus* 94
tigricolor, *Turanena* 94
torquilla, *Buliminus* (*Pupopsis*) 155
torquilla, *Pupopsis* 12, 155
transiens, *Buliminus* (*Mirus*) 220
transiens, *Buliminus pinguis* 236
transiens, *Mirus* 220
tridentatum, *Carychium* 23
trivialis, *Buliminus* 190
trivialis, *Buliminus* (*Coccoderma*) 190
trivialis, *Coccoderma* 190
trivialis, *Mirus* 190
Trochomorphidae 26
tubios, *Buliminus* (*Holcauchen*) 119, 121
Turanena 4, 68, 222

学 名 索 引

turberculata, Melanoides 25
turneri, Partula 25

U

ultriculus, Mirus 221
umbilicaris, Buliminus (Subzebrinus) 95
umbilicaris, Ena 95
umbilicaris, Subzebrinus 95
umbilicaris, Zebrinus (Subzebrinus) 95
umbilicata, Pyrgina 26
undulata, Polydontes 25
utriculus, Buliminus 221
utriculus, Buliminus (Ena) 221
utriculus, Buliminus (Mirus) 221
utriculus, Buliminus (Napaeus) 221
utriculus, Mirus 221

V

vacoucerense, Haplotrema 24
valentiana, Lehmannia 25
Valloniidae 1, 26, 31
varia, Partula 25
ventricosulus, Buliminus 95
ventricosulus, Subzebrinus 95
Veronicellidae 24
Vertiginacea 1
Vertiginidae 1, 26, 31
vidianus, Buliminus 185
vidianus, Buliminus (Petraeomastus) 185
vidianus, Petraeomastus 185

vincentii, Buliminus (Napaeus) 129
vincentii, Buliminus (Serina) 129
vincentii, Napaeus 129
vincentii, Serina 129
vincentii, Turanena 129
Vitreidae 26
Vitrinidae 25, 26, 31
vulgaris, Macaronapaeus 25
vulgivaga, Aegista 23

W

warburgi, Buliminus (Coccoderma) 190
warburgi, Buliminus (Napaeus) 190
warburgi, Coccoderma 8, 190
wardi, Buliminus 234
wenxian, Pupinidius 112, 113

X

xantostoma, Albinaria 23
Xerocerastus 26

Y

yengiawat, Pupopsis 12, 157, 163
yuxu, Pupopsis 164, 165

Z

zebrina, Eua 24
Zebrinops 13
zilchi, Pupopsis 12, 166
Zonitidae 25, 31

《中国动物志》已出版书目

《中国动物志》

兽纲　第六卷　啮齿目（下）　仓鼠科　罗泽珣等　2000，514页，140图，4图版。
兽纲　第八卷　食肉目　高耀亭等　1987，377页，66图，10图版。
兽纲　第九卷　鲸目　食肉目　海豹总科　海牛目　周开亚　2004，326页，117图，8图版。
鸟纲　第一卷　第一部　中国鸟纲绪论　第二部　潜鸟目　鹱形目　郑作新等　1997，199页，39图，4图版。
鸟纲　第二卷　雁形目　郑作新等　1979，143页，65图，10图版。
鸟纲　第四卷　鸡形目　郑作新等　1978，203页，53图，10图版。
鸟纲　第五卷　鹤形目　鸻形目　鸥形目　王岐山、马鸣、高育仁　2006，644页，263图，4图版。
鸟纲　第六卷　鸽形目　鹦形目　鹃形目　鸮形目　郑作新、冼耀华、关贯勋　1991，240页，64图，5图版。
鸟纲　第七卷　夜鹰目　雨燕目　咬鹃目　佛法僧目　鴷形目　谭耀匡、关贯勋　2003，241页，36图，4图版。
鸟纲　第八卷　雀形目　阔嘴鸟科　和平鸟科　郑宝赉等　1985，333页，103图，8图版。
鸟纲　第九卷　雀形目　太平鸟科　岩鹨科　陈服官等　1998，284页，143图，4图版。
鸟纲　第十卷　雀形目　鹟科(一)　鸫亚科　郑作新、龙泽虞、卢汰春　1995，239页，67图，4图版。
鸟纲　第十一卷　雀形目　鹟科(二)　画眉亚科　郑作新、龙泽虞、郑宝赉　1987，307页，110图，8图版。
鸟纲　第十二卷　雀形目　鹟科(三)　莺亚科　鹟亚科　郑作新、卢汰春、杨岚、雷富民等　2010，439页，121图，4图版。
鸟纲　第十三卷　雀形目　山雀科　绣眼鸟科　李桂垣、郑宝赉、刘光佐　1982，170页，68图，4图版。
鸟纲　第十四卷　雀形目　文鸟科　雀科　傅桐生、宋榆钧、高玮等　1998，322页，115图，8图版。
爬行纲　第一卷　总论　龟鳖目　鳄形目　张孟闻等　1998，208页，44图，4图版。
爬行纲　第二卷　有鳞目　蜥蜴亚目　赵尔宓、赵肯堂、周开亚等　1999，394页，54图，8图版。
爬行纲　第三卷　有鳞目　蛇亚目　赵尔宓等　1998，522页，100图，12图版。
两栖纲　上卷　总论　蚓螈目　有尾目　费梁、胡淑琴、叶昌媛、黄永昭等　2006，471页，120图，16图版。
两栖纲　中卷　无尾目　费梁、胡淑琴、叶昌媛、黄永昭等　2009，957页，549图，16图版。

两栖纲　下卷　无尾目　蛙科　费梁、胡淑琴、叶昌媛、黄永昭等　2009，888页，337图，16图版。
硬骨鱼纲　鲽形目　李思忠、王惠民　1995，433页，170图。
硬骨鱼纲　鲇形目　褚新洛、郑葆珊、戴定远等　1999，230页，124图。
硬骨鱼纲　鲤形目(中)　陈宜瑜等　1998，531页，257图。
硬骨鱼纲　鲤形目(下)　乐佩绮等　2000，661页，340图。
硬骨鱼纲　鲟形目　海鲢目　鲱形目　鼠䱻目　张世义　2001，209页，88图。
硬骨鱼纲　灯笼鱼目　鲸口鱼目　骨舌鱼目　陈素芝　2002，349页，135图。
硬骨鱼纲　鲀形目　海蛾鱼目　喉盘鱼目　鮟鱇目　苏锦祥、李春生　2002，495页，194图。
硬骨鱼纲　鲉形目　金鑫波　2006，739页，287图。
硬骨鱼纲　鲈形目(四)　刘静等　2016，312页，142图，15图版。
硬骨鱼纲　鲈形目(五)　虾虎鱼亚目　伍汉霖、钟俊生等　2008，951页，575图，32图版。
硬骨鱼纲　鳗鲡目　背棘鱼目　张春光等　2010，453页，225图，3图版。
硬骨鱼纲　银汉鱼目　鳉形目　颌针鱼目　蛇鳚目　鳕形目　李思忠、张春光等　2011，946页，345图。
圆口纲　软骨鱼纲　朱元鼎、孟庆闻等　2001，552页，247图。
昆虫纲　第一卷　蚤目　柳支英等　1986，1334页，1948图。
昆虫纲　第二卷　鞘翅目　铁甲科　陈世骧等　1986，653页，327图，15图版。
昆虫纲　第三卷　鳞翅目　圆钩蛾科　钩蛾科　朱弘复、王林瑶　1991，269页，204图，10图版。
昆虫纲　第四卷　直翅目　蝗总科　癞蝗科　瘤锥蝗科　锥头蝗科　夏凯龄等　1994，340页，168图。
昆虫纲　第五卷　鳞翅目　蚕蛾科　大蚕蛾科　网蛾科　朱弘复、王林瑶　1996，302页，234图，18图版。
昆虫纲　第六卷　双翅目　丽蝇科　范滋德等　1997，707页，229图。
昆虫纲　第七卷　鳞翅目　祝蛾科　武春生　1997，306页，74图，38图版。
昆虫纲　第八卷　双翅目　蚊科(上)　陆宝麟等　1997，593页，285图。
昆虫纲　第九卷　双翅目　蚊科(下)　陆宝麟等　1997，126页，57图。
昆虫纲　第十卷　直翅目　蝗总科　斑翅蝗科　网翅蝗科　郑哲民、夏凯龄　1998，610页，323图。
昆虫纲　第十一卷　鳞翅目　天蛾科　朱弘复、王林瑶　1997，410页，325图，8图版。
昆虫纲　第十二卷　直翅目　蚱总科　梁络球、郑哲民　1998，278页，166图。
昆虫纲　第十三卷　半翅目　姬蝽科　任树芝　1998，251页，508图，12图版。
昆虫纲　第十四卷　同翅目　纩蚜科　瘿棉蚜科　张广学、乔格侠、钟铁森、张万玉　1999，380页，121图，17+8图版。
昆虫纲　第十五卷　鳞翅目　尺蛾科　花尺蛾亚科　薛大勇、朱弘复　1999，1090页，1197图，25图版。
昆虫纲　第十六卷　鳞翅目　夜蛾科　陈一心　1999，1596页，701图，68图版。
昆虫纲　第十七卷　等翅目　黄复生等　2000，961页，564图。
昆虫纲　第十八卷　膜翅目　茧蜂科(一)　何俊华、陈学新、马云　2000，757页，1783图。
昆虫纲　第十九卷　鳞翅目　灯蛾科　方承莱　2000，589页，338图，20图版。

昆虫纲　第二十卷　膜翅目　准蜂科　蜜蜂科　吴燕如　2000，442 页，218 图，9 图版。

昆虫纲　第二十一卷　鞘翅目　天牛科　花天牛亚科　蒋书楠、陈力　2001，296 页，17 图，18 图版。

昆虫纲　第二十二卷　同翅目　蚧总科　粉蚧科　绒蚧科　蜡蚧科　链蚧科　盘蚧科　壶蚧科　仁蚧科　王子清　2001，611 页，188 图。

昆虫纲　第二十三卷　双翅目　寄蝇科(一)　赵建铭、梁恩义、史永善、周士秀　2001，305 页，183 图，11 图版。

昆虫纲　第二十四卷　半翅目　毛唇花蝽科　细角花蝽科　花蝽科　卜文俊、郑乐怡　2001，267 页，362 图。

昆虫纲　第二十五卷　鳞翅目　凤蝶科　凤蝶亚科　锯凤蝶亚科　绢蝶亚科　武春生　2001，367 页，163 图，8 图版。

昆虫纲　第二十六卷　双翅目　蝇科(二)　棘蝇亚科(一)　马忠余、薛万琦、冯炎　2002，421 页，614 图。

昆虫纲　第二十七卷　鳞翅目　卷蛾科　刘友樵、李广武　2002，601 页，16 图，136+2 图版。

昆虫纲　第二十八卷　同翅目　角蝉总科　犁胸蝉科　角蝉科　袁锋、周尧　2002，590 页，295 图，4 图版。

昆虫纲　第二十九卷　膜翅目　螯蜂科　何俊华、许再福　2002，464 页，397 图。

昆虫纲　第三十卷　鳞翅目　毒蛾科　赵仲苓　2003，484 页，270 图，10 图版。

昆虫纲　第三十一卷　鳞翅目　舟蛾科　武春生、方承莱　2003，952 页，530 图，8 图版。

昆虫纲　第三十二卷　直翅目　蝗总科　槌角蝗科　剑角蝗科　印象初、夏凯龄　2003，280 页，144 图。

昆虫纲　第三十三卷　半翅目　盲蝽科　盲蝽亚科　郑乐怡、吕楠、刘国卿、许兵红　2004，797 页，228 图，8 图版。

昆虫纲　第三十四卷　双翅目　舞虻总科　舞虻科　螳舞虻亚科　驼舞虻亚科　杨定、杨集昆　2004，334 页，474 图，1 图版。

昆虫纲　第三十五卷　革翅目　陈一心、马文珍　2004，420 页，199 图，8 图版。

昆虫纲　第三十六卷　鳞翅目　波纹蛾科　赵仲苓　2004，291 页，153 图，5 图版。

昆虫纲　第三十七卷　膜翅目　茧蜂科(二)　陈学新、何俊华、马云　2004，581 页，1183 图，103 图版。

昆虫纲　第三十八卷　鳞翅目　蝙蝠蛾科　蛱蛾科　朱弘复、王林瑶、韩红香　2004，291 页，179 图，8 图版。

昆虫纲　第三十九卷　脉翅目　草蛉科　杨星科、杨集昆、李文柱　2005，398 页，240 图，4 图版。

昆虫纲　第四十卷　鞘翅目　肖叶甲科　肖叶甲亚科　谭娟杰、王书永、周红章　2005，415 页，95 图，8 图版。

昆虫纲　第四十一卷　同翅目　斑蚜科　乔格侠、张广学、钟铁森　2005，476 页，226 图，8 图版。

昆虫纲　第四十二卷　膜翅目　金小蜂科　黄大卫、肖晖　2005，388 页，432 图，5 图版。

昆虫纲　第四十三卷　直翅目　蝗总科　斑腿蝗科　李鸿昌、夏凯龄　2006，736 页，325 图。

昆虫纲　第四十四卷　膜翅目　切叶蜂科　吴燕如　2006，474 页，180 图，4 图版。

昆虫纲　第四十五卷　同翅目　飞虱科　丁锦华　2006, 776 页, 351 图, 20 图版。
昆虫纲　第四十六卷　膜翅目　茧蜂科　窄径茧蜂亚科　陈家骅、杨建全　2006, 301 页, 81 图, 32 图版。
昆虫纲　第四十七卷　鳞翅目　枯叶蛾科　刘有樵、武春生　2006, 385 页, 248 图, 8 图版。
昆虫纲　蚤目(第二版, 上下卷)　吴厚永等　2007, 2174 页, 2475 图。
昆虫纲　第四十九卷　双翅目　蝇科(一)　范滋德、邓耀华　2008, 1186 页, 276 图, 4 图版。
昆虫纲　第五十卷　双翅目　食蚜蝇科　黄春梅、成新月　2012, 852 页, 418 图, 8 图版。
昆虫纲　第五十一卷　广翅目　杨定、刘星月　2010, 457 页, 176 图, 14 图版。
昆虫纲　第五十二卷　鳞翅目　粉蝶科　武春生　2010, 416 页, 174 图, 16 图版。
昆虫纲　第五十三卷　双翅目　长足虻科(上下卷)　杨定、张莉莉、王孟卿、朱雅君　2011, 1912 页, 1017 图, 7 图版。
昆虫纲　第五十四卷　鳞翅目　尺蛾科　尺蛾亚科　韩红香、薛大勇　2011, 787 页, 929 图, 20 图版。
昆虫纲　第五十五卷　鳞翅目　弄蝶科　袁锋、袁向群、薛国喜　2015, 754 页, 280 图, 15 图版。
昆虫纲　第五十六卷　膜翅目　细蜂总科(一)　何俊华、许再福　2015, 1078 页, 485 图。
昆虫纲　第五十七卷　直翅目　螽斯科　露螽亚科　康乐、刘春香、刘宪伟　2013, 574 页, 291 图, 31 图版。
昆虫纲　第五十八卷　襀翅目　叉襀总科　杨定、李卫海、祝芳　2014, 518 页, 294 图, 12 图版。
昆虫纲　第五十九卷　双翅目　虻科　许荣满、孙毅　2013, 870 页, 495 图, 17 图版。
昆虫纲　第六十卷　半翅目　扁蚜科　平翅绵蚜科　乔格侠、姜立云、陈静、张广学、钟铁森　2017, 414 页, 137 图, 8 图版。
昆虫纲　第六十一卷　鞘翅目　叶甲科　叶甲亚科　杨星科、葛斯琴、王书永、李文柱、崔俊芝　2014, 641 页, 378 图, 8 图版。
昆虫纲　第六十二卷　半翅目　盲蝽科(二)　合垫盲蝽亚科　刘国卿、郑乐怡　2014, 297 页, 134 图, 13 图版。
昆虫纲　第六十三卷　鞘翅目　拟步甲科(一)　任国栋等　2016, 534 页, 248 图, 49 图版。
昆虫纲　第六十五卷　双翅目　鹬虻科、伪鹬虻科　杨定、董慧、张魁艳　2016, 476 页, 222 图, 7 图版。
昆虫纲　第六十七卷　半翅目　叶蝉科 (二)　大叶蝉亚科　杨茂发、孟泽洪、李子忠　2017, 637 页, 312 图, 27 图版。
昆虫纲　第六十八卷　脉翅目　蚁蛉总科　王心丽、詹庆斌、王爱芹　2018, ? 页, 2 图, 38 图版。
无脊椎动物　第一卷　甲壳纲　淡水枝角类　蒋燮治、堵南山　1979, 297 页, 192 图。
无脊椎动物　第二卷　甲壳纲　淡水桡足类　沈嘉瑞等　1979, 450 页, 255 图。
无脊椎动物　第三卷　吸虫纲　复殖目(一)　陈心陶等　1985, 697 页, 469 图, 10 图版。
无脊椎动物　第四卷　头足纲　董正之　1988, 201 页, 124 图, 4 图版。
无脊椎动物　第五卷　蛭纲　杨潼　1996, 259 页, 141 图。
无脊椎动物　第六卷　海参纲　廖玉麟　1997, 334 页, 170 图, 2 图版。
无脊椎动物　第七卷　腹足纲　中腹足目　宝贝总科　马绣同　1997, 283 页, 96 图, 12 图版。

无脊椎动物　第八卷　蛛形纲　蜘蛛目　蟹蛛科　逍遥蛛科　宋大祥、朱明生　1997, 259 页, 154 图。
无脊椎动物　第九卷　多毛纲(一)　叶须虫目　吴宝铃、吴启泉、丘建文、陆华　1997, 323 页, 180 图。
无脊椎动物　第十卷　蛛形纲　蜘蛛目　圆蛛科　尹长民等　1997, 460 页, 292 图。
无脊椎动物　第十一卷　腹足纲　后鳃亚纲　头楯目　林光宇　1997, 246 页, 35 图, 24 图版。
无脊椎动物　第十二卷　双壳纲　贻贝目　王祯瑞　1997, 268 页, 126 图, 4 图版。
无脊椎动物　第十三卷　蛛形纲　蜘蛛目　球蛛科　朱明生　1998, 436 页, 233 图, 1 图版。
无脊椎动物　第十四卷　肉足虫纲　等辐骨虫目　泡沫虫目　谭智源　1998, 315 页, 273 图, 25 图版。
无脊椎动物　第十五卷　粘孢子纲　陈启鎏、马成伦　1998, 805 页, 30 图, 180 图版。
无脊椎动物　第十六卷　珊瑚虫纲　海葵目　角海葵目　群体海葵目　裴祖南　1998, 286 页, 149 图, 20 图版。
无脊椎动物　第十七卷　甲壳动物亚门　十足目　束腹蟹科　溪蟹科　戴爱云　1999, 501 页, 238 图, 31 图版。
无脊椎动物　第十八卷　原尾纲　尹文英　1999, 510 页, 275 图, 8 图版。
无脊椎动物　第十九卷　腹足纲　柄眼目　烟管螺科　陈德牛、张国庆　1999, 210 页, 128 图, 5 图版。
无脊椎动物　第二十卷　双壳纲　原鳃亚纲　异韧带亚纲　徐凤山　1999, 244 页, 156 图。
无脊椎动物　第二十一卷　甲壳动物亚门　糠虾目　刘瑞玉、王绍武　2000, 326 页, 110 图。
无脊椎动物　第二十二卷　单殖吸虫纲　吴宝华、郎所、王伟俊等　2000, 756 页, 598 图, 2 图版。
无脊椎动物　第二十三卷　珊瑚虫纲　石珊瑚目　造礁石珊瑚　邹仁林　2001, 289 页, 9 图, 55 图版。
无脊椎动物　第二十四卷　双壳纲　帘蛤科　庄启谦　2001, 278 页, 145 图。
无脊椎动物　第二十五卷　线虫纲　杆形目　圆线亚目(一)　吴淑卿等　2001, 489 页, 201 图。
无脊椎动物　第二十六卷　有孔虫纲　胶结有孔虫　郑守仪、傅钊先　2001, 788 页, 130 图, 122 图版。
无脊椎动物　第二十七卷　水螅虫纲　钵水母纲　高尚武、洪惠馨、张士美　2002, 275 页, 136 图。
无脊椎动物　第二十八卷　甲壳动物亚门　端足目　蛾亚目　陈清潮、石长泰　2002, 249 页, 178 图。
无脊椎动物　第二十九卷　腹足纲　原始腹足目　马蹄螺总科　董正之　2002, 210 页, 176 图, 2 图版。
无脊椎动物　第三十卷　甲壳动物亚门　短尾次目　海洋低等蟹类　陈惠莲、孙海宝　2002, 597 页, 237 图, 4 彩色图版, 12 黑白图版。
无脊椎动物　第三十一卷　双壳纲　珍珠贝亚目　王祯瑞　2002, 374 页, 152 图, 7 图版。
无脊椎动物　第三十二卷　多孔虫纲　罩笼虫目　稀孔虫纲　稀孔虫目　谭智源、宿星慧　2003, 295 页, 193 图, 25 图版。
无脊椎动物　第三十三卷　多毛纲(二)　沙蚕目　孙瑞平、杨德渐　2004, 520 页, 267 图, 1 图版。
无脊椎动物　第三十四卷　腹足纲　鹑螺总科　张素萍、马绣同　2004, 243 页, 123 图, 5 图版。
无脊椎动物　第三十五卷　蛛形纲　蜘蛛目　肖蛸科　朱明生、宋大祥、张俊霞　2003, 402 页, 174 图, 5 彩色图版, 11 黑白图版。
无脊椎动物　第三十六卷　甲壳动物亚门　十足目　匙指虾科　梁象秋　2004, 375 页, 156 图。

无脊椎动物　第三十七卷　软体动物门　腹足纲　巴锅牛科　陈德牛、张国庆　2004，482页，409图，8图版。

无脊椎动物　第三十八卷　毛颚动物门　箭虫纲　萧贻昌　2004，201页，89图。

无脊椎动物　第三十九卷　蛛形纲　蜘蛛目　平腹蛛科　宋大祥、朱明生、张锋　2004，362页，175图。

无脊椎动物　第四十卷　棘皮动物门　蛇尾纲　廖玉麟　2004，505页，244图，6图版。

无脊椎动物　第四十一卷　甲壳动物亚门　端足目　钩虾亚目(一)　任先秋　2006，588页，194图。

无脊椎动物　第四十二卷　甲壳动物亚门　蔓足下纲　围胸总目　刘瑞玉、任先秋　2007，632页，239图。

无脊椎动物　第四十三卷　甲壳动物亚门　端足目　钩虾亚目(二)　任先秋　2012，651页，197图。

无脊椎动物　第四十四卷　甲壳动物亚门　十足目　长臂虾总科　李新正、刘瑞玉、梁象秋等　2007，381页，157图。

无脊椎动物　第四十五卷　纤毛门　寡毛纲　缘毛目　沈韫芬、顾曼如　2016，502页，164图，2图版。

无脊椎动物　第四十六卷　星虫动物门　螠虫动物门　周红、李凤鲁、王玮　2007，206页，95图。

无脊椎动物　第四十七卷　蛛形纲　蜱螨亚纲　植绥螨科　吴伟南、欧剑峰、黄静玲　2009，511页，287图，9图版。

无脊椎动物　第四十八卷　软体动物门　双壳纲　满月蛤总科　心蛤总科　厚壳蛤总科　鸟蛤总科　徐凤山　2012，239页，133图。

无脊椎动物　第四十九卷　甲壳动物亚门　十足目　梭子蟹科　杨思谅、陈惠莲、戴爱云　2012，417页，138图，14图版。

无脊椎动物　第五十卷　缓步动物门　杨潼　2015，279页，131图，5图版。

无脊椎动物　第五十一卷　线虫纲　杆形目　圆线亚目(二)　张路平、孔繁瑶　2014，316页，97图，19图版。

无脊椎动物　第五十四卷　环节动物门　多毛纲(三)　缨鳃虫目　孙瑞平、杨德渐　2014，493页，239图，2图版。

无脊椎动物　第五十五卷　软体动物门　腹足纲　芋螺科　李凤兰、林民玉　2016，288页，168图，4图版。

无脊椎动物　第五十六卷　软体动物门　腹足纲　凤螺总科、玉螺总科　张素萍　2016，318页，138图，10图版。

无脊椎动物　第五十七卷　软体动物门　双壳纲　樱蛤科　双带蛤科　徐凤山、张均龙　2017，236页，50图，15图版。

无脊椎动物　第五十八卷　软体动物门　腹足纲　艾纳螺总科　吴岷　2018，298页，63图，6图版。

无脊椎动物　第五十九卷　蛛形纲　蜘蛛目　漏斗蛛科　暗蛛科　朱明生、王新平、张志升　2017，727页，384图，5图版。

《中国经济动物志》

兽类　寿振黄等　1962，554 页，153 图，72 图版。
鸟类　郑作新等　1963，694 页，10 图，64 图版。
鸟类(第二版)　郑作新等　1993，619 页，64 图版。
海产鱼类　成庆泰等　1962，174 页，25 图，32 图版。
淡水鱼类　伍献文等　1963，159 页，122 图，30 图版。
淡水鱼类寄生甲壳动物　匡溥人、钱金会　1991，203 页，110 图。
环节(多毛纲)　棘皮　原索动物　吴宝铃等　1963，141 页，65 图，16 图版。
海产软体动物　张玺、齐钟彦　1962，246 页，148 图。
淡水软体动物　刘月英等　1979，134 页，110 图。
陆生软体动物　陈德牛、高家祥　1987，186 页，224 图。
寄生蠕虫　吴淑卿、尹文真、沈守训　1960，368 页，158 图。

《中国经济昆虫志》

第一册　　鞘翅目　天牛科　陈世骧等　1959，120 页，21 图，40 图版。
第二册　　半翅目　蝽科　杨惟义　1962，138 页，11 图，10 图版。
第三册　　鳞翅目　夜蛾科(一)　朱弘复、陈一心　1963，172 页，22 图，10 图版。
第四册　　鞘翅目　拟步行虫科　赵养昌　1963，63 页，27 图，7 图版。
第五册　　鞘翅目　瓢虫科　刘崇乐　1963，101 页，27 图，11 图版。
第六册　　鳞翅目　夜蛾科(二)　朱弘复等　1964，183 页，11 图版。
第七册　　鳞翅目　夜蛾科(三)　朱弘复、方承莱、王林瑶　1963，120 页，28 图，31 图版。
第八册　　等翅目　白蚁　蔡邦华、陈宁生，1964，141 页，79 图，8 图版。
第九册　　膜翅目　蜜蜂总科　吴燕如　1965，83 页，40 图，7 图版。
第十册　　同翅目　叶蝉科　葛钟麟　1966，170 页，150 图。
第十一册　鳞翅目　卷蛾科(一)　刘友樵、白九维　1977，93 页，23 图，24 图版。
第十二册　鳞翅目　毒蛾科　赵仲苓　1978，121 页，45 图，18 图版。
第十三册　双翅目　蠓科　李铁生　1978，124 页，104 图。
第十四册　鞘翅目　瓢虫科(二)　庞雄飞、毛金龙　1979，170 页，164 图，16 图版。
第十五册　蜱螨目　蜱总科　邓国藩　1978，174 页，707 图。
第十六册　鳞翅目　舟蛾科　蔡荣权　1979，166 页，126 图，19 图版。
第十七册　蜱螨目　革螨股　潘𫘤文、邓国藩　1980，155 页，168 图。
第十八册　鞘翅目　叶甲总科(一)　谭娟杰、虞佩玉　1980，213 页，194 图，18 图版。
第十九册　鞘翅目　天牛科　蒲富基　1980，146 页，42 图，12 图版。
第二十册　鞘翅目　象虫科　赵养昌、陈元清　1980，184 页，73 图，14 图版。
第二十一册　鳞翅目　螟蛾科　王平远　1980，229 页，40 图，32 图版。
第二十二册　鳞翅目　天蛾科　朱弘复、王林瑶　1980，84 页，17 图，34 图版。

第二十三册　螨　目　叶螨总科　王慧芙　1981，150页，121图，4图版。
第二十四册　同翅目　粉蚧科　王子清　1982，119页，75图。
第二十五册　同翅目　蚜虫类(一)　张广学、钟铁森　1983，387页，207图，32图版。
第二十六册　双翅目　虻科　王遵明　1983，128页，243图，8图版。
第二十七册　同翅目　飞虱科　葛钟麟等　1984，166页，132图，13图版。
第二十八册　鞘翅目　金龟总科幼虫　张芝利　1984，107页，17图，21图版。
第二十九册　鞘翅目　小蠹科　殷惠芬、黄复生、李兆麟　1984，205页，132图，19图版。
第三十册　膜翅目　胡蜂总科　李铁生　1985，159页，21图，12图版。
第三十一册　半翅目(一)　章士美等　1985，242页，196图，59图版。
第三十二册　鳞翅目　夜蛾科(四)　陈一心　1985，167页，61图，15图版。
第三十三册　鳞翅目　灯蛾科　方承莱　1985，100页，69图，10图版。
第三十四册　膜翅目　小蜂总科(一)　廖定熹等　1987，241页，113图，24图版。
第三十五册　鞘翅目　天牛科(三)　蒋书楠、蒲富基、华立中　1985，189页，2图，13图版。
第三十六册　同翅目　蜡蝉总科　周尧等　1985，152页，125图，2图版。
第三十七册　双翅目　花蝇科　范滋德等　1988，396页，1215图，10图版。
第三十八册　双翅目　蠓科(二)　李铁生　1988，127页，107图。
第三十九册　蜱螨亚纲　硬蜱科　邓国藩、姜在阶　1991，359页，354图。
第四十册　蜱螨亚纲　皮刺螨总科　邓国藩等　1993，391页，318图。
第四十一册　膜翅目　金小蜂科　黄大卫　1993，196页，252图。
第四十二册　鳞翅目　毒蛾科(二)　赵仲苓　1994，165页，103图，10图版。
第四十三册　同翅目　蚧总科　王子清　1994，302页，107图。
第四十四册　蜱螨亚纲　瘿螨总科(一)　匡海源　1995，198页，163图，7图版。
第四十五册　双翅目　虻科(二)　王遵明　1994，196页，182图，8图版。
第四十六册　鞘翅目　金花龟科　斑金龟科　弯腿金龟科　马文珍　1995，210页，171图，5图版。
第四十七册　膜翅目　蚁科(一)　唐觉等　1995，134页，135图。
第四十八册　蜉蝣目　尤大寿等　1995，152页，154图。
第四十九册　毛翅目(一)　小石蛾科　角石蛾科　纹石蛾科　长角石蛾科　田立新等　1996，195页，271图，2图版。
第五十册　半翅目(二)　章士美等　1995，169页，46图，24图版。
第五十一册　膜翅目　姬蜂科　何俊华、陈学新、马云　1996，697页，434图。
第五十二册　膜翅目　泥蜂科　吴燕如、周勤　1996，197页，167图，14图版。
第五十三册　蜱螨亚纲　植绥螨科　吴伟南等　1997，223页，169图，3图版。
第五十四册　鞘翅目　叶甲总科(二)　虞佩玉等　1996，324页，203图，12图版。
第五十五册　缨翅目　韩运发　1997，513页，220图，4图版。

Serial Faunal Monographs Already Published

FAUNA SINICA

Mammalia vol. 6 Rodentia III: Cricetidae. Luo Zexun *et al.*, 2000. 514 pp., 140 figs., 4 pls.

Mammalia vol. 8 Carnivora. Gao Yaoting *et al.*, 1987. 377 pp., 44 figs., 10 pls.

Mammalia vol. 9 Cetacea, Carnivora: Phocoidea, Sirenia. Zhou Kaiya, 2004. 326 pp., 117 figs., 8 pls.

Aves vol. 1 part 1. Introductory Account of the Class Aves in China; part 2. Account of Orders listed in this Volume. Zheng Zuoxin (Cheng Tsohsin) *et al.*, 1997. 199 pp., 39 figs., 4 pls.

Aves vol. 2 Anseriformes. Zheng Zuoxin (Cheng Tsohsin) *et al.*, 1979. 143 pp., 65 figs., 10 pls.

Aves vol. 4 Galliformes. Zheng Zuoxin (Cheng Tsohsin) *et al.*, 1978. 203 pp., 53 figs., 10 pls.

Aves vol. 5 Gruiformes, Charadriiformes, Lariformes. Wang Qishan, Ma Ming and Gao Yuren, 2006. 644 pp., 263 figs., 4 pls.

Aves vol. 6 Columbiformes, Psittaciformes, Cuculiformes, Strigiformes. Zheng Zuoxin (Cheng Tsohsin), Xian Yaohua and Guan Guanxun, 1991. 240 pp., 64 figs., 5 pls.

Aves vol. 7 Caprimulgiformes, Apodiformes, Trogoniformes, Coraciiformes, Piciformes. Tan Yaokuang and Guan Guanxun, 2003. 241 pp., 36 figs., 4 pls.

Aves vol. 8 Passeriformes: Eurylaimidae-Irenidae. Zheng Baolai *et al.*, 1985. 333 pp., 103 figs., 8 pls.

Aves vol. 9 Passeriformes: Bombycillidae, Prunellidae. Chen Fuguan *et al.*, 1998. 284 pp., 143 figs., 4 pls.

Aves vol. 10 Passeriformes: Muscicapidae I: Turdinae. Zheng Zuoxin (Cheng Tsohsin), Long Zeyu and Lu Taichun, 1995. 239 pp., 67 figs., 4 pls.

Aves vol. 11 Passeriformes: Muscicapidae II: Timaliinae. Zheng Zuoxin (Cheng Tsohsin), Long Zeyu and Zheng Baolai, 1987. 307 pp., 110 figs., 8 pls.

Aves vol. 12 Passeriformes: Muscicapidae III Sylviinae Muscicapinae. Zheng Zuoxin, Lu Taichun, Yang Lan and Lei Fumin *et al.*, 2010. 439 pp., 121 figs., 4 pls.

Aves vol. 13 Passeriformes: Paridae, Zosteropidae. Li Guiyuan, Zheng Baolai and Liu Guangzuo, 1982. 170 pp., 68 figs., 4 pls.

Aves vol. 14 Passeriformes: Ploceidae and Fringillidae. Fu Tongsheng, Song Yujun and Gao Wei *et al.*, 1998. 322 pp., 115 figs., 8 pls.

Reptilia vol. 1 General Accounts of Reptilia. Testudoformes and Crocodiliformes. Zhang Mengwen *et al.*, 1998. 208 pp., 44 figs., 4 pls.

Reptilia vol. 2 Squamata: Lacertilia. Zhao Ermi, Zhao Kentang and Zhou Kaiya *et al.*, 1999. 394 pp., 54 figs., 8 pls.

Reptilia vol. 3 Squamata: Serpentes. Zhao Ermi *et al.*, 1998. 522 pp., 100 figs., 12 pls.

Amphibia vol. 1 General accounts of Amphibia, Gymnophiona, Urodela. Fei Liang, Hu Shuqin, Ye Changyuan and Huang Yongzhao *et al.*, 2006. 471 pp., 120 figs., 16 pls.

Amphibia vol. 2 Anura. Fei Liang, Hu Shuqin, Ye Changyuan and Huang Yongzhao *et al.*, 2009. 957 pp., 549 figs., 16 pls.

Amphibia vol. 3 Anura: Ranidae. Fei Liang, Hu Shuqin, Ye Changyuan and Huang Yongzhao *et al.*, 2009. 888 pp., 337 figs., 16 pls.

Osteichthyes: Pleuronectiformes. Li Sizhong and Wang Huimin, 1995. 433 pp., 170 figs.

Osteichthyes: Siluriformes. Chu Xinluo, Zheng Baoshan and Dai Dingyuan *et al.*, 1999. 230 pp., 124 figs.

Osteichthyes: Cypriniformes II. Chen Yiyu *et al.*, 1998. 531 pp., 257 figs.

Osteichthyes: Cypriniformes III. Yue Peiqi *et al.*, 2000. 661 pp., 340 figs.

Osteichthyes: Acipenseriformes, Elopiformes, Clupeiformes, Gonorhynchiformes. Zhang Shiyi, 2001. 209 pp., 88 figs.

Osteichthyes: Myctophiformes, Cetomimiformes, Osteoglossiformes. Chen Suzhi, 2002. 349 pp., 135 figs.

Osteichthyes: Tetraodontiformes, Pegasiformes, Gobiesociformes, Lophiiformes. Su Jinxiang and Li Chunsheng, 2002. 495 pp., 194 figs.

Ostichthyes: Scorpaeniformes. Jin Xinbo, 2006. 739 pp., 287 figs.

Ostichthyes: Perciformes IV. Liu Jing *et al.*, 2016. 312 pp., 143 figs., 15 pls.

Ostichthyes: Perciformes V: Gobioidei. Wu Hanlin and Zhong Junsheng *et al.*, 2008. 951 pp., 575 figs., 32 pls.

Ostichthyes: Anguilliformes Notacanthiformes. Zhang Chunguang *et al.*, 2010. 453 pp., 225 figs., 3 pls.

Ostichthyes: Atheriniformes, Cyprinodontiformes, Beloniformes, Ophidiiformes, Gadiformes. Li Sizhong and Zhang Chunguang *et al.*, 2011. 946 pp., 345 figs.

Cyclostomata and Chondrichthyes. Zhu Yuanding and Meng Qingwen *et al.*, 2001. 552 pp., 247 figs.

Insecta vol. 1 Siphonaptera. Liu Zhiying *et al.*, 1986. 1334 pp., 1948 figs.

Insecta vol. 2 Coleoptera: Hispidae. Chen Sicien *et al.*, 1986. 653 pp., 327 figs., 15 pls.

Insecta vol. 3 Lepidoptera: Cyclidiidae, Drepanidae. Chu Hungfu and Wang Linyao, 1991. 269 pp., 204 figs., 10 pls.

Insecta vol. 4 Orthoptera: Acrioidea: Pamphagidae, Chrotogonidae, Pyrgomorphidae. Xia Kailing *et al.*, 1994. 340 pp., 168 figs.

Insecta vol. 5 Lepidoptera: Bombycidae, Saturniidae, Thyrididae. Zhu Hongfu and Wang Linyao, 1996. 302 pp., 234 figs., 18 pls.

Insecta vol. 6 Diptera: Calliphoridae. Fan Zide *et al.*, 1997. 707 pp., 229 figs.

Insecta vol. 7 Lepidoptera: Lecithoceridae. Wu Chunsheng, 1997. 306 pp., 74 figs., 38 pls.

Insecta vol. 8 Diptera: Culicidae I. Lu Baolin *et al.*, 1997. 593 pp., 285 pls.

Insecta vol. 9 Diptera: Culicidae II. Lu Baolin *et al.*, 1997. 126 pp., 57 pls.

Insecta vol. 10 Orthoptera: Oedipodidae, Arcypteridae III. Zheng Zhemin and Xia Kailing, 1998. 610 pp.,

323 figs.

Insecta vol. 11 Lepidoptera: Sphingidae. Zhu Hongfu and Wang Linyao, 1997. 410 pp., 325 figs., 8 pls.

Insecta vol. 12 Orthoptera: Tetrigoidea. Liang Geqiu and Zheng Zhemin, 1998. 278 pp., 166 figs.

Insecta vol. 13 Hemiptera: Nabidae. Ren Shuzhi, 1998. 251 pp., 508 figs., 12 pls.

Insecta vol. 14 Homoptera: Mindaridae, Pemphigidae. Zhang Guangxue, Qiao Gexia, Zhong Tiesen and Zhang Wanfang, 1999. 380 pp., 121 figs., 17+8 pls.

Insecta vol. 15 Lepidoptera: Geometridae: Larentiinae. Xue Dayong and Zhu Hongfu (Chu Hungfu), 1999. 1090 pp., 1197 figs., 25 pls.

Insecta vol. 16 Lepidoptera: Noctuidae. Chen Yixin, 1999. 1596 pp., 701 figs., 68 pls.

Insecta vol. 17 Isoptera. Huang Fusheng *et al.*, 2000. 961 pp., 564 figs.

Insecta vol. 18 Hymenoptera: Braconidae I. He Junhua, Chen Xuexin and Ma Yun, 2000. 757 pp., 1783 figs.

Insecta vol. 19 Lepidoptera: Arctiidae. Fang Chenglai, 2000. 589 pp., 338 figs., 20 pls.

Insecta vol. 20 Hymenoptera: Melittidae and Apidae. Wu Yanru, 2000. 442 pp., 218 figs., 9 pls.

Insecta vol. 21 Coleoptera: Cerambycidae: Lepturinae. Jiang Shunan and Chen Li, 2001. 296 pp., 17 figs., 18 pls.

Insecta vol. 22 Homoptera: Coccoidea: Pseudococcidae, Eriococcidae, Asterolecaniidae, Coccidae, Lecanodiaspididae, Cerococcidae, Aclerdidae. Wang Tzeching, 2001. 611 pp., 188 figs.

Insecta vol. 23 Diptera: Tachinidae I. Chao Cheiming, Liang Enyi, Shi Yongshan and Zhou Shixiu, 2001. 305 pp., 183 figs., 11 pls.

Insecta vol. 24 Hemiptera: Lasiochilidae, Lyctocoridae, Anthocoridae. Bu Wenjun and Zheng Leyi (Cheng Loyi), 2001. 267 pp., 362 figs.

Insecta vol. 25 Lepidoptera: Papilionidae: Papilioninae, Zerynthiinae, Parnassiinae. Wu Chunsheng, 2001. 367 pp., 163 figs., 8 pls.

Insecta vol. 26 Diptera: Muscidae II: Phaoniinae I. Ma Zhongyu, Xue Wanqi and Feng Yan, 2002. 421 pp., 614 figs.

Insecta vol. 27 Lepidoptera: Tortricidae. Liu Youqiao and Li Guangwu, 2002. 601 pp., 16 figs., 2+136 pls.

Insecta vol. 28 Homoptera: Membracoidea: Aetalionidae and Membracidae. Yuan Feng and Chou Io, 2002. 590 pp., 295 figs., 4 pls.

Insecta vol. 29 Hymenoptera: Dyrinidae. He Junhua and Xu Zaifu, 2002. 464 pp., 397 figs.

Insecta vol. 30 Lepidoptera: Lymantriidae. Zhao Zhongling (Chao Chungling), 2003. 484 pp., 270 figs., 10 pls.

Insecta vol. 31 Lepidoptera: Notodontidae. Wu Chunsheng and Fang Chenglai, 2003. 952 pp., 530 figs., 8 pls.

Insecta vol. 32 Orthoptera: Acridoidea: Gomphoceridae, Acrididae. Yin Xiangchu, Xia Kailing *et al.*, 2003. 280 pp., 144 figs.

Insecta vol. 33 Hemiptera: Miridae, Mirinae. Zheng Leyi, Lü Nan, Liu Guoqing and Xu Binghong, 2004. 797 pp., 228 figs., 8 pls.

Insecta vol. 34 Diptera: Empididae, Hemerodromiinae and Hybotinae. Yang Ding and Yang Chikun, 2004.

334 pp., 474 figs., 1 pls.

Insecta vol. 35 Dermaptera. Chen Yixin and Ma Wenzhen, 2004. 420 pp., 199 figs., 8 pls.

Insecta vol. 36 Lepidoptera: Thyatiridae. Zhao Zhongling, 2004. 291 pp., 153 figs., 5 pls.

Insecta vol. 37 Hymenoptera: Braconidae II. Chen Xuexin, He Junhua and Ma Yun, 2004. 518 pp., 1183 figs., 103 pls.

Insecta vol. 38 Lepidoptera: Hepialidae, Epiplemidae. Zhu Hongfu, Wang Linyao and Han Hongxiang, 2004. 291 pp., 179 figs., 8 pls.

Insecta vol. 39 Neuroptera: Chrysopidae. Yang Xingke, Yang Jikun and Li Wenzhu, 2005. 398 pp., 240 figs., 4 pls.

Insecta vol. 40 Coleoptera: Eumolpidae: Eumolpinae. Tan Juanjie, Wang Shuyong and Zhou Hongzhang, 2005. 415 pp., 95 figs., 8 pls.

Insecta vol. 41 Diptera: Muscidae I. Fan Zide *et al.*, 2005. 476 pp., 226 figs., 8 pls.

Insecta vol. 42 Hymenoptera: Pteromalidae. Huang Dawei and Xiao Hui, 2005. 388 pp., 432 figs., 5 pls.

Insecta vol. 43 Orthoptera: Acridoidea: Catantopidae. Li Hongchang and Xia Kailing, 2006. 736pp., 325 figs.

Insecta vol. 44 Hymenoptera: Megachilidae. Wu Yanru, 2006. 474 pp., 180 figs., 4 pls.

Insecta vol. 45 Diptera: Homoptera: Delphacidae. Ding Jinhua, 2006. 776 pp., 351 figs., 20 pls.

Insecta vol. 46 Hymenoptera: Braconidae: Agathidinae. Chen Jiahua and Yang Jianquan, 2006. 301 pp., 81 figs., 32 pls.

Insecta vol. 47 Lepidoptera: Lasiocampidae. Liu Youqiao and Wu Chunsheng, 2006. 385 pp., 248 figs., 8 pls.

Insecta Saiphonaptera(2 volumes). Wu Houyong *et al.*, 2007. 2174 pp., 2475 figs.

Insecta vol. 49 Diptera: Muscidae. Fan Zide *et al.*, 2008. 1186 pp., 276 figs., 4 pls.

Insecta vol. 50 Diptera: Syrphidae. Huang Chunmei and Cheng Xinyue, 2012. 852 pp., 418 figs., 8 pls.

Insecta vol. 51 Megaloptera. Yang Ding and Liu Xingyue, 2010. 457 pp., 176 figs., 14 pls.

Insecta vol. 52 Lepidoptera: Pieridae. Wu Chunsheng, 2010. 416 pp., 174 figs., 16 pls.

Insecta vol. 53 Diptera Dolichopodidae(2 volumes). Yang Ding *et al.*, 2011. 1912 pp., 1017 figs., 7 pls.

Insecta vol. 54 Lepidoptera: Geometridae: Geometrinae. Han Hongxiang and Xue Dayong, 2011. 787 pp., 929 figs., 20 pls.

Insecta vol. 55 Lepidoptera: Hesperiidae. Yuan Feng, Yuan Xiangqun and Xue Guoxi, 2015. 754 pp., 280 figs., 15 pls.

Insecta vol. 56 Hymenoptera: Proctotrupoidea(I). He Junhua and Xu Zaifu, 2015. 1078 pp., 485 figs.

Insecta vol. 57 Orthoptera: Tettigoniidae: Phaneropterinae. Kang Le *et al.*, 2013. 574 pp., 291 figs., 31 pls.

Insecta vol. 58 Plecoptera: Nemouroides. Yang Ding, Li Weihai and Zhu Fang, 2014. 518 pp., 294 figs., 12 pls.

Insecta vol. 59 Diptera: Tabanidae. Xu Rongman and Sun Yi, 2013. 870 pp., 495 figs., 17 pls.

Insecta vol. 60 Hemiptera: Hormaphididae, Phloeomyzidae. Qiao Gexia, Jiang Liyun, Chen Jing, Zhang Guangxue and Zhong Tiesen, 2017. 414 pp., 137 figs., 8 pls.

Insecta vol. 61 Coleoptera: Chrysomelidae: Chrysomelinae. Yang Xingke, Ge Siqin, Wang Shuyong, Li Wenzhu and Cui Junzhi, 2014. 641 pp., 378 figs., 8 pls.

Insecta vol. 62 Hemiptera: Miridae(II): Orthotylinae. Liu Guoqing and Zheng Leyi, 2014. 297 pp., 134 figs., 13 pls.

Insecta vol. 63 Coleoptera: Tenebrionidae(I). Ren Guodong *et al.*, 2016. 534 pp., 248 figs., 49 pls.

Insecta vol. 65 Diptera: Rhagionidae and Athericidae. Yang Ding, Dong Hui and Zhang Kuiyan. 2016. 476 pp., 222 figs., 7 pls.

Insecta vol. 67 Hemiptera: Cicadellidae (II): Cicadellinae. Yang Maofa, Meng Zehong and Li Zizhong. 2017. 637pp., 312 figs., 27 pls.

Insecta vol. 68 Neuroptera: Myrmeleontoidea. Wang Xinli, Zhan Qingbin and Wang Aiqin. 2018. ?pp., 2 figs., 38 pls.

Invertebrata vol. 1 Crustacea: Freshwater Cladocera. Chiang Siehchih and Du Nanshang, 1979. 297 pp.,192 figs.

Invertebrata vol. 2 Crustacea: Freshwater Copepoda. Shen Jiarui *et al.*, 1979. 450 pp., 255 figs.

Invertebrata vol. 3 Trematoda: Digenea I. Chen Xintao *et al.*, 1985. 697 pp., 469 figs., 12 pls.

Invertebrata vol. 4 Cephalopode. Dong Zhengzhi, 1988. 201 pp., 124 figs., 4 pls.

Invertebrata vol. 5 Hirudinea: Euhirudinea and Branchiobdellidea. Yang Tong, 1996. 259 pp., 141 figs.

Invertebrata vol. 6 Holothuroidea. Liao Yulin, 1997. 334 pp., 170 figs., 2 pls.

Invertebrata vol. 7 Gastropoda: Mesogastropoda: Cypraeacea. Ma Xiutong, 1997. 283 pp., 96 figs., 12 pls.

Invertebrata vol. 8 Arachnida: Araneae: Thomisidae and Philodromidae. Song Daxiang and Zhu Mingsheng, 1997. 259 pp., 154 figs.

Invertebrata vol. 9 Polychaeta: Phyllodocimorpha. Wu Baoling, Wu Qiquan, Qiu Jianwen and Lu Hua, 1997. 323pp., 180 figs.

Invertebrata vol. 10 Arachnida: Araneae: Araneidae. Yin Changmin *et al.*, 1997. 460 pp., 292 figs.

Invertebrata vol. 11 Gastropoda: Opisthobranchia: Cephalaspidea. Lin Guangyu, 1997. 246 pp., 35 figs., 28 pls.

Invertebrata vol. 12 Bivalvia: Mytiloida. Wang Zhenrui, 1997. 268 pp., 126 figs., 4 pls.

Invertebrata vol. 13 Arachnida: Araneae: Theridiidae. Zhu Mingsheng, 1998. 436 pp., 233 figs., 1 pl.

Invertebrata vol. 14 Sacodina: Acantharia and Spumellaria. Tan Zhiyuan, 1998. 315 pp., 273 figs., 25 pls.

Invertebrata vol. 15 Myxosporea. Chen Chihleu and Ma Chenglun, 1998. 805 pp., 30 figs., 180 pls.

Invertebrata vol. 16 Anthozoa: Actiniaria, Ceriantharis and Zoanthidea. Pei Zunan, 1998. 286 pp., 149 figs., 22 pls.

Invertebrata vol. 17 Crustacea: Decapoda: Parathelphusidae and Potamidae. Dai Aiyun, 1999. 501 pp., 238 figs., 31 pls.

Invertebrata vol. 18 Protura. Yin Wenying, 1999. 510 pp., 275 figs., 8 pls.

Invertebrata vol. 19 Gastropoda: Pulmonata: Stylommatophora: Clausiliidae. Chen Deniu and Zhang Guoqing, 1999. 210 pp., 128 figs., 5 pls.

Invertebrata vol. 20 Bivalvia: Protobranchia and Anomalodesmata. Xu Fengshan, 1999. 244 pp., 156 figs.

Invertebrata vol. 21 Crustacea: Mysidacea. Liu Ruiyu (J. Y. Liu) and Wang Shaowu, 2000. 326 pp., 110 figs.

Invertebrata vol. 22 Monogenea. Wu Baohua, Lang Suo and Wang Weijun, 2000. 756 pp., 598 figs., 2 pls.

Invertebrata vol. 23 Anthozoa: Scleractinia: Hermatypic coral. Zou Renlin, 2001. 289 pp., 9 figs., 47+8 pls.

Invertebrata vol. 24 Bivalvia: Veneridae. Zhuang Qiqian, 2001. 278 pp., 145 figs.

Invertebrata vol. 25 Nematoda: Rhabditida: Strongylata I. Wu Shuqing *et al.*, 2001. 489 pp., 201 figs.

Invertebrata vol. 26 Foraminiferea: Agglutinated Foraminifera. Zheng Shouyi and Fu Zhaoxian, 2001. 788 pp., 130 figs., 122 pls.

Invertebrata vol. 27 Hydrozoa and Scyphomedusae. Gao Shangwu, Hong Hueshin and Zhang Shimei, 2002. 275 pp., 136 figs.

Invertebrata vol. 28 Crustacea: Amphipoda: Hyperiidae. Chen Qingchao and Shi Changtai, 2002. 249 pp., 178 figs.

Invertebrata vol. 29 Gastropoda: Archaeogastropoda: Trochacea. Dong Zhengzhi, 2002. 210 pp., 176 figs., 2 pls.

Invertebrata vol. 30 Crustacea: Brachyura: Marine primitive crabs. Chen Huilian and Sun Haibao, 2002. 597 pp., 237 figs., 16 pls.

Invertebrata vol. 31 Bivalvia: Pteriina. Wang Zhenrui, 2002. 374 pp., 152 figs., 7 pls.

Invertebrata vol. 32 Polycystinea: Nasellaria; Phaeodarea: Phaeodaria. Tan Zhiyuan and Su Xinghui, 2003. 295 pp., 193 figs., 25 pls.

Invertebrata vol. 33 Annelida: Polychaeta II Nereidida. Sun Ruiping and Yang Derjian, 2004. 520 pp., 267 figs., 193 pls.

Invertebrata vol. 34 Mollusca: Gastropoda Tonnacea, Zhang Suping and Ma Xiutong, 2004. 243 pp., 123 figs., 1 pl.

Invertebrata vol. 35 Arachnida: Araneae: Tetragnathidae. Zhu Mingsheng, Song Daxiang and Zhang Junxia, 2003. 402 pp., 174 figs., 5+11 pls.

Invertebrata vol. 36 Crustacea: Decapoda, Atyidae. Liang Xiangqiu, 2004. 375 pp., 156 figs.

Invertebrata vol. 37 Mollusca: Gastropoda: Stylommatophora: Bradybaenidae. Chen Deniu and Zhang Guoqing, 2004. 482 pp., 409 figs., 8 pls.

Invertebrata vol. 38 Chaetognatha: Sagittoidea. Xiao Yichang, 2004. 201 pp., 89 figs.

Invertebrata vol. 39 Arachnida: Araneae: Gnaphosidae. Song Daxiang, Zhu Mingsheng and Zhang Feng, 2004. 362 pp., 175 figs.

Invertebrata vol. 40 Echinodermata: Ophiuroidea. Liao Yulin, 2004. 505 pp., 244 figs., 6 pls.

Invertebrata vol. 41 Crustacea: Amphipoda: Gammaridea I. Ren Xianqiu, 2006. 588 pp., 194 figs.

Invertebrata vol. 42 Crustacea: Cirripedia: Thoracica. Liu Ruiyu and Ren Xianqiu, 2007. 632 pp., 239 figs.

Invertebrata vol. 43 Crustacea: Amphipoda: Gammaridea II. Ren Xianqiu, 2012. 651 pp., 197 figs.

Invertebrata vol. 44 Crustacea: Decapoda: Palaemonoidea. Li Xinzheng, Liu Ruiyu, Liang Xingqiu and Chen Guoxiao, 2007. 381 pp., 157 figs.

Invertebrata vol. 45 Ciliophora: Oligohymenophorea: Peritrichida. Shen Yunfen and Gu Manru, 2016. 502 pp.,

164 figs., 2 pls.

Invertebrata vol. 46 Sipuncula, Echiura. Zhou Hong, Li Fenglu and Wang Wei, 2007. 206 pp., 95 figs.

Invertebrata vol. 47 Arachnida: Acari: Phytoseiidae. Wu weinan, Ou Jianfeng and Huang Jingling. 2009. 511 pp., 287 figs., 9 pls.

Invertebrata vol. 48 Mollusca: Bivalvia: Lucinacea, Carditacea, Crassatellacea and Cardiacea. Xu Fengshan. 2012. 239 pp., 133 figs.

Invertebrata vol. 49 Crustacea: Decapoda: Portunidae. Yang Siliang, Chen Huilian and Dai Aiyun. 2012. 417 pp., 138 figs., 14 pls.

Invertebrata vol. 50 Tardigrada. Yang Tong. 2015. 279 pp., 131 figs., 5 pls.

Invertebrata vol. 51 Nematoda: Rhabditida: Strongylata (II). Zhang Luping and Kong Fanyao. 2014. 316 pp., 97 figs., 19 pls.

Invertebrata vol. 54 Annelida: Polychaeta (III): Sabellida. Sun Ruiping and Yang Dejian. 2014. 493 pp., 239 figs., 2 pls.

Invertebrata vol. 55 Mollusca: Gastropoda: Conidae. Li Fenglan and Lin Minyu. 2016. 288 pp., 168 figs., 4 pls.

Invertebrata vol. 56 Mollusca: Gastropoda: Strombacea and Naticacea. Zhang Suping. 2016. 318 pp., 138 figs., 10 pls.

Invertebrata vol. 57 Mollusca: Bivalvia: Tellinidae and Semelidae. Xu Fengshan and Zhang Junlong. 2017. 236 pp., 50 figs., 15 pls.

Invertebrata vol. 58 Mollusca: Gastropoda: Enoidea. Wu Min. 2018. 298 pp., 63 figs., 6 pls.

Invertebrata vol. 59 Arachnida: Araneae: Agelenidae and Amaurobiidae. Zhu Mingsheng, Wang Xinping and Zhang Zhisheng. 2017. 727 pp., 384 figs., 5 pls.

ECONOMIC FAUNA OF CHINA

Mammals. Shou Zhenhuang *et al.*, 1962. 554 pp., 153 figs., 72 pls.

Aves. Cheng Tsohsin *et al.*, 1963. 694 pp., 10 figs., 64 pls.

Marine fishes. Chen Qingtai *et al.*, 1962. 174 pp., 25 figs., 32 pls.

Freshwater fishes. Wu Xianwen *et al.*, 1963. 159 pp., 122 figs., 30 pls.

Parasitic Crustacea of Freshwater Fishes. Kuang Puren and Qian Jinhui, 1991. 203 pp., 110 figs.

Annelida. Echinodermata. Prorochordata. Wu Baoling *et al.*, 1963. 141 pp., 65 figs., 16 pls.

Marine mollusca. Zhang Xi and Qi Zhougyan, 1962. 246 pp., 148 figs.

Freshwater molluscs. Liu Yueyin *et al.*, 1979.134 pp., 110 figs.

Terrestrial molluscs. Chen Deniu and Gao Jiaxiang, 1987. 186 pp., 224 figs.

Parasitic worms. Wu Shuqing, Yin Wenzhen and Shen Shouxun, 1960. 368 pp., 158 figs.

Economic birds of China (Second edition). Cheng Tsohsin, 1993. 619 pp., 64 pls.

ECONOMIC INSECT FAUNA OF CHINA

Fasc. 1 Coleoptera: Cerambycidae. Chen Sicien *et al.*, 1959. 120 pp., 21 figs., 40 pls.

Fasc. 2 Hemiptera: Pentatomidae. Yang Weiyi, 1962. 138 pp., 11 figs., 10 pls.

Fasc. 3 Lepidoptera: Noctuidae I. Chu Hongfu and Chen Yixin, 1963. 172 pp., 22 figs., 10 pls.

Fasc. 4 Coleoptera: Tenebrionidae. Zhao Yangchang, 1963. 63 pp., 27 figs., 7 pls.

Fasc. 5 Coleoptera: Coccinellidae. Liu Chongle, 1963. 101 pp., 27 figs., 11pls.

Fasc. 6 Lepidoptera: Noctuidae II. Chu Hongfu *et al.*, 1964. 183 pp., 11 pls.

Fasc. 7 Lepidoptera: Noctuidae III. Chu Hongfu, Fang Chenglai and Wang Lingyao, 1963. 120 pp., 28 figs., 31 pls.

Fasc. 8 Isoptera: Termitidae. Cai Bonghua and Chen Ningsheng, 1964. 141 pp., 79 figs., 8 pls.

Fasc. 9 Hymenoptera: Apoidea. Wu Yanru, 1965. 83 pp., 40 figs., 7 pls.

Fasc. 10 Homoptera: Cicadellidae. Ge Zhongling, 1966. 170 pp., 150 figs.

Fasc. 11 Lepidoptera: Tortricidae I. Liu Youqiao and Bai Jiuwei, 1977. 93 pp., 23 figs., 24 pls.

Fasc. 12 Lepidoptera: Lymantriidae I. Chao Chungling, 1978. 121 pp., 45 figs., 18 pls.

Fasc. 13 Diptera: Ceratopogonidae. Li Tiesheng, 1978. 124 pp., 104 figs.

Fasc. 14 Coleoptera: Coccinellidae II. Pang Xiongfei and Mao Jinlong, 1979. 170 pp., 164 figs., 16 pls.

Fasc. 15 Acarina: Lxodoidea. Teng Kuofan, 1978. 174 pp., 707 figs.

Fasc. 16 Lepidoptera: Notodontidae. Cai Rongquan, 1979. 166 pp., 126 figs., 19 pls.

Fasc. 17 Acarina: Camasina. Pan Zungwen and Teng Kuofan, 1980. 155 pp., 168 figs.

Fasc. 18 Coleoptera: Chrysomeloidea I. Tang Juanjie *et al.*, 1980. 213 pp., 194 figs., 18 pls.

Fasc. 19 Coleoptera: Cerambycidae II. Pu Fuji, 1980. 146 pp., 42 figs., 12 pls.

Fasc. 20 Coleoptera: Curculionidae I. Chao Yungchang and Chen Yuanqing, 1980. 184 pp., 73 figs., 14 pls.

Fasc. 21 Lepidoptera: Pyralidae. Wang Pingyuan, 1980. 229 pp., 40 figs., 32 pls.

Fasc. 22 Lepidoptera: Sphingidae. Zhu Hongfu and Wang Lingyao, 1980. 84 pp., 17 figs., 34 pls.

Fasc. 23 Acariformes: Tetranychoidea. Wang Huifu, 1981. 150 pp., 121 figs., 4 pls.

Fasc. 24 Homoptera: Pseudococcidae. Wang Tzeching, 1982. 119 pp., 75 figs.

Fasc. 25 Homoptera: Aphidinea I. Zhang Guangxue and Zhong Tiesen, 1983. 387 pp., 207 figs., 32 pls.

Fasc. 26 Diptera: Tabanidae. Wang Zunming, 1983. 128 pp., 243 figs., 8 pls.

Fasc. 27 Homoptera: Delphacidae. Kuoh Changlin *et al.*, 1983. 166 pp., 132 figs., 13 pls.

Fasc. 28 Coleoptera: Larvae of Scarabaeoidae. Zhang Zhili, 1984. 107 pp., 17. figs., 21 pls.

Fasc. 29 Coleoptera: Scolytidae. Yin Huifen, Huang Fusheng and Li Zhaoling, 1984. 205 pp., 132 figs., 19 pls.

Fasc. 30 Hymenoptera: Vespoidea. Li Tiesheng, 1985. 159pp., 21 figs., 12pls.

Fasc. 31 Hemiptera I. Zhang Shimei, 1985. 242 pp., 196 figs., 59 pls.

Fasc. 32 Lepidoptera: Noctuidae IV. Chen Yixin, 1985. 167 pp., 61 figs., 15 pls.

Fasc. 33 Lepidoptera: Arctiidae. Fang Chenglai, 1985. 100 pp., 69 figs., 10 pls.

Fasc. 34 Hymenoptera: Chalcidoidea I. Liao Dingxi *et al.*, 1987. 241 pp., 113 figs., 24 pls.

Fasc. 35 Coleoptera: Cerambycidae III. Chiang Shunan. Pu Fuji and Hua Lizhong, 1985. 189 pp., 2 figs., 13 pls.

Fasc. 36 Homoptera: Fulgoroidea. Chou Io *et al*., 1985. 152 pp., 125 figs., 2 pls.

Fasc. 37 Diptera: Anthomyiidae. Fan Zide *et al*., 1988. 396 pp., 1215 figs., 10 pls.

Fasc. 38 Diptera: Ceratopogonidae II. Lee Tiesheng, 1988. 127 pp., 107 figs.

Fasc. 39 Acari: Ixodidae. Teng Kuofan and Jiang Zaijie, 1991. 359 pp., 354 figs.

Fasc. 40 Acari: Dermanyssoideae, Teng Kuofan *et al*., 1993. 391 pp., 318 figs.

Fasc. 41 Hymenoptera: Pteromalidae I. Huang Dawei, 1993. 196 pp., 252 figs.

Fasc. 42 Lepidoptera: Lymantriidae II. Chao Chungling, 1994. 165 pp., 103 figs., 10 pls.

Fasc. 43 Homoptera: Coccidea. Wang Tzeching, 1994. 302 pp., 107 figs.

Fasc. 44 Acari: Eriophyoidea I. Kuang Haiyuan, 1995. 198 pp., 163 figs., 7 pls.

Fasc. 45 Diptera: Tabanidae II. Wang Zunming, 1994. 196 pp., 182 figs., 8 pls.

Fasc. 46 Coleoptera: Cetoniidae, Trichiidae, Valgidae. Ma Wenzhen, 1995. 210 pp., 171 figs., 5 pls.

Fasc. 47 Hymenoptera: Formicidae I. Tang Jub, 1995. 134 pp., 135 figs.

Fasc. 48 Ephemeroptera. You Dashou *et al*., 1995. 152 pp., 154 figs.

Fasc. 49 Trichoptera I: Hydroptilidae, Stenopsychidae, Hydropsychidae, Leptoceridae. Tian Lixin *et al*., 1996. 195 pp., 271 figs., 2 pls.

Fasc. 50 Hemiptera II: Zhang Shimei *et al*., 1995. 169 pp., 46 figs., 24 pls.

Fasc. 51 Hymenoptera: Ichneumonidae. He Junhua, Chen Xuexin and Ma Yun, 1996. 697 pp., 434 figs.

Fasc. 52 Hymenoptera: Sphecidae. Wu Yanru and Zhou Qin, 1996. 197 pp., 167 figs., 14 pls.

Fasc. 53 Acari: Phytoseiidae. Wu Weinan *et al*., 1997. 223 pp., 169 figs., 3 pls.

Fasc. 54 Coleoptera: Chrysomeloidea II. Yu Peiyu *et al*., 1996. 324 pp., 203 figs., 12 pls.

Fasc. 55 Thysanoptera. Han Yunfa, 1997. 513 pp., 220 figs., 4 pls.

图版说明

图版 I 1. 暖杂斑螺指名亚种 *Subzebrinus asaphes asaphes* (Sturany), SMF42028; 2. 短暖杂斑螺 *Subzebrinus asaphes brevior* (Sturany), SMF42029; 3. 别氏杂斑螺 *Subzebrinus beresowskii* (Mlldff), SMF41961; 4. 布氏杂斑螺 *Subzebrinus bretschneideri* (Mlldff), BMNH 1912.6.27.29–31; 5. 波氏杂斑螺 *Subzebrinus baudoni* (Deshayes), 原标签为"*Mirus mupingianus*", ZI RAS; 6. 长口杂斑螺 *Subzebrinus dolichostoma* (Mlldff), SMF41970; 7. 环绕杂斑螺 *Subzebrinus erraticus* (Pilsbry), MHM1028-19; 8. 紫红杂斑螺 *Subzebrinus fuchsianus* (Heude), SMF41921; 9. 福氏杂斑螺 *Subzebrinus fultoni* (Mlldff), SMF41953; 10. 棉杂斑螺 *Subzebrinus gossipinus* (Heude), MHM1235-1; 11. 冬杂斑螺 *Subzebrinus hyemalis* (Heude), SMF41915; 12. 浩罕杂斑螺 *Subzebrinus kokandensis* (Martens), BMNH 1915.3.30.275–276; 13. 库氏杂斑螺 *Subzebrinus kuschakewitzi* (Ancey), BMNH 1915.3.30.521–522; 14. 瘦瓶杂斑螺 *Subzebrinus macroceramiformis* (Deshayes), SMF41948; 15. 宏口杂斑螺 *Subzebrinus macrostoma* (Mlldff), SMF41964; 16. 奥托杂斑螺指名亚种 *Subzebrinus ottonis ottonis* (Sturany), SMF41972; 17. 凸奥托杂斑螺 *Subzebrinus ottonis convexospirus* (Mlldff), SMF41976; 18. 波图杂斑螺 *Subzebrinus postumus* (Gredler), SMF191671; 19. 石鸡杂斑螺 *Subzebrinus schypaensis* (Sturany), SMF42031; 20. 纹杂斑螺 *Subzebrinus substrigatus* (Mlldff), SMF41969。

图版 II 1. 虎杂斑螺 *Subzebrinus tigricolor* (Annandale), BMNH 1912.6.27.67-68; 2. 脐杂斑螺 *Subzebrinus umbilicaris* (Mlldff), SMF41959; 3. 具腹杂斑螺 *Subzebrinus ventricosulus* (Mlldff), SMF41918; 4. 上曲蛹巢螺 *Pupinidius anocamptus* (Mlldff), MHM332-1; 5. 金蛹巢螺 *Pupinidius chrysalis* (Annandale), BMNH 模式标本; 6. 格氏蛹巢螺 *Pupinidius gregorii* (Mlldff), SMF42004; 7. 阔唇蛹巢螺 *Pupinidius latilabrum* (Annandale), MHM4328-5; 8. 灰口蛹巢螺指名亚种 *Pupinidius melinostoma melinostoma* (Mlldff), SMF41978; 9. 惑南坪蛹巢螺 *Pupinidius nanpingensis ambigua* (Mlldff), SMF41996; 10. 南坪蛹巢螺指名亚种 *Pupinidius nanpingensis nanpingensis* (Mlldff), SMF41994; 11. 缩奥蛹巢螺 *Pupinidius obrutschewi contractus* (Mlldff), SMF41981; 12. 奥蛹巢螺指名亚种 *Pupinidius obrutschewi obrutschewi* (Sturany), SMF41982; 13. 伸蛹巢螺指名亚种 *Pupinidius porrectus porrectus* (Mlldff), BMNH 1902.5.13.20; 14. 文蛹巢螺 *Pupinidius wenxian* Wu & Zheng, 正模, MHM05432-spec. 1; 15. 高旋豆蛹巢螺 *Pupinidius pupinella altispirus* (Mlldff), SMF41991; 16. 豆蛹巢螺指名亚种 *Pupinidius pupinella pupinella* (Mlldff), BMNH 1912.3.26.1。

图版 III 1. 蛹巢螺 *Pupinidius pupinidius* (Mlldff), SMF41992; 2. 扭轴蛹巢螺 *Pupinidius streptaxis* (Mlldff), SMF41986; 3. 矛金丝雀螺 *Serina belae* (Hilber), SMF42069; 4. 条金丝雀螺 *Serina cathaica* Gredler, BMNH 1902.5.13.19; 5. 前口金丝雀螺 *Serina prostoma* (Ancey), BMNH 1912.6.27.69–71; 6. 戒金丝雀螺 *Serina egressa* (Sturany), SMF42038; 7. 暮金丝雀螺 *Serina ser* Gredler, SMF42036; 8. 近暮金丝雀螺 *Serina subser* Gredler, SMF42045; 9. 舒金丝雀螺指名亚种 *Serina soluta soluta* (Mlldff), SMF42047; 10. 狭唇舒金丝雀螺 *Serina soluta stenochila* (Mlldff), SMF42048; 11. 膨舒金丝雀螺 *Serina soluta inflata* Yen, SMF42095; 12. 文氏金丝雀螺 *Serina vincentii* (Gredler), SMF42032; 13. 布鲁氏沟颈螺 *Holcauchen brookedolani* (Pilsbry), BMNH 模式标本; 14. 内坎沟颈螺 *Holcauchen entocraspedius* (Mlldff), BMNH 1902.5.13.15; 15. 格氏沟颈螺 *Holcauchen gregoriana* (Annandale), BMNH 模式标本; 16. 海氏沟颈螺 *Holcauchen hyacinthi* (Gredler), SMF42052; 17. 微放沟颈螺 *Holcauchen micropeas* (Mlldff), SMF42056; 18. 针沟颈螺 *Holcauchen rhaphis* (Mlldff), SMF42054; 19. 杆沟颈螺指名亚种 *Holcauchen rhabdites rhabdites* (Gredler), SMF42051; 20. 漆沟颈螺 *Holcauchen rhusius* (Mlldff), SMF42053; 21. 沟颈螺 *Holcauchen sulcatus* (Mlldff), SMF42059; 22. 瘤拟烟螺 *Clausiliopsis amphischnus* (Haas), SMF6463; 23. 布氏拟烟螺 *Clausiliopsis buechneri* (Mlldff), SMF42074; 24. 格拟

图版说明

烟螺 *Clausiliopsis clathratus* (Mlldff), SMF42071; 25. 平拟烟螺 *Clausiliopsis elamellatus* (Mlldff), SMF42073; 26. 横丹拟烟螺 *Clausiliopsis hengdan* Wu & Wu, MHM5557; 27. 柯氏拟烟螺 *Clausiliopsis kobelti* (Mlldff), BMNH 99.1.13.47–48; 28. 暗线拟烟螺 *Clausiliopsis phaeorhaphe* (Mlldff), SMF42070; 29. 肖氏拟烟螺 *Clausiliopsis schalfejewi* (Gredler), SMF42068; 30. 瑟珍拟烟螺 *Clausiliopsis senckenbergianus* Yen, SMF42094; 31. 蔡氏拟烟螺 *Clausiliopsis szechenyi* (Böettger), SMF42064。

图版 IV 1. 蛹纳螺 *Pupopsis pupopsis* (Gredler), SMF42076; 2. 扭蛹纳螺 *Pupopsis torquilla* (Mlldff), SMF42082; 3. 反齿蛹纳螺 *Pupopsis retrodens* (Martens), MHM06460-2; 4. 横丹蛹纳螺 *Pupopsis hendan* Wu & Gao, MHM05592-2 正模; 5. 茂蛹纳螺 *Pupopsis maoxian* Wu & Gao, MHM01023-1 正模; 6. 绯口蛹纳螺 *Pupopsis rhodostoma* Wu & Gao, MHM05872-2 正模; 7. 拟蛹纳螺 *Pupopsis subpupopsis* Wu & Gao, MHM5676-1 正模; 8. 似扭蛹纳螺 *Pupopsis subtorquilla* Wu & Gao, MHM5429-2 正模; 9. 英蛹纳螺 *Pupopsis yengiawat* Wu & Gao, MHM04439-1 正模; 10. 玉虚蛹纳螺 *Pupopsis yuxu* Wu & Gao, MHM06089-3 正模; 11. 茨氏蛹纳螺 *Pupopsis zilchi* Wu & Gao, SMF334777; 12. 倭丸鸟唇螺指名亚种 *Petraeomastus breviculus breviculus* (Mlldff), SMF42011; 13. 德氏鸟唇螺 *Petraeomastus desgodinsi* (Ancey), BMNH 1912.6.27.22–25; 14. 念珠鸟唇螺 *Petraeomastus diaprepes* (Sturany), SMF42006; 15. 吉氏鸟唇螺 *Petraeomastus giraudelianus* (Heude), BMNH 1912.6.27.59; 16. 厄氏鸟唇螺 *Petraeomastus heudeanus* (Ancey), SMF203106; 17. 摩氏鸟唇螺 *Petraeomastus Moellendorffi* (Hiber, 1883), SMF42017; 18. 锐鸟唇螺 *Petraeomastus Mucronatus* (Möllendorff, 1901), MHM1820-1; 19. 纽氏鸟唇螺 *Petraeomastus neumayri* (Hilber), BMNH 1912.6.27.26—28; 20. 尖锥鸟唇螺 *Petraeomastus oxyconus* (Mlldff), SMF42019; 21. 阔唇鸟唇螺指名亚种 *Petraeomastus platychilus platychilus* (Mlldff), SMF42022; 22. 锤阔唇鸟唇螺 *Petraeomastus platychilus malleatus* (Mlldff), SMF42027; 23. 罗氏鸟唇螺 *Petraeomastus rochebruni* (Ancey), MHM6098-1, 近成体; 24. 藏鸟唇螺 *Petraeomastus tibetanus* (Pfeiffer), BMNH H. 3 spec. Acc. No: 1829。

图版 V 1. 丸鸟唇螺 *Petraeomastus semifartus* (Mlldff), SMF42007; 2. 枯藤鸟唇螺指名亚种 *Petraeomastus xerampelinus xerampelinus* (Sturany), BMNH 1912.3.26.3; 3. 白谷纳螺 *Coccoderma albescens* (Mlldff), SMF42089; 4. 粒谷纳螺 *Coccoderma granifer* (Mlldff), MHM4277-1; 5. 谷纳螺 *Coccoderma granulata* (Mlldff), SMF42088; 6. 细粒谷纳螺 *Coccoderma leptostraca* (Schmacker & Boettger), SMF186050; 7. 浅纹谷纳螺 *Coccoderma trivialis* (Ancey), SMF42085; 8. 沃氏谷纳螺 *Coccoderma warburgi* (Schmacker & Boettger), SMF150676 正模; 9. 锐奇异螺 *Mirus acuminatus* (Mlldff), ZI RAS 模式标本; 10. 白缘奇异螺指名亚种 *Mirus alboreflexus alboreflexus* (Ancey), SMF40404; 11. 纹白缘奇异螺 *Mirus alboreflexus striolatus* (Mlldff), SMF40406; 12. 小节白缘奇异螺 *Mirus alboreflexus nodulatus* (Mlldff), SMF40405; 13. 钻白缘奇异螺 *Mirus alboreflexus perforatus* (Mlldff), SMF41910; 14. 奥奇异螺 *Mirus aubryanus* (Heude), BMNH 1912.3.26.10; 15. 燕麦奇异螺 *Mirus avenaceus* (Heude), MHM1332-1; 16. 短口奇异螺 *Mirus brachystoma* (Heude), MHM4311-7; 17. 稚奇异螺 *Mirus brizoides* (Mlldff), ZI RAS 模式标本 N295; 18. 康氏奇异螺指名亚种 *Mirus cantori cantori* (Philippi), SMF40365; 19. 角康氏奇异螺 *Mirus cantori corneus* (Mlldff), SMF40385; 20. 肥康氏奇异螺 *Mirus cantori corpulenta* (Gredler), SMF41913; 21. 弗康氏奇异螺 *Mirus cantori fragilis* (Mlldff), SMF50028; 22. 滑康氏奇异螺 *Mirus cantori obesus* (Heude), SMF40384; 23. 绿岛康氏奇异螺 *Mirus cantori taivanica* (Mlldff), BMNH91.8.7.5—8。

图版说明

图版 VI 1. 玉髓奇异螺 *Mirus chalcedonicus* (Gredler),SMF192174;2. 戴氏奇异螺 *Mirus davidi* (Deshayes),SMF41950;3. 反柱奇异螺 *Mirus frinianus* (Heude),BMNH 1923.5.24.54.70;4. 索形奇异螺 *Mirus funiculus* (Heude),SMF40402;5. 哈氏奇异螺 *Mirus hartmanni* (Ancey),SMF41912;6. 克氏奇异螺 *Mirus krejcii* (Haas),SMF6465;7. 湘微奇异螺 *Mirus minutus hunanensis* (Mlldff),SMF40394;8. 微奇异螺指名亚种 *Mirus minutus minutus* (Heude),SMF40399;9. 近微奇异螺 *Mirus minutus subminutus* (Heude),BMNH 91.4.24.61–66;10. 穆坪奇异螺 *Mirus mupingianus* (Deshayes),BMNH 1903.11.28.6–7;11. 伪奇异螺 *Mirus nothus* (Pilsbry),BMNH99.1.13.36;12. 前颅奇异螺指名亚种 *Mirus praelongus praelongus* (Ancey),SMF40391;13. 梨形奇异螺 *Mirus pyrinus* (Mlldff),ZI RAS 模式标本(?);14. 囊形奇异螺 *Mirus saccatus* (Mlldff),SMF41941;15. 谢河奇异螺 *Mirus siehoensis* (Hilber),BMNH Acc. No. 2176;16. 透奇异螺 *Mirus transiens* (Ancey),SMF40401;17. 革囊奇异螺 *Mirus utriculus* (Heude),SMF40392;18. 克氏图灵螺 *Turanena kreitneri* (Hilber),SMF42034;19. 伊犁图灵螺 *Turanena kuldshana* (Martens),SMF42828;20. 稚锥图灵螺 *Turanena microconus* (Mlldff),SMF42033;21. 克氏厄纳螺 *Heudiella krejcii* (Haas),SMF186097;22. 皮小索螺 *Funiculus coriaceus* Heude,BMNH 1912.6.27.34–35;23. 爪脊纳螺 *Rachis onychinus* (Heude),SMF104593;24. 栗带"粒锥螺" "*Buliminus*" *castaneobalteatus* Preston,BMNH 模式标本;25. 常"粒锥螺" "*Buliminus*" *ordinarius* Preston,BMNH 模式标本;26. 裂"粒锥螺" "*Buliminus*" *oscitans* Preston,BMNH 模式标本;27. 沃氏"粒锥螺" "*Buliminus*" *wardi* Preston,BMNH 模式标本。

图版 I

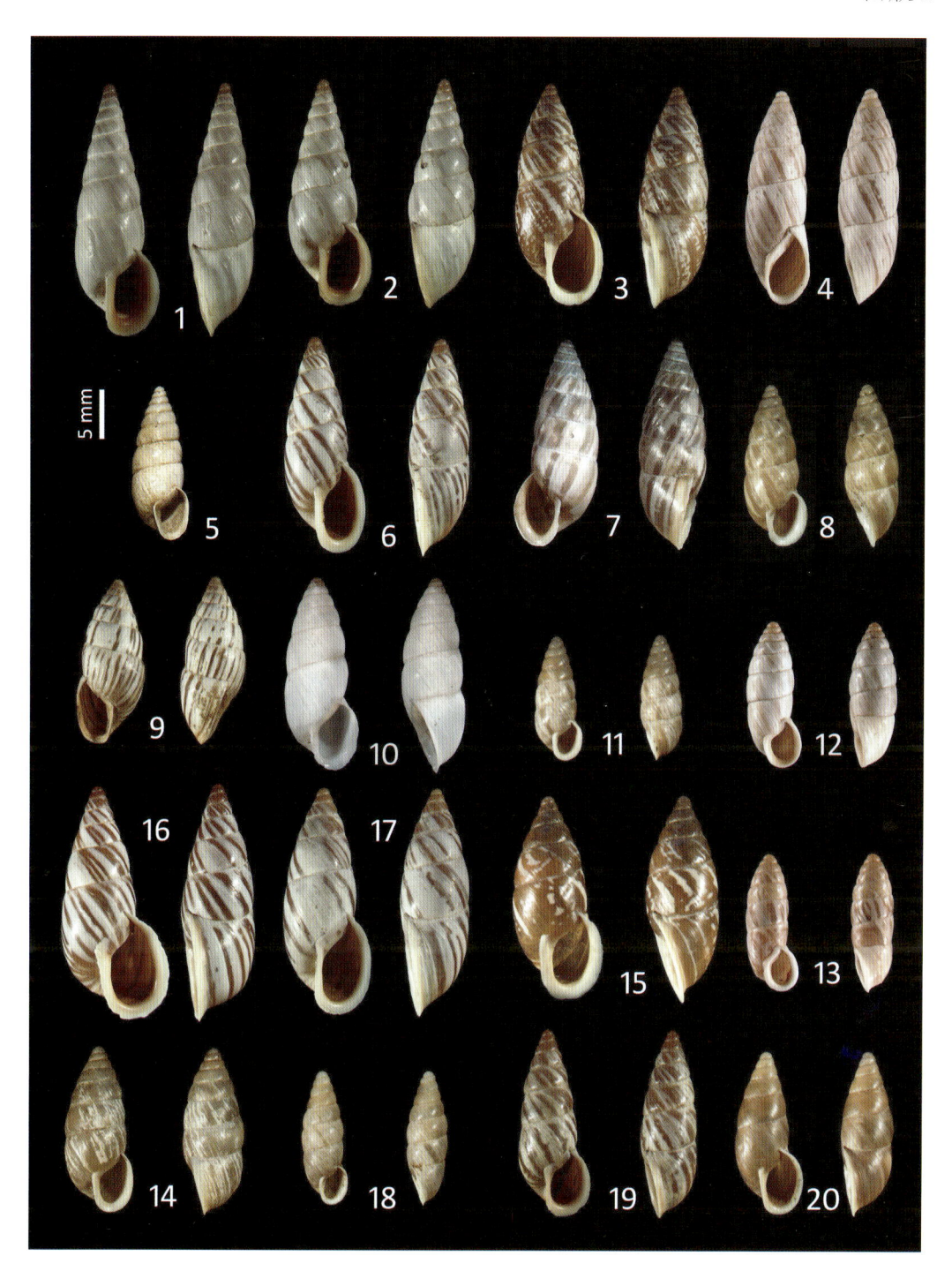

图版 II

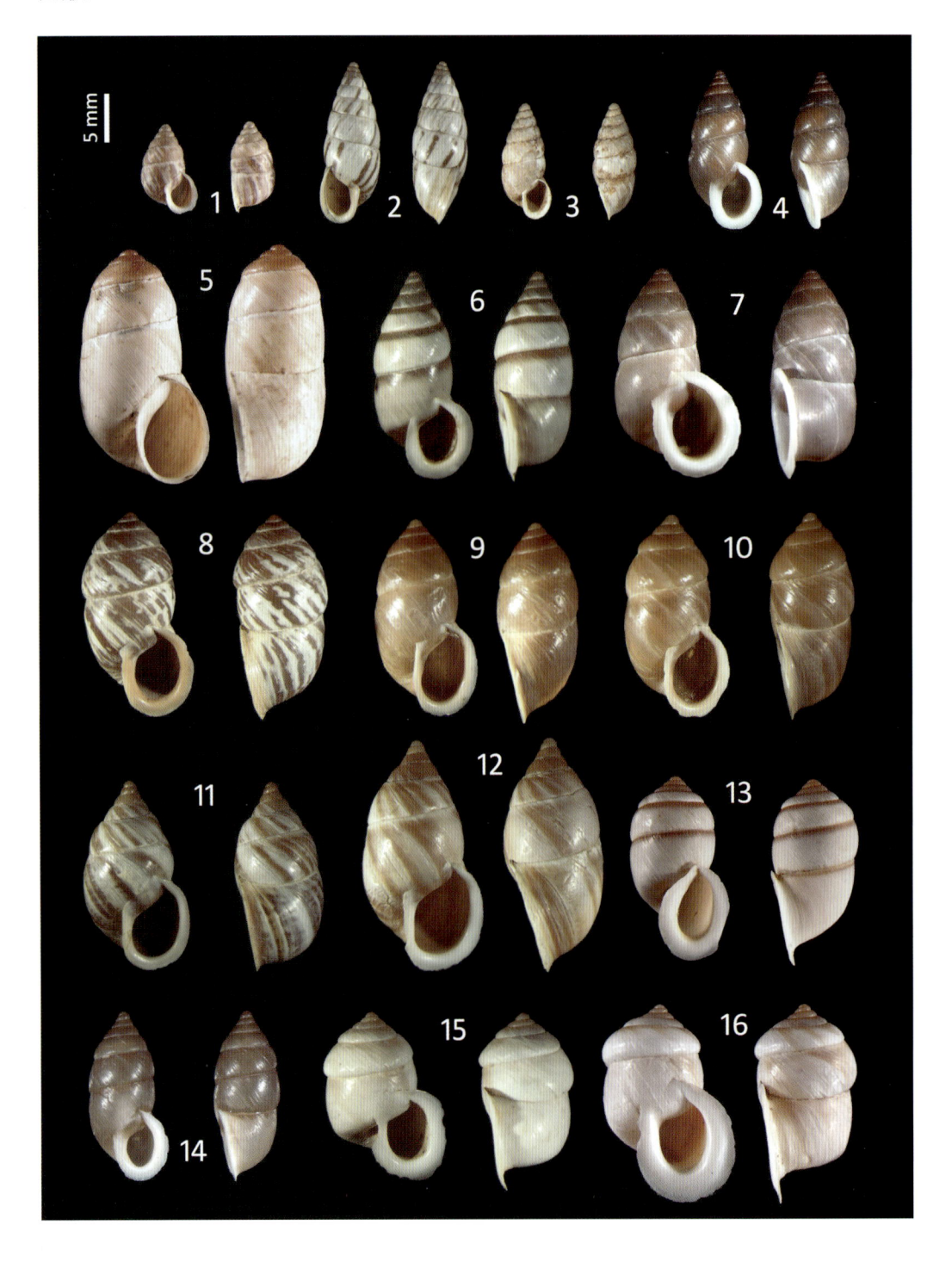

图版 III

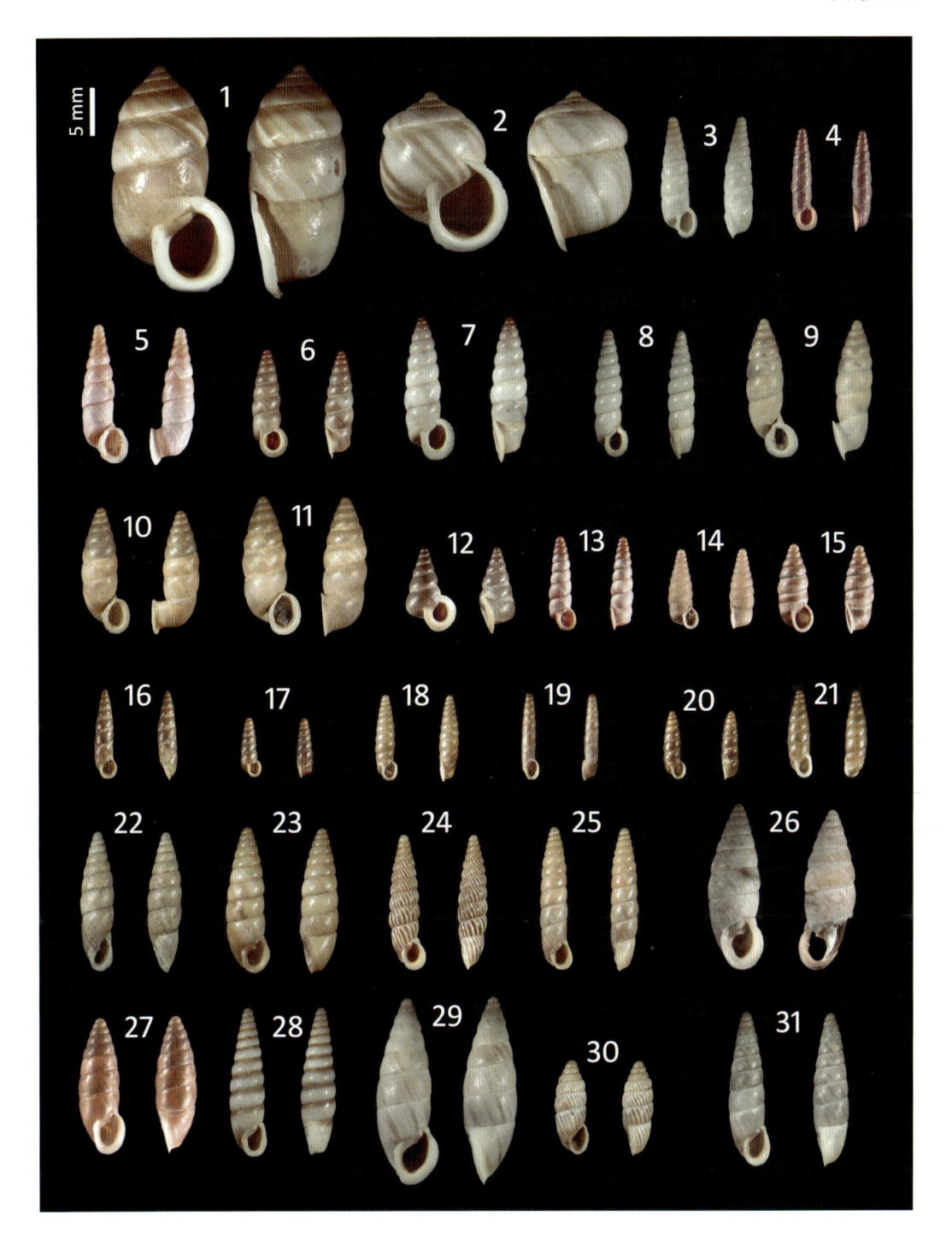

图版 IV

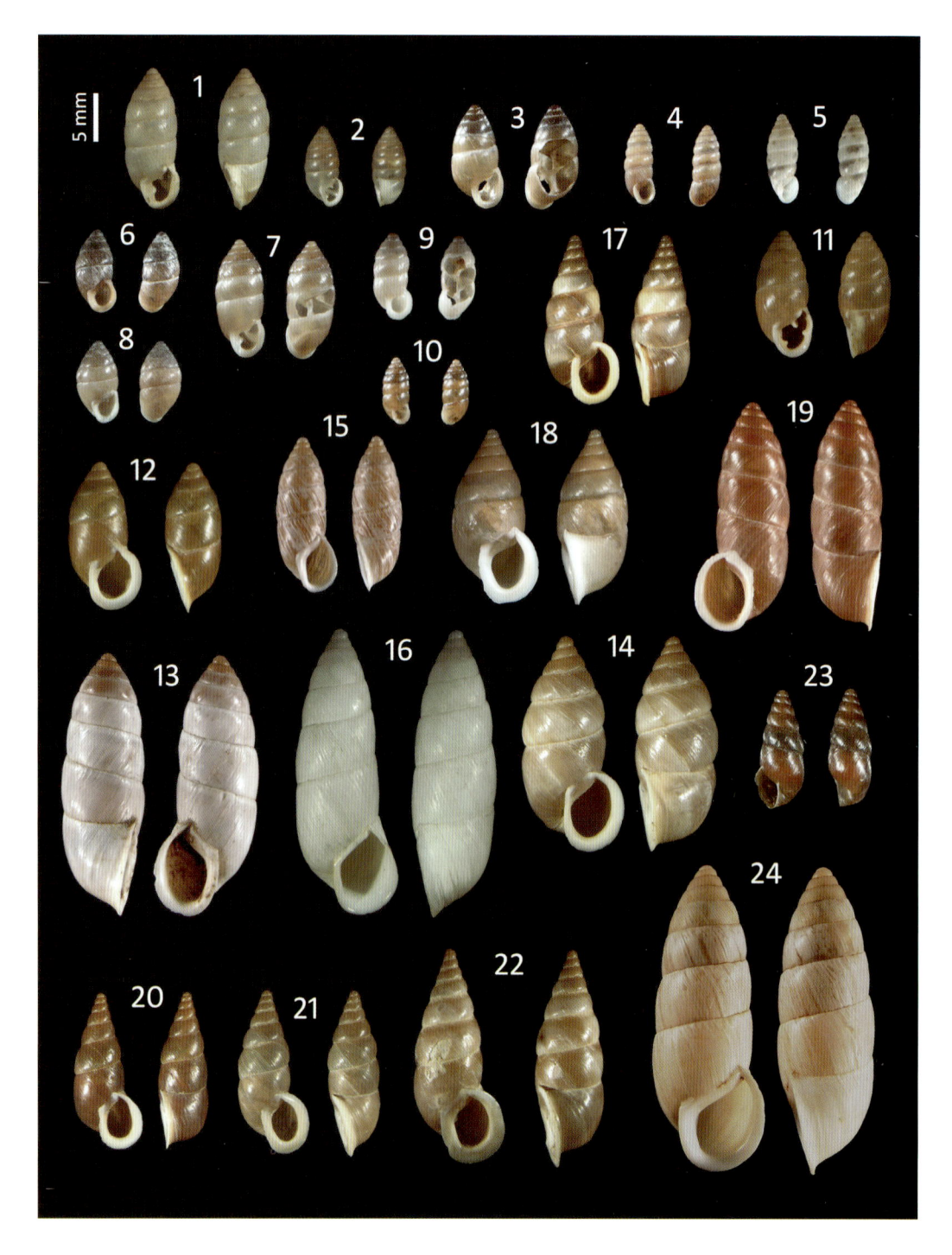

图版 V

图版 VI

(Q-4201.01)
ISBN 978-7-03-057483-1

定价:198.00元